弹药处理人员分级教程

李裕春 沈蔚 刘强 高振儒 编著

国防工业出版社
·北京·

内 容 简 介

国际地雷行动标准的不断完善，对爆炸性弹药处理（EOD）人员的资质分级要求日益细致和明确。本书参考了国际地雷行动标准中的相关内容，结合扫雷行动及未爆弹药处理实施过程中的现实需求，科学地划分了弹药处理人员分级培训教学的内容，能够满足弹药处理人员承担国际扫雷援助、战后扫雷等任务的岗前分级教学培训的需要。

本书共分四册，按分级标准编写，内容依据国际地雷行动标准进行设置，在章节编排上分为基础知识和专业技能。在编写过程中，作者结合了多年来国内外扫雷与弹药处理实践与教学工作中积累形成的培训教学内容和方法体系，广泛参考借鉴国外扫雷与弹药处理的相关经验做法，内容丰富新颖，结构层次清晰，论述生动翔实，深入浅出，图文并茂，便于理论和实践教学的实施。

该分级教程可用作国际扫雷培训班和相关弹药处理人员培训的参考用书，也可供公安相关职能部门的危险品管理人员或从事爆炸物处置销毁工作的技术人员参考。

图书在版编目（CIP）数据

弹药处理人员分级教程 / 李裕春等编著. -- 北京：国防工业出版社, 2024. 11. -- ISBN 978-7-118-13336-3

Ⅰ. TJ41

中国国家版本馆 CIP 数据核字第 2024YK9342 号

※

国防工业出版社出版发行
（北京市海淀区紫竹院南路23号 邮政编码100048）
北京凌奇印刷有限责任公司印刷
新华书店经售

*

开本 787×1092 1/16 印张 24¼ 字数 555 千字
2024 年 11 月第 1 版第 1 次印刷 印数 1—1200 册 定价 128.00 元

（本书如有印装错误，我社负责调换）

国防书店：（010）88540777　　　书店传真：（010）88540776
发行业务：（010）88540717　　　发行传真：（010）88540762

前　言

爆炸性弹药处理（EOD）是目前援外扫雷培训的重要组成部分，也是承担联合国扫雷任务中必不可少的作业内容。随着国际地雷行动标准的不断完善，在国际地雷行动标准中提出了对弹药处理人员的分级标准，明确了对弹药处理人员资质分级的要求，并每隔一定时间由国际地雷专家进行审查和修订。美军、英军等北约军事体系内的军队参照北约标准，对其弹药处理人员也制定有相应的等级划分标准和人员培训、定级制度，但与国际地雷行动标准中的人员分级资质标准不完全相同。我国作为人道主义扫雷援外大国，承担了联合国的扫雷培训和援外扫雷作业任务。随着我国参与国际地雷行动力度的增大及援外扫雷技术培训任务的持续开展，势必需要与国际地雷行动标准接轨。为更好地开展援外扫雷培训任务，编写配套的培训教程显得尤为迫切。

本书按照国际地雷行动标准 IMAS 09.30 Explosive Ordnance Disposal（爆炸性弹药处理）中关于弹药处理人员等级的要求，将弹药处理人员分为四个等级，并根据实施扫雷行动的需要，确定出各级人员所需掌握的基础知识和专业技能，编写了与各级别相对应的分级培训内容。一级教程内容包括爆炸及炸药基础知识，未爆弹药分类及典型未爆弹药，未爆弹药的搜寻、定位与挖掘，单个未爆弹药的现地销毁；二级教程内容包括弹药识别、弹药引信知识及典型引信、典型集束炸弹及其排除、危险评估与决策、地雷和战争遗留爆炸物信息的收集与处理；三级教程内容包括弹药防爆安全处理技术，典型弹药引信及其拆除，战争遗留爆炸物处理的组织实施方法、转移和运输，多发（枚）地雷和战争遗留爆炸物的现地销毁；四级教程内容包括大批量未爆弹药的销毁、销毁作业的管理、贫铀弹的处置、带有简易爆炸装置的常规弹药的处置作业等。

本教程由李裕春、沈蔚、刘强、高振儒合作策划，提出全书编写方案、厘清编写思路、确定编写框架，其中一级教程由李裕春、惠军卫、武双章、丁文、吴家祥编写，二级教程由刘强、李裕春、王斌、陈勇、刘晓峰编写，三级教程由高振儒、黄骏逸、张方雨、杨万江、张胜编写，四级教程由沈蔚、王辛、杨力、赵红宇、罗先南编写。书中图片由李裕春、沈蔚编绘处理，全书由李裕春统稿，王瑞琪、李镕辛等参与了书稿的整理校对工作。

本书在编写过程中，参考了大量国内外文献资料和相关著作及相关弹药图片，谨在此对原作者表示诚挚的感谢！

由于编著者知识水平有限，加之内容广泛，尽管倾注了极大的精力和努力，但书中仍难免有疏漏、不妥和谬误之处，敬请读者批评指正。

作　者

目 录

第一篇 弹药处理人员分级培训教程（一级）

第一部分 基 础 知 识

第1章 爆炸及炸药基础知识 ·· 3
  1.1 炸药爆炸基本理论 ·· 3
    1.1.1 爆炸现象及其特征 ··· 3
    1.1.2 炸药爆炸特征及其化学变化形式 ··· 4
  1.2 炸药的分类及其主要性能 ·· 7
    1.2.1 炸药的分类 ··· 7
    1.2.2 炸药的爆炸性能 ·· 9
  1.3 常用炸药介绍 ··· 14
    1.3.1 起爆药 ··· 14
    1.3.2 猛炸药 ··· 16
    1.3.3 火药 ·· 25
  1.4 火工品与爆炸系列 ··· 26
    1.4.1 火工品 ··· 26
    1.4.2 爆炸序列 ··· 34

第2章 未爆弹药分类及典型未爆弹药介绍 ··· 37
  2.1 相关术语、定义及缩写词汇 ·· 37
  2.2 未爆弹药的分类 ·· 39
    2.2.1 空投式弹药 ·· 39
    2.2.2 发射式弹药 ·· 40
    2.2.3 投掷式弹药 ·· 42
    2.2.4 布设式弹药 ·· 42
  2.3 航空炸弹 ·· 46
    2.3.1 航空炸弹的一般知识 ··· 46
    2.3.2 典型通用航空炸弹 ·· 51
    2.3.3 典型钻地弹 ·· 56
    2.3.4 典型燃烧弹 ·· 59
  2.4 炮弹 ·· 61

- 2.4.1 榴弹 ··· 61
- 2.4.2 穿甲弹 ··· 68
- 2.4.3 破甲弹 ··· 69
- 2.4.4 迫击炮弹 ·· 70
- 2.5 火箭弹 ··· 76
  - 2.5.1 火箭弹的分类 ·· 76
  - 2.5.2 火箭弹的基本组成与工作原理 ································ 77
- 2.6 地雷 ·· 79
  - 2.6.1 地雷的基本组成和分类 ·· 79
  - 2.6.2 典型杀伤人员地雷 ·· 85
  - 2.6.3 典型反车辆地雷 ··· 93

第二部分 专业技能

第3章 未爆弹药的搜索、定位与挖掘 ·································· 102
- 3.1 探雷针地表目标的搜索 ··· 102
  - 3.1.1 目视搜索法 ··· 102
  - 3.1.2 地雷绊线的探测 ··· 104
- 3.2 浅层目标的探测与定位 ··· 105
  - 3.2.1 浅层目标的探测原理 ··· 105
  - 3.2.2 探雷针 ··· 108
  - 3.2.3 金属探雷器 ··· 109
- 3.3 大型地下目标的探测及挖掘 ··· 120
  - 3.3.1 未爆航空炸弹的探测定位 ······································· 121
  - 3.3.2 未爆航弹的挖掘 ··· 130

第4章 单个未爆弹药的现地销毁 ·· 136
- 4.1 爆炸法销毁未爆弹药 ·· 136
  - 4.1.1 利用常规炸药销毁未爆弹药 ···································· 136
  - 4.1.2 利用聚能装药销毁未爆弹药 ···································· 141
  - 4.1.3 泡沫炸药 ·· 146
  - 4.1.4 液体炸药 ·· 147
- 4.2 燃烧法销毁未爆弹药 ·· 148

第二篇 弹药处理人员分级培训教程（二级）

第一部分 基础知识

第5章 弹药识别 ·· 152
- 5.1 航弹识别 ··· 152
- 5.2 炮弹的一般识别 ·· 154

    5.3 地雷的识别 ··· 157
    5.4 引信与底火的检查识别 ··· 157
第6章 弹药引信 ··· 159
    6.1 概述 ·· 159
        6.1.1 引信的功能 ·· 159
        6.1.2 引信的分类 ·· 159
        6.1.3 引信的组成 ·· 160
        6.1.4 引信的作用过程 ··· 163
        6.1.5 对引信的基本要求 ·· 164
    6.2 典型引信介绍 ··· 166
        6.2.1 典型航空炸弹引信 ·· 166
        6.2.2 典型高射炮引信 ··· 176
        6.2.3 典型中大口径地面炮用触发引信 ······························ 180
        6.2.4 典型迫击炮弹引信 ·· 182
        6.2.5 典型手榴弹引信 ··· 185
第7章 典型集束炸弹及其排除 ·· 188
    7.1 集束炸弹概述 ··· 188
    7.2 CBU-14/A 集束炸弹与 BLU-3/B 杀伤弹 ··························· 189
    7.3 CBU-24 集束炸弹与 BLU-26/B 杀伤弹 ····························· 193
    7.4 CBU-25/A 集束炸弹与 BLU-24/B 杀伤弹 ··························· 196
    7.5 CBU-34/A 集束炸弹与 BLU-42/B 子雷 ······························ 199
    7.6 CBU-59/B 集束炸弹与 BLU-77/B 子弹药 ··························· 200
    7.7 CBU-87/B 综合效应弹药 ··· 204
    7.8 CBU-97/B 子母炸弹 ·· 208
    7.9 CBU-78/89 "盖托"子母炸弹 ··· 211
    7.10 "石眼"2 MK20 反坦克子母炸弹 ··································· 216
    7.11 法国 BLG 66 子母炸弹 ·· 222
    7.12 风力修正弹药布撒器 ··· 223

第二部分 专业技能

第8章 危险评估与决策 ·· 226
    8.1 未爆弹药的危害及安全措施 ·· 226
        8.1.1 爆破地震效应 ·· 226
        8.1.2 爆炸冲击波 ·· 228
        8.1.3 爆破噪声及控制措施 ··· 230
        8.1.4 爆炸飞散物 ·· 230
        8.1.5 爆破有害气体及控制措施 ······································ 231
        8.1.6 未爆弹药销毁作业中的安全距离确定 ····················· 233

VII

8.2 未爆弹危险度及风险评估 ··· 234
　　8.2.1 风险因子 ··· 235
　　8.2.2 未爆弹的风险评估 ·· 236
　　8.2.3 子弹及可撒布地雷的环境评估 ·· 236
　　8.2.4 未爆弹处置时的优先级划分 ·· 237
8.3 编制未爆弹危险源报告 ·· 238

第 9 章　地雷和战争遗留爆炸物信息的收集和处理 ·· 241
9.1 概述 ··· 241
9.2 国际地雷行动标准中对信息管理的要求 ·· 241
　　9.2.1 实施地雷行动信息管理的先决条件 ·· 241
　　9.2.2 地雷行动信息管理操作循环流程 ·· 243
　　9.2.3 责任与义务 ·· 246
9.3 地雷行动信息管理系统简介 ··· 247
　　9.3.1 系统的组成 ·· 247
　　9.3.2 系统注册与安装 ·· 248

第三篇　弹药处理人员分级培训教程（三级）

第一部分　基础知识

第 10 章　弹药防爆安全处理技术 ··· 253
10.1 弹药防爆安全处理的一般原则 ·· 253
10.2 安全处置方法与器材 ·· 254
　　10.2.1 拆卸引信 ··· 254
　　10.2.2 割爆法分离引信 ·· 254
　　10.2.3 爆炸切割器 ·· 255
　　10.2.4 火箭扳手 ··· 256
　　10.2.5 磨料水射流切割 ·· 257

第 11 章　典型弹药引信及其拆除 ··· 260
11.1 ФАБ -250М-54 爆破弹 ·· 260
11.2 ФАБ -1500М-54 爆破弹 ·· 261
11.3 250lb MK81 Mod1 低阻爆破弹 ·· 262
11.4 500lb AN-M64A1 通用爆破弹 ·· 263
11.5 ОФАБ -100М 杀伤爆破弹 ·· 264
11.6 动磁炸弹 ··· 265
11.7 Б РАБ -500М-55 穿甲弹 ··· 269
11.8 MK118 反坦克子炸弹 ·· 270
11.9 П ТАБ -2.5 反坦克子炸弹 ·· 272
11.10 750lb M116A2 火焰弹 ··· 273

第二部分 专业技能

第 12 章 战争遗留爆炸物处理的组织实施方法 …… 276
12.1 排爆分队的人员与装备配置 …… 276
12.1.1 人员配置 …… 276
12.1.2 车辆及装备配置 …… 277
12.2 作业场地的布置 …… 279
12.2.1 常见的区域划分和设置 …… 279
12.2.2 安全距离 …… 282
12.3 实施程序 …… 283
12.3.1 准备阶段 …… 283
12.3.2 实施阶段 …… 284
12.3.3 总结阶段 …… 290

第 13 章 转移和运输 …… 291
13.1 爆破器材的存储 …… 291
13.1.1 爆破器材的库存管理规则 …… 291
13.1.2 野外炸药火具的存储与保管 …… 292
13.2 爆破器材的运输 …… 292
13.2.1 车辆运输的要求 …… 292
13.2.2 发生事故或意外时的应对措施 …… 293
13.2.3 人工搬运时的要求 …… 293
13.2.4 地雷或未爆弹药的搬运 …… 293

第 14 章 地雷和战争遗留爆炸物的现地销毁 …… 296
14.1 未爆弹的集中处理 …… 296
14.1.1 爆炸法集中销毁 …… 296
14.1.2 焚烧法销毁 …… 301
14.2 暂不处理的未爆弹 …… 303

第四篇 弹药处理人员分级培训教程（四级）

第一部分 基础知识

第 15 章 大批量未爆弹药的销毁 …… 307
15.1 大批量销毁未爆弹药的原则 …… 307
15.1.1 优先考虑事项 …… 307
15.1.2 原则 …… 307
15.1.3 现场销毁方法 …… 308
15.1.4 销毁地点的选择 …… 308
15.1.5 销毁地点的批准和标准作业程序 …… 309

  15.1.6 计划和准备 ……………………………………………………………… 312
 15.2 销毁作业的管理 …………………………………………………………………… 313
  15.2.1 抵达现场开始销毁前的准备工作 ……………………………………… 313
  15.2.2 销毁作业中的管理 ……………………………………………………… 314
  15.2.3 收尾工作 ………………………………………………………………… 315

第二部分　专 业 技 能

第16章　含液体推进系统的弹药处理 …………………………………………………… 317
 16.1 液体二元推进剂 …………………………………………………………………… 317
  16.1.1 燃料 ……………………………………………………………………… 318
  16.1.2 氧化剂 …………………………………………………………………… 318
 16.2 液体推进剂的危害 ………………………………………………………………… 318
  16.2.1 一般排爆危害 …………………………………………………………… 318
  16.2.2 液体推进剂的毒性及其风险等级 ……………………………………… 319
  16.2.3 肼的危害 ………………………………………………………………… 319
  16.2.4 预防措施 ………………………………………………………………… 320
 16.3 含液体推进剂弹药的清除方法 …………………………………………………… 320
  16.3.1 基本措施 ………………………………………………………………… 320
  16.3.2 处置方法 ………………………………………………………………… 321
 16.4 设备 ………………………………………………………………………………… 322
  16.4.1 个人防护装备 …………………………………………………………… 322
  16.4.2 呼吸器 …………………………………………………………………… 322
 16.5 安全注意事项 ……………………………………………………………………… 323

第17章　贫铀弹的处置 ……………………………………………………………………… 324
 17.1 贫铀弹及其危害 …………………………………………………………………… 324
  17.1.1 贫铀的定义及性质 ……………………………………………………… 324
  17.1.2 贫铀弹及其特点 ………………………………………………………… 325
  17.1.3 贫铀弹的危害 …………………………………………………………… 327
 17.2 贫铀弹的处置方法 ………………………………………………………………… 329
  17.2.1 处置装备 ………………………………………………………………… 329
  17.2.2 处置步骤 ………………………………………………………………… 330
 17.3 收集、处置与净化 ………………………………………………………………… 330
  17.3.1 收集与搬运 ……………………………………………………………… 330
  17.3.2 处置 ……………………………………………………………………… 331
  17.3.3 净化 ……………………………………………………………………… 331

第18章　带有简易起爆装置的常规弹药的处置作业 …………………………………… 332
 18.1 IED的结构原理及其杀伤作用 …………………………………………………… 332
  18.1.1 IED的结构原理 ………………………………………………………… 332

  18.1.2　IED 的杀伤特性分析…………………………………………………341
 18.2　常用搜排爆工具………………………………………………………………350
  18.2.1　NTJA-Ⅱ型便携式炸药探测器…………………………………………350
  18.2.2　便携式 X 射线检查装置…………………………………………………366
 18.3　危险等级的划分及处置基本原则……………………………………………367
  18.3.1　危险等级的划分…………………………………………………………367
  18.3.2　处置的原则及安全规则…………………………………………………368
 18.4　爆炸物处置行动内容与实施程序……………………………………………369
  18.4.1　爆炸物处置行动的实施程序……………………………………………369
  18.4.2　排爆前的工作……………………………………………………………371
  18.4.3　排爆作业实施……………………………………………………………372
  18.4.4　爆炸物处置后的工作……………………………………………………373
参考文献……………………………………………………………………………………375

第一篇
弹药处理人员分级培训教程(一级)

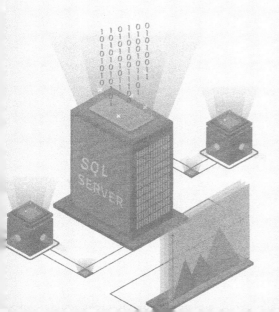

第一部分 基 础 知 识

第1章 爆炸及炸药基础知识

1.1 炸药爆炸基本理论

1.1.1 爆炸现象及其特征

在自然界中存在着各种爆炸现象。广义地讲，爆炸是物质系统的一种极为迅速的物理的或化学的能量释放或转化过程，是系统蕴藏的或瞬间形成的大量能量在有限体积和极短时间内骤然释放或转化的现象。在能量释放或转化过程中，系统的能量将转化为机械功以及光和热的辐射等。按照能量的来源，爆炸可以分为三类：物理爆炸、化学爆炸和核爆炸。

物理爆炸是由系统释放物理能引起的爆炸。例如，当过热蒸汽压力超过高压蒸汽锅炉承受的程度时，锅炉破裂，高压蒸汽骤然释放出来，形成爆炸。陨石落地、高速弹丸对目标的撞击等物体高速碰撞时，物体高速运动产生的动能，在碰撞点的局部区域内迅速转化为热能，使受碰撞部位的压力和温度急剧升高，并在碰撞部位发生急剧变形，伴随巨大响声，形成爆炸现象。自然界中的雷电、地震和火山爆发等现象也属于物理爆炸。总之，物理爆炸是机械能或电能的释放和转化过程，参与爆炸的物质只发生物理变化，其化学成分不发生改变。

化学爆炸是由物质的化学变化引起的爆炸。例如炸药爆炸，可燃气体（甲烷、乙炔等）或悬浮于空气中的粉尘（煤粉、面粉等）以一定的比例与空气混合，在一定的条件下所产生的爆炸，均属于化学爆炸。化学爆炸是通过化学反应，将物质内潜在的化学能，在极短的时间内释放出来，使其化学反应产物处于高温、高压状态的结果。一般而言，气相爆炸和粉尘爆炸的压力可以达到 2×10^6 Pa，高能炸药爆炸的爆轰压可达 10^{10} Pa 以上，二者爆炸时产物的温度均可达 $(3\sim5)\times10^3$ K，因而使爆轰产物急剧向周围膨胀，产生强冲击波，造成对周围介质的破坏。化学爆炸时，参与爆炸的物质在瞬间发生分解或化合，变成新的爆轰产物。

核爆炸是核裂变（如原子弹是用铀235、钚239裂变）和核聚变（如氢弹是用氘、氚或锂核的聚变）反应所释放出的巨大核能引起的爆炸。核爆炸反应释放的能量比炸药爆炸时放出的化学能大得多，核爆炸中心温度可达 10^7 K，压力可达 10^{15} Pa 以上，同时产生极强的冲击波、光辐射和粒子的贯穿辐射等，具有更大的破坏力。化学爆炸和核爆炸反应都是在微秒量级的时间内完成的。

综上所述，爆炸过程表现为两个阶段：第一阶段，物质的（或系统的）潜在能以一定的方式转化为强烈的压缩能；第二阶段，压缩物质急剧膨胀，对外做功，从而引起周围介质的变形、移动和破坏。无论是何种爆炸，它们都同时具备两个特征，即能源具有极大的能量密度和极大的能量释放速度。

核爆炸功率密度比物理爆炸和化学爆炸高数万倍。一般来说物理爆炸和化学爆炸的功率密度基本相同，但是由于化学爆炸的引爆装置和爆炸源具有体积小，质量轻，制造和控制容易等优点，因而在经济建设和国防建设中都得到了广泛的应用。

1.1.2 炸药爆炸特征及其化学变化形式

1.1.2.1 炸药的概念

在受到外力（如冲击、摩擦和热等）的作用时，能骤然发生化学变化，并随之产生大量的热和气体的物质，都称为炸药。

炸药是一种相对的不稳定物质，在常温常压下，以极缓慢的速度进行化学反应，一般不为人们所察觉。但在外界作用下，如高温、高压，可使化学反应加速，发生燃烧，以致引起爆炸。例如，一个炸药包用雷管引爆时，炸药包瞬间化为一团火光，形成烟雾并产生轰隆巨响，附近形成强烈的爆炸风，建筑物等目标被破坏或受到强烈震动。在爆炸过程中，炸药完成了极高速度并能自动传播的化学反应过程，改变了物质状态和参数，瞬间释放出大量的高温、高压气体，对周围介质形成压力。这一化学变化过程就是炸药的爆炸。

1.1.2.2 炸药爆炸变化的特性

从热力学意义上说，炸药是一种相对不稳定的物质，在外界作用下，能够自行发生高速化学反应，放出大量的热，并生成大量气体产物。这是炸药爆炸的三个特性，也是任何化学反应导致爆炸的必备条件，三者互相关联，缺一不可。

（1）反应过程的放热性。

反应放热是产生爆炸的必要条件之一，只有伴随热的释放，才会有爆炸反应的激发和爆炸反应的自动进行。同时，爆炸现象是一种能量的转化过程，即炸药通过爆炸反应释放的化学能变成爆炸反应产物的热能，产物的热能再转化为对环境介质所做的机械功。不放热或放热量相对较少的化学反应，均不能产生爆炸现象。

（2）反应过程的高速度。

爆炸反应的高速度是区别于一般放热化学反应的重要标志。只有极高的化学反应速度，即极高的能量释放速度，才能形成爆炸现象。以煤的燃烧和黑索今（Hexogen）爆炸为例，1kg煤完全燃烧放出的热量为32660kJ，而1kg黑索今爆炸时的爆热为5860kJ，但前者反应完了所需要的时间为数十分钟，而后者则只需要数微秒。这就是说，黑索今爆炸反应速度是煤燃烧速度的数千万倍。

（3）生成大量气体产物。

反应过程中有气体产物生成是炸药爆炸的一个重要特性。由于爆炸反应的放热性和高速度，可使爆炸瞬间的气体产物处于10^{10}Pa以上的高压状态，高压状态的气体产物猛烈膨胀，对周围介质做功。在整个过程中，气体产物既是造成高压的原因，又是对周围介质做功的工质。显然，如果没有气体产物生成，就不可能形成炸药爆轰产物的高压状态，自然也就不可能发生爆炸现象。表 1-1 列出了几种炸药爆炸反应生成的气体量。由此可看出，体积为 1L 的炸药，爆炸时可以产生 1000～1700L 的气体，为炸药爆炸前所占相应体积的 1000～1700 倍。

表 1-1　某些炸药爆炸生成的气体在标准状态下的体积

炸药名称	1kg 炸药生成的气体产物体积 V/L	1L 炸药生成的气体产物体积 V/L
硝化甘油（NG）	690	1100
苦味酸（PA）	715	1145
梯恩梯（TNT）	740	1180
特屈儿（CE）	760	1290
太安（PETN）	790	1390
黑索今（RDX）	908	1630
奥克托今（HMX）	908	1720

从上面讨论可以看出，化学反应过程的放热性、高速度和生成大量气体产物是发生爆炸的三个必要因素。化学反应过程的放热性提供了爆炸反应的能源，保障了爆炸反应的自发进行和爆炸的自行传播；反应过程的高速度，使之具备巨大的功率密度，为产生爆炸破坏效应提供了必要的条件；反应过程生成大量气体，则是将爆炸反应放出的热量，通过高温高压气体产物的剧烈膨胀实现能量转换，完成对周围介质做机械功。任何物质的化学变化过程，只要上述三个要素同时存在，就会发生爆炸，三者互相关联，缺一不可。

1.1.2.3　炸药化学变化的形式

炸药的爆炸是炸药化学反应的一种形式。随着环境条件的不同，炸药的化学变化过程在形式上和性质上具有重大差别。按化学反应的速度和传播的性质，可将炸药的化学变化分为缓慢进行的化学分解（热分解）和高速进行的爆炸变化。炸药的爆炸变化又可分为两种典型的形式，即燃烧和爆轰。炸药的这三种化学变化形式，在性质上各不相同，但它们之间都有着紧密的内在联系。炸药热分解在一定条件下可以转变为燃烧，而燃烧在一定条件下也可以转变为爆轰。

1）炸药的热分解

炸药和一般化合物一样，由于分子的热运动，在任何温度下，都会导致部分分解。炸药在发火温度以下进行的分解称为炸药的热分解。炸药的热分解与炸药的燃烧和爆轰反应相比较，其化学反应的速度要慢得多，因此热分解又称为缓慢的化学变化。某种炸药热分解的速度初期主要取决于环境的温度，温度升高，则反应速度加快。当温度升高到一定程度，炸药缓慢的化学变化会自动转变为快速的化学变化，发生燃烧或爆轰。

炸药的储存环境可以直接影响炸药的热分解性能。因此，储存炸药的库房，存量不宜过多，堆放不宜过密过紧。同时，库房内温度不宜过高，并保证有良好的通风条件，防止温度升高使热分解加速而导致起火或爆炸事故的发生。

2）炸药的燃烧

与缓慢的热分解反应相比，炸药的燃烧和爆轰则是剧烈的化学变化，其反应速度要比热分解快得多，这种反应不是在炸药各处同时发生，而是首先在某一局部发生，以化学反应波的形式在炸药中以一定速度一层一层地自动进行传播。化学反应波的反应区（波阵面）比较窄，炸药的化学反应在此很窄的反应区内进行并完成，见图1-1。

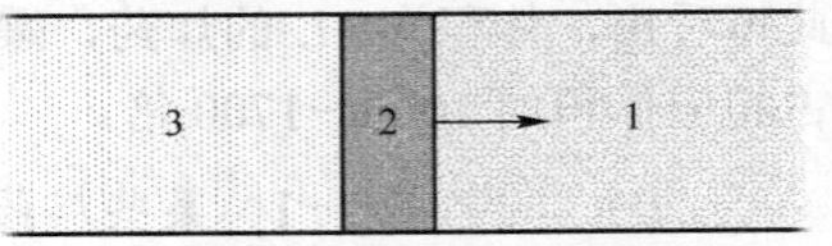

图1-1 化学反应波阵面沿炸药的传播
1—炸药；2—反应波阵面；3—反应产物。

在一定条件下，大多数炸药都能平静地燃烧而不爆炸。在外表现象上，炸药的燃烧与一般燃料在空气中的燃烧很类似，但是它们之间存在着本质的区别。一般燃料的燃烧需要外界供氧或其他助燃气体，而助燃气体的供给过程对燃烧起着决定性的影响；炸药的燃烧是依靠自身所含的氧进行反应的。因此，炸药的燃烧被广泛地应用于各种军用弹药、火箭、火工品、导火索等。从传播机理上，燃烧波的传播是通过热传导、热辐射和燃烧产物的扩散不断传入未反应区进行的。一般情况下，燃烧波的传播速度为每秒数毫米到数百米，比炸药中的声速低得多。燃烧波的速度容易受外界条件的影响，特别是环境压力的影响，随着压力的升高而急剧加快。例如，炸药在空气中燃烧过程比较慢，但是在密闭空间中其速度将会急剧加快，压力迅速上升。

炸药燃烧的稳定性被破坏以后，有可能转为爆轰。燃烧与爆轰最根本的区别是能量传递的方式不同。爆轰是通过冲击波传递能量，而燃烧是通过热传导传递能量。因此，由燃烧转为爆轰的条件是要形成冲击波，即由热传导起主要作用转变为由冲击波的冲击压缩起主要作用。

3）炸药的爆轰

炸药的爆轰是在一定条件下以某一稳定爆轰波的形式沿炸药自行传播的爆炸反应。其传播速度（爆速）大大超过炸药中的声速，一般可达每秒数千米。爆轰波的传播速度几乎不受外界条件的影响，而且由于伴随压力的突跃，对未反应炸药能产生强烈的冲击作用。实际上，爆轰波就是带有高速化学反应区的强冲击波。

炸药的爆轰分为稳定爆轰和不稳定爆轰两种情况。当炸药得到足够大的外界能量时，爆炸反应是以最大的稳定爆速传播，直至全部炸药爆炸完毕，而且不受外界条件的影响，因此这种爆炸反应称为稳定爆轰，通常简称为爆轰。当炸药得到的外界能量不足时，爆炸反应是不稳定的，会出现两种情况：一是过渡到稳定爆轰；二是爆炸逐渐衰减，直至爆速降低，甚至终止。这种在外界能量不足状态下的爆炸反应称为不稳定爆轰。图1-2所示为沿爆炸药柱爆速的变化。

炸药的燃烧和爆轰虽然都是以化学反应波的形式沿炸药传播，但却是性质不同的两种化学变化过程，有着本质上的区别。在传播过程的机理方面，燃烧时反应区的能量是通过热传导、热辐射和产物的热扩散作用传入未反应炸药，而爆轰的传播则是借助于冲击波的强烈冲击压缩作用进行的。燃烧过程中反应区内反应产物的质点运动方向与燃烧波阵

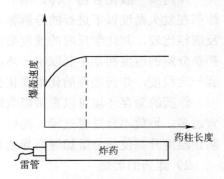

图1-2 沿炸药柱爆速的变化

面运动方向相反,而爆轰时反应区内反应产物质点运动方向则与爆轰波传播方向一致。在反应的传播速度上,燃烧过程进行得比较缓慢,其速度一般只有每秒几毫米到每秒几十米,最大也只有数百米,受外界条件的影响很大;而爆轰过程进行的速度很快,一般为每秒几百米至几千米,传播速度受外界条件的影响很小,爆轰时压力发生突跃上升,对周围介质有急剧的冲击作用。另外,凝聚炸药燃烧时放热的主要反应在气相中进行,而爆轰时放热的主要反应则在液相或固相中进行。

1.2 炸药的分类及其主要性能

对于炸药的认识,仅限于了解它们的共性是不够的,因为各种炸药有各自的特殊性。这种特殊性,是正确选择、使用、保管、运输、销毁的依据。

1.2.1 炸药的分类

炸药根据其组成、物理性质、化学性质和爆炸性能可分为很多种。通常有两种分类方法:一种是按炸药的用途分类;另一种是按炸药的组成分类。

1.2.1.1 按用途分类

炸药按其用途不同,通常分为起爆药、猛炸药、火药和烟火药四种。常用炸药的分类及用途见表 1-2。起爆药、猛炸药、火药和烟火剂,都具有爆炸性质,在一定条件下都能产生爆轰。通常情况下,起爆药和猛炸药的基本爆炸形式是爆轰,而火药和烟火剂则主要是燃烧。通常所说的炸药主要是指猛炸药,它的生产和使用量最大,因此它是爆炸技术中主要研究的对象。

表 1-2 常用炸药的分类及用途

炸药种类		常用炸药	主要特点	用 途
起爆药		雷汞、叠氮化铅、斯蒂酚酸铅	感度最灵敏,受轻微的冲击、摩擦或火花影响即能爆炸,极易由燃烧转为爆轰(炸)	装填雷管和火帽
猛炸药	高级炸药	黑索今、太安、特屈儿、塑性炸药等	威力最大,感度比起爆药低,容易由燃烧转为爆轰(炸)	装填雷管、导爆索、特种弹药和制造混合炸药
	中级炸药	TNT、梯黑炸药等	威力中等,感度通常也中等,能由燃烧转为爆轰(炸)	装填弹药、地雷、构件爆破及制造混合炸药等
	低级炸药	硝铵炸药等	威力较小,感度通常较迟钝,能由燃烧转为爆轰(炸)	用于土壤、岩石爆破等
火药		无烟火药	感度较小,主要爆炸形式是燃烧,不易由燃烧转为爆轰(炸)	主要用作枪炮发射药和火箭推进剂
		有烟火药(黑火药)	火焰感度、机械感度较灵敏,主要爆炸形式是燃烧,易由燃烧转为爆轰(炸)	主要用作延期药、导火索药芯等
烟火剂		照明剂、燃烧剂、发烟剂、信号剂等	感度一般较迟钝,燃烧后产生烟火效应(如照明、发烟及各种颜色信号等),不易由燃烧转为爆轰(炸)	装填各种烟火器材等

1)起爆药

起爆药是一种对外界作用十分敏感的炸药,在较轻微的外界作用(机械作用、热作用等)下,即可发生爆炸变化,而且其变化速度极快,一旦引爆便立即转变为稳定爆轰。

起爆药主要用于引发猛炸药的爆炸，因此常用于装填各种起爆器材，如雷管、火帽等。起爆药也称为初发装药或第一装药。常用的起爆药有雷汞$[Hg(ONC)_2]$、叠氮化铅$[Pb(N_3)_2]$、斯蒂酚酸铅$[C_6H(NO_2)_3O_2Pb \cdot H_2O]$、特屈拉辛$[C_2H_6N_{10} \cdot H_2O]$和二硝基重氮酚$[C_6H_2(NO_2)_2N_2O]$等。

2）猛炸药

与起爆药相比，猛炸药的感度较低，使用时通常需要借助于起爆药的作用才能激发爆轰，因此猛炸药也称为次发装药或第二装药。猛炸药爆炸的主要形式是爆轰，一旦被引爆就会具有更高的爆速和更强烈的破坏威力，因此军事上常用于装填各种弹药及爆破器材，民用上主要用于开矿、采石、筑路、建筑等工程爆破以及各种爆炸加工。常用的猛炸药有TNT$[C_6H_2CH_3(NO_2)_3]$、黑索今$[(CH_2)_3(NNO_2)_3]$、奥克托今$[(CH_2)_4(NNO_2)_4]$、太安$[C(CH_2ONO_2)_4]$、特屈儿$[C_6H_2(NO_2)_3NNO_2CH_3]$等，以及各种混合炸药。

3）火药

火药又称为发射药。火药的主要化学反应形式是燃烧，能够在没有外界助燃剂（例如氧）的参与下进行有规律的燃烧，放出大量的气体和热量，对外界做抛射功。火药主要用作炮弹、枪弹和火箭的发射燃料，也可用作点火药和延期药。

火药可分为黑火药（有烟火药）、单基火药、双基火药和高分子复合火药。黑火药由硝石、木炭和硫磺按一定比例混合而成，其特点是易于点燃，燃烧迅速、点火能力强、性能稳定，广泛用于制作导火索、点火药和传火药等。单基火药由95%的硝化棉和5%的非爆炸性组分组成，主要用作枪炮的发射药。双基火药由硝化棉和硝化甘油或硝化乙二醇组成，主要用作迫击炮、加农榴弹炮等发射药。高分子复合火药是以高分子化合物作为黏合剂和可燃剂，加固态氧化剂为基本成分，只用作火箭的发射装药，又称为复合固体推进剂。

4）烟火剂

烟火剂通常由氧化剂、有机可燃物或金属粉及少量黏合剂等混合而成，用于装填特种弹药或烟火器材，以产生特定的烟火效应。烟火剂包括照明剂、烟幕剂、信号剂和曳光剂等。

1.2.1.2 按组成分类

按炸药的组成可分为单质炸药和混合炸药两大类。

1）单质炸药

单质炸药是单一成分的化合物类炸药。这种化合物的分子内含有特殊的原子团，因而具有不稳定性，在外界一定的热能和机械能的作用下即行分解，引发爆炸反应。例如，2,4,6-三硝基甲苯——梯恩梯（TNT）、2,4,6-三硝基酚——苦味酸、2,4-二硝基甲苯——地恩梯（DNT）、2,4,6-三硝基苯甲硝胺——特屈儿、环三亚甲基三硝胺——黑索今（RDX）、环四亚甲基四硝胺——奥克托今（HMX）等具有数个硝基（$-NO_2$）的硝基化合物；硝化甘油、硝化乙二醇、太安以及硝化棉等具有一个或数个硝酸酯（$-ONO_2$）原子团的硝酸酯类化合物；雷汞等雷酸盐类；硝酸铵等硝酸盐类；其他还有氯酸盐、高氯酸盐、叠氮化合物等。

2）混合炸药

混合炸药是指由两种或两种以上独立的化学成分组成的爆炸混合物，由含有丰富氧的物质为主要成分与不含氧的可燃物或含氧量不足的物质相互混合而成。此外，根据对炸药的爆炸性能、安全性能、力学性能、成型性能以及耐高低温性能的要求，还可以加入少量某些附加物。因此，混合炸药的种类很多，无论在军用炸药领域，还是在民用炸药领域，混合炸药都得到了广泛的应用。下面介绍几种常用的混合炸药。

（1）梯黑炸药。它是由 TNT 和黑索今以不同的比例组成的混合炸药，是军事上应用最广泛的一种混合炸药。

（2）钝化黑索今炸药。它是由黑索今与钝感剂（如蜡等）组成的粒状混合炸药，如 A-3（黑索今 91%/石蜡 9%）炸药、A-IX-1（黑索今 95%/钝感剂 5%）炸药等。

（3）含铝混合炸药。在炸药中加入适量铝粉，可以提高炸药爆炸热效应，从而提高爆炸威力。含铝混合炸药是混合炸药中高威力炸药的一个重要系列。常用的含铝混合炸药有钝黑铝炸药（钝化黑索今 80%/铝粉 20%）、梯黑铝炸药（TNT60%/黑索今 24%/粒状铝粉 13%/片状铝粉 3%）和 ТГАГ-5（TNT60%/黑索今 24%/铝粉 16%，外加 5%的蜡或石蜡）等。

（4）高分子混合炸药。这类炸药通常以黑索今、奥克托今、太安等高能炸药为主体，配以黏合剂、增塑剂、钝感剂等添加剂构成，可以满足各种不同的需要。这类炸药按爆炸性能可分为高爆速、高威力、低爆速等类型，按其物理状态分为高强度、塑性、挠性、弹性、泡沫态等。

（5）硝铵炸药。它是以硝酸铵为主要成分的混合炸药，通常由硝酸铵、硝基化合物和木粉、石蜡等可燃物混合而成。硝铵炸药现已有铵梯炸药、铵油炸药、浆状炸药、水胶炸药、乳化炸药等多个品种，广泛用于采矿、采石、交通、能源、建筑以及爆炸加工等民用领域，同时它也是重要的军用炸药。

（6）燃料空气炸药。它是一种新的爆炸能源，由挥发性的碳氧化合物（如环氧乙烷，环氧丙烷，低碳的烷、炔、烯烃及其混合物）或固体粉状可燃物（如铝粉、镁粉等）作为可燃剂，以空气中的氧气作为氧化剂而组成的爆炸性气溶胶混合物。这种炸药主要用于军事目的，与凝聚炸药比较，有其独特的优点，受到各国的重视。

此外，有时也按照炸药的物理状态进行分类，通常分为固体炸药、塑性炸药、液体炸药、燃料空气炸药等。目前固体炸药应用最为广泛。

1.2.2 炸药的爆炸性能

炸药爆炸时，在极短的时间内将其化学能全部转变为热能，把反应产物瞬间加热到 $(3\sim5)\times10^3$K 的高温并形成 10^{10}Pa 的高压状态，导致爆炸气体产物向周围迅速膨胀而做功。炸药爆炸对周围介质做功的能力，即炸药的威力，取决于炸药爆炸时所放出的热量及生成气体产物的体积；炸药爆炸对周围介质产生局部破坏粉碎的程度，即炸药的猛度，取决于炸药的爆炸速度和爆炸瞬间气体产物压力的大小。炸药的爆炸性能表现为炸药爆炸的威力和猛度。因此，为了全面评价一种炸药的爆炸性能，必须知道爆炸放出的热量、爆炸传播的速度、生成气体产物的体积，以及爆轰产物所达到的最高温度和爆轰压力，即爆热、爆速、爆容、爆温和爆压 5 个炸药爆炸性能参数。

1）炸药的爆热

如前所述，炸药是一种巨大的能源，它通过爆炸形式，将其潜能——化学能迅速释放出来，转化为对周围介质的机械功，而产生爆炸效应。

爆热是指一定质量的炸药爆炸时放出的热量。因为炸药爆炸变化极为迅速，可以看作是在定容下进行的，因此炸药的爆热均指定容爆热。爆热通常指 1kg 炸药爆炸时放出的热量，用 kJ/kg 表示。

炸药的爆热是一个总的概念，阿宾（А.Я.Апин）将爆热分为三类，即爆轰热、爆破热和最大爆热。爆轰热是指爆轰波阵面中 C-J 面上所放出的热量，这种爆轰热完全用于支持爆轰波在炸药中的稳定传播，它决定着爆轰波速度的大小。爆破热是指爆轰波阵面中炸药进行一次化学反应的热效应，以及爆轰产物绝热膨胀时产物中进行的二次化学反应热效应的总和，它决定着炸药爆炸做功能力——爆炸威力。最大爆热是指炸药爆炸时放出的能量的理论最大值，该值在实际爆炸条件下是不可能达到的。

以上三种爆热的数量关系为：爆轰热<爆破热<最大爆热。爆轰热目前还不能用实验方法测定得到，最大爆热只有理论意义，而爆破热则具有实用意义，它可以用实验方法测定，可以通过实验来研究影响它的各种因素，从而在爆破实践中改善和提高炸药爆炸能量的利用率。

2）炸药的爆温

爆温是炸药的重要示性数之一。爆温是指炸药爆炸时放出的热量使爆轰产物达到的最高温度。研究炸药的爆温，可以指导人们根据不同的需要和要求选用炸药。在军事上大多采用高爆温的炸药；而在民用的许多场合，例如避免井下瓦斯和空气中可燃物粉尘发生爆炸的危险，则要求炸药的爆温低一些。

由于炸药爆炸过程瞬间完成，温度变化极快，因此直接测量炸药的爆温十分困难，一般采用理论近似计算方法。

使用炸药时，根据不同要求需要调整和改变炸药的爆温。在降低或者不增加爆轰产物热容的情况下，提高产物的生成热和减少炸药的生成热可以提高爆温。一般采用的方法是改善炸药的氧平衡值，或者在炸药中加入高热剂（如铝、镁等金属粉），可以增加产物中的 H_2O、CO_2 以及 Al_2O_3、MgO 等生成热大的物质。但是这些产物中，有的物质热容也比较大，这又不利于提高爆温。因此要达到提高爆温的目的，必须综合考虑这两方面的影响因素。一般加入高热值的铝、镁等金属粉，它们生成的爆轰产物的生成热大，而其热容却增加不多，因而有利于提高爆温。

降低爆温的途径与提高爆温的途径正好相反，一般采用向炸药中加入附加物的方法，如在矿用炸药中加入硫酸盐、氯化物、硝酸盐、重碳酸盐、草酸盐等物质，均可以达到降低爆温的目的。

3）炸药的爆容

炸药的爆容又称比容，为炸药爆轰产物的体积，因为产物中固态成分的体积可以忽略不计，所以实际上爆容是指 1kg 炸药爆炸后，其气体产物在标准状态（101kPa，0℃）下所占的体积，以 V_0 表示，常用单位为 L/kg。

4）炸药的爆速

炸药的爆速是指炸药在爆炸时，爆轰波沿炸药内部直线传播的速度，通常用 D 来表示，单位为 m/s。它是衡量炸药爆炸性能的重要标识量，也是爆轰波参数中能够比较准确测量的一个参数。

5）炸药的威力、猛度和殉爆

炸药在爆炸时形成的高温高压气体产物，能对周围介质产生强烈的冲击和压缩作用，使与其接触或接近的物体产生变形、破坏和运动，这种作用属于炸药爆炸的直接作用。另外，爆轰产物对周围介质的强烈冲击压缩，将在介质中产生冲击波，冲击波在介质中传播时，能够在离爆炸点较远的距离上产生破坏作用，这种作用属于炸药爆炸的间接作用。炸药对周围介质的直接作用和间接作用，统称为炸药的爆炸作用。炸药对介质的爆炸作用，通常可用炸药的威力和猛度来描述。

炸药的威力也称为炸药的做功能力或爆力，炸药爆炸时生成的高温和高压气体产物膨胀对外做功，这种膨胀功就是炸药的威力。炸药的做功能力是比较各种炸药做功本领的术语，是衡量炸药爆炸时对周围介质总的破坏能力大小的数值，其数值大小主要取决于炸药的爆热和爆容。在一定的炸药品种和装药条件下，威力值是一定的。

炸药的猛度是指炸药爆炸时对接触的物质和介质的粉碎能力。它是衡量炸药局部破坏能力的指标。猛度与威力相同之处在于，两者都是爆炸功的表现形式，从不同角度表现热能向机械能的转化。而不同之处在于，猛度反映了爆炸初始阶段在气体高压冲击作用下的做功能力；而威力则反映了整个药包的做功总量。在一般情况下，威力大的炸药，猛度也会大，但威力与猛度的关系并非线性关系。炸药的猛度仅表现在离炸点很近的距离内，当炸药在爆轰波的方向直接与障碍物接触时，猛度最大，爆轰产物的能量、压力和密度最大。而随着距离的增大，爆轰产物的能量、压力和密度显著下降，这时爆轰产物的机械效应也要大大降低。例如对于一般猛炸药，当爆轰产物膨胀达到原装药半径的 1.5 倍以上时，压力已经降到 200MPa 左右，这时爆轰产物对金属等高强度物体的作用已很微小。因此，爆轰产物的直接作用只是在炸药与目标直接接触或极近距离时才具有破坏能力。炸药爆炸的杀伤和破坏作用，都可以解释为炸药猛度作用的结果。

正确选择炸药的威力与猛度具有很大的实际意义，威力表示炸药总的破坏能力，而猛度是表示局部的破坏能力。当需要对介质的抛掷能力大时，则应选用威力大的炸药；而需要对介质的破碎能力大时，则选用猛度大的炸药。如果同时需要考虑对介质的抛掷和破碎作用，则应选择具有一定威力和猛度的炸药。

当某一装药 A 爆炸时，通过惰性介质（空气、水、土、金属和非金属材料等）并引起与其相距一定距离上的另一装药 B 的爆炸现象称为炸药的殉爆。殉爆的过程是炸药爆轰产生的产物和冲击波通过惰性介质由主发装药传递到被发装药引起的。冲击波通过惰性介质而传递的能力称为殉爆能力，使用引起殉爆时两装药间的最大距离来表示，即通常所说的殉爆距离。

（1）雷管库对炸药库的殉爆安全距离可表示为

$$R_A = 0.06 M^{0.5} \quad (m) \tag{1-1}$$

式中：M 为雷管的个数。

(2) 炸药库与炸药库之间的殉爆安全距离可表示为

$$R_A = kC^{0.5} \quad (m) \tag{1-2}$$

式中：k 为殉爆系数，由炸药种类和存放条件确定（见表 1-3）；C 为炸药量（kg）。

表 1-3 殉爆系数 k 值

主发装药		被发装药					
		硝铵炸药		TNT		高级炸药	
		裸露的	埋藏的	裸露的	埋藏的	裸露的	埋藏的
硝铵炸药	裸露的	0.25	0.15	0.40	0.30	0.70	0.55
	埋藏的	0.15	0.10	0.30	0.20	0.55	0.40
TNT	裸露的	0.80	0.60	1.20	0.90	2.10	1.60
	埋藏的	0.60	0.40	0.90	0.50	1.60	1.20
高级炸药	裸露的	2.00	1.20	3.20	2.40	5.50	4.40
	埋藏的	1.20	0.80	2.40	1.60	4.40	3.20

注：如果炸药存放在带有防护墙的库房内，那么 k 值可减小

对于爆炸物品的厂、库设计及生产、储存、运输和使用过程中，必须考虑到炸药的殉爆安全距离，即危险建筑物之间的内部距离，以免造成殉爆，从而扩大事故的危害。

6) 炸药的感度

炸药虽是一种爆炸物质，但它必须具有一定的稳定性，要在一定的外界作用下才能发生爆炸变化，这种外界作用称为起始冲量。不同的炸药，所需的起始冲量是不相同的。例如碘化氮（NI_3），只要用羽毛轻轻扫一下就会爆炸；而 TNT 炸药，当用步枪子弹贯穿时，也不爆炸。炸药在外界作用（激发）下发生爆炸的难易程度称为炸药的感度。炸药的感度用引起炸药发生爆炸变化所必需的最小起始冲量表示。所需最小起始冲量愈大，则表示炸药的感度愈小；反之，最小起始冲量愈小，则感度愈大。

外界作用（能量）的类型很多，如热作用（直接加热、火焰、火花等）、机械作用（撞击、摩擦、针刺作用）、爆炸作用（雷管或炸药直接作用、冲击波、破片等）、电的作用（电热、电火花、静电等）、光能（激光）和化学能（高热化学反应放出的热量）等。炸药对于各种外界作用的感度是有选择性的，即一种炸药对某一种外界作用较敏感，而对其他一些作用则较迟钝。例如叠氮化铅对机械能作用比对热能作用更敏感，它的热感度比 TNT 低，而机械感度比 TNT 要高得多。

了解炸药的感度对于实际工作有着极其重要的意义。一般来讲，在生产、储存、保管、运输和使用过程中，猛炸药不应发生意外的爆炸。这就要求它对于热作用和机械作用有较低的感度，而对于冲击波作用则要有适当的感度，以便在使用中需要它爆炸时能够准确地爆炸。

7) 炸药的安定性

炸药的安定性直接关系着储存、运输和使用的安全，而且储存条件又会直接影响炸药的安定性。所谓炸药的安定性，是指炸药在一定时期内承受一定的外界影响后，而不改变原有的物理性质和化学性质的能力。这种能力愈强，炸药的安定性愈好。有不少化合物虽也具有良好的爆炸性能，但是由于它们的热分解速度过快，因此不能作为炸药使用。

炸药的安定性包括物理安定性、化学安定性和热安定性。

（1）物理安定性，是指炸药保持其物理性质不变的能力，它取决于在各种影响因素下炸药的物理变化。吸湿、结块、挥发、溶化、冻结、渗油、老化、晶析、胀缩及机械强度降低等因素都是物理安定性差的具体表现。这些因素都能直接改变炸药的爆炸性能。例如黑火药很容易吸湿，当含水量为2%～4%时，点火困难，燃速减慢；当含水量达15%以上时便失去燃烧能力。又如硝铵炸药，当含水量超过3%时，则不能爆炸。再如易冻的胶质炸药，当温度降到8～10℃时就会冻结，这种情况下非常危险，只要受到轻微的撞击和摩擦就会发生爆炸。物理安定性差的炸药，主要的物理变化有：

① 吸湿性。在一定的外界条件下，炸药能从周围大气中吸收水分的能力称为吸湿性。例如硝铵炸药易吸湿、结块，甚至形成硝酸铵饱和溶液，降低或失去爆炸性能。

② 结块性。有些粉状的炸药在存放时失去其松散性而形成结实的块状，称为结块性。结块性与炸药的溶解度、吸湿性及存放时温度、湿度的变化等有关。结块的炸药在使用时不方便，比在松散状态下的装填密度要小，同时也会降低或完全失去其爆炸性能。

③ 改变密度。炸药的密度可分为假密度（堆积密度）、真密度（装药密度）。有些炸药在装填和存放过程中会改变密度。硝铵炸药由于湿度影响，可以使硝酸铵再结晶，改变密度。潮湿的硝酸铵甚至在外界压力不大的情况下，密度也会改变，影响其爆炸性能。

④ 分层。混合炸药由于各种成分的比重不一样，比重较大的容易下沉，使炸药成分的均匀性遭到破坏，甚至出现分层现象。

（2）化学安定性，是指炸药在保管过程中，虽受外界影响，仍然保持其化学性质不变的能力。它主要取决于炸药的化学结构和外界环境条件的影响，如受酸、碱、杂质、光照、温度、湿度的影响。例如TNT炸药在常温下不与水及强酸作用，但与氢氧化钠、氨水、碳酸钠等碱性物质及其水溶液会发生激烈反应，生成的碱金属盐极为敏感，其撞击感度几乎与雷汞和叠氮化铅类似。TNT与氢氧化钠混合，在80℃时将发生爆炸。硝铵炸药中的硝酸铵即使在常温下也会缓慢分解放出氨和硝酸，能与铅、锌、铁、铜等金属发生作用。更有害的是生成的氨气遇到水能形成氢氧化铵，它与TNT长期接触会生成极危险的物质。

（3）热安定性，是指炸药在热的作用下，其物理、化学性质保持不变的能力。炸药热安定性的好坏，是不同炸药在相同条件下比较出来的。例如特屈儿的热安定性比TNT差，但较硝化甘油的热安定性好。炸药的热安定性取决于炸药的热分解情况。

① 温度对炸药热分解速度的影响。在常温下炸药的热分解速度极慢，但当温度升高时其分解速度所增加的倍数则要比一般化学反应大，当温度升高到一定值时，可能引起自燃或自爆。一般物质的化学反应速度随温度升高而增加，温度每升高10℃，反应速度则增加2～4倍；而TNT炸药的热分解速度根据理论计算，温度由27℃升到37℃时，热分解速度增加9～18倍。可见温度对炸药热分解速度的影响远比对一般物质化学反应速度的影响要大。

由于炸药的热分解过程是放热的，释放出的热又加热于炸药本身，促使温度升高和反应速度加快。同时，分解产物中的NO、NO_2等对炸药的分解也具有催化作用，从而使炸药的分解速度更加快。因此，炸药的分解速度是相当快的。当温度升高较大时，由于热与催化的共同作用，而使分解速度更急剧加速，从而有可能导致炸药的自燃与自爆。

② 炸药的自燃与自爆。当炸药处于绝热条件下并有足够的药量时，即使环境的温度较低，也可能会发生爆炸。当炸药处于良好的绝对散热条件下，炸药的反应就不能自动加速进行。由此可见，炸药对热的得与失相比，当得处于优势地位时，炸药就能自燃或自爆；反之，则不能。

8）炸药的相容性

炸药的相容性是体系反应性的体现。当炸药（单质炸药或混合炸药）与其他物质（高聚物、金属或炸药等）混合或接触组成混合体系后，用混合体系与原来单独炸药、单独物质的反应能力的变化情况来表示体系各成分间的相容性。混合体系与原来单独物质相比，若反应能力是明显增加的，则此体系的成分是不相容的；若反应能力没有改变或变化很小，则此体系的成分是相容的。

相容性分为组成相容和接触相容两大类。混合炸药各成分间的相容性就是组成相容，亦称为内相容；炸药与接触材料间的相容性称为接触相容，也称为外相容，例如炸药与外壳材料的相容性就是接触相容。

1.3　常用炸药介绍

1.3.1　起爆药

1.3.1.1　起爆药的一般特性

在简单的起始冲量（火焰、撞击、摩擦、电热和电火花等）作用下，少量药剂就能发生爆炸变化，并能引爆猛炸药或点燃火药以及其他药剂的炸药，称为起爆药。

起爆药不同于其他炸药之处有以下几点：

（1）对简单的起始冲量敏感，即起爆药的感度大。撞击感度试验表明，雷汞的撞击感度比 TNT 大 100 倍以上。起爆药对各种形式的起始冲量（机械的、电的、热的冲量）一般都比猛炸药敏感得多。

（2）爆炸变化的速度增长很快。起爆药的爆炸变化速度比猛炸药大得多。例如，极少量的氮化铅（0.1g）点燃时几乎立即转为爆轰，而散放的 TNT 在空气中燃烧数百千克也不会爆炸。

以上两个特点决定了少量起爆药就可以在较小的外界作用下引起炸药发生爆炸变化。感度大使起爆药能在较小的外界作用下发生爆炸变化，爆炸速度增长快，能保证起爆药在较短的时间内（即药量较小时）使爆炸变化的速度增长到足以引起猛炸药发生爆炸变化的程度。

（3）大多数起爆药都是吸热化合物。在形成化合物的过程中吸收的能量愈大，则使起爆药本身所处的能量状态愈高，相对稳定性就愈差，能量就愈容易释放，因此感度就愈大，爆炸变化增长速度亦愈快。

1.3.1.2　起爆药的分类

现有起爆药可以分为两类：单质起爆药和混合起爆药。

1）单质起爆药

常用的单质起爆药有：雷汞、氮化铅、斯蒂酚酸铅、四氮烯（特屈拉辛）和二硝基重氮酚（DDNP）等。

2）混合起爆药

（1）含有一种或数种爆炸性物质的混合起爆药。例如针刺药、含雷汞的击发药和引燃药，它们主要用于装填火帽和雷管的引燃药。

（2）由非爆炸性物质组成的混合起爆药。这一类混合起爆药主要用于点火，如工程爆破用的电点火管引火药以及木柄手榴弹拉火帽中的药剂成分。

1.3.1.3 常用起爆药

1）雷汞（MF）

分子组成式为 $Hg(ONC)_2$。白色或灰白色针状结晶体。有毒，难溶于水。受潮后爆炸性能减弱，即：当含水量为10%时，只能燃烧不能爆炸；当含水量30%时，则不能燃烧。在起爆药中，雷汞的机械感度最大，火焰感度也较灵敏，遇到轻微的冲击、摩擦和火星等作用就会引起爆炸。雷汞的爆发点为170～180℃（5min）。当密度 $\rho=3.3g/cm^3$ 时，爆速为4500m/s。因为雷汞能腐蚀铝，所以装有雷汞的雷管用铜作外壳。

2）叠氮化铅（LA）

分子组成式为 $Pb(N_3)_2$，亦称氮化铅。白色粉状结晶体。不溶于水。对冲击、摩擦和热的感度比雷汞要迟钝得多，但起爆力大于雷汞。爆发点 305～345℃（5s）。当密度 $\rho=3.8g/cm^3$ 时，爆速为4500m/s。因为氮化铅与铜起化学作用，生成感度灵敏的氮化铜，所以装有氮化铅的雷管用铝作外壳。

3）斯蒂酚酸铅（LTNR）

分子组成式为 $C_6H(NO_2)_3O_2Pb \cdot H_2O$，是深黄色细粒结晶体。不溶于水。对冲击和摩擦的感度比氮化铅迟钝，但对火焰的感度比雷汞要灵敏。爆发点约为282℃（5s）。爆速为 5000m/s。斯蒂酚酸铅与金属不起化学作用。它主要用于装有氮化铅的雷管中，以保证引爆氮化铅。

4）四氮烯（THPC）

分子组成式为 $C_2H_6N_{10} \cdot H_2O$。四氮烯是四唑基胩基四氮烯水合物的简称，也称为特屈拉辛。四氮烯为带光泽的无色或带有淡黄色结晶粉末。化学纯的比重（相对密度）为1.70，堆积密度为 $0.45g/cm^3$，当压力为200MPa时，其密度可达 $1.47g/cm^3$。四氮烯实际上不溶于水，室温下100g水中溶解0.02g，也不溶于大多数的有机溶剂中，如乙醇、丙酮、乙醚、甲苯、苯、四氯化碳、二氯乙烷等。四氮烯具有碱性，能溶解于浓盐酸中。四氮烯仅略吸湿，在温度30℃、相对湿度90%的空气中，吸湿量为0.77%。四氮烯晶体表面常含有一些低分子的挥发成分，当加热到 50℃时，这些挥发物（约 0.4%）都挥发了，但四氮烯的成分无明显改变。

由于四氮烯的起爆力小，故不能单独作起爆药。针刺感度比雷汞稍大，故常用作击发药组分。四氮烯经常与斯蒂酚酸铅配合使用，以便相互取长补短。

5）二硝基重氮酚（DDNP）

分子组成式为 $C_6H_2(NO_2)_2N_2O$。二硝基重氮酚也称为二硝基重氮氧化苯，代号

DDNP。纯的二硝基重氮酚是亮黄色针状结晶。但由于制造方法、工艺条件的不同，其结晶颜色有土黄、棕黄、深棕、黄绿、紫红等各种颜色的成品。其结晶形状常有针状、片状、短柱状、梅花状等，有时亦聚合成球形。二硝基重氮酚的比重为1.63，由于晶形的不同，堆积密度为 $0.27\sim0.7g/cm^3$。生产上使用的堆积密度为 $0.55\sim0.69g/cm^3$，据报道，即使在914MPa压力下，二硝基重氮酚也不会被"压死"。二硝基重氮酚主要用在工业爆破雷管中作为起爆药。

6）D·S共晶起爆药

D·S共晶起爆药是氮化铅与斯蒂酚酸铅共晶起爆药的简称。在单质起爆药中，氮化铅的爆轰增长速度快，起爆威力大，具有良好的耐压性和安全性，是目前几种常用单质起爆药中性能优良的一种。但是它的火焰感度不足，在装配引信火焰雷管时，需在氮化铅的上面加装一层火焰感度好的斯蒂酚酸铅。这种复合装药的质量不易保证，工艺也比较复杂。为此，近年来采用氮化铅和斯蒂酚酸铅的原料，同时进行化合共同沉淀的方法，制得氮化铅—斯蒂酚酸铅二元化合物的共晶起爆药。它是利用结晶过程中晶核生成与晶体成长的机理，通过加料方法首先形成斯蒂酚酸铅（因其生长速度较慢）晶核，然后让氮化铅与斯蒂酚酸铅同时在斯蒂酚酸铅晶核上共同成长，最后生成共沉淀的结晶产物。

（1）D·S共晶产物聚合密实，无突出的棱角，颗粒大小均匀，假密度大，流散性好，既具有（不低于）氮化铅的良好起爆力，又具有（接近于）斯蒂酚酸铅的良好火焰感度。

（2）D·S共晶的爆速在相同密度下稍高于氮化铅的爆速。以羧甲基纤维素为控制剂制得的D·S共晶起爆药对黑索今的极限药量为0.02g，接近于纯度较高氮化铅的极限药量。

（3）D·S共晶在高温高湿条件下存在吸湿减量的缺点。这是由于斯蒂酚酸铅吸湿水解增加了介质的酸性，促使氮化铅在酸性介质条件下分解（放出 HN_3），从而造成减量。

D·S共晶的物化性能良好、耐压性高、静电感度低、威力与火焰感度兼备，同时简化了雷管装药工艺，为小雷管的装药提供了良好的药剂，促进雷管向小型、可靠、安全的方向发展。D·S共晶起爆药在工程火焰雷管中广泛应用。

1.3.2 猛炸药

1.3.2.1 猛炸药的一般特性

（1）爆轰是猛炸药（破坏药）爆炸变化的主要形式，高速爆轰是其最完全、最稳定的形式。爆轰时炸药的威力能得到最充分的发挥。

（2）猛炸药威力大，感度适当。猛炸药的威力，主要表现在猛炸药按单位质量计算时，其爆炸示性数（爆热、爆速、爆容）大，所以猛炸药爆炸对目标产生猛烈的爆炸作用。

（3）猛炸药的爆轰增长速度较慢。猛炸药与起爆药不同，它的爆轰增长速度较慢，即具有较长的爆轰增长期，所以大部分猛炸药在一般条件下，不能为普通的激发冲量所起爆，通常要用起爆药才能发生爆轰。对某些较钝感的猛炸药，还需要威力较大的猛炸药制成的传爆药。

由于猛炸药的威力大、感度适当，因此在军事上广泛用来摧毁敌人的军事设施和消灭敌人的有生力量，作为爆炸装药来装填各种弹药，如炮弹、火箭弹、航弹、鱼雷、水雷、地雷、爆破筒、导弹战斗部以及各种爆炸性器材。此外，猛炸药在国防工程和工业中还广泛用于开山筑路、修建隧道、兴修水利、炸毁暗礁或冰坝、疏通河道、开采矿藏、拔除树根以及爆炸加工等。

1.3.2.2 常用单质猛炸药

1）梯恩梯（TNT）

分子式为 $C_7H_5N_3O_6$。工业品 TNT 为淡黄色或黄褐色鳞片状结晶体。阳光照晒后颜色变暗，但不影响爆炸性。固态块状 TNT 的比重为 1.654～1.663；鳞片状 TNT 的堆积密度为 0.75～0.85g/cm³。

TNT 味苦有毒。吸湿性小，难溶于水。块状 TNT 可直接用于水中爆破，使用鳞片状 TNT 时要采取防水措施。对冲击、摩擦感度迟钝，枪弹贯穿不爆炸也不燃烧。在空气中点燃时冒黑烟，但不爆炸，如果数量很大并堆积在一起或在密闭的容器中燃烧，则可能由燃烧转为爆轰。

鳞片状 TNT 和压制的 TNT 药块，可用 8 号雷管起爆。注装的 TNT 药块起爆感度迟钝，用 8 号雷管不能起爆，需用压制的 TNT 药块作扩爆药。当密度为 1.6g/cm³ 时，爆速约为 7000m/s；做功能力为粉末状 TNT 时 300mL，压装 TNT 时 255mL，熔化的 TNT 时 208mL；猛度为 16mm（ρ=1.0g/cm³）。

TNT 是爆破作业中使用的主要破坏药，适用于各种材料、目标的爆破和装填炮（炸）弹以及地雷。爆炸时，产生大量有毒气体，不适用于坑道掘进作业。

常用的 TNT 有鳞片状和块状两种，其中：鳞片状的每包 1kg 或 5kg，密度为 0.70～0.85g/cm³。块状的 TNT 有 75g（高度 74mm、直径 31mm）、200g（长 103mm、宽 52mm、厚 27mm）、400g（长 103mm、宽 52mm、厚 54mm）、2.5kg 和 5kg 共 5 种规格（图 1-3），密度约为 1.6g/cm³，熔点为 80.2℃。

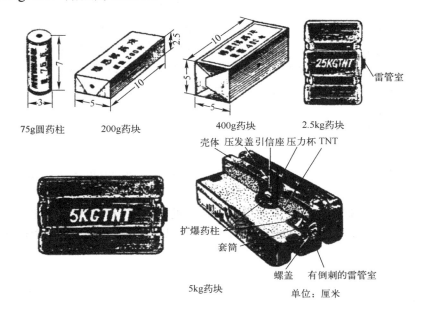

图 1-3 TNT 制式药块

2.5kg 和 5kg 的 TNT 药块主要用于炸敌坦克，也可用于爆破其他物体和目标，有塑料外壳，一端装有扩爆药柱（40～50g 钝化黑索今），并有两个雷管室。5kg 的 TNT 药块正面设有引信室，配用 59 式防坦克地雷引信，可当地雷使用。其主要战技术性能见表 1-4。

表 1-4　制式 TNT 药块主要战技术性能

项目	名称	
	2.5kg TNT 药块	5kg TNT 药块
全重/kg	2.7	5.4
药量/kg	2.5	5.0
外形尺寸/mm	135×178×88	260×178×90
发火方式	拉发	压发或拉发
威力	能炸穿中型坦克后上甲、破坏发动机	能炸穿坦克后上甲、炸断中型坦克履带

2）黑索今（RDX）

分子式为 $C_3H_6N_6O_6$。白色结晶体。无臭无味，不吸湿，难溶于水。对冲击、摩擦的感度比特屈儿灵敏。枪弹贯穿会爆炸。遇火燃烧，冒浓烟，且可由燃烧转为爆轰。爆发点为 230℃（5min）。当密度为 1.76g/cm³ 时，爆速为 8660m/s；做功能力为 480mL；猛度为 24.9mm。

黑索今的理化性能好，威力大，但是感度也大。纯黑索今主要用于雷管和导爆索的装药。在弹药中应用时，都是采用经过钝化处理的或与其他物质（炸药）组成的混合炸药，广泛应用于传爆管、小口径炮弹、聚能装药破甲弹、防坦克地雷等弹药的装药。以黑索今为主的塑性炸药、橡皮炸药、黏性炸药还可应用于某些特殊的爆破，或供特工人员使用。

3）特屈儿（CE）

分子式为 $C_7H_5N_5O_8$。淡黄色结晶体。无臭，味咸，难溶于水。对冲击、摩擦的感度较迟钝。遇火迅速燃烧，可由燃烧转为爆轰。爆发点为 195～220℃（5min）。当密度为 1.7g/cm³ 时，爆速为 7860m/s；做功能力为 410mL；猛度为 19～22mm。

过去曾经用特屈儿作雷管的次发装药以及与 TNT 熔合铸装地雷、鱼雷、航弹、手榴弹等装药。主要利用它的爆轰感度大的特点用作传爆药柱。

4）太安（PETN）

分子式为 $C_5H_8N_4O_{12}$。白色结晶体。不吸湿，不溶于水。对冲击、摩擦的感度比黑索今灵敏。枪弹贯穿会爆炸，遇火燃烧，在密闭容器中，即使数量少，也会由燃烧转为爆轰。爆发点为 225℃（5s）。当密度为 1.77g/cm³ 时，爆速为 8600m/s；做功能力为 500mL；猛度为 24mm。

太安与黑索今类似，主要用作传爆药、雷管的次发装药和导爆索的芯药。在弹药中应用时，钝化处理后应用于小口径炮弹装药，或与其他炸药（TNT）组成混合炸药使用，钝化后的太安为玫瑰色。

5）奥克托今（HMX）

分子式为 $C_4H_8N_8O_8$。属于环状硝基胺类炸药，化学名称为环四亚甲基四硝胺，或 1,3,5,7-四硝基-1,3,5,7-四氮杂环辛烷。奥克托今为无色结晶物质，有 4 种晶型（α、β、γ、 δ），彼此的比重和撞击感度不同。通常制得的奥克托今是 β 型的，它最稳定，撞击感度最小。奥克托今在没有特别说明时都是指 β 型。

奥克托今的比重为 1.96，理论最大密度为 1.90g/cm³。奥克托今的熔点为 282℃，它是一种高熔点的炸药，亦属耐热炸药。熔化时分解，密闭下分解温度为 210℃。当密度为 1.854g/cm³ 时，爆速为 8917m/s；当密度为 1.877g/cm³ 时，爆速为 9010m/s；做功能力为 486mL；猛度为 TNT 的 1.5 倍。

奥克托今的密度大、爆速高，具有良好的高温热安定性，是常规炸药中能量最高的一种炸药，是一种很有发展前途的耐热炸药，可以在 150～200℃ 温度下使用。它可用作高威力导弹及火箭战斗部、反坦克武器的主体装药，也可用作复合推进剂的组分及深井爆破装药。

6）苦味酸（PA）

分子式为 $C_6H_3N_3O_7$。化学名称为 2,4,6-三硝基苯酚。苦味酸为淡黄色和带苦味结晶，工业品一般为黄色，比重 1.81，堆积密度为 0.1～1.0g/cm³，易被压缩到 1.63g/cm³。纯品凝固点为 122.5℃，工业品为 120℃。熔化时成黄色油状物，不分解，可铸装。它的吸湿性很小，但能溶解在水中并将水染成黄色，易溶于乙醇和苯中。它在硝酸、硫酸、盐酸中都能溶解，但不起作用。苦味酸有毒，其蒸气具有很大的刺激性，但其挥发性小。当密度为 1.7g/cm³ 时，爆速为 7350m/s；做功能力为 315mL；猛度为 16mm。

过去苦味酸主要用作爆炸装药、装填地雷及其他弹药，但由于其能与金属发生作用这一严重缺点，后被 TNT 所代替，我国目前弹药中已不用苦味酸，而是把它用来作为制备二硝基重氮酚的原料。

7）硝化甘油（NG）

分子式为 $C_3H_5N_3O_9$。化学名称为丙三醇三硝酸酯。纯硝化甘油为无色透明的油状液体，工业品为淡黄色或黄褐色，其中有水珠存在时呈乳白色。15℃ 时比重为 1.6，温度越高，比重越小。凝固点为 13.2℃（不稳态凝固点为 2.2℃）。硝化甘油有甜味，其黏度比水大 2.5 倍。它不吸湿，不溶于甘油，但能溶于水。在普通温度下，它能与很多有机溶剂以及硝化乙二醇、硝化二乙二醇等任意混合。硝化甘油本身能溶解 TNT 和二硝基甲苯。硝化甘油是硝化棉的很好的溶剂和胶化剂。常温下硝化甘油挥发性小，50℃ 以上时挥发性显著增大。硝化甘油有毒，当吸入蒸汽或液体溅在皮肤上时，会引起头痛。当密度为 1.6g/cm³ 时，爆速为 7700m/s；做功能力为 520mL（1.4 倍 TNT 当量）；猛度为 24～26mm。

由于硝化甘油很敏感，所以不能单独使用。它有两个主要用途：一个是用以胶化硝化棉，以制造某些无烟火药和固体火箭推进剂；另一个是用来作胶质炸药。

8）硝化棉（NC）

分子式为 $[C_6C_7O_2(ONO_2)_r(OH)_{3-r}]_n$。硝化棉或硝化纤维素都是纤维素的硝酸酯，"硝化棉"是棉纤维素的硝酸酯。硝化棉为白色纤维状的固体物质，无臭无味，外形与原料纤维素相似。具有纤维的管状结构，比纤维素稍硬而脆，不易卷曲，撕裂时有声响，微显光泽。弹性较小，受压后不易恢复原状。硝化棉是多孔性物质，孔内充满着空气，其体积约占硝化棉的 40%。因此，没有膨润的硝化棉，其表面积可达 2000～120000cm²/g。

硝化棉的相对密度一般在1.65～1.67范围内，且随含氮量的增加而略有增大。硝化棉加热时不熔化、不蒸发（因为硝化棉的分解温度低于其软化温度），也不具有热塑性。导电性不良，含水时导电增加。干燥的硝化棉摩擦时容易产生静电，而且静电能聚集起来，所以硝化棉干燥时应有防静电措施，但是含有少量水分时，将失去这种带电性。硝化棉的吸湿性不大，比精制棉小得多，随含氮量的增加而吸湿降低。硝化棉可利用其毛细管对不同物质进行吸附。它很容易吸附一些金属离子和氧化物，因此易于染色。硝化棉不溶于冷水，也不溶于热水。这样硝化棉在安定处理过程中，可以用水长时间洗涤。它能溶于许多有机溶剂中，如丙酮、硝化甘油、乙酸乙酯、醇醚混合液、二硝基甲苯等。

工业上一般采用硝化度来表示硝化棉酯化的程度大小。1g硝化棉完全分解后放出的氧化氮气体，在标准状况下所占的体积，称为硝化度，以符号NOmL/g表示。

军用硝化棉有如下几种：

（1）1号硝化棉又称为1号强棉，简称为1号棉，硝化度在210mL/g以上，用于配制混合硝化棉。

（2）2号硝化棉又称为2号强棉，简称为2号棉，硝化度为190～198mL/g，用于配制混合硝化棉。

（3）3号硝化棉又称为3号弱棉或"N"型棉，简称为3号棉，硝化度为188～193.5mL/g，用于制造双基火药。

（4）混合硝化棉简称为混合棉，又称为混同棉，它是根据使用的要求由1号棉和2号棉按一定比例混合而成，用于制造单基火药。

（5）胶质硝化棉又称为火胶棉，硝化度为200～203.2mL/g，可单独胶化制造单基火药。

（6）胶质炸药用硝化棉又称为爆胶棉，硝化度为191～197mL/g，用于制造胶质炸药。为了防止胶质炸药冻结后析出硝化甘油，难冻胶质炸药用的硝化棉要求黏度高些（在160恩氏度以上）。

1.3.2.3 常用混合猛炸药

1) 梯黑炸药（-TT）

梯黑炸药是一种熔合炸药。它是由TNT与黑索今熔合而成的。这种炸药综合了TNT和黑索今的优点，例如：感度比黑索今迟钝，威力比TNT大；能使熔化时的黑索今注装（因为注装温度比黑索今熔点低得多）。目前，常用的有梯黑40/60（TNT:RDX=40:60）和梯黑50/50两种。

梯黑炸药为黄色或浅黄色。不吸湿，不溶于水，浸入水中72天爆炸性能良好。梯黑炸药对冲击、摩擦的感度比黑索今迟钝，比TNT灵敏。枪弹贯穿通常不爆炸也不燃烧。梯黑炸药的爆速为7700～7800m/s；做功能力为TNT的1.2～1.55倍；猛度为TNT的1.117～1.26倍。

2) 硝铵炸药

硝铵炸药是一种以硝酸铵为主要成分的混合炸药。硝铵炸药的颜色因所含成分不同而有所差别，通常为浅黄色或灰白色。爆速为3500～5000m/s；做功能力为2#岩石硝铵炸药320mL；猛度为12mm。硝铵炸药对冲击、摩擦和热的感度迟钝，遇火焰、火星不易点燃。

硝铵炸药吸湿性强，吸湿后将降低它对雷管起爆的感度，当含水量超过 3%时，则不能爆炸。潮湿后的硝铵炸药，应选择干燥的天气，将它放在阴凉通风处使之干燥。硝铵炸药由于长期存放，湿度变化以及受潮后水分蒸发等影响，易结成硬块。结块的硝铵炸药对雷管起爆的感度减弱，使用前应揉成粉末。硝铵炸药能腐蚀铁、铜等金属，当雷管插入硝铵炸药内超过一昼夜时，雷管外壳须加以防护。硝铵炸药的密度为 0.95～1.05g/cm³，可用 8 号雷管起爆。硝铵炸药通常包装成直径 3.1～3.5cm 的圆柱形药卷，有每卷 100g、150g 或 200g 三种。硝铵炸药有效保存期一般为 6 个月。常用的硝铵炸药种类与所含成分见表 1-5。

表 1-5 硝铵炸药种类与所含成分

名 称	成分/%		
	硝 酸 铵	TNT	木 粉
1 号岩石硝铵炸药	82	14	4
2 号岩石硝铵炸药	85	11	4
1 号露天硝铵炸药	82	10	8
2 号露天硝铵炸药	86	5	9

3）含水炸药

含水炸药包括浆状炸药、水胶炸药和乳化炸药，特点是把水当作炸药的一种主要组分。

（1）浆状炸药。

浆状炸药是以硝酸盐为氧化剂，以火炸药金属粉等为敏化剂，并加入可燃剂、胶凝剂、交联剂而制成凝胶状的含水炸药。它是一种悬乳态的过饱胶凝态浆状混合物（因而取名"浆状"），其中含有过剩的固体颗粒和各种可爆或易燃物质。它是用饱和氧化剂（主要是硝酸铵）水溶液作为连续相（外相），把过量的固体氧化剂和敏化剂以及燃料等分散于其中而制成的。炸药敏化的浆状炸药是最初的产品，其基本配方为：硝酸铵 29.9%～65.0%；TNT 21.5%～55.6%；水 12.4%～14.5%。

浆状炸药的外观为黏稠均匀的胶状体，药卷密度为 1.25～1.30g/cm³，爆速为 2000～4800m/s，在水深 10～20m 处放置 6h 失重在 3%～10%，有效期为 3～180 天。一般用聚乙烯塑料袋包装。

浆状炸药密度可调，价格较低，抗水性较好，但其起爆感度较差，一般雷管不易直接起爆，使用时需用起爆药柱或起爆具起爆。浆状炸药可用于中硬岩石爆破工程，抗水性能较好，可用于水下爆破。

（2）水胶炸药。

水胶炸药是以硝酸盐为氧化剂，以硝酸甲胺为主要敏化剂，加入可燃剂、胶凝剂、交联剂等制成的凝胶状含水炸药。水胶炸药的密度为 1.05～1.25g/cm³；爆速为 4000m/s；做功能力≤300mL；猛度≤15mm；有效期为 12 个月。

水胶炸药是浆状炸药的发展，二者属于同一性质的体系，一般来讲，水胶炸药的交联程度更好，因而使用有效期更长。水胶炸药采用的是水溶性胶凝剂和敏化剂（因而取名"水胶"），炸药密度可调，具有较好的抗水性，可用雷管直接起爆。

按用途不同，水胶炸药分为岩石水胶炸药、露天水胶炸药和煤矿水胶炸药三种。其中，岩石水胶炸药适用于无沼气和无矿尘爆炸危险的爆破工程，特别适用于有水工作面的爆破作业。它有 SHJ-K1（K2）、硝酸甲胺 101（102）、岩石水胶炸药等数种产品。岩石水胶炸药有药卷和散装两种包装。药卷规格有直径 25mm、32mm、35mm、45mm、65mm、75mm、80mm、90mm、100mm、110mm、130mm、175mm 和 190mm 共 13 种，其药量按用户要求确定。

（3）乳化炸药。

乳化炸药是以含氧无机盐水溶液为水相、以矿物油和其他可燃剂为油相，经乳化和敏化制成的乳胶状含水炸药。乳化炸药是黏稠的膏状体，有良好的抗水性和传爆性能。小药卷可用 8 号雷管直接起爆。乳化炸药按用途可分为岩石乳化炸药、煤矿乳化炸药和露天乳化炸药三种系列。

岩石乳化炸药分为药卷和散装两种包装规格。药卷由不小于两层的防潮纸筒或塑料薄膜装药密封制成，药卷的直径和质量见表 1-6。

表 1-6　乳化炸药药卷的直径和质量

直径/mm	25±1	28±1	32±1	35±1	45±1	60±1	130±1
净质量/g	135±3	150±3	200±5	210±5	500±20	1000±20	5000±30

岩石乳化炸药的技术指标如下。一级：密度 1.0~1.3g/cm³；爆速≮3000m/s，做功能力≮280mL；猛度≮12mm；有效期 6 个月。二级：密度 1.0~1.3g/cm³；爆速≮4500m/s，做功能力≮320mL；猛度≮6mm；有效期 6 个月。

水胶炸药与乳化炸药都是含水炸药，它们组分的共同特点是都含有较多的水（约10%），但是它们的结构原理却是大不相同的。水胶炸药中的水是靠胶凝剂和交联剂"胶合"的，而乳化炸药的水是靠油和乳化剂包覆的。因此，二者在组成上存在差异，在水胶炸药的组分中一定有胶凝剂和交联剂，而在乳化炸药的组分中一定有油和乳化剂。

4）高聚物黏结混合炸药

高聚物黏结混合炸药简称为高聚物黏结炸药，是 20 世纪 40 年代发展起来的新型混合炸药，在炸药应用上是一个重大的发展。这类炸药可以达到很高的能量密度，并有相当好的物理稳定性和良好的力学性能、机械加工性能及成型性能。由于高聚物的加入，配方可以设计出各种物理性态，如塑态、流态、泡沫态、弹性态、黏性、高密度、高强度等，从而扩大了炸药的应用范围。

高聚物黏结炸药按爆炸性能分类，可分为高爆速（高爆压）、高威力、低爆速、一般猛炸药等类型；按物理性态分类，可分为高密度、高强度、塑性、挠性、黏性、弹性、泡沫（低密度）等类型；按装药成型工艺分类，可分为压装型、铸装（包括压注）型、塑态型、热固型、热塑型、溶胀型等。

高聚物黏结炸药一般由主体炸药、黏结剂、钝感剂、助剂（固化剂、增塑剂、防老剂、脱模剂、染色剂、表面活性剂等辅助添加剂）等组成。高聚物黏结炸药的种类很多，下面简要介绍塑性炸药、挠性炸药和黏性炸药。

（1）塑性炸药。

塑性炸药是在一定温度范围内具有塑性的一类高聚物黏结混合炸药。它可以用手工装填，主要用于军事工程爆破和碎甲弹装药。塑性炸药有良好的塑性，炸药与目标物能紧贴，并适应其形状，所以爆炸直接作用的效果显著提高。

塑性炸药是柔软可塑的固体，主要成分是黑索今或奥克托今等，有塑-1、塑-2、塑-4、塑-10、塑-6-1和爆胶等。现介绍其中两种常用的塑性炸药。

塑-1 呈白色或微黄色，吸湿性小。在-10℃～+60℃之间保持可塑性，可根据需要做成各种形状。对冲击、摩擦的感度比 TNT 灵敏。用 8 号雷管可起爆。威力为 TNT 的 1.23 倍。热安定性较好。枪弹贯穿不燃烧不爆炸。当密度 ρ=1.64g/cm^3 时，爆速为 8280m/s。此种炸药可用于装填地雷、破甲弹及复杂弹体等，可染成各种颜色供特工人员爆破使用。

塑-4 呈白色或微黄色，吸湿性小，可塑性好，在-40℃时仍有良好的塑性。威力为 TNT 的 1.23 倍。对冲击、摩擦的感度比塑-1 炸药灵敏。用 8 号雷管可起爆。当密度 ρ=1.66g/cm^3 时，爆速为 8159m/s。其用途同塑-1 炸药。

（2）挠性炸药。

在高聚物黏结炸药中，近些年来，发展最快的是挠性炸药。挠性炸药能量较高，感度及安定性良好，常温下通过模具可形成固定的形态，在一定温度范围内保持挠性，故称挠性炸药，它是一种能满足特种需要的高聚物黏结炸药。挠性炸药是与塑性炸药相似而又有区别的一种炸药。它具有良好的可曲挠性、一定的弹性、弯曲时不断不裂、保持形状稳定和传爆可靠等优良性能，所以在军事上有广泛的用途。此外，挠性炸药还可用于高强度的金属加工等爆炸加工领域中。

挠性炸药由炸药、黏结剂、增塑剂、附加剂等组成。挠性炸药多是满足特种用途的，有耐热的，有抗水的，有较高强度的等。挠性炸药的品种很多，主要有耐热挠性炸药（塔考特耐热挠性炸药、六硝基芪耐热挠性炸药、耐热1#炸药、411耐热炸药等）和抗水挠性炸药（橡皮炸药、弹性炸药等）。挠性炸药的密度为 1.396～1.729g/cm^3，爆速为 6560～8289m/s。它主要用于导弹、火箭、超音速飞机的控制器抛掷装药、水下爆破、某些军事爆破和特种爆破。

（3）黏性炸药。

黏性炸药是一种黏性很大的炸药，其主要成分是黑索今（80%～83%），主要用于特种爆破。黏性炸药的爆速为 6953～7234m/s，做功能力为 TNT 的 1.129～1.138 倍，猛度为 TNT 的 0.883～1.017 倍。

5）液体炸药

液体炸药是在一定温度下（通常指常温）呈液态的炸药。分为单质和混合两大类。液体炸药的特点是装药密度均匀、流动性好、便于输送装填，可用于掩体爆破、水下爆破和装填弹丸。

（1）硝基甲烷。

硝基甲烷的分子式为 CH_3NO_2，分子量为 61.04。它是一种挥发性的无色液体。沸点 101.2℃，熔点-29℃。它的比重与温度有关，温度为 10℃、25℃、40℃时的比重分别为

1.1490、1.1287、1.1080。比热容为 8.66kJ/(mol·℃)。

硝基甲烷能溶于水（20℃约溶 9%），自身能溶于水 2.2%。它几乎能与所有的有机液混合，是许多有机物和无机物的良好溶剂。

硝基甲烷的生成热为 113.1kJ/mol（液态）和 74.7kJ/mol（气态），蒸汽热为-37.2kJ/mol（45.3℃），燃烧热为 708.8kJ/mol，撞击感度为 0～8%，爆速为 6600m/s，铅铸扩孔值为 345cm³。

需要强调的是，硝基甲烷有毒。

（2）四硝基甲烷。

四硝基甲烷的分子式为 $C(NO_2)_4$，分子量为 196.04。它是一种重的油状液体，相对密度 1.65，凝固点 3℃，沸点 126℃，沸腾时不分解。它不溶于水，溶于醇、乙醚、丙酮、苯、甲苯、硝基苯及硝基甲苯，是一种挥发性物质，有类似于二氧化氮气体的气味。

纯四硝基甲烷是一种低威力的炸药，对撞击和其他冲量的感度低。爆轰性能的计算值是：爆热 2427kJ/kg，爆温 2900℃，爆容 670L/kg，爆速 6300m/s。

（3）硝酸—硝基苯液体混合炸药。

浓度为 98%的工业硝酸和浓度为 98%工业硝基苯，以 72∶28 的质量比配成的液体混合炸药具有良好的爆炸性能，平时可代替一般工业炸药，战时可作代用炸药，曾经被用于塑料壳防坦克地雷的效应试验。

它在常温下为棕色透明液体，有明显的硝酸和硝基苯气味，比重为 1.428（19℃），常温下有二氧化氮逸出，在光热作用下加剧，能吸收空气中水分。逸出气体和吸收水分均会使炸药中硝酸和硝基苯分层，而使其失去爆炸性能。在开口或闭口的容器中长期存放，无自爆现象。对金属有腐蚀性。爆速约为 7400m/s，猛度（铅铸压缩）为 29mm，爆热为 6096kJ/kg，撞击感度（锤重 10kg，落高 1000mm）为 4%～10%，此时 TNT 爆炸百分数为 36%，威力为 TNT 的 131%。

（4）肼类液体混合炸药。

肼类液体混合炸药的主要组成为：硝酸肼（$N_2H_5NO_3$）61.6%，高氯酸肼（$N_2H_5ClO_4$）12.1%，肼（N_2H_4）21.6%，氨（NH_3）2.2%等。它是一种透明的液体，相对密度 1.39（20℃），体积及蒸气压随温度变化不大。它随着温度的下降逐渐变稠，以至于失去流动性，变成透明黏胶状或白色固体，但其爆炸性能（爆速、猛度）反而比液态时有所提高。热安定性较好，75℃下加热 100h 组分变化不大，这时爆速及猛度有所提高。对铜、铁有一定的腐蚀性。

它的爆速为 8680m/s，猛度为 9.6mm（10g），做功能力为 349mL，爆发点为 250℃（5s），撞击感度为 27%，极限直径为 4mm，用 8 号雷管直接引爆，可完全爆轰。

6）燃料空气炸药（FAE）

燃料空气炸药（FAE）是由燃料和空气构成的一种特殊的混合炸药。燃料本身可以是气体（如瓦斯，主要成分是甲烷气体）、液体（如常温常压下呈液态的环氧乙烷或环氧丙烷）或固体（如煤粉、铝粉等）。燃料与空气中的氧以适当比例均匀混合后，经引爆即可产生爆轰，液体燃料—空气炸药是目前燃料空气炸弹的主要装药类型，气体燃料在实际使用中通常也压缩成液态来使用。目前，主要采用的液态燃料有环氧乙烷、环氧丙烷、过氧化乙酰、二硼烷、二甲肼、甲烷、硝酸丙酯等。目前，FAE 已发展到第三代（形成云雾后可自动爆轰）。

FAE 的爆速通常不超过 3000m/s，虽然较猛炸药低得多，但可散布成较大的云雾区，产生很大的爆热（如环氧乙烷 FAE 的爆热达 24727kJ/kg，是 TNT 爆热当量的 5.42 倍）及较高的峰值超压（可达数兆帕），且边缘压力降衰减少，作用时间长，故能形成更大的有效作用面积。例如 1kg 环氧乙烷燃料空气炸药产生 2.7～5.0kg TNT 的爆轰效应。

FAE 具有如下特点：燃料在使用时被抛散成云雾，其比重大于空气，能自动向低处流动；FAE 呈面分布爆炸，用于扑灭大面积火灾特别有效。

FAE 与一般的固体炸药不同，它本身不含氧，必须借助于空气中的氧方可爆炸，即 FAE 爆炸时能燃尽爆区内的氧，从而具有窒息作用。

1.3.3 火药

火药可分为有烟火药和无烟火药。黑火药属于有烟火药，发射药属于无烟火药。

1.3.3.1 黑火药

黑火药通常由硝酸钾 75%、硫磺 10%、炭粉 15%混合而成，有粉状和颗粒状两种。良好的粉状黑火药为均一的黑灰色粉末，颗粒状的为具有光泽的灰黑或黑色颗粒。

黑火药遇火焰、火花很容易引燃。遇雷电打击、枪弹贯穿都会立即引起爆炸。少量黑火药在点燃时只会燃烧，在密闭条件下或数量大时，则会由燃烧转为爆轰。爆发点为 300℃（5s）。

黑火药的吸湿性强，允许最大含水量为 1%，当含水量超过 2%时，则失去引燃能力。潮湿的黑火药干燥后，析出硝酸钾，其爆炸威力变弱。

黑火药可用火花点火。其燃速取决于火药成分、外部压力及火药密度等。随着外部压力的升高，黑火药的燃烧速度会增快。若将黑火药装在坚硬的外壳或填塞良好的药孔内，用雷管或扩爆药起爆，可增大破坏作用。

黑火药用作导火索芯药和用作延期药。

1.3.3.2 发射药

它是由硝化棉与溶剂混合加工而成的，主要用作枪弹、炮弹的发射药和火箭的推进剂。

1）发射药的标识

火药一般采用分式和数字表示药形和相应尺寸，采用文字表示增加的成分。

（1）单孔或多孔粒状药用分式表示。分母表示药粒的孔数，分子表示药粒燃烧层的近似厚度，以 1/10mm 为单位；带花边的七孔粒状药可在分数后加"花"字。例如，"4/1"表示为单孔粒状药，燃烧层厚度近似 0.4mm；"5/7 花"表示 7 孔、带花边的粒状药，燃烧层厚度近似 0.5mm。

（2）片状或带状药用数字及"－"和"×"分别表示近似厚度、宽度和长度。厚度以 1/100mm 为单位，宽度、长度以毫米（mm）为单位。例如，"10-1×1"表示厚度约为 0.1mm、宽度和长度约为 1mm 的片状药。

（3）多气孔药用"多"字表示，并在横线后加入硝酸钾为硝化纤维素干量的百分数。例如，"多-45"表示在胶化时加入约 45%的硝酸钾制成的多气孔药。

（4）管状药用分式和分式后横线及数字表示药管长度，以厘米（cm）为单位。例如，"18/1-46"表示药管为单孔，燃烧层厚度近似 1.8mm，药管长 46cm。

（5）当硝化棉含量不同或含有其他附加物时，在上述标识之后，还分别加文字标示之。例如，用樟脑钝感处理过的药，在标识后加"樟"字；用石墨光泽过的药，在标识后加"石"字。

2）发射药的种类

（1）单基发射药用作枪弹发射药或炮弹发射药。主要成分为硝化棉（占90%以上），它是发射药的能源。其次是乙醇、乙醚的混合溶剂，它的作用是使硝化棉具有塑性而易于成型。还有少量的二苯胺、石墨、樟脑等，以便起到钝感、光滑、消焰作用。

（2）双基发射药主要用作小型火箭的发射药。它的主要成分是硝化棉，约占50%～60%。其次是硝化甘油，约占25%～30%，它起到溶剂和能量的双重作用。还有爆炸性成分二硝基甲苯，约占10%。根据其附加成分的不同，双基发射药区分为双石-2、双芳镁-2、双芳镁-3、双铅-1、双铅-2等。例如，附加石墨（约0.5%）的称为双石-2；附加氧化镁（约2%）的称为双芳镁；附加氧化铅（约1%）的称为双铅-2等。这些附加物是燃烧催化剂。

（3）多基发射药是硝化棉与两种或两种以上的能量成分组成的火药。例如，由硝化棉、硝化甘油、硝化二乙醇胺组成的称为三基发射药。三基药中使用的溶剂是固体物质或不挥发性液体。

（4）改性双基发射药是从双基发射药演变而来的一种固体发射药。其成分以双基发射药为主体并以双基发射药为溶剂，加入氧化剂（如过氯酸铵）、高能添加剂（如铝粉）或高能炸药（如黑索今）组成。

3）发射药的性质

（1）外观为稍光滑的固体物质。其颜色因附加成分不同而有差异，通常是灰黑色或棕色。火箭用发射药一般是柱状，有无孔药柱、单孔药柱、多孔药柱和星形药柱等。

（2）发射药的密度一般在 1.57～1.70g/cm³。

（3）发射药的火焰感度灵敏，接触明火立即燃烧。

（4）发射药的机械感度比 TNT 灵敏，起爆感度比 TNT 迟钝，用 8 号雷管不能引起爆轰，用扩爆药可以引起爆轰，爆速约为 6000m/s。

1.4 火工品与爆炸系列

火具是火工品的一部分，用于引燃或起爆炸药。常用的火具有火雷管、电雷管、导火索、导爆索、拉火管和导火索点火具等。

1.4.1 火工品

1.4.1.1 8号火雷管

8 号火雷管用于导火索点火时起爆炸药或导爆索。外壳用铜或铝制成。内装加强帽、绸垫、起爆药和高级炸药，全长 4.5cm，外径 0.68cm，见图 1-4。

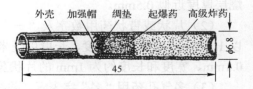

图 1-4 火雷管的构造（单位：mm）

火雷管遇冲击、摩擦、加热或火花，都可能引起爆炸。受潮后容易失效。

为了避免拒爆和发生意外,凡雷管有裂口、压损不能插入导火索,内壁粘有起爆药粉或管体生锈等现象都不宜使用。

1.4.1.2 8号电雷管

8号电雷管用于电点火时起爆炸药和导爆索。按发火时间分为瞬发的和延期的;按其桥丝材料分为镍铬的和康铜的等。其中,瞬发电雷管由火雷管、电引火头(引火药、电桥丝、脚线)及密封塞等构成(图1-5)。当电流通过电桥丝时,电桥丝炽热引燃引火药,使火雷管爆炸。

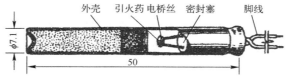

图1-5 瞬发电雷管的构造(单位:mm)

电雷管的主要性能参数如下。

(1)电雷管电阻 R_d:电雷管的全电阻,包括桥丝电阻和脚线的电阻,单位为欧姆(Ω),军品电阻为 $1.3\sim2.3\Omega$。

(2)最大安全电流 I_a:电雷管输入恒定的直流电,在较长的时间(5min)作用下,电雷管都不会爆炸的最大电流,单位为安培(A)。军品电雷管 I_a 为 0.05A。

(3)最小发火电流 I_f:电雷管输入恒定的直流电都能使电雷管爆炸的最小电流,单位为安培(A)。军品电雷管 I_f 为 0.24A,民品大小不一。

(4)电雷管的爆炸作用时间 τ:电雷管从开始输入电能起至雷管爆炸止所需要的时间,单位为秒(s)。它包括两部分:电雷管的发火时间(电雷管从开始输入电能起到雷管桥丝发热引燃引火头上的引火药止所需时间,用 t_θ 表示)与传导时间(从引火药发火至雷管爆炸为止所需时间 t_C),即 $\tau=t_\theta+t_C$。

(5)电雷管的发火冲能 K:根据焦耳—楞次定律,当桥丝电阻一定时,桥丝的发热量与电流 I 的平方和通电时间 t 的乘积成正比。恰能使引火头发火的乘积 I^2t 称为发火冲能(或引燃冲能),单位为 $A^2 \cdot ms$。发火冲能 K 与电流强度有关,因为电流强度小则相对来说热损失就大,这样发火冲能也就大,热损失与很多因素有关,在电发火的结构和材料固定后,发火冲能随电流的增大而减小,最后趋于一个定值——最小发火冲能 K_0。最小发火冲能的倒数称为电雷管的感度 S,即 $S=1/K_0$。

军用瞬发电雷管的主要性能参数见表1-7。

表1-7 军用瞬发电雷管的主要性能参数

桥丝种类	单个雷管的起爆电流/A	最大安全电流/A	雷管的电阻/Ω
康铜	1	0.05	0.7～1.75
镍铬	0.6	0.05	1.8～2.7
			2～4

1.4.1.3 延期电雷管

秒延期电雷管由火雷管、导火索、电引火头、排烟孔及密封塞等构成(图1-6),用于在同一点火线路中逐次起爆药包或药块。延期时间分为 4s、6s、8s、10s、12s、14s 等,在包装盒上有注明。

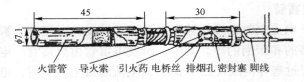

图 1-6 秒延期电雷管的构造(单位:mm)

使用前需用欧姆表检查电雷管能否通电,若不通则不能使用。可用 205 型或 205-1 型欧姆表进行测量。检查时,应将电雷管放在防护物的后面或埋入土中 10~15cm,以防危险。

毫秒延期电雷管的构造与秒延期电雷管基本相同,它由火雷管、延期药、电引火头及密封塞等构成。延期时间及其规格见表 1-8。

表 1-8 国产毫秒延期电雷管的延期时间及其规格

段别	第一系列延期时间/ms	第二系列		第三系列延期时间/ms	第四系列延期时间/ms	第五系列延期时间/ms
		延期时间/ms	脚线颜色			
1	<5	<13	灰红	<13	<13	<4
2	25±5	25±10	灰黄	100±10	300±30	10±2
3	50±5	50±10	灰蓝	200±20	600±40	20±3
4	75±5	75	灰白	300±20	900±50	30±4
5	100±5	110±15	绿红	400±30	1200±60	45±6
6	125±7	150±20	绿黄	500±30	1500±70	60±7
7	150±7	200	绿白	600±40	1800±80	80±10
8	175±7	250±25	黑红	700±40	2100±90	110±15
9	200±7	310±30	黑黄	800±40	2400±100	150±20
10	225±7	380±35	黑白	900±40	2700±100	200±25
11		460±40	用标牌	1000±40	3000±100	
12		550±45	用标牌	1100±40	3300±100	
13		650±50	用标牌			
14		760±55	用标牌			
15		880±60	用标牌			
16		1020±70	用标牌			
17		1200±90	用标牌			
18		1400±100	用标牌			
19		1700±130	用标牌			
20		2000±150	用标牌			

1.4.1.4 导火索

导火索用于引爆火雷管或引燃黑火药。它由芯线、芯药(黑火药)及数层棉线和纸包缠而制成(图 1-7)。常用导火索表皮为白色,外径 5.2~5.8mm,每卷 50m。

第 1 章　爆炸及炸药基础知识

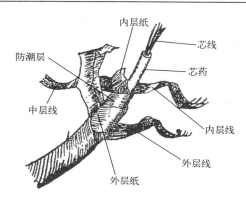

图 1-7　导火索的构造

导火索的燃速每秒约 1cm。防水性能良好，两端密封，放入 1m 深的常温静水中，经 5h 不失去燃烧性能。芯药受潮即失效。

导火索使用前应仔细检查，如果发现有折断、松散、油浸、沥青渗出、受潮（芯药潮湿、表皮发霉）等现象则不能使用。导火索燃烧是否良好，可切取 60cm 做试验，其燃烧时间在 60~75s 为正常，水中使用时燃速稍快。

1.4.1.5　导爆索

导爆索主要用于同时起爆数个药包或药块。它由芯线、芯药（黑索今）及数层棉线和纸包缠而制成。其表皮为红色，以区别于导火索；外径 5.2~6.0mm，每卷 50m。

导爆索用雷管起爆，爆速不小于 6500m/s。导爆索受到摩擦、撞击、枪弹贯穿和燃烧时，都易引起爆炸。它的防湿性能良好，两端密封，放入 0.5m 深的常温静水中，经 24h 不失去爆炸性能。

使用前须检查外表有无破裂、折断、受潮等现象，并切取一段进行试爆，传爆良好即可使用。

1.4.1.6　导爆管

导爆管是塑料导爆管的简称，亦称为 NONEL 管。它是导爆管起爆系统的主体元件，用来传递稳定的爆轰波。

导爆管是一根内壁涂有薄层炸药粉末的空心塑料软管，其结构如图 1-8 所示。普通导爆管的管壁呈乳白色，管芯呈灰或深灰色。颜色可不均匀，但不应有明暗之分。管心是空的，不能有异物、水、断药和堵死孔道的药节等。

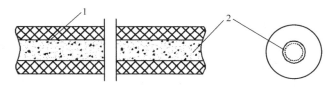

图 1-8　导爆管结构
1—塑料管壁；2—炸药药粉。

（1）管壁材料。导爆管的管壁材料为高压聚乙烯塑料或能满足要求的其他热塑性塑料。

29

(2）尺寸。导爆管尺寸与其品种有关，普通型号导爆管的外径约 3mm，内径约 1.4mm。

（3）装药。涂在导爆管内壁的炸药粉末的组分为奥克托今或黑索今与铝粉的混合物，理论质量比为 91:9，可适当加入少量的工艺附加物（如石墨等）。

（4）药量为 13～18mg/m（通常取 16mg/m）。

导爆管的性能包括爆轰性能、起爆性能、耐火性能、耐静电性能、高低温性能、抗撞击性能、传爆安全性能和抗拉强度等。

1）爆轰性能

导爆管传播的讯号是爆轰波。导爆管中传播的爆轰波的速度为导爆管爆速。普通导爆管的爆速为 1950m/s 或 1650m/s。

当导爆管受到一定强度冲击形式的激发冲量作用时，管壁强烈受压（侧向起爆时）或管内腔受到激发冲量的直接作用（轴向起爆时），使管内壁的混合物粉涂层表面产生迅速的化学反应，反应放出的反应热一部分用来维持管内的温度和压力，另一部分用来使余下的药粉继续反应。反应产生的（中间）产物迅速向管内扩散，与空气混合后再次产生剧烈的反应。爆炸时放出的热量和迅速膨胀的气体支持前沿冲击波向前稳定传播而不致衰减，同时前移的冲击波又激起管壁上未反应的药粉产生爆炸变化，这个过程的循环就是导爆管稳定传播的过程。导爆管的爆轰传播时，管内有一道白光，而且还有一个发光特别强的光点向前移动。利用光点移动的特性，可用光电法测定爆速。

在采用雷管侧向起爆导爆管时，雷管爆炸产生的外壳破片及底部射流的速度高于导爆管的爆速，对导爆管的起爆有一定的影响。金属壳雷管破片会切断未爆的导爆管或嵌入未爆导爆管堵住空腔阻止爆轰波的传播。雷管底部的轴向射流会使正对雷管底部的导爆管击穿或击断，影响爆轰波的传播。在雷管上包上胶布，可起到防止破片伤害及干扰射流的作用，确保雷管侧向起爆的可靠性。

在侧向起爆时，加强连接件的强度或捆扎的强度，有利于提高雷管爆炸产生的高速冲击载荷对导爆管的作用，有利于提高起爆概率。例如在簇联法（简易联接法）中，用 5 层胶布包扎时只能可靠起爆 8 根导爆管，而用聚丙烯带包扎时则可起爆多达数十根。

导爆管的传爆距离不受限制，6000m 长的导爆管起爆后可一直传爆到底，实践表明导爆管的爆速没有因传播距离的增长而变化。

环境的湿度和真空度对导爆管的传播没有影响。导爆管的打结对导爆管的传爆有影响。试验表明，若同一支路上的导爆管只打一个结，则打结后的导爆管的爆速将降低，而且在打结处管壁容易产生破裂；若打上两个或两个以上的死结，则打结后的导爆管将会产生拒爆。导爆管的中心孔被堵塞时也会产生拒爆。若导爆管内的药粉分布不匀而堆集成药节，则可能把导爆管炸裂或炸断。导爆管 180° 对折时，可使爆速降低，同时还会导致起爆雷管延期秒量的波动，致使微差爆破时产生不应有的跳段现象。导爆管对折严重时也会产生拒爆。导爆管管壁的破损，如破洞、裂口等，会影响导爆管的传爆，致使爆速降低，当破洞直径或裂口长度大于导爆管内径时，就会产生拒爆现象。有破洞或裂口的导爆管在水中应用时也会产生拒爆现象。导爆管中渗入异物时，也会影响传爆。少量的水、泥沙会导致爆速产生波动，当导爆管中含有 3～5mm 长的水时，就会产生拒爆。为防止异物的侵入，可用明火烧软导爆管端口，然后用手捏合封闭。

导爆管的传爆对其管壳是无损的,即爆轰波在管内传播时管壁完好无损,即使偶尔出现管壁破洞也不会对人体产生损害,在装有电子仪器的仓里工作时不会产生干扰。

2) 起爆性能

只有一定强度和适当形式的外界激发冲量才能激起导爆管产生爆轰。

热冲量对导爆管的作用不能在管中实现稳定传播的爆轰波,因此拉火管、导火索和黑火药、点火器等点火只产生热冲量(产生火焰但不产生冲击波)的器材不能起爆导爆管。

其他一切能使导爆管内产生冲击波的激发冲量均有可能起爆导爆管。雷管、火帽、导爆索、炸药包、电火花等都能起爆导爆管。一般的冲击不会起爆导爆管,但是步枪、机枪的射击曾引起导爆管的爆轰。

导爆管能否被起爆,取决于本身性能、激发冲量的强度及其他约束条件等。与炸药爆轰的激发一样,导爆管起爆后也有一段爆轰增长期。这个距离通常为 30~40cm。

导爆管的起爆分为轴向起爆和侧向起爆两种。轴向起爆通常用电火花或火帽冲能在导爆管端部内腔中直接起爆混合药粉。这种起爆比较直接,其起爆概率主要与激发强度和药粉感度有关。侧向起爆时,外界激发冲量先作用在导爆管外侧,再通过塑料管壁后方去起爆管内装药。这种起爆比较间接,其起爆概率除与激发强度和药粉感度有关,还与管壁条件和连接条件有关。

侧向起爆具有正向起爆与反向起爆特性。通常反向起爆(激发冲量传播的方向与导爆管的传播的方向相反)的可靠性比正向起爆的可靠性差,其拒爆率可达 5%。

3) 耐火性能

导爆管受火焰作用不起爆。明火点燃导爆管一端后能平稳地燃烧,没有炸药粒子的爆炸声,但能在火焰中见到许多亮点。

4) 耐静电性能

导爆管在电压 30kV、电容 330μF 的极端条件下作用 1min 不起爆。这说明导爆管具有耐静电的性能。在制造过程中,导爆管管壁的静电电压也可达到 30kV 以上,但其静电荷多集中在管外壁。实验证明,导爆管外壁受到高压放电火花的作用时不会被起爆,当内腔受到高压放电火花作用时就会被起爆。但是,由于导爆管壁为绝缘塑料,在运输和使用过程中仍会产生静电,这毕竟是不安全因素,特别是在导爆管与雷管组合时,静电火花从导爆管的管口起爆雷管,那是相当危险的。因此,导爆管在保管和运输过程中端部一定要封口,以防止静电对管腔的作用。

5) 高低温性能

导爆管在+50℃、-40℃时起爆、传爆可靠。温度升高时导爆管的管壁变软,爆速下降。在 80℃下传爆时管壁容易出现破洞。

6) 抗撞击性能

在立式落锤仪中锤的质量为 10kg,落高 150cm,侧向撞击导爆管时,导爆管不起爆。汽车碾压只能使导爆管破损而不起爆,但步枪、机枪射击时,导爆管有时会起爆,即:低速撞击一般不会使导爆管起爆,而高速冲击就有可能使导爆管起爆。

7) 传爆安全性能

导爆管的侧向或管尾泄出的能量不能起爆散装的太安炸药,但是这种泄出能量如果适当集中,则有可能直接起爆低密度高敏感的炸药。

8)抗拉强度

导爆管的抗拉强度在+25℃时不低于 70N,+50℃时不低于 50N,-40℃时不低于 100N。尽管导爆管具有一定的抗拉强度,在敷设导爆管网路时,还是应尽量避免使导爆管受力。导爆管受力被拉细时,管内的药层将断开,药层断开的距离愈大对导爆管的传爆愈不利。实验表明,在常温下,当拉力小于 40N 时,导爆管变细,但爆速变化不大;当拉力大于 50N 时,爆速降为 1000m/s 左右;当拉力大于 60N 时,爆速降为 900m/s 以下。

1.4.1.7 导爆管雷管

导爆管雷管是专门与导爆管配套使用的一种雷管,它是导爆管起爆系统的起爆元件。导爆管雷管由导爆管、封口塞、延期体和火雷管组成,根据延期体延期时间不同,现在生产的导爆管雷管主要有以下四种:

(1)瞬发导爆管雷管。

(2)毫秒(MS)导爆管雷管。

(3)半秒(HS)导爆管雷管。

(4)秒(S)延期导爆管雷管。

导爆管雷管是由导爆管中产生的爆轰波引爆的,而导爆管可用电火花、火帽等引爆。导爆管雷管具有抗静电、抗杂散电流的能力,使用安全可靠,简单易行,目前主要用于无沼气粉尘爆炸危险的爆破工程。

导爆管雷管的抗拉强度为 20N。

导爆管雷管分抗水型与非抗水型两种。前者要求在 20m 水深中浸水 24h 性能合格,后者要求在 1m 水深中浸水 8h 性能合格。

几种导爆管雷管的结构示意如图 1-9 所示,其结构特征如表 1-9 所列,其延期时间如表 1-10 所列。

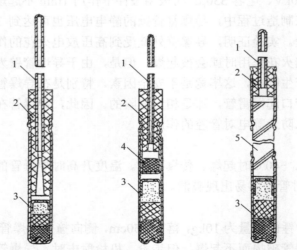

(a)瞬发导爆管雷管　(b)毫秒(半秒)导爆管雷管　(c)秒延期导爆管雷管

图 1-9　导爆管雷管结构示意图

1—导爆管;2—封口塞;3—火雷管;4—延期管;5—延期体。

表 1-9 导爆管雷管的结构特征

雷管号数	瞬 发		毫秒（半秒）		秒延期	
	8	8	8	8	8	8
结构型式	平底	凹底	平底	凹底	平（导火索）	凹（延期体）
外径/mm	7.1	7.1	7.1	6.9～7.1	7.1	6.9
长度/mm	40	40	58～60	58～60	40	59
外壳材料	钢	其他金属	钢	其他金属	钢	其他金属

注：其他金属指铝、钢、铜、覆铜钢

表 1-10 导爆管雷管的延期时间

段别	毫秒导爆管雷管延期时间/ms	半秒导爆管雷管延期时间/s	秒延期导爆管雷管延期时间/s	
			延期体型	导火索型
1	0	0	0	1.5
2	25	0.5	1	2.5
3	50	1.0	2	4.0
4	75	1.5	3	6.0
5	110	2.0	4	8.0
6	150	2.5	5	10.0
7	200	3.0	6	
8	250	2.5	7	
9	310	4.0	8	
10	380	4.5	9	
11	460			
12	550			
13	650			
14	760			
15	880			
16	1020			
17	1200			
18	1400			
19	1700			
20	2000			

1.4.1.8 拉火管

拉火管主要用于点燃导火索。它由火帽、管体（纸或塑料）、拉火金属丝、倒刺（塑料管体无倒刺）、摩擦药、拉柄等组成（图 1-10）。

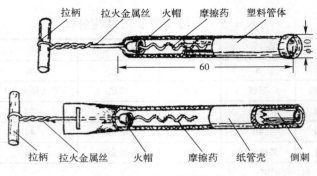

图 1-10 拉火管的构造

拉火管受潮后即失效,应特别注意防潮。

1.4.1.9 导火索点火具

导火索点火具是一种新型的点火器材,具有密封防潮、不灼手不窜火、适用温度广、操作简单可靠、勤务处理安全等特点。主要用于点燃导火索。全长 76～78mm;最大直径为 12mm;总重约 4g。

导火索点火具的管壳和拉手是采用高密度聚乙烯树脂并混入防老化剂注塑而成的,管壳内装有 HM-2 火帽和带刺的紫铜拉火簧,大端固定有带倒刺的金属卡箍,小端套有红色的拉手,锦纶拉火绳将拉发件与拉手系在一起,组成一个完整的导火索点火具,如图 1-11 所示。

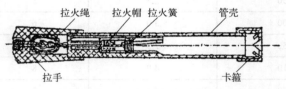

图 1-11 导火索点火具构造

动作原理是将拉火绳用力拉出时,拉火簧和拉火帽摩擦发火,点燃导火索。具体使用方法如下:

(1)用小刀将包装筒割开,取出包装袋,根据需要逐个撕开包装袋,取出导火索点火具。

(2)将点火管一端的导火索插入导火索点火具的孔内,通过卡箍插到位(深度约 28mm)。一手拿住卡箍处,另一手将红色拉手先拧脱并握紧,展直拉火绳,用力拉出拉火簧,使火帽摩擦发火,点燃导火索,立即离开隐蔽。

(3)使用时要注意防水、防火帽受潮。

(4)插入导火索时,要防止导火索外皮线脱落或其他杂物进入点火具内。

(5)未使用完的导火索点火具,应注意装入原塑料袋内,并放入包装筒。

1.4.2 爆炸序列

爆炸序列通常是一些爆炸元件(火工品)按敏感度依次降低、威力依次增加的次序排列而成的组合体。它的作用是把较弱的击发冲量有控制地逐级放大。

根据此序列最后一级输出能量的形式不同,爆炸序列可分为高爆炸序列(传爆序列)和低爆炸序列(传火序列)。本节所讨论的爆炸序列是指高爆炸序列。

传爆序列(在起爆引信中)输出形式是爆轰,传火序列(在点火引信中)输出形式是火焰。传火序列与传爆序列在组成上的主要区别是,传火序列中没有雷管、导爆药和传爆药,而有传火药。它们的典型组成见图1-12。

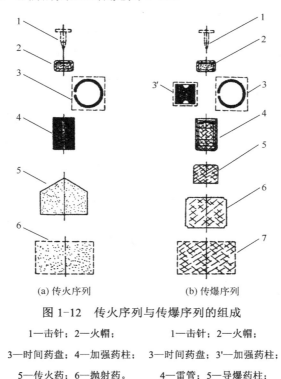

(a) 传火序列　　　　　　(b) 传爆序列

图1-12　传火序列与传爆序列的组成

1—击针；2—火帽；　　　　1—击针；2—火帽；
3—时间药盘；4—加强药柱；　3—时间药盘；3'—加强药柱；
5—传火药；6—抛射药。　　4—雷管；5—导爆药柱；
　　　　　　　　　　　　　6—传爆药柱；7—主装药。

1) 典型传爆序列的元件组成

典型的传爆序列由以下火工元件组成:①转换能量的火工元件,包括火帽和雷管;②控制时间的火工元件,包括延期管和时间药盘;③放大能量的火工元件,包括加强药柱、导爆药柱和传爆管。

2) 传爆序列的一般规律

传爆序列组成的一般规律有:

(1) 瞬发引信传爆序列的第一火工元件一般为雷管(火焰雷管除外)。

(2) 火药延期(包括气孔延期)引信和药盘时间(包括自炸药盘)引信,其传爆序列的第一个火工元件为火帽。少数短延期引信也有直接用延期雷管的,这种延期雷管实质上是火帽、延期药和雷管的组合体。

(3) 延期管和时间药盘,其输出一般都设有加强药柱(也叫扩焰药柱、接力药柱等),以提供更强的火焰,使火焰雷管可靠起爆。加强药柱通常不是独立的元件,而是与延期药剂或时间药剂组成一体,只有在个别情况下才作为一个独立的元件使用,此时也称为加强药管。

（4）气孔延期不用延期药和加强药，而是让火焰经过空腔和小孔直接引爆雷管，可得到千分之几秒的延期时间。

（5）为了增加发火可靠性，有时采用几个平行的发火系统。如果采用两个拉火帽两根导火索（起延时和传火作用）和两个火焰雷管，则可同时起爆导爆药。

（6）导爆药柱和传爆管用以逐级放大雷管输出的爆轰，以使主装药完全起爆。大中小口径弹药的全保险型引信一般都有这两个元件；半保险型或非保险型的不用导爆药柱，雷管与传爆管直接接触。在小口径弹药引信中，由于弹的主装药量少，雷管输出的爆轰足以使其可靠引爆，因而导爆药柱和传爆管都可以不要。

3）对传爆序列的要求

（1）适当的感度。传爆序列的感度用第一个火工元件可靠起爆所需的最小能量来表示。为了保证引信有适当的灵敏度，除了要求发火机构的类型和结构合理外，还要求传爆序列有适当的感度，即第一个火工元件要选择适当。

（2）适当的作用时间。瞬发引信要求传爆序列的作用时间尽可能地短；火药延期和药盘时间引信要求作用时间有一定的精度，这主要通过合理设计延期元件火药盘来满足。

（3）足够的爆轰输出。传爆序列的爆轰输出要足以使主装药完全爆轰。这主要通过合理确定最后一个火工元件的装药和结构，以及保证逐级传爆的确实性来实现。

（4）足够的安全性。引信的安全性问题，主要与引信中装有敏感的火工元件（火帽和雷管）有关。为了保证引信的安全性，除了要采用各种保险和隔离措施外，还要求传爆序列的火工元件，特别是火帽和雷管，具有足够的安全性。

第 2 章　未爆弹药分类及典型未爆弹药介绍

2.1　相关术语、定义及缩写词汇

本节所列术语、定义与缩写词汇系引用国际地雷行动标准 IMAS 04.10 "Glossary of mine action terms, definitions and abbreviations, Second Edition, 01 January 2003, Amendment 6, May 2013"。为便于准确理解和对照学习，将英文原文及中文译文一并列出。

（1）爆炸性弹药（EO）——包括装填有炸药、核裂变或聚变材料、生物和化学战剂在内的所有弹药，包括炸弹和战斗部，导弹和弹道导弹，炮弹、迫击炮弹、火箭弹和轻武器弹药，所有地雷、鱼雷和深水炸弹，烟火剂，集束炸弹和子母弹箱，弹药筒、推进剂点火装置，电起爆装置，隐匿的爆炸装置和简易爆炸装置，以及所有类似或相关或性能上属于爆炸物组成部分的物品。

Explosive Ordnance (EO): all munitions containing explosives, nuclear fission or fusion materials and biological and chemical agents. This includes bombs and warheads; guided and ballistic missiles; artillery, mortar, rocket and small arms ammunition; all mines, torpedoes and depth charges; pyrotechnics; clusters and dispensers; cartridge and propellant actuated devices; electro-explosive devices; clandestine and improvised explosive devices; and all similar or related items or components explosive in nature. [AAP-6]

（2）战争遗留爆炸物（ERW）——未爆弹药（UXO）和遗弃弹药（AXO）的统称（CCW 议定书 V）。

Explosive Remnants of War (ERW): Unexploded Ordnance (UXO) and Abandoned Explosive Ordnance (AXO). (CCW protocol V).

（3）未爆弹药（UXO）——指已装底火、引信、保险机构或以其他方式准备使用或已经使用的爆炸性弹药（EO），可能在击发、投放、发射或投掷后由于功能失灵、设计缺陷或任何其他原因而形成未爆状态的弹药。

Unexploded Ordnance (UXO): EO that has been primed, fuzed, armed or otherwise prepared for use or used. It may have been fired, dropped, launched or projected yet remains unexploded either through malfunction or design or for any other reason.

（4）遗弃弹药（AXO）——在武装冲突中未被使用、为冲突一方所遗弃的、且不再被该方所控制的弹药。遗弃弹药可能是装有/未装底火的、装填/未装填引信的、保险/解除保险或以其他方式准备使用的弹药。（CCW 议定书 V）。

Abandoned Explosive Ordnance (AXO): explosive ordnance that has not been used during an armed conflict, that has been left behind or dumped by a party to an armed conflict, and which is no longer under control of the party that left it behind or dumped it. Abandoned explosive ordnance may or may not have been primed, fuzed, armed or otherwise prepared for use. (CCW protocol V)

（5）扫雷（人道主义扫雷）——能够消除地雷和战争遗留爆炸物危险的活动，包括技术调查、制图、地雷清除、标记、扫雷后的文档整理、社区扫雷行动联络和已清除地雷土地的移交。扫雷活动可由不同类型的组织进行，如非政府组织、商业公司、国家扫雷行动队或军事单位等。扫雷可以是基于紧急情况下的或渐进式的。

注释：在 IMAS 的标准和指南中，清除地雷和战争遗留爆炸物被认为只是扫雷进程的一部分。

注释：在 IMAS 的标准和指南中，扫雷被认为是地雷行动的一个组成部分。

注释：在 IMAS 的标准和指南中，术语扫雷和人道主义扫雷是可以相互通用的。

Demining (humanitarian demining): activities which lead to the removal of mine and ERW hazards, including technical survey, mapping, clearance, marking, post-clearance documentation, community mine action liaison and the handover of cleared land. Demining may be carried out by different types of organisations, such as NGOs, commercial companies, national mine action teams or military units. Demining may be emergency-based or developmental.

Note: in IMAS standards and guides, mine and ERW clearance is considered to be just one part of the demining process.

Note: in IMAS standards and guides, demining is considered to be one component of mine action.

Note: in IMAS standards and guides, the terms demining and humanitarian demining are interchangeable.

（6）弹药处置（EOD）——对爆炸性弹药的探测、识别、评估、安全处置作业、回收及处理。弹药处置包括以下情况：①发现战争遗留爆炸物（ERW）后，按扫雷行动常规操作来处理；②对危险区以外发现的战争遗留爆炸物进行处理（可能是单个战争遗留爆炸物，或是在一个区域内发现的大量战争遗留爆炸物）；③对因变质、损坏或试图销毁而变得危险的爆炸性弹药进行处理。

Explosive Ordnance Disposal (EOD): the detection, identification, evaluation, render safe, recovery and disposal of EO. EOD may be undertaken:

① as a routine part of mine clearance operations, upon discovery of ERW;

② to dispose of ERW discovered outside hazardous areas, (this may be a single item of ERW, or a larger number inside a specific area); or

③ to dispose of EO which has become hazardous by deterioration, damage or attempted destruction.

第 2 章 未爆弹药分类及典型未爆弹药介绍

（7）战场清理——系统和可控地清理危险区，且知晓危险区内不再含有地雷。

Battle Area Clearance (BAC): the systematic and controlled clearance of hazardous areas where the hazards are known not to include mines.

（8）安全处置作业程序（RSP）——采用特殊的弹药处置（EOD）方法和工具阻断未爆弹药动作或分离其关键部件，从而避免未爆弹药的意外爆炸。

Render Safe Procedure (RSP): the application of special EOD methods and tools to provide for the interruption of functions or separation of essential components to prevent an unacceptable detonation.

2.2 未爆弹药的分类

通常可以将未爆弹药按照投射方式分为 4 种主要类型：空投式、发射式、投掷式和布设式弹药。

2.2.1 空投式弹药

空投式弹药包括三种，它们分别是航空炸弹、撒布器（含子弹药）和子弹药。所有国家的通用炸弹在结构上比较相似，图 2-1 是典型的美制通用炸弹和苏式通用炸弹尺寸及外形。对于多数炸弹而言，其质量的近一半是装填物（可以是高爆炸药、化学试剂或其他有毒物质等）的质量。

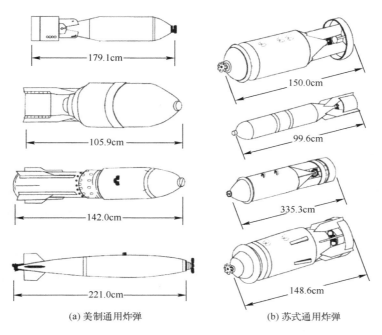

(a) 美制通用炸弹　　(b) 苏式通用炸弹

图 2-1　美制和苏式通用炸弹图

撒布器是另外一种类型的空投弹药，和航空炸弹一样，撒布器也由飞机携带。撒布器内的子弹药是一种更小的弹药，图 2-2 给出了子弹药撒布器的几种形式以及说明了子弹药从撒布器抛出母体的位置。依据撒布器内子弹药的类型，撒布器在外形和尺寸上也会不同。

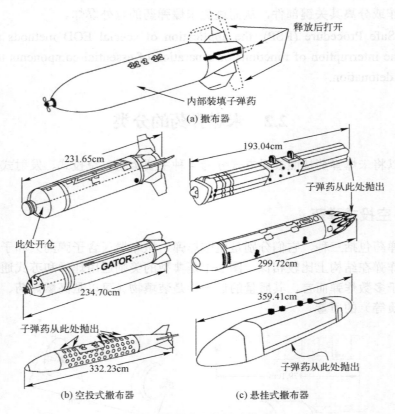

图 2-2 空投式和悬挂式撒布器

子弹药类型可以是小型炸弹、子母炮弹或地雷，它们是一种装有炸药或化学试剂且能大面积饱和覆盖的小型弹药，图 2-3 是几种典型的子弹药。撒布器、导弹、火箭弹或炮弹可用于抛撒小型炸弹和子弹药，子弹药可以是杀伤人员型（APERS）、反器材型（AMAT）、防坦克型（AT）、双用途型（DP）、燃烧型或化学型。上述投放装置在其飞行过程中对子弹药进行撒布，使子弹药落向目标上方。子弹药按照作用时间又可以分为瞬发、延时和可撒布地雷三种。当子弹药撞击、靠近目标或地面时即发生爆炸的，称为瞬发子弹药；当落地后经过一段较长的延时才发生爆炸的，称为延时子弹药；当落地后不爆炸，只有当目标进入作用区域内才发生爆炸的，称为可撒布地雷。有时，后两者被称为区域封锁弹药（Area Denial Munition）。

2.2.2 发射式弹药

发射式弹药可以是炮弹、迫击炮弹、火箭弹、枪榴弹或导弹。炮弹、迫击炮弹、火箭弹和枪榴弹是由某种类型的发射器或炮管发射的。发射式弹药一种是采用金属壳体、全部或部分装填炸药的化学能战斗部，另一种是装填子弹药。图 2-4 是美军典型的发射式弹药，图 2-5 是美军两种反坦克导弹。

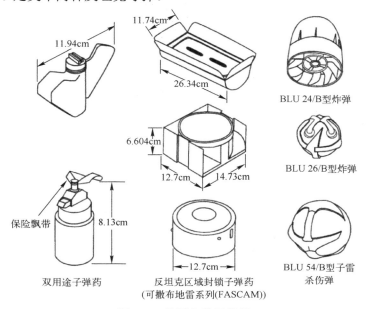

图 2-3 美军多种子弹药

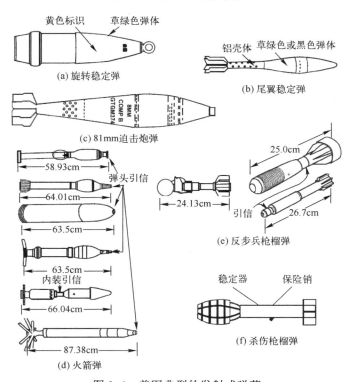

图 2-4 美军典型的发射式弹药

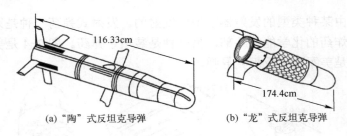

图 2-5　美军两种反坦克导弹

2.2.3　投掷式弹药

投掷式弹药通常是指手榴弹，根据其作用原理，它可分为杀伤型（也称为防御型）、反坦克型、发烟型和照明型等类型，图 2-6 给出了几种杀伤手榴弹。

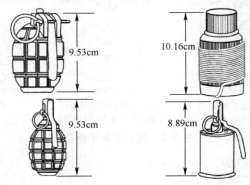

图 2-6　投掷式弹药（杀伤手榴弹）

2.2.4　布设式弹药

布设式弹药通常是指地雷和水雷。地雷可分为防坦克地雷、防步兵地雷和特种地雷三种基本类型，图 2-7 给出了两种不同类型的地雷。

图 2-7　布设式弹药（防步兵和防坦克地雷）

水雷是一种设置在深水（或浅水）域、沿海区、海港入口、江河、运河和港湾等区域的爆炸性弹药，可用飞机、潜艇或水面舰船布设水雷，另外还可以人工设置水雷。两种主要的水雷分别是极浅水（VSW）抗登陆水雷（图 2-8）和反潜及反舰水雷（图 2-9）。

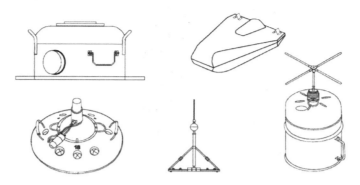

图 2-8　VSW 抗登陆水雷

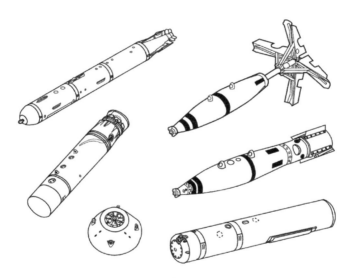

图 2-9　反潜及反舰水雷

美军将未爆弹药分为 6 个大类，分别用字母 A、B、C、D、E 和 F 表示，每一大类中又分若干小类，如 A1、A2、A3 和 A4 等，见表 2-1。其中，A 类为炸弹和布撒器；B 类为火箭弹及导弹；C 类为炮弹和迫击炮弹；D 类为地雷；E 类为小炸弹（子弹药）；F 类为单兵火箭弹和手榴弹。

表 2-1　美军未爆弹药分类法

名　称	类别	长度尺寸/ft	弹体净装药量/lb	弹药代表
炸　弹	A1	3～8	1000	2000lb 通用炸弹

43

续表

名 称	类 别	长度尺寸/ft	弹体净装药量/lb	弹药代表
炸 弹	A2	3～8	550	500kg通用炸弹
炸 弹	A3	3～8	125	250lb通用炸弹
撒布器	A4	5～6	—	CBU-87/B型子母弹
导 弹	B1	6～20	<40	"霍克"导弹
火箭弹	B2	—	<10	2.75in尾翼稳定火箭弹
炮 弹	C1～C5	—	<8	105mm及以下炮弹
迫击炮弹	C6～C8	—	<5	81mm及120mm迫击炮弹
迫击炮弹	C9～C13	—	<5	60mm及以下迫击炮弹

续表

名 称	类 别	长度尺寸/ft	弹体净装药量/lb	弹药代表
地雷（防步兵）	D1～D5	—	<2	防步兵地雷
地雷（防坦克）	D6～D7	—	<6	防坦克/反车辆地雷
反器材/反坦克子弹药	E1～E3	—	<2	反器材/反坦克子弹药
反人员/反器材子弹药	E4～E9	—	<7	反人员/反器材子弹药
小炸弹（子弹药）	E10～E12	—	2	M74(E12),BLU-91/B(E11),AT-2(E10)
单兵火箭弹	F1～F2	—	<5	苏式单兵反坦克火箭弹和单兵杀伤火箭弹

续表

名 称	类 别	长度尺寸/ft	弹体净装药量/lb	弹药代表
手榴弹	F3～F7	—	<2	破片型手榴弹

2.3 航空炸弹

2.3.1 航空炸弹的一般知识

2.3.1.1 航空炸弹的分类

航空炸弹品种型号繁多,有许多种分类方法。

1) 按照用途分类

航空炸弹按照用途可分为主用航空炸弹、辅助炸弹和特种炸弹。

(1) 主用航空炸弹包括爆破、杀伤、杀伤爆破、穿甲、半穿甲（反跑道炸弹）、反坦克、燃烧、爆破燃烧、航空燃料空气炸弹等。随着作战需求的改变和技术的通用化,大部分航空炸弹为通用航空炸弹（General Purpose,GP）和侵彻型航空炸弹（Penetration Bombs）。

航空爆破弹主要是利用炸药爆炸时产生的冲击波来摧毁目标,同时也具有一定的侵彻作用、燃烧作用和破片杀伤作用,可在机舱内或机舱外挂载。其中:①壳体一般用普通钢材制造,主装药通常为 TNT 炸药,现在也广泛使用 B 炸药、H6 炸药和其他混合炸药。炸药装填系数大,最低 30%,最高可达 80%,一般为 40%～50%。弹体壁厚与半径之比小于 0.1,圆径一般在 100kg 级以上,最大可达 20000kg 级,其中以 250～500kg 级使用最为广泛。在爆炸时造成强大的冲击波,起到爆破或毁坏目标的作用,能形成较大的弹坑。②弹体较为坚固,且落速较大的爆破弹具有对防御工事的侵彻能力,甚至能够穿透多层建筑物。③弹壳在爆炸时产生的破片具有杀伤人员和摧毁军事设施的作用。因此,航空爆破弹的用途较广,绝大部分军事目标均可使用爆破弹进行攻击,其消耗量通常占各种炸弹总消耗量的 70%左右。对付地面目标配用瞬发引信,对付需从内部炸毁或位于地下深处的目标可配用短延期引信,也可配用长延时引信用作定时炸弹。

根据使用高度不同及在飞机上内挂、外挂位置不同,航空爆破弹受到的空气阻力不同,因此对其外形结构要求也不同,按照外形可分为高阻爆破弹（图 2-10）、低阻爆破弹（图 2-11）及低空爆破弹。为了保证超低空投弹飞机的安全,低空爆破弹通常采用阻力伞、减速尾翼等方法降低炸弹落速,迅速拉大载机与投放航弹间的距离,因此也把低空爆破弹称为减速炸弹（图 2-12）。

图 2-10　俄罗斯 OFAB-250-270 高阻航空炸弹

图 2-11　美国 MK83 低阻通用航空炸弹

图 2-12　带有减速尾翼的美国 MK82 500lb "蛇眼" 减速炸弹
（该弹为美军航空母舰载机所使用，注意弹体外部粗糙的隔热涂层）

航空杀伤弹主要是以炸弹爆炸后产生的破片杀伤暴露的有生力量，破坏车辆、火炮、飞机等目标。弹体内通常装填 TNT、B 炸药、梯萘、梯胍、阿马托等炸药，装填系数不超过 20%，炸弹口径一般在 0.5～100kg 级，弹体一般用高级铸铁或普通铸铁，有的弹体上带刻槽，或内装钢珠等形成破片。一般以数枚乃至数十枚子弹集束成航空集束炸弹投放，小型杀伤弹集装于子母弹箱内投放。多安装瞬发碰炸引信或近炸引信，对于小型杀伤弹还可安装震发引信、绊线引信及长延时引信等形成雷场。

（2）辅助炸弹包括航空训练弹和航空标识弹等。

（3）特种炸弹包括航空照相弹、航空照明弹、航空烟幕弹、航空宣传弹等。

2）按照所受空气阻力分类

航空炸弹按照所受空气阻力高低分为高阻炸弹和低阻炸弹。其中，高阻炸弹外形短粗，长细比小，流线型差，空气阻力系数大，只适用于跨声速以下的飞机内挂使用；低阻炸弹外形细长，长细比大，流线型好，阻力系数小，适用于高速飞机外挂使用。

3）按照使用高度分类

航空炸弹按炸弹使用高度可分为中、高空炸弹和低空炸弹，其中：中、高空炸弹没有减速装置；低空炸弹有减速装置。

4）按照有无制导装置分类

航空炸弹按照有无制导装置可分为非制导炸弹和制导炸弹。非制导炸弹是指从载机投放的靠惯性自由下落或依靠火箭增程的炸弹，此类炸弹命中概率低。制导炸弹是指载机投放后，利用制导装置能自动导向目标的炸弹，命中精度高，比普通炸弹命中精度提高了上百倍。目前已装备部队使用的制导炸弹主要有激光制导炸弹、电视制导炸弹和红外制导炸弹。

5）按照结构分类

航空炸弹按照结构可分为整体炸弹、集束炸弹和子母炸弹。整体炸弹是指整个炸弹的各零部件连接成一个整体，挂弹使用时可将炸弹整体悬挂在载机挂弹架上，投弹后直至命中目标爆炸之前炸弹始终保持一个整体。集束炸弹是指将多颗炸弹通过集束机构连接为一体，投弹后，在空中一定高度上集束机构打开，多颗小炸弹分散下落。子母炸弹是将许多小炸弹装填在一个母弹箱内，挂弹时，母弹挂在载机挂弹架上，投弹后，母弹箱离开载机一定时间后，母弹体开箱，子炸弹自由散落或靠动力弹射出去分散下落。集束炸弹是子母炸弹的前身。

6）按照圆径分类

航空炸弹按圆径分为小圆径炸弹、中圆径炸弹和大圆径炸弹。炸弹圆径与炮弹的口径不同，所谓炸弹的圆径是化成简单整数后以千克计的炸弹质量（名义质量）。中国和苏联有 0.5kg、1kg、2.5kg、5kg、10kg、15kg、25kg、50kg、100kg、250kg、500kg、1000kg、1500kg、5000kg、9000kg 等圆径系列。我国通常将 100kg 以下的称为小圆径炸弹；将 250～500kg 的称为中圆径炸弹；将 1000kg 以上的称为大圆径炸弹。我国圆径最小的炸弹是 1kg，最大圆径炸弹是 3000kg；美国库存最大圆径炸弹 T12 重为 20t。

2.3.1.2 航空炸弹的构造

航空炸弹种类繁多，具体用途各有不同。每种炸弹都有其特点，但基本构造大体相似。一般炸弹由弹体、装药、安定器、悬挂装置和引信 5 个部分组成（图 2-13）。

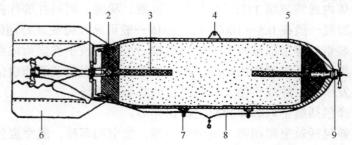

图 2-13 炸弹的一般构造

1—尾部引信；2—传爆药；3—扩爆药；4—悬挂装置；5—弹体；
6—安定器；7—悬挂装置；8—保险丝；9—头部引信。

1) 弹体

航空炸弹弹体用金属材料制成。通常有整体铸钢（铸铁）弹体、锻压薄壁钢材弹体等。它的作用是充填装药和将炸弹的全部构件连成整体。炸弹爆炸时，弹体的破片可对目标造成杀伤或破坏。弹体一般由头部、圆筒部、尾部、引信口、传爆管等组成。头部通常呈圆形或锥形，一般比其他部位厚，以便减小空气阻力，增加对目标的侵彻深度，保持良好的弹道性能，能够承受较大的撞击力。圆筒部是装填炸药的主要部分。尾部通常为圆锥形（伞状尾翼的炸弹除外），安定器与该部分连接。引信口用来安装引信，其中：小型炸弹有一个引信口（一般指 50kg 以下的炸弹）；100kg 以上的炸弹通常有两个引信口，其位置在头部和尾部；少数炸弹有三个引信口。传爆管用以装填传爆药和扩爆药。

2) 装药

爆破、杀伤、穿甲等炸弹内，装填各种中、高级炸药。燃烧弹装填固体燃烧剂或黏性油料等。照明弹、发烟弹和标识弹等装填镁铝粉末、硝酸钾、碳剂等发光物质以及混合发烟剂和黄磷等。爆破弹的装药量一般为炸弹全重的 40%～50%，杀伤弹的装药量一般为炸弹全重的 15%～20%。

3) 安定器

安定器是固定在炸弹尾部上的稳定装置，其作用是保证炸弹沿一定弹道稳定下落，以提高轰炸命中率。安定器一般用钢板或铝合金等制成，形状有箭羽式、圆筒式、方框式、方框圆筒式、双圆筒式和尾阻盘式等（图 2-14）。有的炸弹用金属伞状尾翼或降落伞保证炸弹在弹道上稳定下落。

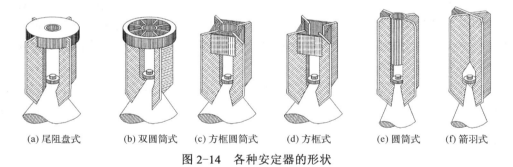

(a) 尾阻盘式　　(b) 双圆筒式　　(c) 方框圆筒式　　(d) 方框式　　(e) 圆筒式　　(f) 箭羽式

图 2-14　各种安定器的形状

4) 悬挂装置

悬挂装置用于将炸弹悬挂在飞机上，通常有弹耳和弹箍两种。对于弹体较厚的炸弹，弹耳直接固定在弹体上；对于弹体较薄的炸弹，弹耳则固定在弹体的加强板上，或使用弹箍。一般情况下，15kg 以下的炸弹没有悬挂装置；100kg 以下的炸弹只有一个弹耳或弹箍；250kg 以上的炸弹有两个或以上的弹耳或弹箍。

5) 引信

引信是控制炸弹爆炸（或燃烧）时机并引爆（或引燃）炸弹的装置。通常装在弹体的头部和尾部。部分小型杀伤弹的引信装在弹体中央。

（1）按照引信发火的动作原理，航弹引信可分为三类。

① 碰击式引信是指利用炸弹撞击目标时所产生的反作用力或惯性力发火而引爆（引

燃）炸弹的引信。在碰击式引信中，按引爆（或引燃）炸弹的时间不同，又可分为瞬发引信和延期引信。瞬发引信是在炸弹碰击目标的瞬间，立即引起炸弹爆炸（或燃烧）的引信。延期引信是在炸弹碰击目标后经过一定时间引起炸弹爆炸（或燃烧）的引信。延期引信又分为短延期引信（延期 0.01~0.5s）、中延期引信（延期 5~30s）和长延期引信（延期 0.5h 以上）。

② 定距引信是指炸弹离开飞机后，在空中运动轨迹上经过规定的延期时间引起炸弹爆炸（或燃烧）的引信（如空中照明弹引信）。

③ 非触发引信是指当炸弹落到离目标一定距离时就能引起炸弹爆炸的引信。此种引信通常是利用目标反射或发射的光、声、电磁波或辐射的红外线等来控制引信发火的时机。

（2）航弹引信一般由发火机构、保险机构、解脱机构、延期机构、起爆装置等组成。

① 发火机构是利用某一种能量引起引信中雷管爆炸或火帽燃烧的机构。其利用的能源通常为机械能、热能、电能和化学能等。

② 保险机构是用来保证发火机构在规定的发火时机以前的一切过程（运输、保管、使用准备以及飞行）中，不致因受外界作用而发生提前发火，以确保人员和飞机的安全。例如引信中的保险帽、保险块、保险杆等，均属保险机构的组成部分。有些引信还采用隔离装置，使火帽和雷管，或使雷管和传爆药等相互隔开互不影响，以确保引信不因外界作用而爆炸。

③ 解脱机构是用来保证引信离开飞机一定距离后，解脱引信的保险机构，使引信从安全状态变为战斗状态。通常是利用相对气流的作用力作为解脱机构的动力。例如，有的引信利用旋翼的转动解除保险帽、保险块、保险杆和隔离机构的保险作用，使引信进入战斗状态；有的引信是利用弹体的旋转所产生的离心力解除隔离机构，使传爆系统连接在一起而成为战斗状态。

④ 延期机构是使延期引信在炸弹碰击目标后，经过一定延期时间爆炸，或保证引信随炸弹投下后到达预定时间发火（定距）。常用的延期机构有火药延期机构、钟表延期机构、化学延期机构、电化学延期机构和电磁延期机构等。

⑤ 起爆（引燃）装置通常由雷管、传爆药和扩爆药等组成。其中，起爆装置用于起爆炸弹的装药；引燃装置用来引起炸弹燃烧。

有的引信还有反拆卸装置。反拆卸装置均用于长延期引信，一般引信无反拆卸装置。

2.3.1.3 航空炸弹的发展变化

由于高新技术的发展和对航空炸弹的战术要求不断提高和更新，航空炸弹的基本构造也正发生变化。

（1）为提高火力圈外打击目标能力，将火箭增程发动机加装在航空炸弹上。例如，法国的"阿巴斯滑翔子母炸弹"，带有动力推进装置，低空投放其射程约 50km；法国研制的加装涡轮喷气发动机的"飞马通用子母炸弹"Ⅲ型，最大射程达 60km；美国的 AGM-130 复合制导（红外寻的+CCD 电视制导）炸弹，低空投放射程为 64km。

（2）精确制导技术将广泛地应用在航弹技术上。各式各样的精确制导导引头将装配在航空炸弹上，以提高航空炸弹的命中精度。美国已将红外成像、毫米波雷达、激光雷达、合成孔径雷达导引头装在"联合直接攻击弹药"JDAM炸弹和"联合防区外武器"JSOW弹箱上,并且与卫星定位/惯性制导技术融合,提高炸弹命中精度。

(3)未来的航空炸弹将实现智能化,具有目标自动选择、自适应、抗干扰、威胁判断等智能特征。高性能内嵌式计算机也将普遍地加装在炸弹上,目标自动识别(ATR)算法、人工智能网络技术将使炸弹能对目标进行分类识别、分辨真假目标,使炸弹成为"发射后不管"的武器。

(4)通过更换炸弹标准化模块,可实现一弹具有多种功能选择性。根据作战具体需要、战区气候条件、攻击目标性质,选择相应导引头,就可以充分发挥武器威力。例如美国研制的GBU-15(V)滑翔制导炸弹,具有5种制导引头模块,有5种战斗部装药模块和2种气动外形模块,可以组合装配成50多种功能、用途不同的制导炸弹。

2.3.2 典型通用航空炸弹

通用航空炸弹综合考虑了炸弹的爆炸破坏效应、破片杀伤效应和侵彻破坏效应。炸药质量在炸弹全重中的占比接近50%。早期的一些通用航空炸弹在头部有弹道环,以使弹道尽量垂直以增加侵彻深度或防止跳弹。现代高速强击机、歼击机、歼击轰炸机为了在投弹时获得良好的机动性,同时也为了增大航程,在机身内加大油箱,因此绝大部分采用炸弹外挂形式,即将炸弹挂在机身外部或机翼下方。为了减小外挂炸弹的阻力,尽可能提高飞机的速度,航空炸弹须采用长细比大的低阻气动外形。由于外形呈流线型,阻力系数小,故将此类炸弹称为低阻爆破炸弹。

通用航空炸弹通常在头部/尾部安装有撞击引信,也可根据需要安装近炸引信、短延期引信、长延期引信或其他多功能引信等。弹尾安装的引信通常被尾翼等遮挡,增加了其辨识难度,而对于未爆航空炸弹,其尾部装置(包括尾翼和弹尾引信)在落地后通常会变形或脱落。

2.3.2.1 MK80系列低阻炸弹

MK81/82/83/84(LDGPB)低阻爆破炸弹,是美国海军在20世纪50年代初为高速飞机外挂投弹研制的新型航空炸弹,形成著名的MK80系列低阻炸弹(图2-15),是美国陆、海、空三军广泛装备使用的航空炸弹,同时也是现有各型减速炸弹和制导炸弹改进发展的基本弹型。

MK80系列低阻炸弹的主要特点是长细比在8以上,弹体细长,弹道性能好,是航空炸弹发展中的一个飞跃。同时,由于其气动外形由高阻力发展为低阻力,使航空炸弹得以由作战飞机炸弹舱内挂方式发展为外挂方式,从而进一步扩大了航空炸弹的使用范围,为战术攻击飞机实施高速突防轰炸提供了适宜的进攻武器。表2-2为MK80系列低阻炸弹的主要性能参数。

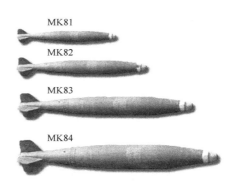

图2-15 MK80系列低阻炸弹

表2-2 MK80系列低阻炸弹的主要性能参数

航弹型号	MK81	MK82	MK83	MK84
圆径/lb	250	500	1000	2000
全弹质量/kg	118	241	447	894
全弹长/mm	1880	2210	3008	3848
弹体直径/mm	229	273	356	457
装药/kg	H6/Tritonal 45.4	H6/Tritonal 87	H6/Tritonal 202	H6/Tritonal 429
尾翼翼展/mm	325	384	498	643

MK80系列低阻炸弹在头部和尾部各有一个引信座,可安装AN-M103 A1、AN-M139 A1、AN-M140 A1、M163、M164、M165、M166、M188、M904E1/E2、MK243、MK244等头部引信,M190、M990D/D1/D2/E1/E2、MK255 Mod0等尾部引信和M913头尾两用引信。关于这些引信的详细介绍见二级培训教材。

美国海军和陆战队根据其舰载机的需要对该系列通用航弹进行了改装。为了降低甲板起火引爆航弹的风险,使用PBXN-109低感度炸药作为航弹的主装药,并在有的弹体外涂上一层外观粗糙的隔热涂层(图2-12),型号则冠以BLU型号,具体型号如下:

(1) BLU-111/B (500lb,无隔热涂层);
(2) BLU-111A/B (500lb,有隔热涂层)-3条2in宽的黄色色带;
(3) BLU-110/B (1000lb,无隔热涂层);
(4) BLU-110A/B (1000lb 有隔热涂层)-3条2in宽的黄色色带;
(5) BLU-117/B (2000lb,无隔热涂层);
(6) BLU-117A/B (2000lb,有隔热涂层)-3条、2in宽的黄色色带。

以上航弹型号中,后缀"A/B"表示带有隔热涂层,而后缀"/B"则表示没有隔热涂层。

1987年以后美国海军使用的航空炸弹的弹体底色涂为灰色,普通的MK82、MK83和MK84通用航弹在弹头位置用一条3in宽的黄色色带标识;带有隔热涂层的MK82、MK83和MK84通用航弹用两条3in宽的黄色色带标识;带有隔热涂层的BLU-110、BLU-111和BLU-117则用三条2in宽的黄色色带标识,如图2-16所示。

图2-16 装配BSU-85/B阻力伞尾翼的美国海军BLU-110A/B航弹

在 20 世纪 90 年代初，美国海军开始发展"先进炸弹系列"（Advanced Bomb Family, ABF）的新改进型：MK82ABF 杀伤炸弹，为 MK82 的后继型，圆径 500lb，弹重 240kg，用于海军陆战队；MK83ABF1 穿甲炸弹，为 MK83 的后继型，圆径 1000lb，弹重 447kg，用于海军舰载攻击机；MK83ABF2 杀伤炸弹，为 MK83 的后继型，圆径 1000lb，弹重 447kg，用于海军舰载攻击机。

此外，在该系列基础上，美军改进发展了各种减速炸弹和制导炸弹，例如：在 MK81 Mod1 与 MK82 Mod1 上加装伞形机械减速尾翼成为"蛇眼"（Snake-Eye）减速炸弹（图 2-17），特别适于战术攻击飞机实施高速、低空突防轰炸，尤其是超低水平轰炸；将 MK81/82/83/84 的尾翼装置取下，装上 GPS/INS 制导控制尾部装置，并加装中部弹体稳定边条翼片，则成为 GBU-29/30/31/32"杰达姆"（JDAM）制导炸弹（图 2-18），可为战术攻击飞机提供精确对地攻击能力，同时能大量有效地利用库存炸弹，使该系列炸弹的作战效费比达到很高水平。

图 2-17 MK82"蛇眼"（Snake-Eye）减速炸弹

低附带损伤炸弹 BLU-126/B 是根据美军在伊拉克及阿富汗精确空中打击的需要，在 BLU-111/B（MK82）500lb 航弹（图 2-19）的基础上发展而成的。BLU-126/B 中仅含约 27lb（12.3kg）炸药，其余部分填以玻璃珠，这使航弹爆炸的杀伤范围大大减小，更加适用于在城市中对特定目标实施精确打击而避免过大的平民伤亡。首批 BLU-126/B 航弹已于 2007 年装备美国海军陆战队并在伊拉克用于实战。

图 2-18　在 2000lb 通用航空炸弹上安装滑翔组件形成 JDAM

图 2-19　安装了"宝石路 2"激光导引头的 BLU-111/B 航空炸弹

2.3.2.2　M117/118 通用爆破炸弹

1）概述

M117/118 系列低阻通用爆破炸弹，是美国空军研制并装备使用的通用航空炸弹。与 MK80 系列炸弹相似，其气动性能较好，适用于高空高速投放，可内载，也可以外挂。

但由于其口径较大,仅由美国空军使用,装备美国空军的 A-10、F-4、F-15E、F-16、F-111 和 B-52G 等作战飞机。美国空军在越南战场上曾大量使用,在 1991 年的海湾战争中亦大量使用,仅 B-52G 轰炸机就投放了 44660 颗 M117 炸弹。该系列炸弹目前仍在生产和改进。

该系列炸弹有 2 个弹耳,用螺纹与弹体连接,其间距为 356mm,可采用电引信,也可采用机械引信。弹尾机械引信的旋翼装在尾锥侧面,而不是装在弹尾,旋翼与引信体用保险软轴连接。电引信和机械引信早期型号为 M904(弹头)和 FMU-54(弹尾),海湾战争中使用的是新引信,为 FMU-113 空炸引信和 FMU-139A/B 触发/触发延时引信,后者带有 FZU-48/B 空气驱动涡轮发电机,为引信提供起动电源。详见二级培训教材。该系列炸弹采用 MAU-91 尾翼装置,飞行员可通过头/尾解除保险开关,来选择炸弹的低阻或高阻投放状态。图 2-20 和图 2-21 分别为 M117 和 M118 爆破炸弹。

图 2-20　M117 爆破炸弹

图 2-21　M118 爆破炸弹

在 M117/118 基本型的基础上,该系列炸弹已有多种改进型:M117A1、M117A1E2 和 M117A1E3,以及 M118E1,后者的改进之处是弹耳同弹体连接处有一凸起部,同弹体螺纹配合。此外，该系列炸弹还可改进发展为减速炸弹和激光制导炸弹。M117 取下其 MAU-103 流线型低阻尾翼装置，换装上 MAU-91 减速尾翼装置，成为 M117R 减速炸弹。1991 年美军发展的 BSU-93 减速尾翼装置，成为 M117B 减速炸弹，装备 B-52F 轰炸机，既可外挂，也可内挂。M118 在弹体上加装成套改装件 KMU-370C/B（含 MAU-157A/B 和 MXU-601A/B），成为 GBU-11A/B 激光制导炸弹，是美国空军研制的第 1 代"宝石路"激光制导炸弹系列中圆径最大的一种。

2）M117/118 通用爆破炸弹的基本战术技术性能

M117/118 通用爆破炸弹的基本战术技术性能见表 2-3。

表 2-3 M117/118 炸弹系列的主要性能参数

参数	M 117	M118
圆径/lb（kg）	750（340）	3000（1361）
全弹重/kg	373	1383
全弹长/mm	2272	4699
弹体直径/mm	409	613
装药/kg	Minol/Tritonal 175	Tritonal 896
尾翼翼展/mm	569	853
引信装置	弹头/弹尾引信	弹头/弹尾引信

2.3.3 典型钻地弹

钻地弹也称为侵彻炸弹，用于贯穿较厚的混凝土层，钻到地下深处或建筑物内部后爆炸，形成更好的内部破坏效果。通常钻地弹在头部采用加厚的铸钢以形成其贯穿能力（图 2-22），如俄罗斯的 BETAB-500（图 2-23）。大部分的钻地弹依靠动能穿透混凝土层，有些则靠辅助火箭发动机增加其末段的侵彻速度，如法国的"迪兰达尔"反跑道炸弹（图 2-24）和俄罗斯的 BETAB-500ShP 钻地弹（图 2-25）。这类带有助推火箭发动机的航空炸弹通常使用降落伞等减速装置使其弹道迅速转为竖直向下，而后火箭发动机工作，使减速装置脱离弹体并使弹体加速撞击目标地面。

(a) MK84 全重 894kg，内含 429kg Tritonal/H6 炸药

(b) BLU-109/B 全重 874kg，内含 242.9kg Tritonal/PBXN-109 炸药

图 2-22 钻地弹与通用炸弹结构比较

第 2 章　未爆弹药分类及典型未爆弹药介绍

图 2-23　俄罗斯 BETAB-500 钻地弹

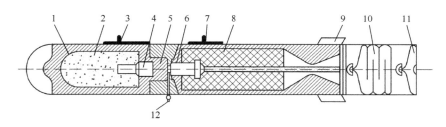

图 2-24　"迪兰达尔"钻地弹结构示意图

1—战斗部；2—炸药；3—弹耳；4—引信；5—烟火程序器；6—点火器；7—弹耳；8—火箭助推发动机；
9—弹翼；10—主伞；11—副伞；12—点火器保险装置。

图 2-25　带有助推火箭的俄罗斯 BETAB-500ShP 钻地弹

钻地弹大多使用带有短延期的尾部引信，通常延期时间为 60ms 左右，以便炸弹钻入结构内部爆破形成较好的破坏效果，例如美军 BLU-109/B 炸弹使用的 FMU-143/B 机械引信。此外，该弹还可使用英国的多功能炸弹引信（multi-function bomb fuze，MFBF）、法国的联合可编程引信（joint programmable fuze，JPF）及硬目标智能引信（hard target smart fuze）

等。当使用这些电子引信时，可设置不同的延期爆炸时间，有的还具有反排功能，并可以自动在不同模式之间切换，这大大增加了排除此类炸弹的难度。

一些较新的钻地弹可以通过安装制导部件升级为制导炸弹。例如美军的BLU-109/B钻地弹（图2-26和图2-27），通过安装不同的制导部件，形成"铺路"（Paveway）系列制导炸弹。对于海军使用的弹药，还会在其外部涂热防护涂层，形成较为粗糙的表面纹理。

图2-26　在海湾战争中使用的BLU-109/B 2000lb 钻地弹

图2-27　BLU-109/B 钻地弹对飞机洞库的破坏效果
（BLU-109/B 钻地弹贯穿了顶部厚达2m 的钢筋混凝土进入到飞机洞库内部爆炸）

法国的"迪兰达尔"反跑道炸弹是典型的目标侵彻炸弹，带有阻力伞式减速装置和增速火箭发动机。该弹在投放后离载机一定安全距离时，减速伞张开，炸弹减速，弹道逐渐弯曲，使落角增大至几乎垂直下降。之后增速火箭发动机被点燃，同时抛掉减速伞，使炸弹加速撞击地面，侵入目标内部后爆炸。该弹圆径为200kg级，由战斗部、点火系统、火箭助推发动机和减速装置组成。战斗部质量约100kg，内装TNT炸药15kg；点火系统用以按顺序控制开伞、解除战斗部保险及点燃火箭发动机；火箭发动机壳体为钢制，内装双基推进剂，可在0.45s 内产生90kN 的推力；减速装置包括主伞和副伞。

炸弹由飞机投放后，点火系统开始作用，首先张开副伞，使炸弹减速到主伞张开时不致损坏的程度。主伞张开后，当炸弹达到不致产生跳弹的落角时，引信解除保险并点燃火箭增速发动机，使炸弹加速到 250m/s 撞击机场跑道。由于引信的延时作用，炸弹侵入混凝土后爆炸。该炸弹可在 60m 低空条件下快速水平投掷。一枚"迪兰达尔"炸弹可在跑道上形成直径 5m、深 2m 的弹坑，并在弹坑周围产生 150～200m^2 的隆起和裂缝区。

表 2-4 列出了一些典型钻地弹的主要数据。

表 2-4 典型钻地弹的主要数据

弹种	迪兰达尔（法）	BETAB-500（俄）	BLU-109/B（美）
直径/mm	223	350	370
长度/m	2.49	2.23	2.4
全重/kg	185	477	874
装药/kg	15	75.8	240
侵彻深度/m	混凝土 1.5	混凝土 1+土壤 3	混凝土 1.8～2.4

2.3.4 典型燃烧弹

燃烧弹以纵火的方式杀伤和破坏目标。具有爆炸作用的爆破燃烧弹对坚固建筑物及油库等能造成更严重的破坏。燃烧弹的爆炸威力不大，但爆炸后能形成具有高温的物质或火焰，用于烧穿目标或引燃可燃物质以造成火势的蔓延。多数燃烧弹的弹壳较薄，以保证尽可能多地容纳燃烧剂。而对于弹壳本身是燃烧剂的燃烧弹，弹壳则有较大的厚度。例如美军早期 AN-M50A3 燃烧弹，弹壳全厚几乎占弹体全宽度的 1/2，装填系数只有 18.2%。

燃烧弹的引信多为瞬发或短延期引信，一般无长延期引信，也无反拆卸装置。较早的燃烧弹以美军的 BLU-1/B 燃烧弹（图 2-28）为代表，弹体一般为薄金属制成，内部装填凝固汽油（聚苯乙烯、汽油和苯的混合物）。此类燃烧弹大多使用两个引信，每个引信内含扩爆装药（高能炸药）和点火装药（通常为白磷）。引信动作后，炸药爆炸将弹壳炸碎并将白磷和凝固汽油炸散，分散在较大范围内，白磷遇到空气即自燃，点燃燃料。有时也将液体燃料用旧棉纱吸收装填。除了液态燃料外，固态燃料如铝热剂、镁粉等也用于燃烧弹的充填剂。

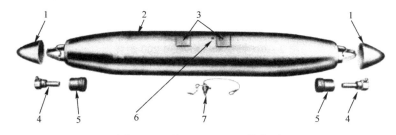

图 2-28 美军 BLU-1/B 燃烧弹

1—端盖；2—弹体；3—弹耳；4—FMU-7/B 引信；5—AN-M23A1 白磷点火管；6—插塞孔；7—插塞。

固体燃烧剂由硝酸钠、铝粉、镁铝合金、硫和工业油混合而成。固体燃烧剂燃烧时，产生高达 2300～2500℃ 的高温半流动物质，能烧穿和熔化目标，例如苏军 ЗАБ-100-114

燃烧弹、美军 AN-M50A3 燃烧弹装填的 TH3 铝热剂及其铝镁合金弹壳。

许多早期的燃烧弹没有尾翼或其他稳定装置，常常被误认为飞机的副油箱。对于这种无尾翼或其他飞行稳定装置的燃烧弹，大多采用安装在弹体侧面的万向撞击引信，如美军 M173 万向撞击引信（图 2-29）。该引信依靠旋翼旋转解脱保险。对于此类未爆的燃烧弹，万向撞击引信在移动或再次受到撞击时容易发生爆炸。

图 2-29　美军 M173 万向撞击引信与含有白磷的 M173A1 点火具

俄制燃烧弹多为尾翼稳定，并装有头部引信，在内部中轴沿弹体全长有高能炸药制成的扩爆装药和点火装药。有些燃烧弹的弹体采用了通用炸弹的弹体，因此仅从外形无法与通用航弹相区分，如图 2-30 和图 2-31 所示。

图 2-30　俄罗斯 ЗАБ-250-200 燃烧弹

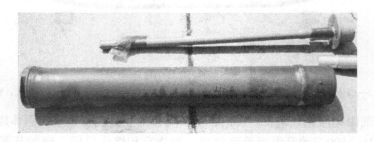

图 2-31　俄制燃烧弹中心的高爆扩爆装药和白磷点火装药

表 2-5 列出了一些典型燃烧弹的主要数据。

表 2-5　典型燃烧弹的主要数据

弹种	ЗАБ-250-200（俄）	BLU-1/B（美）	MK79 Mod 1（美）
直径/mm	325	470	498
长度/m	1.51	3.3	4.266
全重/kg	202	323	414
装填物	黏性混合燃烧剂	凝固汽油	凝固汽油

2.4　炮　　弹

炮弹是指口径在 20mm 以上，利用火炮发射到目标处，完成杀伤、爆破、侵彻、干扰等战斗任务的弹药。

炮弹按用途可分为主用弹、特种弹和辅助弹。主用弹是直接毁伤目标的炮弹，包括杀伤弹、爆破弹、杀伤爆破弹、穿甲弹、破甲弹、碎甲弹、燃烧弹、化学弹、榴霰弹、子母弹等；特种弹是利用特殊效应达到特定战术目的的炮弹，如发烟弹、照明弹、宣传弹、曳光弹、干扰弹、电视侦查弹等；辅助弹是部队训练和靶场实验等非战斗使用的炮弹，如演习弹、教练弹、空包弹以及各种试验弹等。

此外，炮弹按照配用炮种可分为加农炮弹、榴弹炮弹、坦克炮弹、航空炮弹、高射炮弹、海岸炮弹、舰炮炮弹、迫击炮弹和无后坐力炮弹等；按照装填方式可分为定装式炮弹和分装式炮弹；按照稳定方式可分为旋转稳定炮弹和尾翼稳定炮弹；按照弹径与火炮口径关系可分为适口径、次口径和超口径炮弹。

2.4.1　榴弹

榴弹是一类利用火炮将其发射出去，利用爆炸时产生的破片和炸药爆炸的能量形成杀伤和爆破作用的弹药。其中，侧重于杀伤作用的称为杀伤弹，侧重于爆破作用的称为爆破弹，兼顾杀伤、爆破两种作用的称为杀伤爆破弹。榴弹是最普通的弹种，各类火炮都配有榴弹。

榴弹全备弹一般由弹丸、引信和发射装药三大部分组成，图 2-32 所示为旋转稳定榴弹的基本组成。

2.4.1.1　弹丸

弹丸部分由弹体、炸药装药、弹带或尾翼等组成。弹体是用以装填炸药完成作战任务的部件。弹体连接弹丸的各个部分，保证弹丸发射时结构强度和安全性，赋予弹丸有利的气动外形，并在炸药爆炸时产生大量破片来杀伤敌人。榴弹最通用的弹体材料过去是 D60 或 D55 炮弹钢，现在大多采用 58SiMn、50SiMnVB 等高强度高破片率钢。炸药装药是形成破片杀伤威力和冲击波摧毁目标的能源。弹丸的炸药装药通常是由引信体内的传爆药柱直接引爆，必要时在弹口部增加扩爆管。

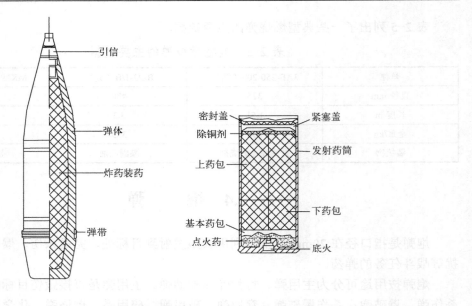

图 2-32 旋转稳定榴弹的基本组成

榴弹经常采用的炸药为 TNT、钝黑铝炸药和 B 炸药。TNT 炸药通常用于大、中口径榴弹，采用螺旋压药（常称螺装）工艺，将炸药直接压入药室。钝黑铝炸药（钝化黑索今 80%，铝粉 20%），又称 A-IX-II 炸药，一般用在小口径榴弹中，先将炸药压制成药柱，再装入弹体。而 B 炸药则多采用真空振动铸装。

对于弹丸与药筒分装的榴弹，弹带是弹丸轴向装填定位、密封火药气体、赋予弹丸旋转的重要零件，它在嵌入火炮膛线时成为弹丸膛内运动时一个支撑点，并带动弹丸高速旋转，保证弹丸膛内定心和出炮口后的飞行稳定。对于初速为 300～600m/s 的榴弹，弹带采用紫铜材料，初速较高的加农炮或加榴炮榴弹采用强度稍高一些的铜镍合金或 H96 黄铜等铜质材料。铜质弹带耐磨，有利于保护炮膛，而且可塑性好。

尾翼稳定的榴弹主要用于坦克炮等滑膛炮中。其弹丸结构与旋转稳定的榴弹有明显的区别，有时易与火箭弹相混淆（图 2-33）。

图 2-33　125mm 口径 M86P1 尾翼稳定榴弹（南斯拉夫）

为了增加射程,除了增加火炮发射的初速外,在榴弹的外形和结构方面也进行了显著的改进,从而形成底凹弹、枣核弹、底排弹和火箭增程弹等不同结构的炮弹。

(1)底凹弹是指底部带有凹窝形结构的旋转稳定式炮弹(图2-34),可用于杀伤爆破弹、子母弹和特种弹等。除了在弹丸底部采用底凹弹结构外,还常同时在底凹壁处对称开设多个对称导气孔。采用这种结构,可以使弹底部气流涡流强度减弱,减小底部阻力。底凹结构还可以使整个弹丸质心前移,改善弹丸的飞行稳定性和散布特性。

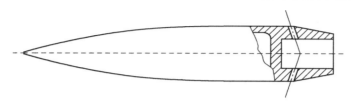

图 2-34　底凹弹的结构

(2)底排弹全称为底部排气弹,是在弹丸底部用螺纹连接一个底部排气装置所构成的炮弹。底排装置由底排装置壳体、底排药柱和点火具等组成。底排药柱可选用复合药剂或烟火药剂。底排装置减阻增程原理是在弹丸飞行时,向弹丸尾部低压区排出气体,提高底部压力,从而减小底部阻力。底部排气弹一般可增加射程 15%~30%。图 2-35 为底部排气弹的结构组成,图 2-36 为一种典型的底排装置。

图 2-35　底部排气弹的结构组成
1—底部排气装置;2—主装药;3—扩爆药;4—头部引信。

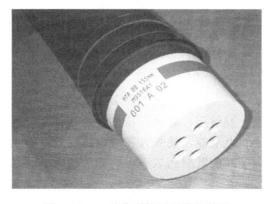

图 2-36　一种典型的尾部排气装置

（3）枣核弹是通过使用较为细长的弹形达到减小空气阻力、增加射程的目的，其结构特点是弹体没有圆柱部，整个弹体由 4.8 倍弹径的弧形部和 1.4 倍弹径的船尾部组成。为了解决枣核弹在膛内发射时的定心问题，在弹丸弧形部安装有 4 个具有空气动力外形的定心块（图 2-37）。多数枣核弹还同时采用底凹结构或底排结构。采用枣核弹结构可以使射程提高 20%以上。

图 2-37　南非 155mm 口径 M1A1 榴弹

（4）火箭增程弹是由一般弹丸加装火箭发动机并在身管火炮中发射出去，以达到增加射程目的的弹丸。火箭增程弹由引信、弹体、装填物、火箭发动机组成（图 2-38）。火箭发动机与弹体底部连接。火箭增程弹装入火炮，击发后，在火炮发射药燃气压力推动下，以一定初速和射角飞出炮管，同时点燃延期点火装置的点火药。延期药烧完，火箭发动机点火，使弹丸开始加速，直至火箭推进剂烧完。通过使用火箭发动机，增程效果可达到 25%～30%。

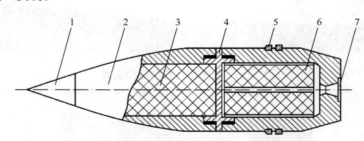

图 2-38　火箭增程弹结构示意图
1—引信；2—战斗部；3—主装药；4—连接底；5—弹带；6—火箭推进剂；7—喷管。

2.4.1.2　发射装药

发射装药部分由药筒、发射药、底火、传火管及其他辅助元件组成，其作用是完成弹丸安全可靠发射，赋予弹丸动能，使弹丸在炮口达到规定的初速。有的榴弹发射装药部分没有药筒，如迫击炮榴弹的发射药放在可燃的药包盒或药包袋中。

1）药筒

药筒按药筒材料可分为金属药筒和非金属可燃药筒。金属药筒所用的材料有黄铜、钢和铝等，一般用冲压工艺制成。可燃药筒一般为半可燃药筒，由金属筒底和可燃筒体组成。可燃筒体一般用硝化纤维等制成，能提供一部分发射能量。半可燃药筒主要用于坦克炮和自行火炮，它可消除射击后药筒堆积在车内所带来的对乘员操作的不便。

2）发射药

发射药是具有一定形状、品号和一定质量的火药，是发射弹丸的能源，放在药包中或在药筒中的一定位置上。发射时，火药被点燃，迅速燃烧生成大量火药气体，产生很高的压力，推动弹丸在炮膛内前进。

3）底火

底火的作用是用来点燃发射药，由底火体、火帽、黑药、压螺、锥形塞等元件组成。

4）传火管

传火管由管体、衬筒和辅助点火药等元件组成。管体是具有一定长度与直径、管壁四周均匀分布多排小孔的薄壁圆筒，用于盛装衬筒和辅助点火药，其一端与底火座螺接，一般由钢质材料制成。衬筒是薄壁圆筒，一般用硬质材料卷制而成，用于盛装辅助点火药并提供发射药的初始点火压力。辅助点火药用来快速均匀、全面可靠地点燃发射药。

5）辅助元件

辅助元件包括与发射药一齐放在发射药筒内的密封盖、紧塞盖、除铜剂、消焰剂、护膛剂和点火药等。

2.4.1.3 引信

榴弹种类很多，其用途差别很大，配用于不同榴弹的引信在作用原理上有很大的不同。

榴弹引信可按装配位置、作用方式和作用原理等进行分类。

1）按装配位置分类

（1）弹头引信——装配在弹丸或战斗部头部的引信。

（2）弹底引信——装配在弹丸底部的引信。

2）按弹丸对目标的作用方式

（1）触发引信是指弹丸直接与目标撞击时而引爆弹丸的引信。触发引信又可按击发时间、触发力源和起爆能源来分类。

根据弹丸撞击目标到爆炸的时间长短不同，触发引信可分为瞬发引信和延期引信。瞬发引信的时间间隔小于 0.001s（也有的规定不大于 0.005s）；而延期引信的时间间隔大于 0.01s（也有的规定为大于 0.05s）。

根据触发力来源不同，触发引信可分为着发引信和惯性引信。着发引信的触发力来源于目标的直接撞击，这类引信通常装在弹丸的头部；惯性引信的触发力是由惯性力而引起，这类引信通常装在弹丸底部。

根据起爆的能源不同，触发引信又可分为机械触发引信、压电引信和电触发引信。机械触发引信是利用撞击力压缩保险弹簧并带动击针戳击雷管起爆；压电引信是利用撞击力压缩装在弹头内的压电晶体，产生电压，使电雷管起爆；电触发引信是利用撞击力接通接触点，使电路闭合，从而使电雷管起爆。

（2）非触发引信是指弹丸不需要触及目标，当距目标一定距离时，就能引爆弹丸的引信。非触发引信又可分为近炸引信和时间引信。

近炸引信是利用一种专门感受目标特性（声、光、热、电）或外界条件（如气压）的敏感元件来控制起爆。根据受激励的特征不同，近炸引信又分为无线电引信（利用特种发射机向目标发射无线电波，引信中的接收机接收来自目标的反射信号，以此引起弹丸非触发爆炸，这种引信也称为雷达引信）、光学引信（利用目标辐射的红外线能量自动进行工作。当弹丸接近目标小于一定距离，且接近目标的相对速度达到一定范围时，由于光学引信的作用，从而引爆弹丸）和气压引信（利用大气层在不同高度上的压力不同，来控制引信在不同高度引爆弹丸）等。

时间引信是利用时间机构来控制引信引爆弹丸的时间。根据控制时间的方式不同，时间引信又可分为火药时间引信（靠火药柱燃烧的等时性来控制引信的引爆时间）、钟表时间引信（利用钟表计时原理来控制引信引爆弹丸的时间）和电力计时引信（电力计时原理来控制引信引爆弹丸的时间）。

2.4.1.4 典型爆破榴弹

M107爆破榴弹是在西方国家最为广泛使用的一种弹药。20世纪30年代该弹已投入使用，至今仍在很多国家的军队中服役，并成为其他炮弹性能的比较标准。该弹为分装式弹药，其弹体材料为锻钢，由弧形段（弹头）、圆柱段（中部）及船尾段（尾部）组成，其中：在圆柱段的底部嵌有弹带，在弹头有带有螺纹的引信室。在运输及储存状态下，引信室内旋入带有提环的保护螺帽，弹带外有一金属保护环（图2-39）。

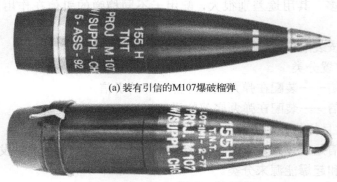

(a) 装有引信的M107爆破榴弹

(b) 储存及运输状态下的M107爆破榴弹

图2-39 装有引信的M107爆破榴弹和储存及运输状态下的M107爆破榴弹

M107爆破榴弹口径155mm，弹体最大直径154.89mm，弹带最大直径157.98mm，全长605.3mm，储存及运输状态下（带有提环螺帽）长度为680.9mm。全重40.82～42.91kg，装药为6.62kg TNT炸药或6.985kg B炸药。1977年以后美国生产的M107爆破榴弹只装填TNT炸药。当炮弹爆炸时，壳体破裂成约1950个飞散破片。

早期的M107爆破榴弹主要使用碰炸引信和机械短延期引信。1944年后开始使用近炸引信。由于近炸引信比早期的机械引信长，便对M107榴弹进行改进设计，主要是在引信室下方增加一段圆柱形空腔以容纳多出的部分。当使用较短的机械引信时，该空腔内填以装在铝壳内的136g TNT药柱，见图2-40。

图 2-40 M107 爆破榴弹截面图

M107 榴弹引信室为 51mm 标准螺纹接口,可以使用以下多种通用引信。
(1) 瞬发引信,如 M51A5、M728、M557、M572 及 M739 系列弹头引信。
(2) 机械短延期引信,如 M564、M577 和 M582 引信。
(3) 近炸引信,如 M732、M728 引信。
(4) 多功能引信,如 C32A1 (DM74) 多功能引信。

用于发射 155mm M107 爆破榴弹的基本装药样式有 M3 或 M3A1,M4、M4A1 或 M4A2 药包或装药。

表 2-6 列出了几种广泛使用的爆破榴弹的主要数据。图 2-41 为俄罗斯 125mm 口径 OF-19 榴弹其配用的瞬发引信和延期引信。

表 2-6 典型爆破榴弹的主要数据

型号	OF-19	M107	M106
国家	俄罗斯	美国/南斯拉夫	美国
口径/mm	125	155	203 (8 in)
弹体长度/mm	670	605	892
弹体全重/kg	23	44	93
装药质量/kg	3.15	6.6	17.6
炸药种类	TNT	TNT	RDX/TNT

图 2-41 俄罗斯 125mm 口径 OF-19 榴弹及其配用的瞬发引信和延期引信

2.4.2 穿甲弹

穿甲弹是以其动能碰击硬或半硬目标（如坦克、装甲车辆、自行火炮、舰艇及混凝土工事等），从而毁伤目标的弹药。由于穿甲弹是靠动能来穿透目标，所以也称为动能弹。一般穿甲弹穿透目标，以其灼热的高速破片杀伤（毁伤）目标内的有生力量、引燃或引爆弹药/燃料、破坏设施等。穿甲弹是目前装备的重要弹种之一，已广泛配用于各种火炮。

随着现代战场上各种目标防护装甲的增强，一般弹药难以穿透，而穿甲弹因动能大，不易受屏蔽装甲的影响，因而越来越受到各国的重视。目前有攻击飞机、导弹的穿甲弹，攻击舰艇的穿甲弹及半穿甲弹，摧毁坦克及装甲输送车等目标的穿甲弹。其中，攻击坦克顶甲、飞机装甲、导弹和各种轻型装甲目标时主要利用小口径穿甲弹；从正面和侧面攻击坦克目标及混凝土工事则利用大、中口径穿甲弹。

在装甲及反装甲相互抗衡及发展过程中，穿甲弹的发展已经历了四代：第一代是适口径的普通穿甲弹；第二代是次口径超速穿甲弹；第三代是旋转稳定脱壳穿甲弹；第四代是尾翼稳定脱壳穿甲弹（也称为杆式穿甲弹）。目前由于采用高密度钨（或贫铀）合金制作弹体，使穿甲弹穿甲威力和后效作用大幅度提高。在大、中口径火炮上主要发展钨（或贫铀）合金杆式穿甲弹。在小口径线膛炮上除保留普通穿甲弹外，主要发展钨（或贫铀）合金旋转稳定脱壳穿甲弹，而且正向着威力更大的尾翼稳定杆式穿甲弹发展。目前还发展了高速动能导弹，其穿甲威力大，作战距离远，命中概率高，代表了穿甲弹又一新的发展方向。

尾翼稳定脱壳穿甲弹通常称为杆式穿甲弹，其特点是穿甲部分的弹体细长，直径较小，长径比目前可达到 30，仍有向更大长径比发展的趋势，例如加刚性套筒的高密度合金弹芯的长径比可达到 40 甚至 60 以上。弹丸初速约为 1500～2000m/s。杆式穿甲弹的存速能力强，着靶比动能大。与旋转稳定脱壳穿甲弹相比，其穿甲威力大幅度提高，杆式穿甲弹可分为滑膛炮用杆式穿甲弹和线膛炮用杆式穿甲弹两种，这两种弹丸除弹带部分不同外，其余部分的结构基本相同。

尾翼稳定脱壳穿甲弹的典型结构如图 2-42 和图 2-43 所示。全弹由弹丸和装药部分组成。弹丸由飞行部分和脱落部分组成，其中：飞行部分一般由风帽、穿甲头部、弹体、尾翼、曳光管等组成；脱落部分一般由弹托、弹带、密封件、紧固件等组成。装药部分一般由发射药、药筒、点传火管、尾翼药包（筒）、缓蚀衬里、紧塞具等组成。

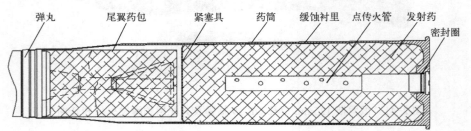

第 2 章 未爆弹药分类及典型未爆弹药介绍

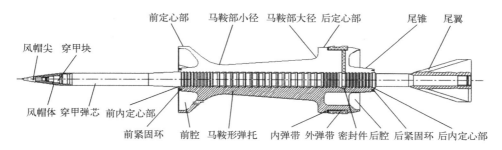

图 2-42 尾翼稳定脱壳穿甲弹的典型结构

图 2-43 30mm MK258 尾翼稳定脱壳穿甲弹

表 2-7 为美国 105mm 尾翼稳定脱壳穿甲弹主要性能。

表 2-7 美国 105mm 尾翼稳定脱壳穿甲弹主要性能

型号	初速 /(m·s^{-1})	弹体材料	弹体直径 /mm	弹丸长 /mm	弹体长 /mm	弹体长径比	威力（2000m）穿透均质靶板厚 /mm	定型时间（年份）
M735	1500～1600	钨或贫铀合金	31.68	484	305	9.6	340	1978
M774	1524	贫铀合金	25	475	350	14	350	1979
M833	1510	贫铀合金	24	551	420	17.5	430	1992
M900	1500	贫铀合金	—	—	—	～30	对付新式坦克	20 世纪 90 年代末

2.4.3 破甲弹

破甲弹是利用聚能装药的聚能效应来完成作战任务的弹药。这种弹药是靠炸药爆炸释放的能量挤压药型罩，形成一束高速的金属射流来击穿钢甲的。它与穿甲弹不同，不要求弹丸必须具有很高的速度，这就为它的广泛应用创造了条件。破甲弹也称空心装药破甲弹或聚能装药破甲弹。

下面以 82mm 无后坐力炮破甲弹为例进行说明。

图 2-44 所示为 82mm 无后坐力炮破甲弹的结构。该弹由弹体、头螺、防滑帽、主药柱、副药柱、药型罩、隔板、引信、发射装药等部分组成。

（1）弹体由钢管冷缩成形，其两端制有内螺纹，弹体前端螺纹与头螺连接，后端螺纹则与尾管连接。弹体壁比较薄，以便多装炸药和减轻弹丸质量，提高初速、增加直射距离。

（2）头螺由钢板或圆钢冲压而成，后端制有外螺纹与弹体连接，头螺前部为一细长圆管，以保证必要的炸高，圆管前端滚压防滑帽。防滑帽顶部有一个圆锥形的凹窝，材料是 60 钢并经热处理,使其具有很高的硬度。在碰击钢甲时,防滑帽的侧棱卡住钢甲使弹丸不跳飞,弹底引信则因惯性而起爆。这样的起爆方式,结构比较简单,能在 65°大着角下可靠作用。

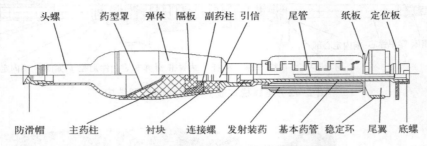

图 2-44　82mm 无后坐力炮破甲弹结构

（3）药型罩是破甲弹的重要零件,它的结构、形状及材料都直接影响金属射流的破甲性能。该破甲弹的药型罩是用紫铜板冲盂后旋压而成,形状为圆锥形,壁厚从罩顶至罩底是变化的。

（4）破甲弹的炸药分为主药柱和副药柱两部分。主药柱为钝化黑索今炸药,质量为 0.41kg;副药柱为高能 8321 炸药,质量为 0.063kg。主药柱和副药柱之间放有酚醛塑料隔板。隔板的作用是改变爆轰波的传播方向（波形）,增大作用在药型罩上的爆轰压力,以提高药型罩的压垮速度,从而增大射流的速度,达到提高破甲深度的目的。

（5）破甲弹采用破-4 弹底机械引信。该破甲弹采用了弹头防滑帽与弹底机械引信相配合的措施,基本上解决了大着角（65°）的发火问题,并且保证了弹丸的破甲威力（120mm/65°）。

（6）尾管由无缝钢管制成,壁厚较薄,以便减轻弹尾质量,使全弹质心前移。尾管内放置点火药管,尾管上钻有圆径 6mm 的传火孔 4 排,共 24 个,用于引燃附加药包。尾管末端车有螺纹,用于旋装螺盖,固定定位板和点火药管。

（7）发射装药由点火药管和附加药包组成。点火药管内装填大粒黑药,目的是增大点火药的引燃能力和增长引燃时间,使附加药包能迅速而均匀一致地点燃。附加药包采用双基带状火药,药包呈袋状,围缝在尾管上。为了可靠地固定药包,防止药包窜离传火孔而影响引燃,在药包下面尾管上套一挡药纸板。82mm 无后坐力炮破甲弹发射装药是在大药室容积、有大量火药气体流出的情况下燃烧的。为了保证装药正常燃烧和射击时无后坐力,设置了定位板。定位板由酚醛夹层布压制而成,外径大于炮膛内径,装药后它挡在炮尾药室的后端,起轴向定位作用。在发射时,当膛内火药气体压力达到一定值后,定位板压碎喷出,弹丸开始运动。有一定的起始压力,对保证内弹道性能的稳定性是非常必要的。为了使定位板破碎均匀,在定位板上钻有许多小孔。

2.4.4　迫击炮弹

迫击炮弹有尾翼稳定的,也有旋转稳定的。除了某些大口径迫击炮弹是由后膛装填,多数迫击炮弹是由炮口装填,依靠自身重力下滑,以一定的速度撞击炮膛底部击针而使弹上的底火发火，迫击二字即源于此。

迫击炮是一种常用的伴随步兵的火炮，用来完成消灭敌方有生力量和摧毁敌方工事的任务，在过去的战争中发挥了很大的作用，在未来的战争中仍然是一种十分重要的武器。与线膛火炮相比，迫击炮具有如下优点：

（1）弹道弯曲，落角大，死角与死界小，并且容易选择射击阵地。

（2）质量小、结构简单、易拆卸、机动性好，可以抵近射击。

（3）发射速度高。一次装填，省去了退壳、关闩和击发动作。

（4）炮弹经济性好。弹体材料及装药价格较低廉。

迫击炮的上述优点，给了它存在和发展的生命力。但是，由于迫击炮的初速低、射程近、散布大，且难以平射，因而也限制了迫击炮弹的使用和发展。

2.4.4.1 迫击炮弹的构造

迫击炮弹按稳定方式可分为尾翼稳定迫击炮弹和旋转稳定迫击炮弹两种。典型的迫击炮弹通常由弹体、稳定装置、装填物、发射装药和引信5个主要部分组成，如图2-45所示。

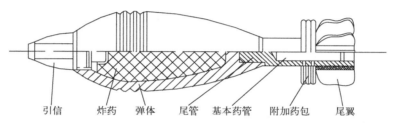

图2-45　82mm迫击炮弹

1）炸药装药

迫击炮弹装填的炸药来源广泛，战时可用硝铵炸药，甚至可用马粪加硝酸铵化肥，现在一般采用与弹体材料相匹配的混合炸药，主要有梯萘炸药、铵梯炸药和热塑黑-17炸药等。这是因为老式迫击炮弹的弹体材料多为铸铁类材料，其机械性能较差，因而不能采用高能炸药（如TNT等高能炸药）。这不仅是考虑经济性，也是由于弹体材料采用铸铁的缘故，如果装填TNT炸药，则会使破片过碎，影响杀伤威力。

梯萘炸药是由TNT和二硝基萘混合制成的。现在的迫击炮弹大都采用这种炸药。该炸药的优点是：不吸湿，不与金属作用，容易起爆。

近年来，广泛采用了由TNT、钝化黑索今、二硝基萘和硝基胍组成的热塑态炸药。装填前，先配好各成分，然后放入蒸汽熔药锅内混合并熔化成塑态，用挤压法装入弹体，在室温下冷却、固结。这种装药方法的主要优点是工艺操作简单，生产效率高，装药密度均匀、密度大，便于实现自动化；缺点是不便于进行装药质量的检查。

2）配用的引信

大多数迫击炮弹由于在膛内不旋转，并且膛压较低，因此须使用专门的迫击炮弹引信。配用的引信通常为着发引信，特种弹或子母弹上使用时间引信。杀伤弹主要是为发挥杀伤作用而配用瞬发引信；杀伤爆破弹和爆破弹为了提高爆破威力，因此配用瞬发和延期两种引信。为满足引信设计准则,迫击炮弹引信的安全保险通常采用拔销加惯性保险或惯性保险加涡轮。时间引信也曾采用拔销加钟表机构的办法。

3)稳定装置

迫击炮弹的飞行稳定分为尾翼稳定和旋转稳定两种方式。大多数迫击炮弹是尾翼稳定的。迫击炮弹的尾翼稳定装置是由尾管和翼片组成。除保证飞行稳定性外,翼片上的突起还起着弹丸在膛内的定心作用,并与弹体定心部一起构成导引部。此外,稳定装置还被用来放置和固定发射药及基本药管,保证实现发射药的阶段燃烧。

尾管是稳定装置的主体,材料为硬铝或钢。尾管内腔用以放置基本药管,尾管上钻有传火孔,传火孔个数一般为 12~24 个,孔径为 4~11mm。传火孔应与附加装药对正,一般分成几排,且轴向对称分布。尾管与弹体的连接方式与弹体材料有关。尾管用螺纹与弹体连接,其中:对于钢质弹体,弹体底部加工成阳螺纹,尾管为阴螺纹;对于铸铁类弹体,弹体底部加工成阴螺纹,尾管为阳螺纹。这样做的目的是保证强度。尾管的长度与稳定性有关,一般为 1~2 倍口径。

尾翼片一般由 1.0~2.5mm 厚的低碳钢板冲制而成,或硬铝制成。尾翼片数目一般为 8~12 片,连接在尾管上,并呈辐射状沿尾管圆周对称分布。尾翼片下缘直径与弹体定心部直径相当,与弹体的定心部共同构成导引部。翼片高度和翼片数量影响翼片承受空气动力作用的面积,面积大,稳定力矩就大;但当弹丸在飞行中摆动时,面积大,迎面阻力也大。

4)发射装药

基本装药由基本发射药、底火、点火药、火药隔片、封口垫和纸管壳等部分组成(图 2-46)。一般采用整体式结构,称为基本药管。为防潮和便于识别,在基本药管的口部装有标签并涂有酪素胶,在所有纸制部分以及底火与铜座接合处均涂以防潮漆。各种口径迫击炮弹的基本药管在结构形式上基本相同,只是点火药的装填方式有些差别。

基本药管的作用过程是击针与底火相撞后底火发火,点燃点火药,产生的火焰沿基本发射药表面传播并点燃之。基本装药的燃烧是在密闭容器中定容进行的,由于装填密度大(达到 $0.65~0.80g/cm^3$),基本装药的肉厚较薄,因此燃烧进行迅速,管内压力上升很快,当达到足够压力时,火药气体沿尾管各孔冲破纸管而点燃附加发射药。故基本药管的打开压力可以通过改变纸管厚薄、强度、传火孔大小和位置来加以调整。

基本药管可以看作一个强力的点火具,单独构成迫击炮弹的最小号装药。

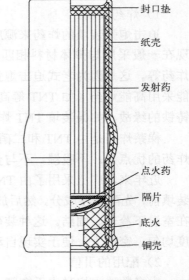

图 2-46　60mm 迫击炮弹基本药管

(1)基本发射药是迫击炮弹发射装药的基本组成部分,在没有附加装药时,它可以单独发挥作用(0 号装药)。迫击炮的膛压低、热量散失大、身管短,通常采用燃速大、能量高的双基药,其肉厚较薄,形状多为简单的片状、带状和环状，目前正在研究使用球形药或新型粒状药。基本发射药大多数采用带状药，以改善火焰的传播，减少管内压力的跳动。而附加发射药的品种、肉厚、形状可以与基本发射药不同或相同，是根据对弹道性能的要求而确定的。

（2）管壳由纸管、铜座、塞垫三部分组成，纸管与铜座均是双层，如图 2-47 所示。纸管为纸质，便于在基本药管达到一定压力时打开传火。纸管有一胀包，其直径较尾管内径稍大，以确保基本药管插入尾管后，在发射前不致松动脱落。为了避免基本药管在火药气体压力下从尾部喷出、留膛而影响下一发的发射，在尾管孔内壁开有一环形驻退槽，发射时铜座壁在高压气体作用下压入驻退槽，保证基本药管发射时不会脱落留膛，这就是基本药管壳下端选用铜质的理由。塞垫的作用是连接纸管、铜座和装入底火。

（3）目前我国各种口径的迫击炮弹一般均采用底-6 式底火（图 2-48）。底-6 式底火的冲击感度较大，点燃能力较强。

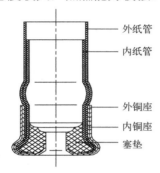

图 2-47 基本药管管壳

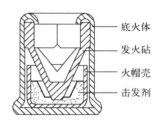

图 2-48 底-6 式底火

（4）常用的底-6 式底火虽然点火能力强，但是仍感不足，故在底火与基本发射药之间装有点火药（2#或 3#黑药），以加强底火的点火作用。不同口径的迫击炮弹所需点火药量不同，口径越大，基本发射药量越多，则需点火药量越多。

点火药的装填有散装、盒装和圆饼状绸布袋装三种方式。散装时，其上下用火药隔片与底火和发射药隔开，例如 60mm 和 82mm 迫击炮弹基本药管的点火药就是这种装填方式。盒装时，先将点火药装入硝化棉软片盒内，密封后再装入管内，例如 56 式 120mm 迫击炮弹基本药管的点火药就是这种装填方式。圆饼状绸布袋装时，把黑药装入袋内缝合后再装入管内，82mm 长弹专用点火药就是采用这种形式。

5）附加发射药

附加发射药是由双基片状或单基粒状无烟药和药包袋组成的。一般都是分装成若干药包套装在尾管周围，通常希望附加药包能充分对正传火孔，使其能在从传火孔中冲出的火药气体的直接作用下点燃，使基本发射药气体的热量与压力损失小，便于迅速而又均匀一致地点火。

药包采用易燃、残渣少的丝绸或棉制品制成，也曾采用硝化棉药盒。根据附加发射药的形状，药包可制成环形药包、船形药包、条袋形药包和环袋形药包。

（1）环形药包。当发射药采用双基无烟环形片状药时，可采用环形药包。其形状为有开口的片状圆环，药包很容易套在尾管上。其优点是：射击时调整药包快速方便，因此射速要求高的中、小口径迫击炮弹均用此种药包。缺点是：环形药片叠在一起，高温时易粘连，影响内弹道性能；药包在尾管上的位置难固定，可能上下窜动，不能对正传火孔而影响弹道性能。

（2）条袋形药包。当采用单基粒状无烟药作为发射药时，可采用条袋形药包。药包平时呈条状，药包袋的长度恰好等于紧绕尾管一周的长度。发射前将药包围在尾管上成环形并用绳子固定。优点是：由于比环形药包紧固，药包在尾管上的定位较好且能对正传火孔，故不易发生药包的窜动，并能可靠引燃。缺点是：射击前调整药包不便，影响射速，故不宜用于要求射速较高的迫击炮弹上。

（3）环袋形药包。它是把小片状或粒状火药装在绸质或布质的环形药袋内，并经口部缝合即成。与条袋形药包相似，不同的是平时呈开口环形。这种药包介于环形药包和条袋形药包之间，也是用绳子扣起来固定在尾管上。

（4）船形药包。该药包为硝化棉制成的船形胶质盒，药包夹在尾翼之间。缺点是：尾翼片受火药气体压力不均匀时易发生变形，点火一致性也不好，现在已不采用。

射击时调整药包的数量可以获得不同的装药号，0号仅用基本药管，1号加一个附加药包，2号加两个药包，其余类推。为了调整药包，通常附加药包应做成等重。弹道性能有特殊要求时，才做成不等重的药包，但勤务处理时容易弄错。

2.4.4.2 典型迫击炮弹

1) 日本 50mm 掷弹筒榴弹

日本口径为 50mm 的掷弹筒榴弹是旋转稳定的前装迫击炮弹。此筒十分轻便，无炮架及瞄准装置，手持概略瞄准射击，供单兵使用。

该弹由引信、弹体、底螺、可胀弹带、发射装药、炸药等部件构成，如图 2-49 所示。特点是底螺用于装发射药，在其外表面安装可胀弹带，其外形与普通火炮弹丸相似。底螺螺接在弹体底部，在底螺的空腔内装有发射药，底火也装在底螺上，发射药外包有防潮的铜盒。榴弹沿筒下滑射击，底火发火点燃发射药，当火药气体压力上升到一定值时，气体冲破装药底部铜皮从底螺底部四周的孔中喷出，弹丸开始前进，火药气体通过侧面的孔压向铜弹带，迫使铜弹带膨胀嵌入膛线，赋予弹丸转速。铜弹带是通过制转销来带动弹丸一起旋转的。

2) 美国 M374 式 81mm 迫击炮弹

美国 M374 式 81mm 迫击炮弹是美军装备的产品，是一种典型的现代迫击炮弹，如图 2-50 所示。该迫击炮榴弹主要由引信、弹体、闭气环、尾管、尾翼、底火、基本装药和附加药包组成。弹丸质量 4.2kg；初速 64～264m/s，最大射程约 4500m；装填 B 炸药 0.95kg；膛压≤63MPa。

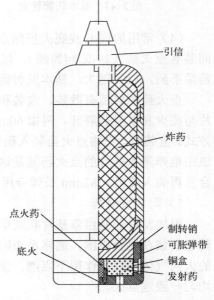

图 2-49　日本 50mm 掷弹筒榴弹

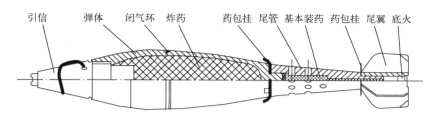

图 2-50 美国 M374 式 81mm 迫击炮弹

M374 式 81mm 迫击炮弹主要结构特点是：

（1）流线型外形。比老式迫击炮弹具有更佳的流线型，特别是弹体与引信、弹体与尾管的光滑过渡，尤其是弹体与尾管外形的光滑流线型能够大大减少阻力。为此，将尾管做成倒锥形，但这种结构的缺点是增加了消极质量。流线型外形再加上断面比重增加、初速提高，故比老式 81mm 迫击炮弹射程提高不少。

（2）采用塑料闭气环闭气。在弹体定心部下方有一环形凹槽，内放一塑料环。发射时，在火药气体压力作用下塑料环外胀而贴紧炮膛壁，这样就减少了火药气体的外泄，提高初速，减少初速散布。闭气环开有缺口，出炮口时被火药气体吹脱。由于有了闭气环，就不再需要闭气槽了。

（3）低速旋转。尾翼片下缘的一角向左扭转 5° 的倾角。出炮口后，在空气动力作用下使弹丸低速旋转，最大转速可达 3600r/min，有利于消除质量偏心和外形不对称造成的不利影响，使精度提高。

（4）基本药管与底火分开。底火放在尾管下部内腔，基本药管放在上部内腔中，其火焰经传火通道点燃基本装药，再点燃附加装药。附加装药为条袋状，挂在药包挂钩上。

（5）铝合金弹尾。尾管与尾翼装置均用铝合金制成，尾翼装置为一整体。铝合金弹尾轻，有助于质心前移，增大稳定性。

（6）装填量增大。弹体薄、炸药装填量增多。

上述措施明显改善了迫击炮弹的射程和射击精度。

3）美国 106.7mm 化学迫击炮弹

美国 106.7mm 迫击炮为线膛炮，炮弹由炮口装填，由于仍使用座钣来吸收后坐能量，故仍属于迫击炮。此炮配用烟幕弹、多种化学弹和榴弹，称为化学迫击炮。

106.7mm 迫击炮榴弹由引信、弹体、炸药、可胀弹带、压力板、尾管、基本药管和附加药包组成，见图 2-51。

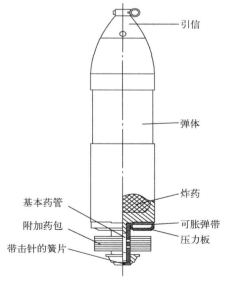

图 2-51 美国 106.7mm（4.2in）迫击炮榴弹

弹体最初用可锻铸铁后用钢制，不同于火炮弹丸和普通迫击炮弹，其外形近似为圆柱形，有上、下定心部（无尾翼定心突起部），以保证在膛内的正确导引。由于可胀弹带和压力板安装在弹体底部，故无船尾部，圆柱部一直延伸到弹底。

弹丸旋转是靠可胀弹带和压力板实现的，可胀弹带外径略小于火炮口径，以便炮口装填时顺利下滑。可胀弹带与钢制的压力板构成一组件，用尾管上的一台阶固定在弹体底面上。铜弹带外侧厚约3mm，转角处有一削弱槽，使其易变形。压力板剖面为弓形，外缘与弹带的斜端面相配合（以使弹带外胀）。装填时弹带直径较炮口径小，自由下滑，发射时火药气体压力作用在压力板上，压力板前移迫使弹带外胀而嵌入膛线，为了保证弹体与弹带一起旋转，在弹底部有一道37mm宽、1mm高的凸台与弹带上相应的凹槽相配合。

此弹的发射装药结构与一般迫击炮弹相似，采用尾管结构，尾管螺接在弹体底部的螺栓上。尾管内装有基本药管，有传火孔。附加发射药为方片状药，放在尾管外。迫击炮上无击针，击针固定在尾管底部一簧片上。

若装填液体化学物质时，在弹体内焊有4片轴向安放的带孔隔板，使液体在发射时随弹体一起旋转，以免出炮口后影响弹丸转速。

2.5 火 箭 弹

2.5.1 火箭弹的分类

火箭弹是一种依靠火箭发动机所产生的推力为动力，完成规定作战任务的无控或有控弹药。目前世界各国研制或装备的各种火箭弹种类很多，为了科研、设计、生产、存储及使用的方便，火箭弹通常按用途和稳定方式来分类。

1）按用途分类

（1）主用火箭弹——对敌方人员、坦克、装甲车辆、土木工事、铁丝网、车辆、建筑物、敌方雷场、各类地堡或地下军事设施等敌人有生力量或非生命目标起直接毁伤作用的火箭弹，统称为主用火箭弹。这类火箭弹包括杀伤火箭弹、杀伤爆破火箭弹、爆破火箭弹、聚能装药破甲火箭弹及燃烧火箭弹等。

（2）特种火箭弹——用于完成某些特殊战斗任务的火箭弹，统称为特种火箭弹。这类火箭弹包括照明火箭弹、烟幕火箭弹、干扰火箭弹、宣传火箭弹、电视侦察/战场效能评估火箭弹。

（3）辅助火箭弹——用于完成学校教学和部队训练使用任务的火箭弹，统称为辅助火箭弹。这类火箭弹包括各种火箭弹教练弹和训练弹。

（4）民用火箭弹——民船上装备的抛绳救生火箭、气象部门采用的高空气象研究火箭与人工降雨火箭弹、海军舰船用的火箭锚等均属于民用火箭弹。

2）按稳定方式分类

（1）尾翼式火箭弹——依靠弹尾部的尾翼装置来保持飞行稳定的火箭弹。尾翼装置将火箭弹在飞行中的压力中心移至弹体质心后,产生一个稳定力矩来克服外界扰动力矩的作用,使火箭弹稳定地飞行。

(2)涡轮式(旋转式稳定)火箭弹——依靠弹体绕自身纵轴高速旋转来保持飞行稳定的火箭弹。涡轮式(旋转式稳定)火箭弹通过高速旋转弹丸自身能产生一个陀螺力矩来抗衡外界力矩的作用,使火箭弹稳定地飞行。

2.5.2 火箭弹的基本组成与工作原理

火箭弹由于要完成各种不同的战斗任务,因而种类繁多。然而不论什么火箭弹,其基本组成部分及各组成部分的作用大致是一样的。

火箭弹一般由引信、战斗部、火箭发动机、稳定装置和导向装置等部分组成(图2-52)。

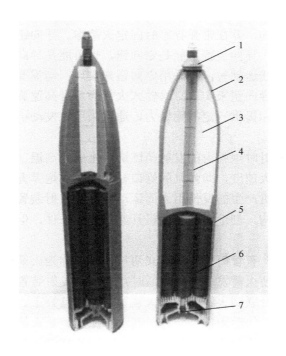

图2-52 典型火箭弹结构图
1—引信;2—战斗部;3—主装药;4—扩爆药;5—火箭发动机;6—固体推进剂;7—喷管。

(1)引信——激活战斗部在弹道终点发挥作战效能的机械或机电部件。为了使战斗部适时可靠地发挥毁伤或干扰等作用,战斗部上都配有引信装置。战斗部类型及作战目标不同配用的引信类型不同,目前火箭弹研制中常用的引信有触发引信、电子时间引信以及无线电近炸引信等。

(2)战斗部——在弹道终点发挥作战效能的部件。根据作战目的及对象的不同,在火箭弹上可以采用不同类型的战斗部。目前在火箭弹研制中常用的战斗部类型包括杀伤战斗部、爆破战斗部、杀伤爆破战斗部、子母战斗部、破甲战斗部、半穿甲战斗部、干扰战斗部以及云爆战斗部等。

（3）火箭发动机——使火箭弹能够飞行的推进动力装置。目前装备及在研的火箭弹主要采用固体火箭发动机。固体火箭发动机通常由连接底、燃烧室、固体推进剂装药、装药支撑装置、喷管及点火具等组成。火箭发动机使火箭弹在弹道主动段末端达到最大飞行速度后结束工作。

（4）稳定装置——使火箭弹能够按预定的姿态及弹道在空中稳定飞行的装置。按照飞行稳定原理的不同，稳定装置可分为涡轮式稳定装置和尾翼式稳定装置两类。涡轮式稳定装置是利用火箭发动机的多个倾斜喷管产生的导转力矩使火箭弹绕纵轴高速旋转，高速旋转产生的陀螺效应使火箭弹稳定飞行；尾翼式稳定装置是在火箭弹的尾部安装尾翼，安装尾翼后的火箭弹使全弹气动力压心（阻心）移到质心之后，飞行时空气动力产生稳定力矩，从而使火箭弹能够稳定飞行。

（5）导向装置——引导火箭弹在定向器上沿着一定的方向运动，使火箭弹在定向器上做直线运动或螺旋运动，并在带弹行军时固定火箭弹。导向钮或定向钮是尾翼式火箭弹经常采用的导向装置。导向装置可能是定向钮，也可能是导向钮或其他装置。当需要火箭弹在定向器上做直线运动时，可采用定向钮来实现；当需要尾翼式火箭弹在定向器内低速旋转时，可采用导向钮来实现。涡轮式火箭弹本身高速旋转，无须另外设置导转装置，但为了带弹行军和提供一定的闭锁力，通常采用在发动机尾部开挡弹槽的办法来加以解决。

火炮弹丸是依靠发射时炮膛内的发射药燃烧后生成的高温、高压气体推动前进，使弹丸在离炮口时获得最大速度，即弹丸的炮口初速。与火炮弹丸不同，火箭弹是通过发射装置借助于火箭发动机产生的反作用力而运动，火箭发射装置只赋予火箭弹一定的射角、射向和提供点火机构，创造火箭发动机开始工作的条件，但对火箭弹不提供任何飞行动力。

火箭弹的发射装置，有管筒式和导轨式两种，前者称为火箭炮或火箭筒，后者称为发射架或发射器。为了使火箭发动机可靠适时点火，在发射装置上设有专用的电气控制系统，该系统通过控制台联到火箭弹的发火装置（点火具）上。

火箭发动机是火箭弹的动力推进装置，其工作原理就是火箭弹的推进原理。火箭发动机所采用的推进剂有固体类和液体类之分。采用固体推进剂的火箭发动机称为固体火箭发动机，又称固体火箭，其工作原理如图 2-53 所示。常见的火箭推进榴弹（单兵火箭弹）如图 2-54 所示。

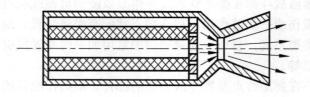

图 2-53　固体火箭发动机工作原理

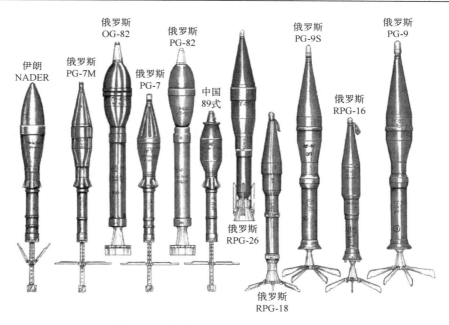

图 2-54　火箭推进榴弹（单兵火箭弹）

在火箭弹发射时，发火控制系统将点火具发火，点火具中药剂燃烧时产生的燃气流经固体推进剂装药表面时将其点燃。主装药燃烧产生的高温高压燃气流经固体火箭发动机中拉瓦尔喷管时，燃气的压强、温度及密度下降，流速增大，在喷管出口截面上形成高速气流向后喷出。当大量的燃气高速从喷管喷出时，火箭弹在燃气流反作用力的推动下获得与空气流反向运动的加速度。由于从火箭发动机高速喷出的气流物质是火箭发动机所携带的固体推进剂装药燃烧产生的，因此火箭发动机的质量不断地减小，表明火箭弹的运动属于变质量物体运动。显然，火箭弹运动时其相互作用的物体一个是火箭弹本身，另一个是从火箭发动机喷出的高速燃气流。由此可见，火箭弹的这种反作用运动为直接反作用运动。高速燃气流作用在火箭弹上的反作用力为直接反作用力，使火箭弹获得向前运动的推力。而固体火箭发动机结束工作时，火箭弹在弹道主动段末端达到最大速度。

2.6　地　雷

2.6.1　地雷的基本组成和分类

2.6.1.1　地雷的基本组成

地雷是指被设置于地面或其他表面之下、之上或附近，当人或车辆对其施压、接近或触动时就引爆的弹药（《特定常规武器公约》第二议定书）。

地雷通常由雷体和引信两大部分组成。雷体一般包括雷壳、装药和传动装置。有些类型的地雷还装有保证布雷安全的保险装置、使敌人难以排除的反排装置，以及定时自毁（失效）装置等。有些地雷的引信（或发火装置）与雷体结合为一体。

1）雷体

雷体通常包括雷壳、装药和传动装置。有些地雷的雷体可以被分离。具有抛射性能的地雷（如跳雷），其雷体还包括抛射装置。

（1）雷壳。

雷壳用来盛装炸药，使炸药装填成型，以及固定传动装置、引信和其他部件。雷壳也使地雷密封防潮，便于地雷的运输、储存和使用。有的雷壳可以用来产生杀伤破片。对有些地雷来说，雷壳和传动装置结合在一起可以用来传递目标荷载。

雷壳材料包括金属、塑料和木材等，如图 2-55 所示。

(a) M15防坦克地雷（铁壳）　　(b) POMZ-2绊发雷（铸铁壳）　　(c) 布袋雷

(d) M19防坦克地雷（塑料壳）　(e) TM-62D防坦克地雷（木壳）　(f) TM-62T防坦克地雷（无壳）

图 2-55　各种不同材料的雷壳

金属材料通常使用低碳钢或铸钢。低碳钢的机械强度适中，加工性能良好，易于冲压成型，适合用来制作反车辆地雷的雷壳。铸钢的机械强度差，易断裂，在地雷装药起爆后容易形成破片，适合用来制作破片型防步兵地雷的雷壳。根据结构和用途，一些地雷的雷壳是用铜、铝等其他金属材料制作的。

塑料质量轻，防探测能力强，因此它是制作雷壳的理想材料。目前，大部分雷壳是用 ABS 工程塑料制作的。它具有表面强度高、坚韧不脆、尺寸稳定、耐化学腐蚀、不易老化、绝缘性能好、易于成型和机械加工等特点。在工程塑料中，酚醛树脂是热固性塑料，具有耐热性好、尺寸精确、易于成型等特点，但是机械强度较差，适合制作某些防步兵地雷的雷壳。

木材来源广泛，容易加工，价格低廉，金属探测器难以探测，但是防潮性能差，易变形，体积大，强度低，长期埋于地下容易腐烂。

除了以上三种雷壳材料外，有些国家还使用了玻璃纤维、厚纸、布和陶瓷来制作雷壳。一些国家将炸药制成地雷所需外形，并通过工艺处理使其硬化，以替代雷壳，被称为无壳地雷。

（2）装药。

装药是地雷产生破坏、杀伤威力的能源。

装填地雷的炸药通常是各种中、高级炸药，如 TNT、黑索今、特屈儿以及各种类型的混合炸药（如赛克洛托）。有的地雷也使用塑性炸药、液体炸药、燃料空气炸药等。根据其用途，特种地雷装填照明剂、燃烧剂、毒剂等。

地雷装药的形状通常采用集团、条形、聚能（球缺形、半球形和圆锥形）和平板形等。目前应用最广泛的是集团装药和聚能装药（图 2-56）。集团装药通常采用圆柱形结构，其形状分为扁平圆柱形和高圆柱形。扁平圆柱形装药结构简单合理，炸药利用率高，目前多用于炸履带的反车辆地雷。高圆柱形装药通常采用沿轴心方向起爆，利于爆炸能量向侧方飞散，多用于破片型防步兵地雷。聚能装药减少了装药量，还利用聚能效应增大了地雷对金属目标的穿透和切割威力，多用于炸车底和炸侧甲的反车辆地雷。

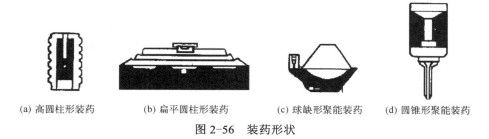

(a) 高圆柱形装药　　(b) 扁平圆柱形装药　　(c) 球缺形聚能装药　　(d) 圆锥形聚能装药

图 2-56　装药形状

（3）传动装置。

传动装置是触发地雷的重要组成部分，用以将外力传递给引信。当地雷受到一定外力作用时，传动装置能产生相应的位移或变形，使引信受力，当位移或变形达到一定限度时，引信发火起爆地雷。

传动装置的传动方式随地雷的触发方式的不同而不同。压发地雷的传动装置有弹性变形和非弹性变形两种形式。对于弹性变形的传动装置，在外力作用下，其弹性元件（弹性压盖、弹簧或碟簧）变形，并将外力传给引信；当外力消失后，弹性元件能恢复原位。对于非弹性变形的传动装置，在外力作用下，利用自身变形、错动或破碎，将外力传给引信；如果压力消失而引信没有发火，传动装置不能恢复原位。对于带有绊线的地雷，其传动装置为绊线及有关附件，当绊线受到外力作用时，将力传给引信而发火。图 2-57 显示了应用于地雷的不同传动装置类型。

2）引信（或称发火装置）

能感知目标信息，根据目标信息或按预定时间、指令等适时起爆地雷的装置，称为引信。

根据其发火原理的不同，引信可以分为机械引信、化学引信和电引信。机械引信多是采用击针撞击火帽的方式发火。化学引信通常是当引信受到一定外力作用时，引信内部进行化学反应产生火焰，引起雷管的爆炸。电引信通常是当引信受外力作用，或受到

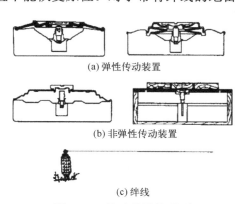

(a) 弹性传动装置

(b) 非弹性传动装置

(c) 绊线

图 2-57　传动装置的类型

目标的电磁、光、声等物理场影响时，接通电路，引起雷管爆炸。

根据目标的作用方式，引信分为触发引信和非触发引信。触发引信是在目标直接接触作用下而动作的引信，例如压发引信、拉发引信、松发引信、断发引信、触杆引信和微动触发引信等。非触发引信是指不需要目标直接接触作用，而是借助于目标和引信间的非接触物理场的感应而动作的引信，如磁引信、震动引信、声电引信、光电引信、微波引信和复合非触发引信等。

按照发火期限，引信可以分为瞬发引信和延期引信。瞬发引信是指在目标作用下立即发火的引信。延期引信是指不需要目标作用，根据使用者预先装定的时间自行发火的引信。

根据抗冲击波能力，引信可以分为耐爆引信和非耐爆引信。耐爆引信是指能够经受一定爆破冲击波载荷作用而不发火，且结构不被破坏，当再次受到目标作用时仍能可靠发火的引信。非耐爆引信是指在一定爆破冲击波载荷作用下而发火的引信。

2.6.1.2 地雷的分类

可以根据其用途、控制方式、引信发火机构、布雷方式、生产方式、功能和特点等标准来对地雷进行分类。

(1) 根据地雷用途，地雷可以分为防步兵地雷、反车辆地雷、特种地雷等。防步兵地雷主要用来杀伤人员，又可分为爆破型防步兵地雷和破片型防步兵地雷，其中破片型防步兵雷可再分为跳雷和地面爆炸雷（包括定向雷和非定向雷）。反车辆地雷主要用来攻击坦克、车辆等技术兵器，根据其攻击部位的不同，可以分为反履带地雷，反车底地雷，反履带、车底两用地雷，反侧甲地雷，反顶甲地雷。特种地雷具有特殊的用途，主要包括反直升机雷、反登陆雷（水雷）、信号雷、照明雷、燃烧雷、化学雷和原子雷等。

(2) 根据其控制方式，地雷可以分为操纵地雷和非操纵地雷两类。操纵地雷可分有线电操纵、无线电遥控地雷和绳索操纵地雷。非操纵地雷可分为触发地雷和非触发地雷，其中：触发地雷又可分为压发地雷、绊发地雷、松发地雷、断发地雷、触杆地雷和微动触发地雷；非触发地雷可分为磁感应地雷、震动效应地雷、声电效应地雷、光电效应地雷和复合效应地雷。

(3) 根据引信发火时间，地雷可分为两类：瞬发雷和定时（延期）雷。

(4) 根据地雷的布设方式，地雷可以分为可撒布地雷和非撒布地雷（人工布设雷）两类。

(5) 根据制造方式，地雷可以分为制式地雷和应用地雷。

(6) 根据地雷抗爆炸冲击波的能力，地雷可以分为耐爆地雷和非耐爆地雷。

(7) 根据地雷保险的特点，地雷可以分为全保险雷、半保险雷和非保险雷。

(8) 根据地雷智能化水平，地雷可分为智能地雷和非智能地雷。近来，能在战场上自动识别、自动跟踪、自动定位、自动攻击坦克、直升机的地雷得到快速发展，这些地雷统称为"智能地雷"。

2.6.1.3 地雷的耐爆性

经受一定爆炸冲击波载荷作用而不发火，且结构不被破坏，当再次受到目标作用时仍能可靠发火的性能，称为地雷的耐爆性。它是现代战争条件下，反映地雷生存能力高低的重要参数。国内外都很重视地雷的耐爆性，通常采取的措施有：减小地雷承压面积；区分载荷作用的速度；区分载荷作用的次数；区分载荷作用的时间；覆盖伪装土层。它们共同的原理就是区分爆炸冲击波载荷与目标载荷的不同，或减弱爆炸冲击波载荷的作用。从结构上看，可采用"点"触发式、触杆式或"十字形"压架式传动机构（图2-58），也可采用半球形凹面可回转雷盖（图2-59），还可采用复次或多次机械压发引信和弹性传动机构（图2-60）。

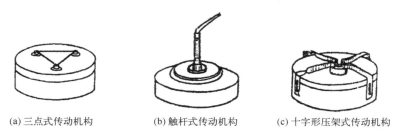

(a) 三点式传动机构　　(b) 触杆式传动机构　　(c) 十字形压架式传动机构

图 2-58　减小地雷承压面积

图 2-59　半球形凹面可回转雷盖

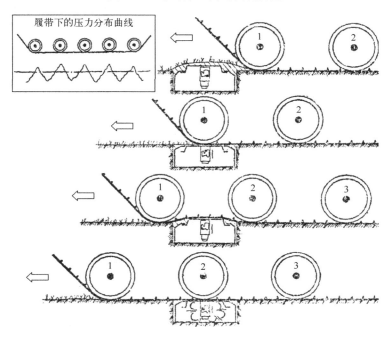

图 2-60　复次压发引信发火过程示意图

对于压发反车辆地雷,爆炸冲击波与坦克对地雷的作用载荷是不同的,如表 2-8 所列。

表 2-8　爆炸冲击波与坦克对地雷作用载荷比较

载荷种类	载荷性质	加载速度	作用时间	加载峰值
坦　　克	集中	慢	长	多次
化学爆炸冲击波	均布	快	短	一次
核爆炸冲击波	均布	快	长	一次

对于装有非触发引信的反车辆地雷来讲,耐爆性主要表现在不被诱爆,雷体结构不被破坏。从使用方面考虑,反车辆地雷应尽量埋入土中,适当加大伪装土层的厚度,以提高地雷的耐爆能力。

2.6.1.4　地雷引信的特殊功能和特殊要求

除安全可靠性功能、发火可靠性功能和起爆可靠性功能,还要求地雷引信具有良好的防潮密封性能、对环境温度的适应性能、耐爆性、防排性、抗扫性、抗干扰性、自毁性、自失效性、可控性和智能性等。

地雷的使用和动作方式等有许多方面是不同于炮弹、火箭弹及导弹的。其他弹药都是由人工发射主动追踪目标,而地雷则设置之后处于待机状态,等待目标的到来。因为它长期处于待机状态,因此要经受各种干扰的考验。相对于一般的引信,地雷引信还有许多特殊要求:

(1)在现代战争中地雷战与反地雷战斗争激烈,各种爆破法和机械法扫雷手段迅速发展,战争中弹药消耗量大,破坏力空前。地雷要保证有效的障碍作用,就要有极强的战场生存能力,因此地雷引信必须有一定的耐爆性和抗扫性,以及防排性和防探性。例如,耐爆引信可以防爆炸冲击波压力对地雷的诱爆;复次引信、计次引信不仅可以耐爆,而且还可以抗扫雷滚扫雷;非触发引信可抗车辙式机械扫雷装置扫雷;反排装置可阻止人工排雷;非磁性材料制造的引信可防金属探测器探测等。

(2)地雷一旦设置,既障碍敌人也能障碍自己。为了使它只障碍敌人而又不影响己方的机动,则地雷引信应能指令控制,或者能定时失效或自毁,以提高地雷的战术机动能力。尤其是可撒布地雷,布撒后无法控制边界和雷位,为了避免地雷场完成战斗使命之后的扫雷之苦,则更应有自毁或自失效装置。

(3)对于人工设置的地雷,为了节省器材,往往要求地雷能进行撤收以便反复使用。因此,对于反车辆地雷,有些则要求地雷设置后引信能安全撤收。

(4)地雷设置以后,往往要在战场上长期待机,守候目标,在这段时间里可能会受各种外界干扰,因此对地雷引信往往要求有更高的抗干扰能力,包括抗雷电、抗射频电、抗电磁、抗爆、抗各种环境因素的影响,如温差变化、湿度变化、雨雪等。也就是说,在长期守候条件下,引信要不变质,且动作可靠。

(5)除雷弹之外,其他地雷都是在设置之后处于待机状态。对于人工或机械设置的地雷,为保证设置者的安全,地雷引信应有延期设置保险,尤其是对动作灵敏的防步兵地雷引信更应如此。对于火炮、火箭和飞机等撒布的地雷,其引信必须在地雷着地后经过一定时间的延期再解除保险进入待机状态,以防由于着地时的撞击作用而使地雷引信

第 2 章 未爆弹药分类及典型未爆弹药介绍

提前发火。

2.6.2 典型杀伤人员地雷

2.6.2.1 PMN 爆破型杀伤人员地雷

1) 性能

(1) 以炸药爆炸产生的冲击波杀伤人员。

(2) 全重 578g,内装 TNT 210g。

(3) 地雷直径 110mm,高 54~56mm,击发机构径向长 152~156mm。

(4) 地雷动作压力 68.6~294N。

2) 构造

PMN 爆破型杀伤人员地雷,由塑料雷壳、炸药、击发机构、压杆和起爆管等组成,如图 2-61 和图 2-62 所示。击发机构和起爆管装在横贯雷体中央的圆孔内。击发机构由击针、击针簧、击针套管、缓冲片、钢丝、保险销等组成。

图 2-61 PMN 爆破型杀伤人员地雷　　　　图 2-62 PMN 地雷的构造

3) 动作原理

平时,击针杆由保险销固定在击针套管上,击针不能前进,保持安全状态。将起爆管装入地雷,拔掉保险销,在击针簧的伸张力作用下,缓冲片被钢丝切断,击针进入压杆的圆孔,头部被圆孔内的凸起部挡住,地雷成战斗状态。当雷盖上受到一定压力,压杆下降,击针失去突起部的阻挡,借击针簧的伸张力穿过压杆圆孔,击发起爆管使地雷爆炸。

4) 设置特点

人工布设,地雷被撒布于地面或草丛中;有时也被埋设于土中,并在地雷上敷设有 1~2cm 的伪装层。

5) 撤除方法

如果需使其失效,则应先轻轻除去伪装层,一手从底部抓住雷壳,切勿按压雷盖,另一手旋下螺塞,取出起爆管,再将螺塞拧上。

实际排除过程中,如果此雷埋设时间比较长,可能螺塞已无法旋开;如果埋设在雨水比较多的环境中,雷体内将可能积水。因此遇到此雷,尽可能用炸药将其诱爆。

2.6.2.2 PMD-6 杀伤人员地雷

1）性能

（1）以爆炸后产生的冲击波对人员起杀伤作用。

（2）全重 400g，主装药 TNT 200g。

（3）长方形木制外壳，长 196mm，宽 89mm，高 64mm。

（4）地雷无固定颜色。

（5）使用 MUV 引信，动作压力为 10～100N。

（6）由于该雷引信为金属体，其可探测性较好。

2）结构

该雷由木制雷壳、主装药以及 MUV 拉发引信等组成（图 2-63）。雷壳由上下两部分组成，通过铰链将其一端连接在一起，其中上部分起压盖的作用，下部分用来盛放装药以及引信。雷壳上部分一端还设有一卡槽，设置时将其卡在引信的端部。

图 2-63　PMD-6 杀伤人员地雷

MUV 拉发引信由引信体、击针、击针簧、拉火栓、保险销和起爆管等组成（图 2-64）。平时由保险销将击针控制在引信体上，击针簧处于较松弛状态。使用时将击针拉起，插入拉火栓，击针簧呈压缩状态，引信呈待发状态。

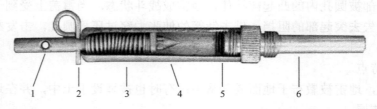

图 2-64　MUV 拉发引信

1—保险销孔；2—拉火栓；3—击针簧；4—击针；5—引信体；6—起爆管雷管。

3）动作原理

当雷壳上部分受到 10～100N 的压力时，雷盖随之下降，卡槽将 MUV 引信端部的固定销挤出，击针在击针簧的作用下击发起爆管，从而起爆地雷。

第 2 章 未爆弹药分类及典型未爆弹药介绍

4）设置特点

人工布设时，地雷被放置在地面上或草丛中；有时也埋设于土中，并在地雷上敷设有 1～2cm 的伪装层。

该雷有时会被设置成诡计装置，主要是将绊线的一端固定在固定销上，另一端固定在固定桩或树木上，有的甚至将其固定在雷壳内部。

5）撤除方法

（1）发现该雷后，用扫雷锚将其拉动，并将其上盖拉开。

（2）在引信末端插入保险销。

（3）取出引信，旋下起爆管，取走地雷。

在实际扫雷现场，如果该雷埋设时间很长，有可能木制外壳已完全腐烂，只留下引信和装药。

2.6.2.3 No.4 杀伤人员地雷

1）性能

（1）以爆炸后产生的冲击波对人员起杀伤作用。

（2）全重 348g，主装药 TNT 188g。

（3）长方形木制外壳，长 135mm，宽 65mm，高 50mm。

（4）地雷外观为绿色。

（5）使用 MUV 引信，引信动作方式为压发。

2）结构

该雷由塑料雷壳、主装药以及 MUV 引信等组成（图 2-65）。雷壳由上下两部分组成，通过铰链将其一端连接在一起，其中上部分起压盖的作用，下部分用来盛放装药以及引信。雷壳上部分一端还设有一卡槽，设置时将其卡在引信的端部。

 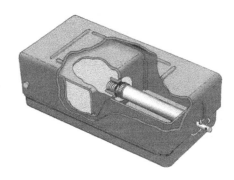

图 2-65　No.4 杀伤人员地雷

3）动作原理

当雷壳上部分受到一定的压力时，雷盖随之下降，卡槽将 MUV 引信端部的固定销挤出，击针在击针簧的作用下击发起爆管，从而起爆地雷。

4）设置特点

人工布设时，地雷被放置在地面上或草丛中；有时也埋设于土中，并在地雷上敷设有 1~2cm 的伪装层。

该雷有时会被设置成诡计装置，主要是将绊线的一端固定在固定销上，另一端固定在固定桩或树木上，有的甚至将其固定在雷壳内部。

5）撤除方法

（1）发现该雷后，用扫雷锚将其拉动，并将其上盖拉开。

（2）在引信末端插入保险销。

（3）取出引信，旋下起爆管，取走地雷。

2.6.2.4 M14 型杀伤人员地雷

1）性能

（1）以炸药爆炸产生的冲击波杀伤步、骑兵。

（2）全重 99g，内装特屈儿 28g。

（3）地雷最大直径 78.5mm，高 35mm。

（4）动作压力 88.2~156.8N。

2）构造

M14 型杀伤人员地雷由塑料雷壳、装药和击发装置组成（图 2-66），地雷的上部为击发装置。

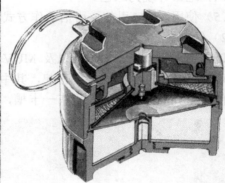

图 2-66 M14 型杀伤人员地雷

击发装置由压盖、压力柱、击针座、簧片、击针、起爆管和保险夹组成。雷壳上部边缘标有字母"A"和"S"。将压盖上的指针指向"S"时，压盖边缘上的三个突出部对正雷壳内壁上的三个突出部，加之保险夹的作用，地雷呈安全状态；当压盖上的指针指向"A"时，压盖边缘上的三个突出部与雷壳内壁上的三个突出部错开，抽出保险夹，地雷成战斗状态。

3）动作原理

当地雷上受到一定压力时，压盖下降，下压击片，使其猛力下翻，击针击发火帽，引爆雷管，使地雷爆炸。

4）撤除方法

地雷通常布设于草丛或砾石地上，仅施以简单伪装。

排除时，可用坦克或其他履带车辆压爆，也可用炸药或导爆索网诱爆。对埋在土中或设在草丛中的地雷，也可以用扫雷耙将雷耙出，然后集中销毁。

当人工排除时，轻轻除去伪装层，取出地雷，插入保险夹，旋转压盖，使其指向"S"，从雷的底部旋出起爆管。

2.6.2.5 MD-82B 杀伤人员地雷

1）性能

（1）以爆炸后产生的冲击波对人员起杀伤作用。

（2）全重 100g，主装药特屈儿 28g。

（3）圆柱形塑料外壳，高 55mm，直径 55mm。

（4）地雷颜色为绿色。

（5）使用压发引信，动作压力为 40N。

（6）雷壳材料为塑料，其可探测性较差。

2）结构

该雷由雷壳、装药、压板及引信组成（图 2-67）。雷体最外侧是一层塑料壳体，正上方为压板，压板周围有一槽口用于安装保险夹，雷体中部为引信室，正下方有一螺盖。

图 2-67 MD-82B 杀伤人员地雷

该雷压发引信由击针、击针体、击针簧、制动销、起爆管以及保险夹等组成。平时将保险夹插入压板周边的槽口，同时制动销挡住击针体端部，使压板不能下降；使用时将雷体底部螺盖旋开，装入起爆管，旋上螺盖，小心取下保险夹，地雷处于战斗状态。

3）动作原理

当地雷压板上受到 40N 以上的压力时，压板下降，将制动销折断，击针在击针簧弹力的作用下击发起爆管，从而引爆地雷。

4）设置特点

人工布设，地雷被撒布于地面或草丛中；有时也被埋设于土中，并在地雷上敷设有 1～2cm 的伪装层。

5）撤除方法

（1）小心除去地雷上方的伪装层，露出压板两侧的槽口。

(2) 将保险夹插入压板的槽口。
(3) 将地雷取出，旋下底部螺盖，取出起爆管。
(4) 旋上螺盖，取走地雷。

2.6.2.6　POMZ-2 破片型杀伤人员地雷

1）性能

(1) 以地雷爆炸产生的破片杀伤人员。

(2) 全重 2kg，内装 TNT 75g。

(3) 使用 MUV 拉发引信，动作拉力 9.8～24.5N。

(4) 密集杀伤半径 7.5m。

2）构造

POMZ-2 破片型杀伤人员地雷，由雷壳、炸药、引信、固定桩、控制桩和绊线组成（图 2-68）。雷壳表面有方格花纹、用以产生比较均匀的破片。配用 MUV 拉发引信。

图 2-68　POMZ-2 地雷

3）动作原理

当绊线受到 9.8～24.5N 的外力作用，拉火栓被拉出，击针失去控制，在击针簧作用下击发雷管，使地雷起爆。

4）设置特点

(1) 在设雷位置，通常有庄稼地、草地、树丛、芦苇、铁丝网、树林、木桩等地物，并将地雷与绊线涂成与现地景物相同的颜色，以利于伪装。

(2) 在距离地雷位置 6～7m 处设有控制桩，绊线一端固定在控制桩上。

（3）设雷位置设有固定桩，安装好引信的地雷固定在固定桩上，绊线的另一端固定在引信的拉火栓上。

5）撤除方法

（1）确定雷位，看绊线走向，观察有无诡计设置，观察拉火栓是否牢固。若牢固，则谨慎拨开伪装层，用手反方向捏住拉火栓，插入保险销，轻轻摘下绊线挂钩或剪断绊线，旋出引信，旋下起爆管，取下雷壳和装药，撤收固定桩、控制桩和绊线。

（2）此雷也可在隐蔽位置抛投扫雷锚，拉动绊线使其爆炸。

2.6.2.7 M16A1 杀伤人员跳雷

1）性能与构造

该雷为金属雷体，由抛射筒、雷弹、抛射药和引信组成（图 2-69）。地雷全重 3.6kg，雷体内装 TNT 炸药 0.45kg，使用 M605 压、拉两用引信，动作压力为 34.3~192N，动作拉力为 14.7~29.4N，雷弹腾炸高度为 0.6~1.2m，有效杀伤半径为 20m。

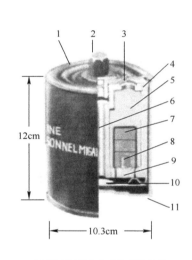
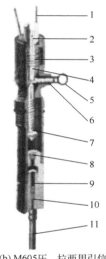

(a) M16A1杀伤人员地雷的结构　　　　(b) M605压、拉两用引信

1—雷盖；2—塑料螺帽；3—注药孔；4—雷弹体；　　1—触角；2—上保险销孔；3—弹簧；4—击针；
5—装药；6—传火管；7—扩爆药；8—雷管；　　　　5—拉火栓；6—拉火环；7—击针杆；8—火帽；
9—延期药；10—抛射药；11—抛射筒。　　　　　　9—延期药；10—传火药；11—点火管。

图 2-69　M16A1 杀伤人员地雷

2）动作原理

当引信触角上受到足够的压力或拉火栓上受到足够的拉力时，击针杆失去拉火栓的控制，穿过圆孔，借击针簧的张力撞击火帽发火，引燃抛射药，将雷弹从抛射筒内抛出，同时点燃雷弹上的延期药，使雷弹在空中爆炸。

3）撤除方法

设成绊发时，小心地插上保险销，剪断绊线，旋下引信，取出地雷。设成压发时，谨慎去掉伪装层、压板，插上保险销，旋下引信，取出地雷。

2.6.2.8 M18A1 杀伤人员定向雷

1) 性能

(1) 地雷爆炸后钢珠定向飞散杀伤步、骑兵,内装钢珠 710 粒,密集飞散角 60°,最大飞散角 120°,密集杀伤距离 50~55m,有效杀伤距离 80m。

(2) 全重 1.6kg,内装炸药 600~650g。

(3) 地雷长 218mm,宽 36mm,高 145mm。

(4) 使用 M57 发火装置。

(5) 使用安全距离:在侧、后方无掩体时,应大于 17m;在掩体或战壕内,应大于 9m。

2) 构造

M18A1 杀伤人员定向雷由雷体、装药、钢珠、支架、发火装置组成,如图 2-70 和图 2-71 所示。

图 2-70 M18A1 杀伤人员定向雷及 M57 发火装置、M40 检测器

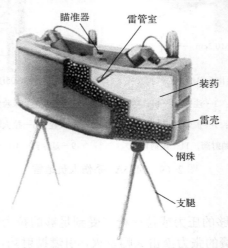

图 2-71 M18A1 杀伤人员定向雷的结构

(1) 雷壳由塑料制成,上部中央有一瞄准孔,用来瞄准预定的杀伤方向。瞄准孔的两侧各有一个雷管室,旋有雷管室塞,平时将无孔的一端旋紧,以防杂物进入。

(2) 装药为 C-4 炸药。

(3) 钢珠直径为 6mm,用黏合剂将其浇铸在雷壳靠凸侧弧面内。

(4) 在雷壳底部两侧各有一个金属支架，可以转动，并能分开和收拢，用以支撑雷体和调整瞄准角度。

3) 动作原理

（1）设成绊发或拉发时，当绊线上受到一定的拉力时，点火具起爆导爆索，引起地雷爆炸。

（2）设成电点火时，放平M57发火装置上的保险环，手握发火装置，猛力下压压板，产生电流，起爆电雷管，使地雷爆炸。

4) 设置特点

（1）设成拉发或电发火时，电雷管放入地雷的雷管孔，导电线的一端与电雷管的脚线连接在一起，另一端通过人工控制，适时与电源导通起爆地雷。

（2）设成绊发时，在雷体位置前方适当距离（20～30m）与地雷平行依次设置有绊桩、绊线、击发桩，导爆管的雷管一端装入地雷的雷管孔，另一端上装有发火器，并且发火器固定在击发桩上，绊线挂钩挂在拉发栓上。

5) 撤除方法

（1）在击发器上插入保险销（电点火切断电源），旋下雷管室塞，取出雷管。

（2）将塞子的另一端拧入孔内。

（3）依次撤收雷体、导爆管（导电线）、击发器（电源）和绊线、绊桩。

2.6.3 典型反车辆地雷

2.6.3.1 M6系列/M15反车辆地雷

M6系列反车辆地雷包括M6、M6A1和M6A2等压发爆破型地雷，其中M6A2在这一系列中使用最为广泛。M6和M6A1地雷使用M3型保险盖，配用M600和M601化学引信；M6A2地雷使用M4型保险盖，配用M603机械引信。

M6A2反车辆地雷与M15反车辆地雷除了在高度、质量和炸药类型方面有所差异外，其他方面完全相同。

1) 性能

（1）能炸断坦克的履带。

（2）使用M603式机械引信或M600式化学引信。

（3）其他性能参数见表2-9。

表2-9 M6A2反车辆地雷与M15反车辆地雷的性能参数

地雷类型	M6A2	M15
直径/mm	333	333
高度/mm	83	150
总质量/kg	9.1	14.3
炸药类型	TNT炸药	B炸药
炸药质量/kg	4.45	10.3
动作压力/kg	160～340	160～340

2）构造

M6 系列反车辆地雷由雷壳、传动装置、装药和引信等组成（图 2-72）。

(a) M6A2反车辆地雷　　　　　　　　　　　(b) M15反车辆地雷

图 2-72　M6A2 与 M15 反车辆地雷

（1）雷壳由钢板制成，上部与传动装置连接一体，侧部和底部各有一个副引信室，使用 M1 式拉发引信，在使用时需加一传爆管，传爆管有扩爆药的一端旋入副引信室，安装引信的螺孔与引信的火帽座连接，平时螺孔用螺塞密封。

（2）传动装置由压盘、碟簧、螺盖等组成。压盘中央有一引信室，下面有四片钢制碟簧将其支撑。使用一面式或两面式螺盖。一面式螺盖上有活动指标与下面的压力钮连接，当活动指标上的箭头指向"ARMED"时，压力钮位于中央，地雷呈战斗状态；当箭头指向"SAFE"时，压力钮位于一侧，地雷呈安全状态。两面式螺盖，一面有凸部，一面有凹部，凹部向上时为战斗状态，凸部向上时为安全状态（图 2-73）。

(a) 一面式螺盖保险安全状态　　(b) 一面式螺盖保险战斗状态　　(c) 两面式螺盖

图 2-73　M6A1 反车辆地雷螺盖

（3）装药为熔铸的 TNT 炸药。

（4）引信。M603 式机械引信由引信体、压帽、碗形支撑片、击针簧片、击针、保险夹、火帽和雷管组成（图 2-74），平时由于击针簧片的支撑，保险夹夹在压帽的下面，使击针不能下降，引信呈安全状态。M600 式化学引信由引信体、击锤帽、固定铜片、击锤、固定箍、硫酸瓶、发火药、雷管、扩爆药和保险夹组成（图 2-74），平时由于击锤帽、固定铜片和固定箍支撑击锤，保险夹又夹在固定箍上使击锤不能下降，引信呈安全状态。

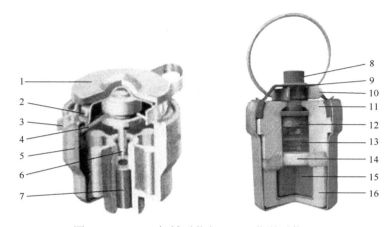

图 2-74　M603 机械引信与 M600 化学引信

1—压帽；2—碗形支撑片；3—保险夹；4—碟簧；5—引信体；6—击针；7—雷管；8—击锤帽；9—固定铜片；10—保险夹；11—引信体；12—击锤；13—玻璃瓶；14—发火药；15—雷管；16—扩爆药。

3）发火原理

（1）使用 M603 式机械引信时，抽去保险夹，将引信装入地雷。当压盘上受到一定压力时，压盘下降，将压力传给引信，引信压帽上受到 1274～1764N 以上的压力，碗形支撑片变形，使击针簧片猛力下翻，击针撞击火帽，使地雷爆炸。

（2）使用 M600 式化学引信时，抽去保险夹，将引信装入地雷。当压盘上受到一定压力时，压盘下降，将压力传给引信，引信击锤帽上受到 1078N 以上的压力，固定铜片和固定箍被压扁，击锤下降压碎硫酸瓶，硫酸与发火药起化学反应而发火，引爆雷管，使地雷爆炸。

4）撤除方法

轻轻去掉伪装层，仔细检查有无诡计装置。如无诡计装置，即可旋下螺盖（如果是一面式螺盖，应先将活动指标箭头转向"SAFE"位置），谨慎地取出引信，插上保险夹，取出地雷。如设有诡计装置（图 2-75），通常用扫雷锚（钩）拉爆或用炸药将其诱爆。必须人工失效时，应按先侧部后底部的顺序逐步检查和排除，其方法是：①去掉伪装层，扩挖雷坑，在副引信的下保险孔内插入保险销，并将贯穿引信体后的部分折弯，以防滑掉；②在上保险孔内插入保险销，如插不进去，说明拉火杆已转动，此时不必强插，也不要转动拉火杆，应剪断拉线，轻轻旋下引信，将引信体、火帽座和传爆管三者分开；③按无诡计装置时的排除方法处理主引信和地雷。

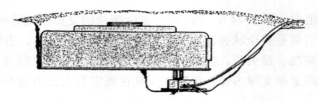

图 2-75　设有诡计装置的 M6A1 式反车辆地雷

2.6.3.2　M19 式反车辆地雷

1）性能

（1）能炸断重型坦克的履带。

（2）全重 12.7kg，内装 B 炸药 9.5kg。

（3）使用 M606 式固定引信；地雷的起爆压力为 1568～2254N。

2）构造

M19 式反车辆地雷（图 2-76），雷壳为塑料制成，上部有压盘，侧部和底部各有一个副引信室，使用 M1 式拉发引信作诡计装置。

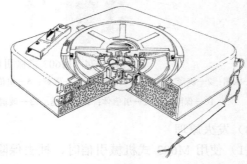

图 2-76　M19 式反车辆地雷

M606 式固定引信，发火装置与压盘固定为一体，由引信体、碟簧、簧片、击针、雷管、活动指标和保险夹等组成。抽出保险夹后，当活动指标指向"S"时，指标下面的突出部拨动击针座支架圈，使簧片偏向一侧，击针与火帽错开，地雷呈安全状态。当活动指标指向"A"时，指标下面的突出部拨动击针座支架圈，簧片被拨到中央，击针与火帽对正，地雷进入战斗状态。

3）发火原理

当地雷上受到一定压力时，压盘下降，碟簧被压缩，簧片猛力下翻，击针撞击火帽而发火，使地雷爆炸。

4）排除方法

轻轻去掉伪装层，查看有无诡计装置。若无诡计装置，先转动指标，使其指向"S"，再插入保险夹，取出地雷。若有诡计装置，排除方法与 M6A1 式反车辆地雷的排除方法相同。

2.6.3.3　M21 式反车辆地雷

1）性能

（1）主要用于炸穿坦克底甲，也可炸毁履带。

（2）全重 8.1kg，内装 H-6 炸药 5kg。

（3）使用 M607 式触、压两用引信。起爆推力为 22.5N，起爆压力为 1274N。

2）构造

M21 式防坦克雷为金属雷壳，上部中央有引信室，平时用螺盖密封，引信室下面依次是抛射药、击针、火帽、延期体、导爆装置、传火管等。装药的上部有一个半圆球形钢板（图 2-77）。M607 式触、压两用引信由触杆、压环、触杆接杆、塑料箍、支撑帽、簧片、击针、雷管和保险销等组成（图 2-78）。

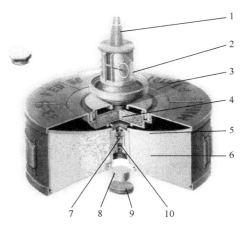

图 2-77 M21 式反车辆地雷

1—触杆；2—引信；3—雷盖；4—抛射药；5—药型罩；6—主装药；7—延期药；8—扩爆药；9—底螺盖；10—延期药。

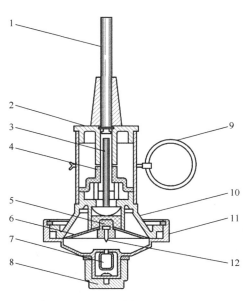

图 2-78 M607 式触、压两用引信

1—触杆；2—压环；3—触杆接杆；4—塑料箍；5—支撑帽；6—碟形击片；7—M46 雷管；8—护帽；9—带环保险销；10—引信体；11—凸盘；12—击针。

3）发火原理

（1）设成触发。

抽掉保险销后，当触杆受到一定推力。倾斜角超过 20°时，塑料箍破裂，这时触杆接杆迫使支承帽下降，使簧片猛力下翻，击针撞击雷管，引燃抛射药，将引信、雷盖、伪装土层抛开。同时压迫地雷上的击针撞击火帽，点燃延期体，经过 0.15s 后依次引爆导爆装置、传爆管，使地雷爆炸。

（2）设成压发。

不用触杆。抽掉保险销后，当引信压环上受到一定的压力时，塑料箍破裂，通过触杆接杆将压力传于支承帽，使簧片猛力下翻，击针撞击雷管，地雷爆炸。

4）排除方法

轻轻去掉伪装层，检查地雷确无诡计装置。插入保险销，旋下触杆，卸下引信。取出地雷，旋下底塞，拿出传爆管，再旋上底塞。

2.6.3.4　TM-46 式反车辆地雷

1）性能

金属雷壳，地雷全重 8.5kg，内装 TNT 炸药 5.7kg 及扩爆药 40g。地雷直径 300mm，高度 105.5～115.5mm。使用 MB-5 引信，地雷动作压力为 1960～6860N，压 1/3 以上面积起爆，能炸断中型坦克的履带，损坏其负重轮。部分地雷的底部有副引信室，用以安装诡计装置，使用 MUV 拉发引信作为副引信。

2）构造

TM-46 式反车辆地雷见图 2-79。

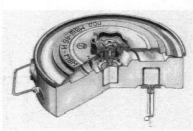

图 2-79　TM-46 式反车辆地雷

3）动作原理

除使用 MB-5 引信（同 59 式压发引信）和 MYB 引信外，还使用 MBⅢ-46 式耐爆引信和 46 式不可取出引信装置。当使用耐爆引信时，因触发管和触发管弯头的受压面积较小，故对爆炸冲击波具有一定的耐爆性。当地雷使用不可取出引信装置时，便成为诡计地雷，排除时如按使用普通螺盖的方法进行，地雷就会爆炸。

使用 MB-5 引信的地雷，其发火原理同 GLD210 型反车辆地雷。

使用耐爆引信的地雷，当坦克履带撞到引信触发管弯头时，触发管弯曲，拉杆拉起卡帽，钢珠脱落，击针借击针簧的张力击发起爆管，地雷爆炸。

使用不可取出引信装置的地雷，当向外旋动螺盖几圈时，由于卡铁被传压板顶住，不能转动。如果继续用力旋动，则引信空室与套管逐渐分离，在螺盖尚未旋出前，引信空室脱离套管，猛击 MB-5 引信，地雷爆炸。

4）排除方法

对使用耐爆引信的地雷，谨慎去掉伪装层，扩大雷坑，检查底部，如无诡计装置，即可旋出引信，拧下起爆管，取出地雷。

对旋有普通螺盖的地雷，因很难判断是否带有不可取出引信装置，一般用炸药诱爆。如需拆卸，应特别注意向外旋动螺盖时的阻力变化，若阻力均匀则可继续旋转，若阻力突然增大则很可能有不可取出引信装置，应立即停止旋转，只能采用诱爆方法。

2.6.3.5　TMK-2 式反车辆地雷

1）性能

金属雷壳，地雷全重 12kg，内装 TNT、黑索今混合炸药 6.5kg，采用带钢质药型罩的聚能装药，上面用一截锥形金属盖盖住。使用 MBK-2 触发引信，引信与装药之间用起爆管和导爆装置连接，地雷设置后，引信露出地面 70～80cm，动作推力为 78～118N。能炸穿坦克车底并杀伤乘员。

2）构造

TMK-2 式反车辆地雷见图 2-80。

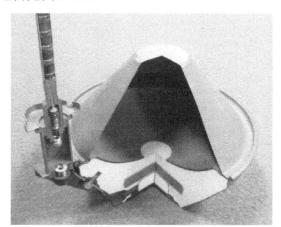

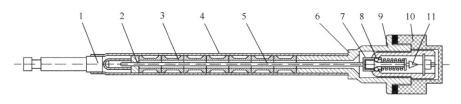

图 2-80　TMK-2 式反车辆地雷

1—引信头；2—螺帽；3—衬圈；4—触发管；5—拉杆；6—引信体；7—卡帽；
8—钢珠；9—套管；10—护帽；11—击针。

3）动作原理

当坦克车底碰到引信时，触发管弯曲，拉杆将卡帽自套管内拉出，钢珠孔外露，钢珠脱落，击针借击针簧的张力击发火帽，点燃延期药，经 0.3～0.5s 当坦克中部处于地雷上方时即引爆起爆管，通过导爆装置使地雷爆炸。

4）排除方法

取下触杆，去掉伪装层，露出引信套管顶部，旋下引信，卸下起爆管，取出地雷。必要时，取下导爆装置，自托架凸耳下取出导爆索，将上、下端头分别从引信套筒和扩爆药室内拧下。如引信触发管已弯曲，则禁止用人工排除，应用炸药诱爆。

第二部分 专业技能

第 3 章 未爆弹药的搜索、定位与挖掘

由于发射、投掷方式不同以及使用后经历的环境变化，未爆弹药在战场上的分布状态十分复杂。大部分未爆弹药在短时间内位于地表面，随着交战活动的进行以及气候等因素引起地表变化，原本在地表面的未爆弹药可能被掩埋，或发生移位，进入水体；埋设于浅层土壤中的地雷可能被水流冲出暴露在外，也可能被埋入更深的土层中，超出常规探雷器的探测范围；较大尺寸的未爆航空弹药则可能位于数米深的土层中，需要通过更复杂的方法准确判断其位置。根据各种未爆弹药所处位置的不同，需采取不同的方法进行搜索、定位。对于深入土层的大型航空弹药，必要时还需挖掘暴露部分或全部弹体，以便判断危害，确定处理方法。

3.1 探雷针地表目标的搜索

3.1.1 目视搜索法

目视搜索是地面清排阶段最常用的方法，它是指不借助探测设备，仅靠探测人员肉眼搜索地面上或目视可及范围内未爆弹药的方法。在裸露地表区域，如建筑物、道路、机场等区域，目视搜索法对集束炸弹、各类炮弹和火箭弹的搜索非常有效。

在交战活动刚刚结束的一段时间内，大部分的未爆弹药位于地表面，这时可采用目视搜索法快速确定较大范围内未爆弹药的位置、数量和种类，并采取相应措施予以清除。

目视搜索可以是侵入式的，也可以是非侵入式的。如果无须移动植被、碎石、土壤或其他有可能遮掩住未爆弹药的物体进行搜索，则这种搜索为非侵入式的搜索；反之，如有移动物体的需要则为侵入式搜索。

1) 目视搜索的实施

（1）指挥员根据地形、地表植被情况、待搜索区域的面积、已知的未爆弹药种类等因素，决定投入人员的数量、相互之间的安全距离、是否进行交替搜索等。

（2）尽可能利用已经存在的线性地貌（如公路、便道、耕地等）作为起始基准线。当需要清排出一条安全通道时，该基准线就是已清除的安全通道的前沿。

（3）通常对作业通道的两侧进行标示。标示第一条进入未爆弹药污染区作业通道安全的一侧时，将使用与起始线类似的方式（如果作业通道是从左至右展开的，那么左侧就是安全区）。作业通道的宽度由搜索作业手的数量和每人负责的宽度决定。每次搜索队到达作业通道的尽头后，对新的作业通道进行目视搜索，移动作业通道的标示。已完成

清排的通道要进行标示,标记物应在安全距离内清晰可见。

(4)通常采取步行搜索法进行搜索作业。每次进行搜索作业时,组长最多监督指挥不超过 10 名作业手,其监督的作业手最远不得超过 150m。所有作业手应以直线的方式并排行进,确保不遗漏任何物体。组长或副组长在作业手身后实施跟进监督,确保每位作业手都采取正确的搜索方法,在整个搜索范围内不会有区域或未爆弹药被遗漏,如图 3-1 所示。

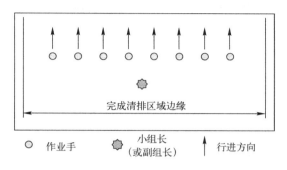

图 3-1 目视搜索的队形

(5)在目视搜索的过程中,除了担任监督的组长(副组长)下达口令,或作业手报告发现目标,所有人员应保持静默;当作业手发现可疑物体时,应发出"停止作业"口令,整个搜索线停止作业,组长走向发现目标的作业手,同时命令整条搜索线上的作业手后退 2m。组长对发现的物体进行识别,确认是未爆弹药时,将其清楚地标示出来,通常用在其附近插一面小红旗或在周边放置 3 个圆锥体的方式进行标示,然后下令继续搜索,并向现场指挥员报告。

(6)到达作业通道终点时,应根据清排方向,从左至右或从右至左移动作业通道的标示物(标示桩、小红旗或带标记的石块等),每两条作业通道之间应有 0.5m 的重叠区。

(7)第二条作业通道的搜索方向应与第一条相反,即从第一条通道的终点方向往起点方向进行搜索,如此往复确保将整个搜索区域全部清除完毕,如图 3-2 所示。

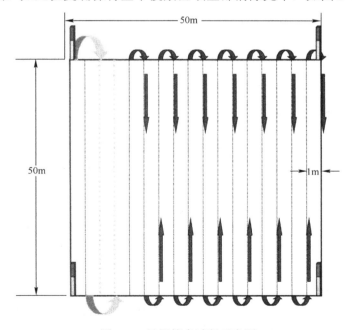

图 3-2 目视搜索过程示意图

（8）以发现的最后一枚未爆弹药为圆心，等半径50m范围内的区域都清除完毕后，若没有发现其他未爆弹药，则认定该区域清除完毕。

（9）指挥员应根据清排过程中发现的目标判断集束炸弹打击的中心、集束炸弹的打击范围等。集束炸弹的打击范围由其被释放的高度、风力风向、地面的地质、植被等情况确定。通常情况下，集束炸弹的打击区域示意如图3-3所示。

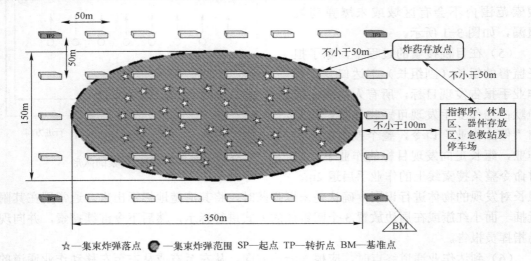

☆—集束炸弹落点　●—集束炸弹范围　SP—起点　TP—转折点　BM—基准点

图3-3　集束炸弹打击区域示意图

2）目视搜索阶段的安全距离

在目视搜索阶段，指挥员要根据任务性质、地形、植被等条件，决定是否需要穿戴防护装具，确定人员之间的安全距离。通常情况下，在不进行侵入式搜索且植被、地形条件允许时，搜索作业手可以不穿戴防护装具；当进行侵入式搜索时，作业人员必须穿戴防护装具。在50m×50m的工作区域内，只允许一支清排分队作业，两只同时作业的清排分队之间的最小安全距离是25m。

3.1.2　地雷绊线的探测

普通的破片型杀伤人员地雷，如绊发雷、跳雷和定向雷均可使用绊线作为触发装置，而地雷绊线在探雷和排雷作业中难以进行探测和处理（图3-4）。一方面，地雷绊线在材料和外观方面经过处理，难以通过目视和一般的手持探雷器材发现，尤其是在杂草、灌木丛和树林等野外环境下，即使是扫雷者眼前50cm内的绊线也很难被看到；另一方面，大多数绊发引信所需拉力较小，在搜索过程中稍有不慎（如探雷器的快速摆动触动绊线）即可能引发地雷爆炸，且破片型地雷杀伤范围远大于爆破型杀伤人员地雷，危险性较高。

目前尚无有效探测地雷绊线的技术手段。有条件时，应尽可能采用遥控机械作业的方法清除绊发雷，也可采用远距离拖动扫雷锚的方式拉动绊线，降低排雷人员的风险。只有在必要时才进行人工探测和排除绊发雷的作业。

第 3 章 未爆弹药的搜索、定位与挖掘

图 3-4 地雷绊线

可利用触觉发现地雷绊线，方法如下：挽起衣袖至肘部以上，摘除手表、戒指等饰物，掌心向上，手背轻贴地面缓缓前伸，慢慢向上抬起至所需搜索的高度。在此过程中，应仔细感觉手及前臂有无碰触绊线。

也可用绊线探杆（tripwire feeler）探测绊线。绊线探杆是一种简单的工具，一般用一段长度 30～50cm、有一定弹性的细铁丝制成，见图 3-5。也可以寻找一根长约 30cm、有一定弹性的细草茎作为绊线探杆。使用时，手持一端，另一端贴地面缓缓前伸，慢慢向上抬起至所需搜索的高度。在此过程中，应仔细观察探杆有无弯曲，并仔细感受通过探杆传至手上的力，通过这种方式探测绊线的存在。

图 3-5 绊线探杆

3.2 浅层目标的探测与定位

3.2.1 浅层目标的探测原理

3.2.1.1 低频电磁感应探测技术

低频电磁感应探测技术是以地雷或未爆弹的金属外壳和金属零部件为探测对象，一般由发射线圈和接收线圈组成。发射线圈向外发射一初始电磁场，穿透周围土壤，当土

壤中有金属物件时，在金属物体中会产生涡流效应，涡流反过来会形成一个二次电磁场，这个二次电磁场会被接收线圈感知到，在接收线圈中产生电压信号，从而实现对埋在土壤中的金属物体的探测（图3-6）。

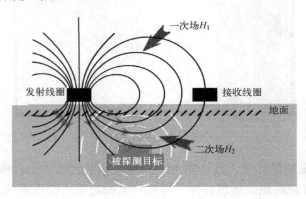

图3-6　低频电磁感应探测技术原理图

在实际应用中，低频电磁感应探测技术有很多种，灵敏度也越来越高。目前低频电磁感应探测方法主要包括平衡法、阻抗变换法以及脉冲感应法等，具有代表性的探测器有美国AN/PSS-11型探测器、中国115型小型侦察探测器、德国EBEX420型探测器和美国AN-19/2型探测器等。

3.2.1.2　高频探测技术

高频探测技术是一种非金属探测技术，它是利用电磁近场原理检测地雷与其背景的介电常数突变点来探测地雷，电磁波频率一般在数百兆赫到数千兆赫左右。工作时，探测器向土壤发射交变电磁场。如果土壤中无异物，则在小范围内是一种均匀的电介质，接收天线接收到的感应电动势是相等的；一旦土壤中出现地雷等异物，由于地雷等异物与土壤的介电常数不同，接收天线就会接收到一个变化了的感应电动势，探测器会输出一电压信号，该信号表明土壤中存在地雷或其他异物。

高频探测器一般由平衡收发天线、高频信号源、异物检波器、可变放大器、报警电路及耳机组成，其原理框图如图3-7所示。目前典型的高频探测器有美国AN/PRS-8型探测器、中国120型探测器、121型探测器等。

图3-7　高频探测器原理框图

3.2.1.3　复合探测技术

复合探测技术是指同时采用金属和非金属两种探测原理进行地雷探测的技术。地雷因含有金属零部件而具有金属特征，又因与周围土壤存在着介电常数差异而具有非金属特征，利用地雷的这一特点，将金属地雷探测技术与非金属地雷探测技术复合于一体，可有效排除干扰，提高地雷探测效率。复合探测器的原理框图如图3-8所示。

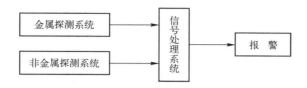

图 3-8 复合探测器原理框图

在探测作业过程中，金属和非金属探测部分同时对各种地下目标进行探测，金属探测通道对各种金属物体输出金属特征信号，非金属探测通道在各种介电常数存在差异的突变处输出非金属特征信号，两个通道信号经信号处理电路分析后，给出控制信号对报警电路进行控制，以实现报警。典型的复合探测器有中国 90 型探测器、130 型探测器和俄罗斯 ПР-505 型探测器等。

3.2.1.4 探地雷达探测技术

探地雷达（GPR）是以地下不同介质的电磁性质的差异为物理前提的一种高频电磁技术。依据不同的工作方式，GPR 可分为地面探地雷达和钻孔探地雷达，其中：前者主要用于检测地下浅层目标，如市政工程设施、机场跑道、公路路基路面、桥面、铁路路基、隧道衬砌和地雷等；后者主要用于岩层裂隙探测、矿产勘探和地下水调查等。按用途或天线的工作模式分类，GPR 还可以进一步细分，但其工作原理大致相同。当发射天线发射的电磁波在地层中传播时，如果遇到电磁性质不同的物体（目标），则将发生前向和后向散射，散射波在多个目标之间以及目标内部还会形成新的散射，一部分散射波被接收天线接收。随着天线的移动，GPR 记录到各测量点处的电磁波信号，经过进一步处理和分析可判断地质分层情况和各层的材质等，同时可以识别地下目标（图 3-9）。

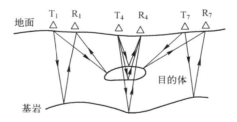

图 3-9 电磁波遇到地下物体后的反射示意图

3.2.1.5 其他电子探测技术

除了以上几种电子探测技术外，目前各国已开展和研究的电子探测技术还包括磁法探测、雷达探测、红外成像探测、声学探测等。

（1）磁法探测技术是通过探测地雷（或航空炸弹）铁磁性外壳或零部件的磁异常来发现地雷，相应探测器也称为铁磁物体探测器。由于探测的距离较远，该技术通常用作探测地下或水中较深处的航空炸弹，即航弹探测器。

（2）红外成像探测技术是被动红外技术，以探测埋设地雷与土壤背景不同热惯量而造成的温差为机理，用红外热图的方式显示探测结果。

（3）声学探测技术主要是超声波探测技术，通过接收和处理超声波反射信号来确定被探测目标。

3.2.2 探雷针

探雷针是一种简单可靠的探测工具，依靠触觉可以准确地探测出地雷或航弹的位置。一般同探雷器配合使用，用来确定雷位，必要时也可单独使用。

实际上任何长短、形状合适，可以刺入土中的工具，都可以充当探雷针使用。早期战场上就曾利用刺刀在雷场中确定地雷的位置。随着探雷针的制式化，在材料和功能上也呈现多样化，如图 3-10 所示。有的采用高韧度材料制成，防止地雷爆炸时产生二次破片伤人；有的利用无磁材料制成；有的制成窄铲状便于清除覆土；有的戴有护手罩以更好地保护作业人员的手部。但无论何种探雷针，其基本使用方法是相同的。

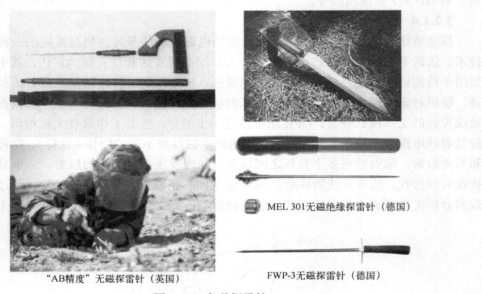

"AB精度"无磁探雷针（英国）　　FWP-3无磁探雷针（德国）

MEL 301无磁绝缘探雷针（德国）

图 3-10　各种探雷针

（1）用探雷针探测，根据情况可采用立姿或卧姿，见图 3-11。立姿作业时，右手握探杆，掌心顶住末端，面对搜索正面站立，身体稍前倾，探雷针与地面角度 30°左右，不超过 45°；卧姿作业时，探雷针与地面角度不超过 30°。

(a) 立姿　　　　　　　　　　　　　　(b) 卧姿

图 3-11　使用探雷针搜索地雷的姿势

第 3 章　未爆弹药的搜索、定位与挖掘

（2）探测时，应将探雷针头轻轻插入土中，不能用力过猛。插入的深度以能穿透伪装层为宜。

（3）刺探时，应由近及远，从左至右逐次刺探。刺探点的间隔、距离以不漏掉地雷为限。刺探过程中避免用针尖拨弄草木或挑动伪装层，以免触动地雷的绊线和雷体。

（4）当刺探到土（雪）中有坚硬物体时，应再从周围进行刺探，以确定目标性质，并作出记号，登记其确切位置。

由于探雷针探测作业速度慢，因此作业要细心，特别在冻土或硬土中作业更应注意，以免漏掉地雷。如果知道或怀疑地雷装有磁感应引信，则不能使用金属探雷针，并且探测作业者不能携带任何铁磁（钢、铁）器件，如钢盔、刺刀、武器和子弹等，作业前应仔细检查，将这些器件留在地雷场外面。

当缺乏制式探雷针时，可利用就便材料自行制作应用探雷针。探雷针的长度在卧姿使用时一般为 0.8～1.2m，在立姿使用时一般为 1.5m。探雷针头可用中径 6～8mm 的钢筋或铁丝制成，也可利用硬质的竹条、树枝等削制而成。针头不宜磨得太尖，以免刺进雷壳发生危险。探杆可用木棍、竹竿等制作。探雷针头与探杆要结合牢固。

3.2.3　金属探雷器

金属地雷探测技术大多采用低频电磁感应原理，以探测地雷中的金属零部件为目的。随着电子技术的不断发展，金属地雷探测器的探测灵敏度也从只能探测地雷的金属外壳，发展到能探测到仅含 1g 以下金属零部件的地雷。地雷的发展迫使探雷技术向高灵敏度方向发展，但同时也带来了较高的虚警问题。由于简单实用，低频电磁感应这一传统的探测技术一直占有主导地位，发挥着十分重要的作用。

3.2.3.1　511 型探雷器

511 型探雷器主要用于执行国际维和、反恐和安全检查等任务，搜查埋设于地下、浅水中及建筑物内的地雷、爆炸物、枪械、刀具等含有金属的危险物品，为排除危险物品提供准确信息；也可用于战时和战后的探排雷行动，探测埋设在地面下的各种地雷或未爆弹药。

511 型探雷器采用了先进的脉冲式电磁感应金属探测技术，通过检测目标中含有的金属部件来实现爆炸物的探测和定位。该技术具有探测灵敏度高和土壤适应性强两大突出的性能。

511 型探雷器齐套设备主要由探雷器、耳机、外挂电池仓、测试件、充电器、电池、使用维护说明书、背包袋、包装箱、装箱清单及产品合格证组成。

1）构造与工作原理

如图 3-12 所示，探雷器由探头、探杆、手柄、臂套、主机及耳机构成，其中主机内置电池。

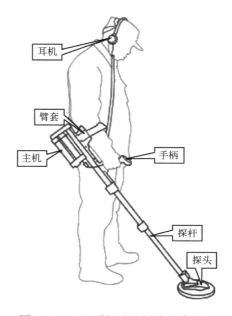

图 3-12　511 型探雷器组成（构造）

该探雷器为便携式手持装备，可单手携带和实施探测，探杆长度可根据需要调节，能适应立姿、跪姿和卧姿的作业需要（图 3-13）。立姿作业时，操作人员右手握住手把，用右手大拇指进行按键操作，右手臂固定于臂套内，平稳控制探头左右移动，对目标区域进行扫描探测，遇到金属目标时，探雷器发出声音报警，同时给出 LED 指示信息。当遇到目标时，操作人员对可疑区域进行多次扫描，根据扬声器或耳机的报警音结合 LED 指示信息对目标进行精确定位，目标位于探头正下方时具有最大的报警音量和最强的 LED 指示。

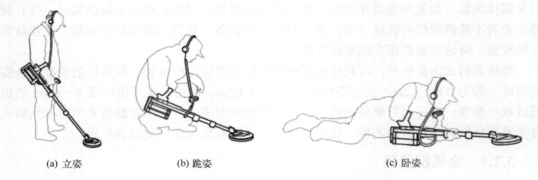

图 3-13　511 型探雷器的三种作业姿势

探雷器主要用于检测含有金属的危险物品，通过检测目标中含有的金属部件来实现目标的探测和定位，其工作原理如图 3-14 所示。脉冲发射电路不断产生脉冲信号激励发射线圈，使其产生向周围辐射的电磁场，当碰到附近的金属目标时，该电磁场会在目标上感应出涡流，同时该涡流亦会产生反作用于发射电磁场的二次场，使原磁场发生变化。由于不同材质的目标或背景产生的二次场在幅度和相位上有明显的区别，接收线圈接收来自目标和背景的二次感应信号，并经过接收电路对目标和背景信号进行分离，分别输入到信号处理单元进行运算，信号处理后通过报警电路输出报警信号到耳机、喇叭和 LED 指示灯。

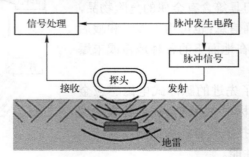

图 3-14　511 型探雷器的工作原理

2）主要性能和技术参数

作业全重：3.4kg

探杆长度：65～150cm 连续可调

探测距离：≤15cm（对 ϕ10 的铁金属球）

≤10cm（对 ϕ10 的铜、铝金属球）

定位精度：<5cm（定位点与金属球边缘距离）
报警方式：声音和 LED 显示
连续工作时间：≥12h（常温）
使用温度范围：-40℃～+50℃
探测距离：≤15cm（对小型爆破防步兵地雷）
定位精度：≤5cm（定位点与地雷边缘距离）
探知率：≮97%
虚警密度：≤0.2 个/m^2
土壤适应性：一般土壤、磁性土壤、碱性土壤和红土壤

3）包装与标识

（1）齐套设备对照表。

为了方便设备的携带及运输，探雷器所有的部件、备件和附件均放置于包装箱内。其齐套设备清单如表 3-1 所列。

表 3-1　511 型探雷器齐套设备对照表

名称	单位	数量	备注
探雷器	套	1	511 型探雷器
充电器	个	1	
电池	节	8	1 号可充电电池
使用维护说明书	本	1	
包装箱	个	1	
外挂电池仓	个	1	
耳机	个	1	
背袋	个	1	
测试件	个	1	用于金属测试
装箱清单	份	1	
产品合格证	份	1	

（2）探雷器的包装。

探雷器所有的部件、备件和附件分别置于包装箱内的对应位置，并用高密度海绵固定保护，其分布如图 3-15 所示。

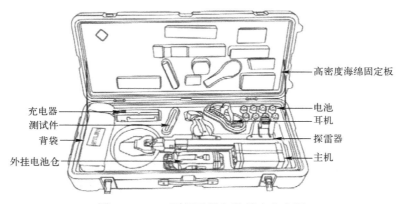

图 3-15　511 型探雷器包装箱内分布图

为了方便单兵携带,探雷器的所有部件、备件和附件也可以放置于背袋内。背袋内分布如图 3-16 所示。

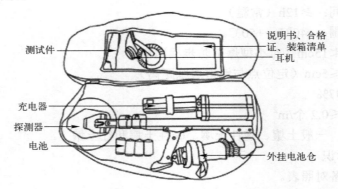

图 3-16　511 型探雷器背袋内分布图

4) 安装调试

(1) 电池安装。

旋转电池盖旋钮打开主机上的电池盖,将四节电池依据正确的方向装入主机的内置电池仓,盖上电池盖并旋转电池盖旋钮将电池盖锁紧。

(2) 探头调节。

探头与下杆通过下拉杆组件连接,探头可上下 90°自由转动。打开下拉杆扳扣可实现探头左右最大 90°的旋转,闭合扳扣则将探头锁紧在当前位置,如图 3-17 所示,调整探头至合适作业角度。

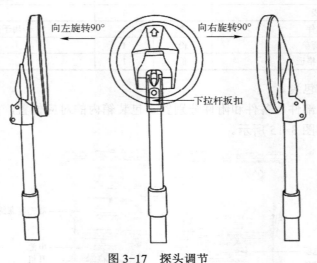

图 3-17　探头调节

(3) 探杆调节。

探杆主要由三节拉杆及两套扳扣组成。通过两套扳扣的打开或者闭合可以调整探杆的长度,中拉杆扳扣用于控制下杆的伸缩状态,上拉杆扳扣用于控制中杆的伸缩状态。打开扳扣进入可调状态,闭合扳扣进入锁紧状态,如图 3-18 所示。调整探杆的长度至适合作业状态。

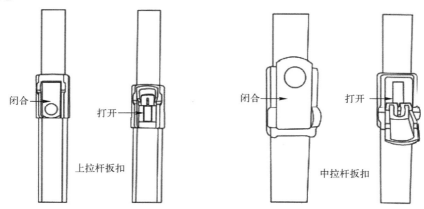

图 3-18 探杆调节

（4）臂套调节。

臂套在上杆的位置可以调节。打开臂套扳扣，可推动臂套在上杆滑动，闭合臂套扳扣则将臂套固定在当前位置，如图 3-19 所示。调整臂套位置以适合当前作业人员手臂的固定。

（5）耳机安装。

将耳机电缆上的 7 芯航空插头插入主机上的 7 芯耳机插座，即可完成耳机的安装，如图 3-20 所示。需要注意的是，仅使用主机内置喇叭作为报警装置时，则该步骤跳过。

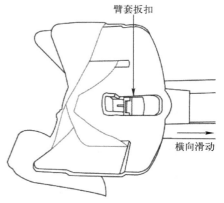

图 3-19 臂套调节

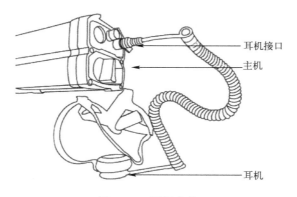

图 3-20 耳机安装

5）使用操作

（1）基本操作流程。

基本操作流程见图 3-21。

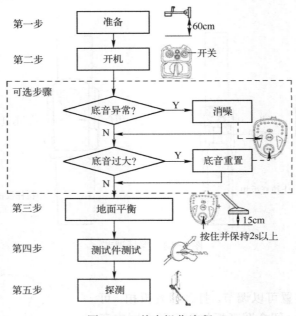

图 3-21 基本操作流程

第一步：准备。

将电池装入电池仓，接上耳机，通过臂套将探雷器固定在手臂上，调整伸缩拉杆的长度以适应当前作业方式（立姿、跪姿、卧姿），注意下杆需至少伸出 10cm 长度，否则会对设备的探测性能造成影响。若要使用外挂电池仓，则需接上外挂电池仓。

第二步：开机。

将探雷器抬高至少离地 600mm，并远离任何金属目标，按下开机键。探雷器进入 12s 的开机自检过程，此时喇叭和耳机会发出一阵频率连续变化的声音。自检结束后，探雷器进入探测状态，此时探雷器会传出一个基本保持稳定的底音。如果底音正常稳定，则进入第三步。若底音频率及幅度很不规律，则按下消噪键，探雷器进入一个 45s 的消噪过程。如果底音比正常音量大，则按下平衡按键。

第三步：地面平衡。

此操作需保证在不含有金属目标的地面上进行。将探头抬高离地约 150mm 的高度。按下平衡按键不放并保持 2s 以上，同时移动探头在 0～150mm 高度内上下移动。控制探头在 0～150mm 范围内上下移动直到地面平衡结束音响起为止。

第四步：测试件测试。

保证作业人员的手上及探头附近没有其他金属。从探头正前方缓慢移动测试件直到测试件接触探头中心表面，接着将测试件沿着探头表面缓慢移出。此时探雷器的报警音应该有一个从小到大再从大到小的过程。这表明探雷器工作正常，可进入探测作业。

第五步：探测。

使用探雷器对待探测区域进行扫描，探测过程中探雷器保持匀速平稳，并使探头尽量贴近地面，扫描的速度保持在 0.6m/s 左右。

（2）操作界面说明。

探雷器操作界面分布在主机前端面板和手柄面板上。主机前端面板包含开关机按键、耳机接口、外挂电池分接口和喇叭，如图 3-22 所示。手柄面板包含 4 个功能按键、金属报警指示灯和欠压报警指示灯，如图 3-23 所示。

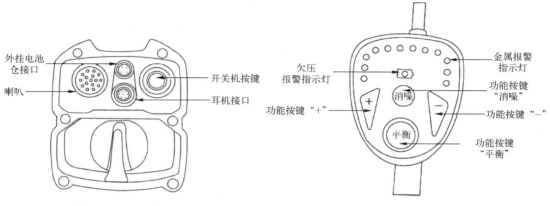

图 3-22　主机界面分布图　　　　图 3-23　手柄界面分布图

6）基本功能描述

（1）按键描述。

开关机按键：探雷器通过开关机按键进行开关机。当按下该按键并使该按键处于按下状态时，探雷器完成电池电量、各模块电源电压及正负发射脉冲幅值的检测。若各模块正常工作，系统进入目标检测工作状态；否则系统输出报警音，故障指示灯点亮，提示系统故障，并立刻停止检测工作。当按下该按键并使该按键处于弹起状态时，探雷器将切断电源，立刻关闭。

"平衡"按键："平衡"按键拥有地面平衡和声音复位两个功能。探雷器具有良好的土壤适应性，当遇到探测的土壤环境发生变化时，可以使用"平衡"按键消除土壤背景对探雷器的探测干扰。当长时间按住"平衡"按键超过 2s 时，探雷器进入地面平衡操作。此时，作业人员需保证在不含有金属目标的土壤表面上进行平衡操作。将探头抬高离地约 150mm 的高度，同时移动探头在 0～150mm 高度内上下移动，直到地面平衡结束音响起为止。探雷器进入正常探测状态。当探雷器在连续探测作业过程中，出现声音异常的波动或底音变大的情况，可快速按下"平衡"按键，使探雷器的底音恢复正常状态。

"消噪"按键：探雷器对外界噪声和其他探雷器干扰具有一定的抗干扰能力，作业人员保持探雷器探头离开地面 1m 以上并远离金属目标，按下"消噪"按键，探雷器进入消噪过程，直到消噪结束音响起为止，该过程持续 45s。探雷器进入正常探测状态。

音量/灵敏度增大按键：每按下"+"键一次，可以提高一挡级的音量，同时提高一挡级的灵敏度，音量/灵敏度共 7 挡。喇叭和耳机的音量同时受到影响。当被探测目标较小或者埋设较深时，可通过"+"键提高音量及灵敏度，防止造成目标的漏检。

音量/灵敏度减小按键：每按下键一次，可以降低一挡级的音量，同时降低一挡级的灵敏度，音量/灵敏度共 7 挡。喇叭和耳机的音量同时受到影响。当被探测目标较大或者埋设较浅时，可适当降低音量及灵敏度，抑制掉部分虚警及外界的干扰。

开关指示灯按键：由音量"+"按键和"平衡"按键组合构成。当作业人员不想因为灯光暴露探测作业的位置时，可以使用开关指示灯按键，此时面板指示灯全部熄灭。当需要恢复指示灯指示时，作业人员只需再一次按下开关指示灯按键。

开关喇叭按键：由音量按键和"平衡"按键组合构成。当作业人员不想因为声音暴露探测作业的位置时，可以使用开关喇叭按键，此时喇叭关闭，耳机仍然有效。当需要恢复喇叭报警时，作业人员只需再一次按下开关喇叭按键。

（2）声音及指示灯描述。

为了方便作业人员判断探雷器当前的状态，正常探测报警、欠压报警、地面平衡过程结束、消噪过程、消噪过程结束和上电自检过程时的声音是不同的。具体声音与状态过程对照如表3-2所列。

表3-2　511型探雷器声音与状态对照表

序号	状态/过程	声音描述
1	正常探测报警状态	持续低沉的底音
2	欠压报警状态	周期性单一顿音
3	地面平衡过程结束	短促振铃一次
4	消噪过程	周期性短音
5	消噪过程结束	一长一短顿音一次
6	上电自检过程	周期性四节音调

手柄面板上的12个灯为金属报警指示灯。当无目标时，报警指示灯只有最左侧1个灯亮；当出现小目标或深距离目标时，左侧3~4个灯亮；当出现中等强度目标时，中间4个灯亮；当出现大目标或浅距离目标时，右侧4个灯亮。报警指示灯显示如图3-24所示。

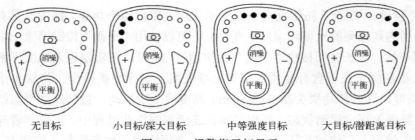

无目标　　小目标/深大目标　　中等强度目标　　大目标/潜距离目标

图3-24　报警指示灯显示

当电池电压过低或电路出现供电故障时，欠压报警指示灯点亮，如图3-25所示。

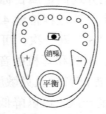

图3-25　欠压报警指示灯显示

第3章 未爆弹药的搜索、定位与挖掘

注意：一般认为出现超过左侧 3 个指示灯亮时，表示有金属目标被检测到。当出现欠压报警灯点亮后，请及时关闭探雷器，更换电池。

7）探测方法

（1）连续扫描探测方法。

尽量保持探头匀速平稳，扫描的速度保持在 0.6m/s 左右，太快的速度可能导致错过小目标或者深埋的目标。连续扫描探测方式如图 3-26 所示。

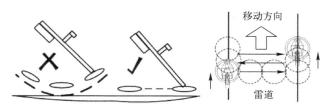

图 3-26　连续扫描探测方式

（2）目标精确定位方式。

如图 3-27 所示，从一个方向靠近目标位置，当报警音响起即停止探头，并记下探头当前位置，换其他方向并重复上述操作直到确定一个目标区间。当目标区间确定后，即可对目标进行精确定位，移动探头横跨整个目标区间，在报警音量最强处是目标的中心位置。

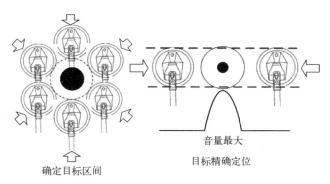

图 3-27　目标精确定位探测方式

3.2.3.2　117 型探雷器

117 型探雷器对包括铁磁性金属目标和非铁磁性金属目标在内的所有金属目标都具有较大的探测灵敏度，有效地抑制了温度效应所引起的直流漂移，可在静态探测模式和动态探测模式下工作，能区分出两个相邻的金属目标，实现精确定位和高分辨率，并能适应高热、严寒等气候条件，有效抑制导电、导磁背景信号的干扰，因此，该探雷器可在海水、淡水、红土、黏土、磁性土、海滩土等多种背景环境中使用，适合用户全地域作业的需求。

1）主要性能参数

探测灵敏度：≥10cm（对微金属地雷探测灵敏度）

定位精度：≤5cm（定位点与地雷边缘的距离）
探头直径：250mm
探杆可调长度范围：750～1400mm
单机工作质量：≤3.5kg
连续工作时间：≥20h（用3节R20P即1号电池作为电源，持续供电时间不小于20h）
报警方式：具有自动欠压报警功能，单耳机双音频音响报警和外置扬声器报警
环境温度范围：-40℃～+50℃（不含电池）

2）基本组成

117型探雷器的组成见图3-28和图3-29。

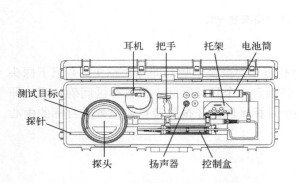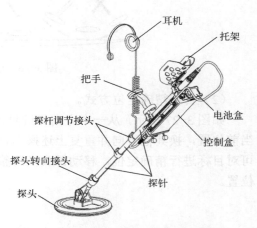

图3-28　117型探雷器装箱示意图　　　图3-29　117型探雷器组装结构图

3）工作原理

117型探雷器的探头由发射线圈及平衡式接收线圈组成。发射线圈发射由高、低双频叠加的交变电磁场，若遇金属件则在金属件内感应出涡电流，该涡电流产生二次场，在接收线圈中被接收到并送至控制盒中的信号处理单元，经单片微机处理后由耳机报警。由于土壤、海水等的涡电流在高、低两种频率时产生的分量一样，可以由高、低频率信号经处理抵消，而金属件产生的涡流分量在不同频率下是不相同的，可以有效去除。该探雷器不仅能适应多种土壤背景，而且能在浅海水及海滩上探知地雷。

4）功能介绍

控制盒上功能键及外部连接如图3-30所示。

电源开关：按一下电源开关，耳机中发出"滴"的一声，这段声音间隔较长，同时发光灯会闪烁。接下来会听到连续短促的5声"滴"声，之后耳机中发出"嘟"的一声，发光灯全部熄灭，表示开机状态结束。

"灵敏度"选择键（SEN）：按一下"SEN"按键，

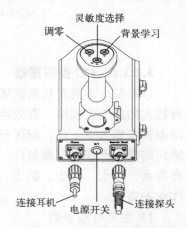

图3-30　功能键及外部连接图

第 3 章　未爆弹药的搜索、定位与挖掘

可对机器现有的灵敏度状态进行查看,如图 3-31 所示。"SEN"按键上方指示灯按照从左至右的顺序,一只灯亮表示当前探雷器灵敏度为低挡,两只灯亮表示当前探雷器灵敏度为中挡,三只灯同时亮表示灵敏度为高挡。连续按"SEN"按键两次可变换一挡灵敏度,按照"低挡→中挡→高挡"的顺序循环变换。需要注意的是,灵敏度换挡只有当指示灯熄灭后才可进行。指示灯尚未熄灭时,连续按两次"SEN"按键无效。

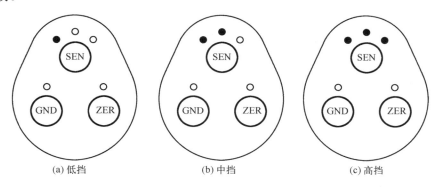

(a) 低挡　　　　　　　(b) 中挡　　　　　　　(c) 高挡

图 3-31　灵敏度指示灯

"背景学习"按键(GND):该探雷器针对多种探测环境背景增设了背景学习功能,可用于设定各种背景信号的增益控制。当探头接近地面出现连续单边报警时,需要进行背景学习:将探头左侧或右侧倾斜接近地面,倾斜角度大约 30°,按一下"GND"按键,等待直至该键上方的指示灯连续闪烁,且听到连续的提示音(每隔 1s "滴滴"两声)后,将探头抬起对空,再按一下"GND"按键,直至该指示灯熄灭,耳机中听到每隔 6s "嗒"的一声正常工作提示音,表示探雷器完成了对该地背景特征的学习。

"调零"按键(ZER):在作业过程中,当耳机连续发出"滴"声或"嘟"声时,将探雷器探头对空,按一下"ZER"按键进行校零,当耳机中发出"滴嘟"声后,调零结束,可继续作业。

5)操作指南

(1)开机。按一下控制盒面板上的"O/I"按键,耳机中发出"滴"的一声长响,同时把手功能面板上所有指示灯伴随闪烁。接下来会听到连续短促的 5 声"滴"声,之后耳机中发出"嘟"的一声,发光灯全部熄灭,表示开机状态结束。其后每隔 6s 耳机发出"嗒"的一声,这是正常工作提示音,表明探雷器处于正常工作状态。

(2)灵敏度状态查看与设置。按照"灵敏度"选择键的相关操作方法进行。

(3)工作状态检查。打开电源开关并将灵敏度设置为高挡,保证周围无大的金属物,手握探头短柄将探头对空,将测试目标紧贴探头表面从探头上方划过,耳机中应发出"滴嘟"两声,说明探雷器工作状态正常。

(4)探雷作业。根据地形选择适当的探测灵敏度,地形平坦可选择低挡,地形高低不平探头难以接近时,则可选用中挡或高挡。探扫时探头应与地面保持平行,高度一般为接近地面为佳,但不要擦地。进行探测时,摆动速度要均匀,不应大于 0.5m/s,每次

前进的距离不得大于半个探框的径向尺寸。在没有金属目标的情况下，每隔6s耳机发出"嗒"的一声。在探扫过程中若听到"滴嘟"两声才能确认金属目标的存在，若仅听到一声"滴"或"嘟"时则认为是虚警。当耳机连续发出"滴"或"嘟"声时，说明探雷器需要调零，此时将探头对空按下"ZER"按键进行校零，当耳机中发出"滴嘟"声后，方可继续作业。如果调零后探头接近地面，耳机中仍有"滴"或"嘟"的连续报警声，则说明需要学习土壤背景。

（5）目标定位。在探扫过程中，若听到"滴嘟"声，则可进行定位。金属物进入探头的左右半边时会发出不同的声音，例如左半边"滴"则右半边"嘟"，或相反。该探雷器的探头在静态时也能探测，因此在定位前记住左右半边的声音，在发出"滴嘟"的报警声时先前后移动一下探头，确定报警声最大的位置，再在此位置左右缓慢移动探头，在"滴嘟"声交界处即可确定为目标的中心位置。

6）注意事项：

（1）两台机器共同工作时，两者之间距离应大于6m。

（2）保持探头状态，防止探头撞击或受力变形。

（3）操作结束后应立即关机，节约电量。

（4）开机或换挡时应稍等片刻，待机器自动调整结束后，方可操作。

（5）每次使用前应确认机器是否调整正常。

（6）探雷手应记录每次工作时间，便于及时更换电池，防止在探雷作业时发生意外。

（7）应保持探雷器不受化学试剂或高温烘烤的影响，不可用汽油等溶剂擦洗，避免破坏油漆表面。

（8）低温作业时，应尽量保护电池不受低温影响，避免影响工作状态；在雨天或潮湿环境工作时，应保证电池不受潮湿环境的影响。

（9）探雷器严禁私自随意拆卸。

（10）不要快速按压电源开关和灵敏度选择开关，以免造成器件损坏。

7）维护和保养

（1）从整机存放箱中取出时应小心谨慎，避免损坏设备。

（2）保持探雷器清洁，用拭布擦净。

（3）不要随便取出存放箱内的干燥剂。

（4）探雷器使用完毕后，应立即关闭电源，擦拭清洁，取出电池，按规定方法摆放于存放箱内，不要遗失配件。

（5）装箱后应盖上盖子，确认搭扣锁紧。

3.3 大型地下目标的探测及挖掘

实战经验证明，在空袭轰炸后，往往会留下许多未爆的、侵入地下的大型航空炸弹。如不及时排除，不仅直接影响军事行动，而且还严重地威胁着重要目标的安全和平民的生命财产。因此，迅速处理和排除各种未爆的炸弹是一项重要的工程保障任务。

3.3.1 未爆航空炸弹的探测定位

3.3.1.1 未爆航空炸弹的落地状态

未爆炸弹入土的深度及方向,由飞机的航速、炸弹种类及圆径、弹落速度、投弹高度、投弹形式、落角及土壤软硬程度决定,炸弹落地后一般有下列情况(图3-32):

(1)炸弹落角约在45°以上时,能在地面形成直径20~60cm的弹孔。硬土弹孔深度为2~3m,软土弹孔深度为5~6m。弹孔周围有30~40cm厚的新堆土。如图3-32(b)、(d)所示。

(2)炸弹落角约在45°以下时,则斜向侵入地下1~3m,如图3-32(c)所示。

(3)炸弹落角约20°以下时,一般不会侵入地下,而在地面构成弹沟。也有的入地20~30cm又钻出地面。如图3-32(a)所示。

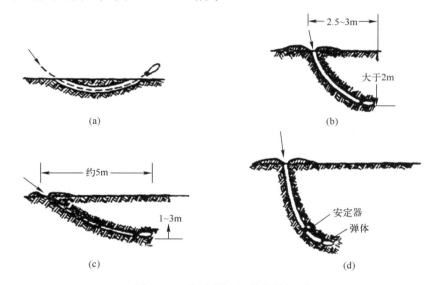

图 3-32 炸弹落地后的几种情况

未爆航空炸弹钻入土中后,有时在地表会留下明显可见的洞口,洞口直径一般比弹径大5cm左右,因此根据洞口直径可以大致判断出炸弹的大小。表3-3列出了不同口径的炸弹钻入土中洞口大小及侵入深度之间的参考数值。

表3-3 未爆航空炸弹大小与洞口直径及侵入深度的关系

炸弹圆径/kg	炸弹直径/mm	弹洞入口直径/mm	侵入深度/m
50	180~200	230~250	3.7
100 (高阻)	230~270	280~320	4.6
250 (高阻)	300~340	350~390	6
250 (低阻)	260~300	310~350	8
500 (高阻)	410~460	460~510	9
500 (低阻)	330~380	380~430	10.5
1000 (高阻)	480~610	530~660	11

续表

炸弹圆径/kg	炸弹直径/mm	弹洞入口直径/mm	侵入深度/m
1000（低阻）	440～480	490～530	12
2000（高阻）	660～810	710～860	12

3.3.1.2　未爆航空炸弹的定位方法

当未爆航空炸弹钻入土中时，其尾翼常常因折断而脱落。由于很难准确判断炸弹的位置，过去在挖弹时，开口尺寸通常为 2m×2m，甚至更大，有时由于炸弹入土后转向，只好不断扩坑，给挖弹作业造成很多困难。对大型航空炸弹的探测，根据不同的情况可以采取探针探测法、作图探测法和仪器探测法等确定其准确位置。

1）探针探测法

该方法主要是由探测人员手握探针，在怀疑有未爆弹的地方试探性地轻轻地插入土中，凭借手中的感觉确定未爆弹的位置。此种方法危险性较大，并不提倡用此方法进行探测。

（1）用探针沿弹孔探入，如感觉土壤硬结的不是弹孔，如感觉松软便是弹孔。将探针继续插入，便可探到炸弹。

（2）当弹孔明显，孔道内无塌落的碎土，炸弹入土不超过 2m，用小镜子反光（或手电筒）照射，便可看到炸弹的安定器。

（3）在弹着点附近发现有地面隆起、裂缝时，顺裂缝插入探针，可能探到炸弹（这种情况炸弹入土不深，而且弹头可能已经朝上）。

（4）探针插入弹孔，但又探不到炸弹时，则用探针探出弹孔的大致方向和深度，再从地面沿弹孔走向逐步向前探。探到炸弹时，会感觉到探针有颤动，有声音。如探不到炸弹，炸弹可能已经转向，此时应在两侧探测。当炸弹在入土 1.5m 以后转向时，一般不易探到，这种情况只有边挖边探或用探测仪器探测。

（5）当弹孔较深或略有弯曲、探针不好使用时，可用硬竹片探测。

（6）有时弹体和安定器在地下脱离，当探到安定器时，有一种"嘭嘭"的闷哑声，探针稍有颤动的感觉，此时不可误以为是弹体，继续前探，便可探到弹体。

（7）发现跳弹弹孔时，可在炸弹的入土孔和出地孔（或弹沟）的正前方 8～20m 处寻找，当看到有少许新土翻起，再进行探测，即可找到炸弹，有时炸弹就露于地面。

（8）在用探针探测过程中，要注意石头和炸弹的区别。

（9）使用探针的动作要柔和，不能有冲击动作，特别是顺弹孔探弹时更要小心，以免触动引信。

该方法简单、实用，且探测可靠，但该方法还具有如下缺点：

（1）探测深度浅。

（2）在土层坚硬物较多的地域无法使用。

（3）有较大危险性。由于探针探测具有一定的盲目性，对于探测装有机械触发较为敏感的炸弹来说将是十分危险的，整个探测取决于探测者的经验和对被探测炸弹的了解程度。

第3章 未爆弹药的搜索、定位与挖掘

2）作图探测法

在确实无探测仪器的情况下或炸弹入地后弹坑明显甚至可直视弹尾部时，可使用自制的探杆来确定炸弹位置、深度，用顶端削尖的竹片（或其他有弹性的长杆）顺弹坑插入地下，以手的感觉确定炸弹的位置。根据弹坑角度和长度，即可在现地标出炸弹的垂直投影点，并概略估算出垂直深度。为了使炸弹的垂直投影点和垂直深度更精确，可采用作图法（图3-33）来确定炸弹在地下的位置，以便决定挖掘炸弹的位置和开挖面积。

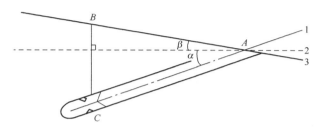

图3-33 作图法示例
1—弹坑轴线；2—落点地面水平线；3—地面坡度线。

根据竹片（或其他探针）插入弹坑的倾斜度测出炸弹的落角 α，再测出地面坡度线和水平线的夹角 β。在图纸上画一水平线，把弹坑轴线和地面坡度线按测得的角度绘在图纸上。在弹坑轴线上按比例量取插入弹孔的竹片长度，设炸弹落点为 A，弹坑终点为 C。自 C 点向上做一条垂线，与地面坡度线交于 B，B 点为炸弹在地面上的投影点，BC 为炸弹入土深度，AB 为炸弹落点至炸弹在地面上投影点的距离。将 BC 和 AB 按比例换算出实地长度，即可在现地确定 B 点的位置和炸弹深度。对弯曲的弹坑在作图时应适当估计其修正量。

排弹经验证明，硬质黏土地区投弹所投未爆弹一般弹坑较明显，但一般炸弹入土较深，炸弹在地下不转弯的情况下可直视，或借助手电光能看到炸弹尾翼和尾部引信情况；老式高阻炸弹入地相对较浅（深度不超过2m），低阻炸弹入地较深（一般2.5m左右）；在沙土或戈壁地带的未爆弹，一般不能直见，大多被流沙或振落松土所掩埋；有的重型未爆弹弹坑较粗，人员可直接进入弹坑寻找炸弹，尤其对入地后变换方向的炸弹，人员进入弹坑寻找是很有效的方法。

3）仪器探测法

探测炸弹时可使用航弹探测仪（磁梯度仪）、铯光泵、探地雷达等仪器来确定未爆炸弹的位置，特别是未爆弹入地弹痕不明显或根本找不到入地痕迹的未爆弹更应使用仪器进行探测。目前常用的航弹探测仪器有410型航弹探测器和312型航弹探测器。

3.3.1.3 312型航弹探测器探测作业

探测航空炸弹、炮弹等地下金属物的具体位置的仪器称为航弹探测器。312型航弹探测器（图3-34）主要用于单兵探测侵入地下较深的未爆航空炸弹，以消除隐患，保障机场、码头等交通枢纽的安全。该装备具有磁异常现场成图以及对航弹目标的位置自动定位、深度自动计算、倾斜方向自动判别等功能。

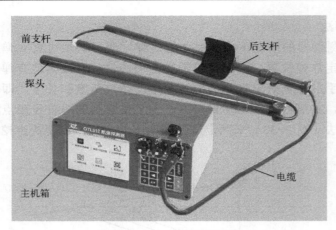

图 3-34　312 型航弹探测器

1) 构造与工作原理

312 型航弹探测器主要由探头、探杆（包括前支杆与后支杆）及机箱三部分组成。磁梯度传感器安装于探头内，使用时探头保持垂直向下；探杆用来连接探头，供操作手手持使用；电路与电池安装于机箱内，使用时机箱挂于操作手胸前，以便操作手读取数据、操作键盘。

312 型航弹探测器工作原理如图 3-35 所示。由图可见，磁梯度传感器（由两个磁轴平行、参数相同的磁通门探头 A_1、A_2 组成）用来接收航弹中铁磁性物质产生的磁异常信号，并转换成电信号送入梯度测量单元进行处理；信号激励单元为磁梯度传感器的激励线圈提供 5kHz 正弦波激励信号；地磁补偿单元将同时作用于两个磁通门探头的地磁场予以补偿，以突出磁异常梯度值。磁梯度测量单元用来接收传感器输出，检出能反映被测目标磁异常强度的二次谐波信号，并转换成能供信号采集处理单元采集的信号电平。信号采集处理单元对所采集的数据进行处理，形成磁异常等值线图、剖面图，据此来判别航弹的位置、深度及倾斜方向等。

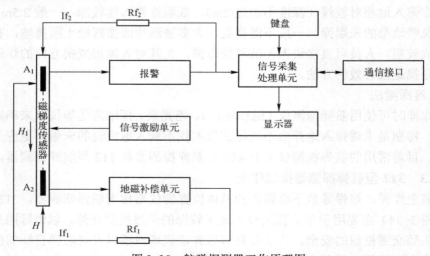

图 3-35　航弹探测器工作原理图

2）主要性能和技术参数

（1）探测深度：对侵入地下、与地面夹角大于30°的250kg航弹，探测深度不小于3m。

（2）水平定位偏差：对250kg航弹，水平定位偏差不大于0.5m。

（3）采用微电脑技术，能现场绘制被测目标磁异常变化曲线、等值线图，自动显示被测目标的位置、深度及倾斜方向。

（4）适应工作温度：-10℃～+50℃。

（5）连续工作时间：≥8h。

（6）具有电池电量实时检测、提示功能。

（7）使用质量：≤6kg。

（8）MTBF：≥500h。

（9）防水性能：整机在中等雨量下能正常工作。

（10）整套器材同箱包装，包装箱防潮、抗跌落。

3）结合与分解

（1）结合。

① 打开包装箱，取出各部件。

② 将后支杆插入前支杆，并按顺时针方向旋转锁紧。

③ 拧下机箱插座防尘帽，按顺时针方向分别将耳机、采样开关、梯度电缆线等插头拧在相对应的机箱插座上。

④ 将采样开关、探杆背带和肘托安装在探杆上。

⑤ 将主机箱放入机箱背带中。

⑥ 解开测网的尼龙搭扣，将测网按同方向打开。

（2）分解。

① 关闭主机电源。

② 按逆时针方向拧下耳机、采样开关、梯度电缆线插头，拧上防尘帽。

③ 取下探杆背带，按逆时针方向旋开前支杆和后支杆，同时拆除采样开关和肘托并放入包装箱。

④ 以搭扣的一边为边，将测网按同方向5次对折，然后用尼龙搭扣将测网扎好，将长条状的测网再对折5次，放入包装箱。

注意：本探测器属精密电子仪器，非专业人员或未经特殊培训的人员不得拆卸机箱。

4）操作使用

（1）使用条件。

① 工作区域内不含强铁磁性干扰。

② 工作温度：-10℃～+50℃。

（2）使用准备。

① 机箱面板说明。

机箱面板如图3-36所示，面板插座功能如下。

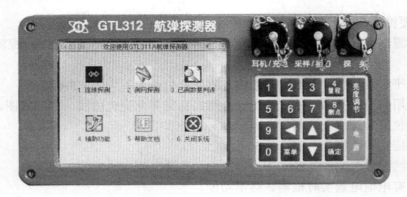

图 3-36　航弹探测器机箱面板图

"耳机/充电"插座：通过电缆连接至耳机，用于报警声音传输；通过电缆连接至充电器，对机箱内部电池充电。

"采样/接口"插座：通过电缆连接至采样开关，用于数据采样；通过电缆连接至 U 盘，用于文件输出。

"探头"：通过梯度电缆连接至探头，传输探测信号。

② 面板按键功能。

"电源"：开/关机。

"0～9"：参数设置及菜单项选择。

"菜单"：返回主界面及在对话框中退出用。

"确定"：在梯度网格测量中用于数据采样，在对话框中确认用。

"亮度调节"：用于调节显示屏的亮度。

"↑←↓→"：用于对话框中选项的选择及调零。

"量程"：梯度测量的量程切换。

"删点"：测网探测中删除上一个采样点。

③ 准备过程。

器材准备：通过显示屏电量指示图标，检查电池电量是否充足，如电量不足，则对电池充电；将肘托安装于后支杆上（图 3-34 位置）；将后支杆插入前支杆，按顺时针方向旋转锁紧；将机箱背带和探杆背带分别安装好；如使用采样开关，将其安装于探杆上（视个人使用习惯，可作前后调整）；根据机箱面板上的标记，将耳机、探头、采样开关电缆插头一一对应插入机箱面板插座，顺时针旋转插头，确定电缆插头与插座接触完好。

测网准备：依据测区大小可先用连续测量方式对被测区进行粗探，在发现磁异常区布设测网进行细探。测网按折叠方向逆顺序展开，并把测网拉平整；测网的覆盖面积必须大于被测物体的磁异常区。

（3）软件使用说明。

① 系统启动与自检。

打开电源开关，蜂鸣器响约 10s 后显示屏亮，显示欢迎界面，系统进行自检（A/D、D/A、I/O 及磁盘剩余容量等检查）。自检通过后按任意键（或等待 20s）进入主菜单界面（图 3-37）；如自检未通过，系统将给出不合格提示，待故障排除后重新开机。系统主菜单共 6 项，根据需求分别按键盘上 1～6 数字键，选择所需功能，进入相应的功能。

图 3-37 系统主菜单界面

② 连续探测。

按数字键"1"进入该模块，系统弹出连续探测参数设定界面（图 3-38）。使用上下方向键选择"速度"或"量程"，左右方向键更改参数，其中：速度可选择快速、中速、慢速进行探测；量程可选择 1 挡（200nT）或 2 挡（2000nT）梯度挡。"确定"键确认参数输入并进入连续探测，"菜单"键退出对话框并返回主菜单。

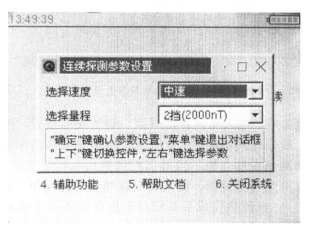

图 3-38 梯度连续测量参数设置界面

参数设定好并确认后，进入连续探测界面。系统将按设定好的梯度量程及测量速度对梯度进行连续测量，此时屏幕上将显示为一条曲线。曲线上的数据显示当前的梯度测量值，曲线随着数据量的增加而自动右移，测量过程中通过操作量程键可以自动转换量程，测量过程中可按"菜单"键返回主菜单。

③ 测网探测。

按数字键"2"进入该模块，系统弹出测网探测参数设定界面（图 3-39）。使用上下方向键选择"操作员"或"任务号"等选项，左右方向键更改选项的可选择参数，数字键输入选项的数值，"确定"键确认参数输入并进入测网探测，"菜单"键退出对话框并返回主菜单。各选项含义及数值范围如下。

操作员号：操作员代号，1~99。
任务号：测试区代号，1~99。
测线数量：布置测区网格的总线数，2~99。
测线间距：测线之间的距离，共有 1m、0.5m、0.25m 三挡选择。
测点数量：布置测区网格每条线的测点数，2~99。
测点间距：测点之间的距离，共有 1m、0.5m、0.25m 三挡选择。
量程设置：梯度测量范围，有 1 挡（200nT）、2 挡（2000nT）两挡选择。
往返观测：设置测量的行走路线，默认为选中。

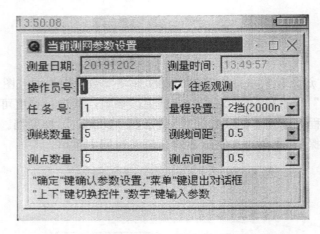

图 3-39　梯度网格测量参数设置界面

参数设定好并确认后，进入测网探测界面。到达采样点后，按一下采样按钮，系统将按当前设定的参数进行网格测量，此时画面用多条曲线的形式显示，画面数据显示为当前的测量值和测量过程（提示当前已测到第几线和第几点）；在测量过程中，通过操作量程键可以自动转换量程，如果发现误操作采样按钮，则可按"删点"键向前删除一个已采样的点；在测量完成后系统自动保存数据并提示是否要进行自动判别（在能自动判别的情况下在网格上显示判别结果，不能自动判别提示进入人工辅助判别程序）。

网格测量（往返观测中）行走路线如图 3-40 所示。探测方法为双手握操作杆使探头自然悬垂并使探头顶部对准测点所在位置，同时按动探杆上的采样按钮或主机键盘的"确定"键，待采集完毕后进入下一个点的探测。在探测过程中操作者保持面向同一方向，探头离地面保持同一高度作业。

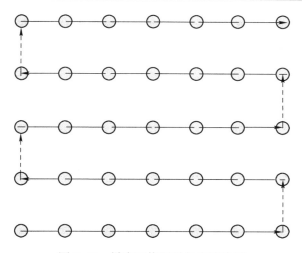

图 3-40　梯度网格测量行走路线图

注意：第一条测线为从左至右，第二条测线则为从右至左，按照这种方法测量全测区；如修改为不选中往返观测，则行走路线每条测线都应该是从左至右。

④ 已测数据判读。

按数字键"4"进入已测数据判读模块。提示从文件选择框中选择文件，打开后显示对应的等值线图（图 3-41）。

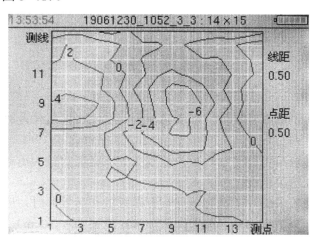

图 3-41　等值线显示界面

等值线图由不同颜色的线条显示，并标注有对应的梯度值、各种网格标注（测点、测线及其距离）及网格显示（可通过选择选项显示与否）；按菜单键后弹出菜单框，选择"保存等值线图"，则将该等值线图保存为一图形文件；选择"目标判别"，软件先进行自动判别，在能自动判别的情况下，将判别结果（位置、深度、倾斜方向等信息）显示在对应的网格上，判别结果可作为图形文件保存；在计算机无法自动判别时，程序提示需进行人机结合判别。在人机结合模式下，由人工在等值线图中选择等值线相对最密且磁异常相对较大的两个点，用方向键移动显示屏上十字形光标分别至这两个点，按菜单键，从菜单选择框中将这两个点分别设置为目标物的两个端点，据此再由软件自动进行目标物中心点的定位、倾斜方向的判别以及深度的估算，判别结果自动显示在网格上。

图 3-42 为计算机无法自动判别的一张等值线图，等值线图中只有一个近似同心的椭圆组，初步判断航弹为倾斜姿态，倾斜方向为椭圆形的长圆方向，且弹体朝着椭圆形密集方向倾斜。第一点定位在椭圆圆心（等值线值绝对值较大位置），在图中 A 点处；第二点定位在倾斜方向上，该处等值线值相对于 A 点值变化较大，在图中为 B 点，确定两点后再由软件自动进行目标物中心点的定位、倾斜方向的判别以及深度的估算。完成识别后按下菜单键，从菜单选择框中可选择返回主菜单。

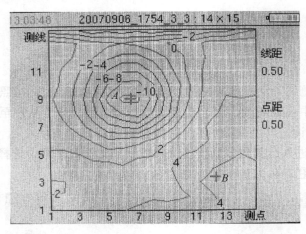

图 3-42　人机结合判别定点示意图

5）使用注意事项

（1）主机与探头不具有互换性，当多部探测器在同一区域作业时应注意不得互换主机与探头。

（2）探头使用时应尽可能轻拿轻放，使其免受不必要的较大震动，更不得用物体敲击探头，以免影响探测灵敏度。

（3）当测区内有较多磁性干扰物（如含有磁性的红砖等）时，应首先将地表干扰物清除掉，然后可将探头适当抬高（如使探头顶端距地面 20～30cm），以此消除地表小磁性体的干扰。

（4）严禁用尖锐物划碰屏幕和键盘。

（5）严禁带电插拔电缆及接插件，以免造成电子设备的损坏。

（6）如果发现工作异常，则应立即关闭电源，进行故障排除。

（7）本探测器属精密电子仪器，非本专业人员或未经特殊培训的人员不得拆卸。

（8）本探测器储存温度：-20℃～+70℃。

3.3.2　未爆航弹的挖掘

担任现场侦察、搜索任务的分队人员可直接进行排弹，如果作业量大，应有其他分队配合作业。排除未爆炸弹,在一般情况下应以诱爆为主,但对于战时投在居民区及重要目标的炸弹,及工地施工挖掘发现的老式炸弹,应迅速运到安全地点,再将其诱爆。一般不采取拆卸引信的方法进行排除,因为这样会大大增加作业的危险程度。

3.3.2.1 开挖坑壁坡度及开口的估算

挖弹前,必须合理确定开挖坑壁坡度和开口的大小。一般情况下,坑端采用 1:0.5 的坡度为宜;土质特别不好时,可采用 1:1。如果炸弹入土较深且水平方向较小时,沿弹孔一边的坑壁坡度应与弹孔坡度相同。坑两侧的坡度大于坑端坡度,开挖时坑壁不是挖成一个坡面,而是挖成台阶,可站在台阶向外抛运土,以便作业,同时可利用台阶控制坡度。

挖坑开口尺寸,根据炸弹入土深度和准备采用的坑壁坡度来计算确定。计算坑口尺寸时,假定坑底的长(宽)度加上坑壁坡度所占用的距离为开口的长(宽)度。坑底的长度可预定为未爆弹的长度加 0.5~1m,坑底宽度可预定为 0.5~1m。

3.3.2.2 挖弹的操作方法及注意事项

(1) 开挖前,应在距开挖点 30~50m 处修一临时隐蔽部,每次作业 2~3 人,其余人员在隐蔽部待命。

(2) 保留弹道。顺弹孔挖时,可将弹孔挖掉半边,保留半边。

(3) 边挖边探,注意弹位。

(4) 开口要大,抛土要远。抛土范围的最外边缘,距坑口边应不小于挖坑的深度,坑口边 1m 内不得堆积抛土,准备拖出炸弹的一边不能抛土。

(5) 接近炸弹时动作要轻。弹体周围可用小锹轻挖,引信附近最好用手扒,严防引信受震。当发现悬挂装置或安定器已脱离弹体时,只能轻轻将弹体上面的土扒开,弹体两侧的土不能挖,防止弹体滚动;当弹是斜放着时,还要防止滑动;当炸弹是直立时,只要轻轻将弹体 2/3 挖出即可,防止炸弹倾倒;当准备将炸弹就地引爆或割爆时,只要露出引信或部分弹体即可。

(6) 炸弹应一气挖完,以减少出水、坍塌等危险。挖掘时如出水,应及时排出,同时应将坑的一端的局部优先掘进 0.5m 以上,使出水集中于此处,以便于排除,并使大部分面积不被水浸渍。如遇到塌陷或流沙妨碍作业时,应设置支撑木板。

(7) 挖弹过程中,若发现周围的土壤有局部膨胀,弹孔壁被熏黑,土内有破片,则可能有入土很深的炸弹爆炸时所形成的球形空室。陷入此种空室,会引起一氧化碳中毒。此时作业人员应系安全带,用人工或爆破将空室破坏,再视情况进行处理。

3.3.2.3 人工挖弹

挖掘侵入地下的未爆弹,使其露出弹体,以便进一步进行处理。挖掘未爆炸弹是排除工作的关键一步,一定要小心、谨慎。炸弹从高空投下,产生的未爆弹侵入地下的深度,随着投弹高度和地面介质情况而不同。若侵入地下碰上硬质石头层,则炸弹的穿入方向就会发生改变。因此,炸弹在地下的状态有弹头向上、向下、斜向和弹体平卧 4 种形式。

挖弹是一项艰苦的工作,由于人工作业效率低,而且作业面狭窄,作业时间长。因此,挖弹作业一定要周密组织、明确分工。在不影响作业速度的情况下,尽量减少现场作业人员。挖弹作业的人员应分为几组,每组 2~3 人,作业人员每隔 15~20min 换一次班。作业前,在距离 30～40m 处挖好隐蔽部(也可利用附近的弹坑、沟渠等)。一组作业,其余人员在隐蔽部待命。换班时要先下班,后上班,不要在作业点交接班或研究问题。在未弄清是否定时炸弹之前,整个作业均应按定时炸弹的定时爆炸的规律进行。挖弹的方法通常有以下两种:

(1)沿弹坑挖掘。当炸弹入土较深,而水平位移较小时,可采用该方法,如图 3-43(a)所示。挖掘时,应在弹坑内插入竹片等物,以免土壤将弹坑掩盖。坑的一侧要留有台阶,以便人员迅速上下。

(2)开挖垂坑。当炸弹入土后水平位移较大时,可采用该方法,如图 3-43(b)所示。一般炸弹位置在弹坑中心向前 3～4m 的下方,以此位置或探测计量出的位置向下挖掘,坑口部开挖尺寸通常为 1.5m×1.5m 或 2m×2m。

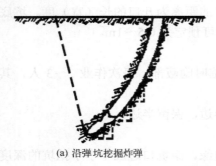 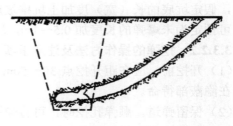

(a)沿弹坑挖掘炸弹　　　　　　　　　　(b)开挖垂坑法挖掘炸弹

图 3-43　挖掘炸弹的方法

在挖弹作业中,如发现侧坡有塌陷的可能,应及时予以支撑或被覆。如土质松软,开挖坑口时要适当增大开挖的面积,积土要抛远一些,侧壁坡度要大,以防止塌方。挖掘时应时刻注意炸弹是否出现,在下挖过程中挖掘工具遇到硬物时应停止继续挖掘,应用手或小的探杆试探。在挖掘过程中如出现过多的地下水,应及时用抽水机排出,直至炸弹易于引爆部位充分暴露停止。

3.3.2.4　机械挖弹

在排除未爆弹为磁感应炸弹后,为加快挖掘速度,可采用机械设备进行挖掘,同时可配合人工挖掘。挖掘过程中,应探明弹体位置,在指挥员的准确指挥下作业。

(1)VOLVO EW170 轮式挖掘机如图 3-44 所示,其性能参数如表 3-4 所列。

图 3-44　VOLVO EW170 轮式挖掘机

表 3-4　VOLVO EW170 轮式挖掘机性能参数

运行质量/kg	13370
标准翻斗/m³	0.73
倾卸力—翻斗/kN	86.1
最大限地面水平/mm	8190
最大挖掘深度/mm	5530
最大倾卸高度/mm	5980
转速/(r/min)	10.9（10.9）
净功率 RPM/kW	73.5/2100
地面压力/kPa	0.33
最大行驶速度/(km/h)	55

（2）WYL20B 轮式挖掘机是由徐工集团徐州重型机械厂生产的轮式挖掘机（图 3-45），其性能参数如表 3-5 所列。

图 3-45　WYL20B 轮式挖掘机

表 3-5　WYL20B 轮式挖掘机性能参数

质量/kg	20000
长度（运输状态）/mm	9425
宽度（运输状态）/mm	2690
高度（运输状态）/mm	3800
反铲/m³	0.87
发动机型号	康时 6BT5.9-C
额定功率/kW	110
回转半径（转台尾部）/mm	2750
轴距/mm	2900
最大挖掘半径/mm	9910
最大挖掘高度/mm	9495
最大挖掘深度/mm	6425
最大卸载高度/mm	6700
铲斗宽度/mm	1030
最大爬坡度/%	55

续表

质量/kg	20000
回转速度/（r/mm）	0～13
最小转弯半径/mm	15000
最大挖掘力/kN	110/90
作业循环时间/s	18

3.3.2.5 取弹及运弹

1）取弹方法

对于现场条件不符合就地诱爆条件的炸弹，应从坑内取出，运至安全地点，再进行诱爆排除。从坑内取出炸弹的方法通常有三种。

（1）沿原弹坑拉出。对入土较浅的炸弹，可把弹坑稍加扩大，用绳索拴住安定器或弹体，然后由人员、汽车或拖拉机等将炸弹拉出。

（2）用滑轮组吊出。用圆木在坑口上方设一个三脚架，将滑轮组固定在三脚架顶部，再将炸弹固定在滑轮组上，拉动穿过滑轮组的钢索，即可将炸弹吊出坑外（图3-46）。

图 3-46　用三脚架吊起未爆弹

（3）沿细长木拉出。顺着弹孔放入两根细长木，用绳索将炸弹沿细长木拉出。

2）运弹

炸弹取出后，若离销毁地点近，则可用人工拖走；若距离远，则可用车辆运走。销毁地点不宜选取过远，避免运弹时间过长。人工拖弹时，应将炸弹放于特制的垫板或弹架上，避免炸弹直接接触地面而受到碰撞。对垫板和弹架的要求是：能承受弹重，能固定炸弹不滚动和滑动，拖动方向的前头应略有昂起，便于系结拖绳。为了避免拖弹时炸弹受震或碰撞，起动时要缓，车辆行进要慢，不得猛起猛刹，预先要检查通过地带，消除障碍。指挥员的位置要适当，既能观察炸弹状态，又不能太近。

3）取弹运弹设备

对于较大的未爆弹药，可利用集起重和运输一体化的车辆完成取弹和运弹作业。车辆应具备一定的人员保护措施，并能满足弹药安全运输的需要。当没有专用车辆时，可在民用车辆的基础上进行改装，例如在驾驶室后加装防护钢板，或在车厢内安装弹架或沙箱等固定、减震设施等。

东风小霸王随车起重运输车（图3-47）功率大，车速高、爬坡能力强，起升高度高，作业范围大。随车吊系列产品采用国内知名液压泵系统，可实现快速升降，高效、节能。该车具有机动灵活、操作方便、工作高效、安全可靠等优点，可广泛用于各种装卸、安装起重作业，尤其适用于野外起重、救险作业和在车站、港口、仓库、建筑工地等狭窄场所作业。其性能参数见表3-6。

图 3-47 东风小霸王随车起重运输车

表 3-6 东风小霸王随车起重运输车性能参数

主要技术参数			
产品名称	东风小霸王随车吊		
底盘型号	EQ1050G51DJ3AC		
额定质量/kg	1965，2305		
发动机型号	4100QBZL		
排量（mL）/功率（kW）	3298/70		
实际容积/m³	吊2T，折臂式		
底盘说明			
整车外形尺寸/mm	(5988,5970)×(1890,1980)×(2670,2570)		
变速箱描述	A88	转向器说明	—
制动系统说明	气制动\排气制动	离合器描述	φ325 单片干式螺旋弹簧
前桥描述	1.5T	后桥描述	3.5T
车架说明	188	车架最大截面/mm	232×75×6.5
驾驶室	可翻转	空调	无
发动机说明			
发动机型号	4100QBZL	发动机型式	—
最大功率/kW	70	排量/mL	4257
缸径/冲程/mm	—	燃油种类	柴油
最大扭矩/(N·m)	—	发动机生产厂家	云内动力股份有限公司
专用功能说明	工作幅度5.050m时：最大起升质量750kg；最大作业半径5.05m 工作幅度3.700m时：最大起升质量1050kg；最大提升高度7.8m 工作幅度2.000m时：最大起升质量2000kg；起重机自重850kg 最大起升质量：2000kg；回转角度（度）：正反360° 最大起重力矩（T.M）：4；吊臂节数：一节伸缩臂		

第 4 章 单个未爆弹药的现地销毁

对单个未爆弹药的现地销毁可以采用炸药诱爆的方式，也可以采用燃烧法使未爆弹药爆炸或使其装药燃烧，从而达到原地销毁的目的。对于疑似有反排装置的地雷，可以使用扫雷锚等工具在安全的距离处拖动使其爆炸或移位。

4.1 爆炸法销毁未爆弹药

在 EOD 作业中，可以采用集团药包、聚能装药、泡沫炸药和液体炸药等方式破坏或诱爆未爆弹药。使用爆炸法就地销毁地雷和未爆弹药，无须移动弹药，作业过程相对简单，可以最大程度地保证作业人员的安全，作业手的训练相对也较容易。因此在允许的情况下，使用爆炸法就地销毁是首选的处置手段。

4.1.1 利用常规炸药销毁未爆弹药

在人道主义扫雷中，大多数地雷和未爆弹药都是利用炸药爆炸进行销毁的。一旦探测到地雷或其他未爆弹药，移除其上的覆盖物，确认其型号后，即可将适量炸药放置在附近并引爆，使地雷或其他未爆弹药的主装药产生殉爆，从而达到彻底销毁的效果。这种方法只需作业人员经过初级培训即可安全实施，因此也是使用最为广泛的销毁方法。

4.1.1.1 销毁药量及位置的确定

采用集团装药法销毁弹药时，为了防止爆炸将待销毁弹药抛掷出去而不是可靠诱爆弹药，需同时考虑到集团装药的药量、与待销毁弹药主装药的贴近程度、起爆位置和药包与弹药的接触面积。为确保可靠，一般使用的药量远大于计算得出的殉爆药量。

对于爆破型杀伤人员地雷，销毁用 TNT 一般为 200g，炸药尽可能靠近但不接触雷体，如图 4-1 所示。

图 4-1 爆炸法销毁爆破型杀伤人员地雷

对于绊发杀伤人员地雷，销毁用 TNT 一般为 400g，炸药放置在地雷的同一水平高度，尽量靠近但严禁接触雷体，如图 4-2 所示。

对于破片型杀伤人员定向雷，在飞出碎片一侧同一水平高度放置 400g TNT 装药，如图 4-3 所示。

图 4-2　爆炸法销毁绊发杀伤人员地雷

图 4-3　爆炸法销毁破片型杀伤人员定向雷

销毁反车辆地雷时，靠近或在地雷主体上方放置 400g TNT 诱爆装药，如图 4-4 所示。

图 4-4　爆炸法销毁反车辆地雷

销毁榴弹、迫击炮弹等未爆弹药时，诱爆装药尽可能靠近弹体，但避免直接接触，如图 4-5 所示。

图 4-5 爆炸法销毁其他未爆弹药

表 4-1 为销毁不同口径未爆弹药所需炸药量的参考值。

表 4-1 销毁未爆弹药所需炸药参考值

口径/mm	TNT 药量/kg
25～50	0.4
37～76	0.2～0.4
100	0.6
76～105	0.4～0.6
105～150	0.6～0.8
150～200	0.8～1.0
250	1.0

根据未爆炸弹的弹重和弹体厚度，一般 50kg 爆破炸弹用 500g TNT 炸药，100kg 爆破炸弹用 800g TNT 炸药，250kg 炸弹用 800～1500g TNT 炸药，500kg 以上的炸弹 TNT 用药量不小于 3kg。

当未爆弹药位于地下时，可在未爆弹的正上方，用土钻或夹锹挖一药室（接近炸弹时，动作要特别谨慎），将炸药送入，靠近炸弹。炸弹入土不深明显时，也可顺弹孔将炸药装入。为了可靠起爆，250kg 以下炸弹，需用 TNT 炸药 1kg，如用硝铵炸药应增加一倍药量。装药送入后，应按土壤爆破的方法填塞。弹种不明的重型炸弹，TNT 装药量不得小于 5kg，装药应贴近炸弹。

4.1.1.2 销毁的实施程序

（1）集合人员，明确相关事项。监督员在控制点集合全组人员，明确本次销毁作业的目的、方法、工作分工、点火站的位置和安全要求。组长负责请领炸药火具，对导电线及雷管进行检测，并对起爆线路进行连接、导通和起爆；副组长负责检查起爆器和炸药，对干线进行敷设，敷设完成后对干线进行检测，并配合小组长完成其他工作。

（2）领取爆破器材。组长到炸药火具存放点领取器材（炸药和雷管要分别放置于不同的铁盒里），副组长到器材存放点准备两套爆破工具及所需支桩、沙袋、榔头等器材，回来后将钥匙交给监督员。

（3）检测导线和雷管电阻值。监督员确认警戒哨及医生到达指定地点后，指挥组长到安全区地域对导线和雷管的电阻值进行检测。组长每次接触导线或雷管前，双手须触地3次消除静电。检测时对导电线分别进行断开和闭合测量，测量完毕后将线头闭合，将电雷管置于铁盒放置，而后将相关数据报告监督员。

（4）设置点火站。监督员带领组长、副组长携带器材至点火站。点火站距离销毁点不小于100m，如果有良好的掩体或地形可供利用，可以考虑适当减小该距离。

（5）敷设线路并测量电阻。等相关器材准备好后，监督员命令副组长开始敷设线路。副组长携带对讲机、木桩、榔头，边走边铺设导电线，如果通道发生拐弯则需要在拐角处打桩用于固定线路的位置，在距地雷或未爆弹约1m处打支点桩，桩应置于通道一侧不影响作业的位置。副组长闭合线路，利用对讲机通知组长，组长利用起爆器与副组长协同分别测量干线闭合和断开时的电阻，记录后报告监督员。副组长注意接触线路前，双手要触地3次，以消除静电影响。测量完毕后要将线路闭合，然后撤回点火站，在撤回时注意检查固定干线，到达点火站后向监督员报告线路敷设情况。

（6）设置装药。监督员指挥组长开始设置装药。出发前，组长应将胶带分段准备，可贴于胸前以便使用，然后携带炸药、雷管、沙袋走向爆破点。到达后，组长应将炸药放于安全位置，双手触地3次消除静电，打开干线线头，双手再次触地3次消除静电。取出雷管置于身后沙袋下，将雷管脚线与干线连接，用胶布包缠两个线头结合部位，理顺导电线，移开沙袋，将雷管插入炸药中并进行固定（如果用胶带固定起爆体时，应预先将胶带准备足够长度，不要在起爆体上用力扯拉胶带）。将起爆体轻放于靠近地雷或未爆弹一侧（起爆体插雷管的一端与地雷或未爆弹引信的一端方向相反），但不能接触地雷或未爆弹。放置后，组长整理器材，回撤至点火站向监督员报告起爆体已设置完毕。

（7）测量线路电阻。监督员指示组长对整条起爆线路电阻进行测量。组长双手触地放电3次，将导线分开接至起爆器进行测量，并将数据报告给监督员。

情况1：干线电阻异常。监督员应指示组长检查整个起爆线路。组长用目视方法检查整个线路，但不能接触导电线，如发现电线有断开，则进行标示。到爆破点后，双手触地放电3次，将起爆体移至安全地域，首先将雷管与炸药分离，并将雷管置于沙袋之下，然后将雷管脚线与干线分离，将雷管脚线和干线线头分别闭合并与地面接触，而后将雷管放置于铁盒内，打开对讲机向监督员报告起爆体已完成分离。得到许可后，组长将对干线受损部位进行包缠修复，将修复情况向监督员报告，然后重新连接起爆体，待组长回到点火站后再次进行线路电阻测量。

情况2：干线没有异常。组长到爆破点后，双手触地放电3次，将起爆体移至安全地域，首先将雷管与炸药分离，并将雷管置于沙袋之下，然后将雷管脚线与干线分离，将雷管脚线和干线线头分别闭合并与地面接触，而后将雷管放置于铁盒内，打开对讲机向监督员报告起爆体已完成分离，并与副组长协作测量导电线闭合和断开时的电阻，并记下数据，最后闭合导线（测量完毕后，监督员注意提醒组长将线头闭合）。组长将携带雷管返回点火站利用起爆器重新测量。如果检测后发现电雷管电阻异常，则携带备用雷管返回爆破点，重新连接起爆体。

情况 3：测量总电阻数值与理论数值相符。监督员再次通知警戒、医生及其余人员，做好警戒及医疗救护等准备，并鸣笛 20s 以作警示。

（8）起爆。监督员命令组长准备起爆；组长双手触地放电 3 次，将导线与起爆器连接；监督员将起爆器钥匙交给组长；组长对起爆器进行充电；监督员用对讲机开始通报起爆倒计时"5，4，3，2，1，起爆"；组长按照指令按下起爆按钮，同时所有人都要注意观察破片和飞石情况。

情况 1：第一次起爆失败，没有听到爆炸声。组长马上重新用力按下起爆按钮。

情况 2：第二次起爆仍然失败。监督员通知警戒、医生及其余人员即将进行二次起爆，然后命令组长、副组长准备第二套爆破器材，30min 后按照正常程序重新设置线路和起爆体。放置起爆体时，严禁接触原来的起爆体，按照正常程序重新起爆。

（9）起爆成功，闭合干线。起爆成功后，组长将钥匙交还监督员，取下干线并闭合。

（10）检查爆破效果。正常起爆 15min 后，监督员首先通知警戒、医生，然后指挥组长到销毁地点检查爆破效果。

情况 1：有烟雾。组长迅速用对讲机向监督员报告，并撤离至点火站。监督员应要求全体人员继续保持在位，直至烟雾消失 30min 后，组长需再次检查。

情况 2：地雷或未爆弹爆破不完全。组长报告监督员，然后再次按程序进行爆破。

情况 3：爆破引起植被着火。在确保安全的前提下，使用灭火器灭火，严禁在未清排区域实施扑打灭火。

（11）撤收器材。经过检查，地雷或未爆弹药被成功销毁，组长报告监督员，并与副组长协同撤收器材。

4.1.1.3 对销毁地雷的标示

（1）作业手对地雷原来位置及附近再次进行探测，清除爆炸产生的残片。

（2）在地雷原来位置植入黄顶短木桩，进行标示，并将地雷的类型写在木桩上部，如果是标准雷场，可以不用在每根桩上都注明。

（3）监督员将销毁的日期、位置、地雷类型、埋设深度等信息记入工作日志，同时更新控制点相关信息统计。

4.1.1.4 诡计装置处置

在排爆过程中有可能遇到诡计装置，未经批准不得试图将其解除或移动。所有扫雷排爆人员应该随时保持警惕，并用目光观察附近区域是否有可疑、错位或异常的物体。一旦发现诡计地雷、爆炸装置或可疑物体，作业手应立即停止作业并报告组长或副组长，后者立即报告监督员。监督员将采取如下措施：

（1）停止所有人员的清排作业。

（2）在组长的协助下评估形势，制定情况处置计划，如果需要，则向相关部门寻求指导。

（3）向指挥部报告情况及情况处置计划。

（4）向小组成员介绍行动计划，展开适当的行动，例如拉雷或爆破。

4.1.2 利用聚能装药销毁未爆弹药

使用药块销毁弹药时,通常需要药包接触或非常靠近待销毁弹药,这增加了使待销毁弹药意外爆炸的风险,因此使用聚能装药在较远距离处销毁弹药的方法日益受到重视。只要准确设置,使射流能够对准待销毁弹药的主装药。采用聚能装药可以无须接触弹药,也无须移除其覆盖物,这大大增加了作业的安全性,尤其适于就地销毁怀疑有反排装置的地雷和埋深较大的航空炸弹。此外,对于壳体较厚的地雷或未爆弹药,采用普通外部 TNT 装药难以可靠销毁,而聚能装药爆炸后形成的金属射流却能够可靠穿透弹药的壳体,并引爆壳体内部的主装药。

除了引爆主装药外,也可以通过合理控制药量,使得射流穿透弹药壳体后不引爆弹药的主装药而仅使其发生爆燃,从而达到安全销毁的目的。详见二级培训教材。

在使用聚能装药时,应注意保证药型罩底部与目标之间有一定的"净空",以保证金属射流能够充分形成,但目标也不应距离过远,否则金属射流会因过度拉伸断裂而降低穿透效果,影响销毁的可靠性。各种不同产品均会在说明书中给出最佳的距离,在使用前应注意查阅。

4.1.2.1 小型聚能装药销毁器

小型聚能装药销毁器用于较近距离处不接触地销毁地雷、炮弹、航空炸弹等未爆弹药。比较典型的有捷克生产的 PN-50 和瑞士生产的 SM-EOD 33(图 4-6)。

(a) PN-50聚能装药　　　　　　　　(b) SM-EOD 33聚能装药

图 4-6　捷克 PN-50 聚能装药与瑞士 SM-EOD 33 聚能装药

PN-50 聚能装药用于特种爆破、EOD 作业以及诡雷装置的排除。它由底座、支撑杆、聚能装药以及固定螺丝组成。聚能装药的壳体由聚乙烯制成,可以避免壳体破裂产生额外的金属破片。聚能装药的尾部设有雷管室,可由电雷管或非电雷管起爆。PN-50 聚能装药直径为 32mm,高度 54mm,全重 90g,内装 HMX 炸药 45g,对均质钢甲的最大穿透深度为 120mm。

SM-EOD 33 聚能装药是瑞士 SM-EOD 系列产品中的一种,由起爆装置、聚能装药和支撑三脚架组成。SM-EOD 33 聚能装药直径为 37mm,高度 85mm,全重 185g(含三脚架），内装高能炸药 57g，对均质钢甲的最大穿透深度为 170mm，其本身的使用安全距离为 50m。

4.1.2.2 钻地引爆弹

钻地引爆弹是一种大型的聚能装药销毁装置，其产生的金属射流可穿透坚硬的混凝土表层和数米的土层，可靠引爆较深位置处的大型弹药。钻地引爆弹分为聚能型和聚能随进型两种弹药，主要用于在准确探知飞机跑道上或其他场地上的未爆弹的情况下，设置该弹药，直接引爆或殉爆侵入机场道面内部或土壤中的未爆弹，给迅速修复场地提供条件。

1）Ⅰ型钻地引爆弹

Ⅰ型钻地引爆弹（图 4-7）由随进子弹、发射筒、穿孔弹及支架等组成。其作用原理为：将钻地引爆弹置于未爆弹地表上方，采用起爆器远距离起爆点火机构，随进子弹向前运动并击发穿孔弹引信，起爆穿孔弹；穿孔弹预先钻出一深孔，同时随进子弹在惯性力作用下继续运动，穿过爆轰产物区，垂直进入深孔；随进子弹沿此洞口继续侵彻至孔底适时起爆，从而引爆销毁未爆炸弹。

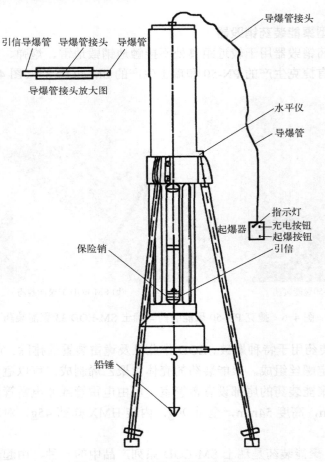

图 4-7 Ⅰ型钻地引爆弹示意图

第 4 章 单个未爆弹药的现地销毁

Ⅰ型钻地引爆弹性能参数：随进子弹弹径≤153mm；穿孔弹弹径≤80mm；全弹高度≤1700mm；弹重≤75kg；被起爆炸弹所处地下深度（当地表为360mm厚混凝土时）≤3m；作用可靠性（当置信度为0.90时）可靠度≥0.92。

该弹的使用方法如下：

（1）准确探知未爆炸弹的位置，并确定未爆炸弹的位置处于2m以下3m以上的位置，做好未爆弹的中心标识。

（2）打开包装箱，取出弹丸装上支撑腿，使垂直放置的弹丸中心轴线对准标识中心。调整支撑腿观察水平仪，水平仪水泡正对中心。

（3）导爆管插入套管内并插入到位，用胶布缠好接头处。拧掉钻地弹引信的保险销，解除保险，所有人员隐蔽好。

（4）打开起爆器，装针头，把导爆管插入针头内，推上充电按钮开始充电，观察指示灯，灯亮时开始做起爆准备，按下起爆按钮，起爆弹丸，关闭起爆器。

（5）若弹丸未被起爆，应等待30min，观察分析未被起爆的原因。若导爆管未被引爆则重新引爆；若导爆管被引爆，点火机构未被点燃，则把引信的保险恢复，换另一导爆管重新引爆；若穿孔弹未被引爆，则就地销毁该弹丸。

2）Ⅱ型钻地引爆弹

Ⅱ型钻地引爆弹（见图4-8）由引信、引爆弹及支架等组成。其作用原理为：将钻地引爆弹置于未爆弹地表上方，采用起爆器远距离击发引信从而起爆引爆弹，引爆弹直接引爆销毁未爆炸弹。

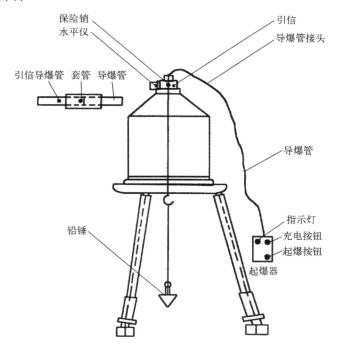

图4-8 Ⅱ型钻地引爆弹示意图

该弹性能参数：弹径≤240mm；全弹高度≤750mm；弹重≤25kg；被起爆炸弹所处地下深度（当地表为360mm厚混凝土时）≤2m；作用可靠性（当置信度为0.90时）可靠度≥0.92。

该弹的使用方法如下：

（1）准确探知未爆炸弹的位置，并确定未爆炸弹的位置处于2m以上的深度，做好未爆弹的中心标识。

（2）打开包装箱，取出托盘，拧上支撑腿，取出弹丸，把弹丸放在支架上，拧下密封盖，装上引信和水平仪，使垂直放置的弹丸中心轴线对准标识，调整支撑腿观察水平仪水泡正对中心。

（3）导爆管插入套管内并插入到位，用胶布缠好接头处。拧掉钻地弹引信的保险销，解除保险，所有人员隐蔽好。

（4）打开起爆器，装针头，把导爆管插入针头内，推上充电按钮开始充电，观察指示灯，灯亮时开始做起爆备，按下起爆按钮，起爆弹丸，关闭起爆器。

（5）若弹丸未被起爆，应等待30min，观察分析未被起爆的原因。若导爆管未被引爆，则重复"Ⅰ型钻地引爆弹中使用方法"的第（4）步；若导爆管被引爆，引信瞎火，则就地销毁该弹丸。

3）聚能型钻地弹

聚能型钻地弹由起爆装置、聚能战斗部、弹体、支架等组成。其原理为：将聚能型钻地弹置于未爆弹地表上方，采用起爆器远距离起爆钻地弹，聚能战斗部形成高速金属射流，击爆地下未爆弹。

该弹性能参数：弹径≤300mm；弹长≤1000mm；弹重≤45kg；装药量20kg；引爆机场道面下未爆弹深度≤2m；作用可靠性（置信度为0.90时）可靠度不小于0.92。

4）聚能随进型钻地弹

聚能随进型钻地弹由电点火装置、高压室、发射药、延期引信、随进子弹、发射筒、击针杆、连接筒、穿孔弹引信、穿孔弹及支架组成。其原理为：将聚能随进型钻地弹置于未爆弹地表上方，采用起爆器远距离点燃发射药，高压气体迅速推动随进子弹向前运动；击针杆击发穿孔弹引信，起爆穿孔弹主装药，产生高速金属射流，侵彻地面，预钻深孔；随进子弹在火药气体作用下继续运动，穿过爆轰产物场，进入深孔至孔底，延期引信经0.5s延时后起爆随进子弹，形成高速金属射流，引爆地下未爆弹。

该弹性能参数：随进子弹弹径不大于153mm；穿孔弹弹径不大于280mm；全弹长不大于1800mm；随进子弹装药量不大于4.5kg；穿孔弹装药量不大于11kg；引爆机场道面下未爆弹深度不大于3m；作用可靠性（置信度为0.90时）可靠度不小于0.92。

4.1.2.3 聚能切割器

聚能切割器是利用特殊形状的爆炸装置，在装药爆炸后形成高速金属射流"刀"，穿透待销毁弹药的壳体并完全引爆主装药。图4-9是几种典型的聚能切割器形状。

第 4 章 单个未爆弹药的现地销毁

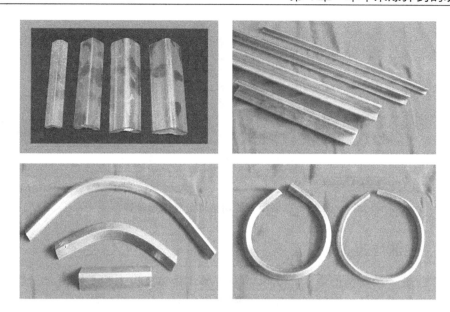

图 4-9 几种聚能切割器形状

聚能切割技术用于处置弹药的技术比较成熟，国内外研制开发了各种类型的切割装置，适用于各种型号弹药的销毁处置（图 4-10）。聚能切割器一般都是线状，外用重金属压制成 V 形状，内部充填高能炸药，如梯黑炸药。聚能切割器在用雷管起爆内装炸药后，能形成高速金属射流来切割破坏弹体的外壳，露出弹体内部结构，从而取出炸药或对弹体内部做进一步的研究。

图 4-10 采用聚能切割器集中处理未爆炮弹

利用聚能切割器销毁弹药时，可沿弹体轴向设置成直线状（图 4-11），也可围绕弹体一周设置。对于短尺寸切割装药，可将切割器设置在未爆弹弹体上，爆炸形成的射流可直接引起弹体主装药的爆轰。另外，还可利用爆炸切割器切割航弹引信，将引信与弹体分离，然后再对航弹进行后续处置。详见三级培训教材。

(a) 切割器的设置　　　　　　　　　　　(b) 切割后的效果（模拟航弹）

图 4-11　采用聚能切割器处置未爆航弹

4.1.3　泡沫炸药

泡沫炸药是一种新型的炸药，它以气溶胶形式存储在压力喷雾罐内。一旦从喷雾罐内喷出，可以附着在任何表面，在短时间内固化为泡沫状可爆炸物质。

与常规炸药相比，泡沫炸药有多方面的优势。首先，由于形成的泡沫状爆炸物密度小，质量极轻，在使用时不会触发敏感的地雷引信；其次，由于其附着性好，可以设置在待销毁地雷的任何位置，均能保持紧密的接触，提高了销毁的可靠性；再次，目前商用的泡沫炸药是由两种非爆炸性成分混合而成的，一旦喷出后，固化形成的物质只在短时间内保持可爆炸性，时间过长便会失效，提高了存储、运输和使用的安全性。

NMX-foam 是美国生产的第二代泡沫炸药（图 4-12）。该炸药的主要成分为硝基甲烷，与第一代泡沫炸药相比，爆速大大提高，可达 4000m/s，使之能够可靠地销毁大多数杀伤人员地雷和反车辆地雷。NMX-foam 对人体无毒害作用，固化数小时后失去爆炸性能，并可生物降解。

图 4-12　美国 NMX-foam 泡沫炸药

需要注意的是，由于密度和爆速较低，对于壳体较厚的炮弹、航空炸弹等类型未爆弹，使用泡沫炸药并不能可靠地进行销毁作业。

4.1.4 液体炸药

二元液体炸药也被应用于人道主义扫雷中。在混合以前，两种液体成分均不具有爆炸性，可以仅按可燃液体的标准进行存储和运输。在作业现场将两种成分混合形成液体炸药进行销毁作业。图 4-13 所示为 FIXOR 二元液体炸药（加拿大）销毁地雷的设置方法。

图 4-13　利用 FIXOR 二元液体炸药销毁地雷

LEP（Liquid Explosive Pouch）袋装液体炸药是在研制 NMX-foam 的过程中，为了弥补泡沫炸药爆炸威力不足的缺点而开发的产品。LEP 利用一系列不同规格的柔性塑料袋盛装液体炸药（图 4-14）。这些袋装的液体炸药可以组合起来，并能很好地与待销毁弹药表面贴合，从而确保弹药主装药可靠殉爆。LEP 液体炸药同样是二元的，使用时在作业现场混合形成可爆炸液体。

图 4-14　利用 LEP 液体炸药销毁未爆弹药

4.2 燃烧法销毁未爆弹药

使用高能燃烧剂是一种可以在原地安全、高效实施销毁作业的手段。一般用于弹药销毁的高能燃烧剂装在管状壳体内,并由三脚架支撑,使用时将开口一端对准待销毁弹药,距离数厘米(图 4-15),点燃后喷出高温火焰,在短时间内可以烧穿薄壳弹药的金属壳体(图 4-16),引发弹药的主装药燃烧(图 4-15、图 4-17)或爆燃(图 4-18),从而达到原地销毁弹药的目的。

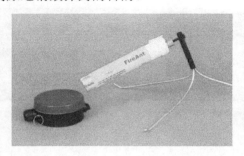

图 4-15　英国"FireAnt"高能燃烧剂

图 4-16　美国 Thiokol 高能燃烧剂可在 2s 内烧穿 1.5mm 厚的钢板

图 4-17　金属外壳地雷的销毁实验

图 4-18　利用 Thiokol 燃烧剂销毁 82mm 迫击炮弹

使用高能燃烧剂销毁弹药时应注意以下事项：

（1）高能燃烧剂的火焰应避开引信、雷管和扩爆药的位置。

（2）销毁较大的弹药时，需要较长的时间才能使其装药完全燃烧，在此过程中人员不应靠近以防发生事故。

（3）炸药在燃烧过程中，如果弹药内部空间比较密闭，也可能从燃烧转变为爆燃或爆轰。

（4）炸药在燃烧过程中，弹药内部的雷管接收到足够的热量，会发生爆炸，从而引爆剩余的主装药。

（5）在销毁火箭弹时，应防止发动机内部装填的推进剂被点燃而使火箭弹被发射出去。

第二篇
弹药处理人员分级培训教程(二级)

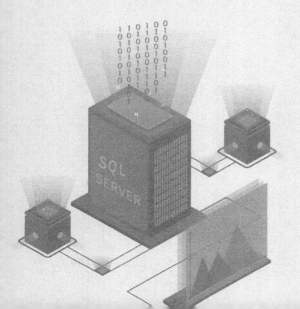

第一部分 基 础 知 识

第 5 章 弹 药 识 别

5.1 航弹识别

航弹也称为空投炸弹或航空炸弹，俗称炸弹。航弹种类很多，两种有代表性的航弹的外观、标识和基本构造，见图 5-1 和图 5-2，表 5-1 是苏、美航空炸弹标识的分类列表。

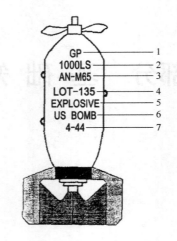

图 5-1　美制航弹标识
1—炸弹种类；2—重量；3—型号；4—出厂批号；5—爆炸；6—美造炸弹；7—制造年月。

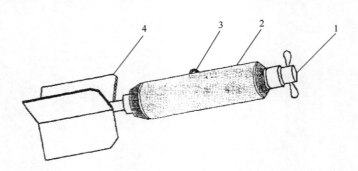

图 5-2　美制 AN-M41 20 磅杀伤弹
1—引信；2—弹体；3—弹耳；4—安定器。

表 5-1　苏、美航空炸弹标识

类别	苏军		美军	
	字母代号	色环标识	字母代号	色环标识
爆破弹	ФАВ	弹体呈深灰色或蓝灰色，无色环标记	DEMO GP	黄色（高爆弹） 棕色（低爆弹）
穿甲弹	BPAB	一条紫色环	AP SAP（半穿甲）	黑色
杀伤弹	AO	一条蓝色环	—	—
杀伤爆破弹	ОФАВ	两条蓝色环	—	—
燃烧弹	ЗАВ	一条红色环	TH（铝热剂） IMWPPT1（凝固汽油）	浅红色
反坦克弹	ПТАВ	两条紫色环	—	—
毒剂弹			CL（窒息性） CA（催泪性） AC（中毒性） H（糜烂性）	灰色（杀伤用的有一条或几条红带，驱散用的有一条或几条绿带）
烟幕弹	ДАВ	有两种标记： 1、一条黄色环 2、绿白各一条色环	WP	浅绿色
照明弹	CAB	一条白色环		白色
照相弹	ФОТАВ	两条白色环	—	—
教练弹				蓝色
曳光弹				橙色

美国航空炸弹系由陆海空三军研制，故种类全、型号多、编号杂。为便于了解美国航空炸弹型号，现对其编号制度作简单介绍。

陆军研制的航空炸弹产品型号，用英文字母 M 和阿拉伯数字表示，如 23lb M40 杀伤炸弹。产品改进型号系在基本型编号加英文字母 A 和相应阿拉伯数字表示，如 M40A1、M40A2 分别代表第一次和第二次设计改型。

海军研制的航空炸弹产品型号，用英文词 Mark 或其缩写 MK 和阿拉伯数字表示，如 250lb MK81 爆破炸弹。产品改进型号系在基本型编号加英文字母 Mod 和相应阿拉伯数字表示，如 MK81 Mod1/2/3 分别代表第一次、第二次、第三次设计改型，其最初设计的基本型则用 MK81 Mod0 表示。陆、海军通用的制式航空炸弹产品型号，用英文字母 AN 加在该军种航空炸弹编号之前，如 20lb AN-M41A1 杀伤炸弹，350lb AN-MK54 Mod1 航空深水炸弹。若陆军或海军已将某一通用制式航弹产品型号退役，则恢复原编号，并将通用编号用括弧标出，如 150lb M120A1（AN-M120A1）照相炸弹；反之，若陆军或海军的某一航弹型号变为通用制式型号，亦可在通用编号之后用括弧标出其原来编号，但一般不用括弧标出。

空军研制的航空炸弹产品型号，一般用炸弹某一系列的名称（两个英文字母）和代表其用途的单词（取一个英文字母）共三个英文字母来表示；然后，在破折号下接代表某一型号的阿拉伯数字和代表其改进型的英文字母，以此作为该系列具体产品的代号。如 350lb BLU-52/B、BLU-52A/B 毒气炸弹，25lb BDU-33/B、BDU-33A/B、BDU-33B/B 教练炸弹。BLU 系 Bomb Live Unit 的缩写，表示空军研制的作战用航空炸弹系列。BLU-52

表示该系列炸弹中的一种圆径为 350lb 的毒气炸弹；BLU-52/B 为该弹的一种型号，即装填 CS-1 型非持久性催泪毒剂的炸弹，BLU-52A/B 为该弹的另一种型号，即装填 CS-2 型持久性催泪毒剂的炸弹。BDU 系 Bomb Dummy Unit 的缩写，表示空军研制的教练用航空炸弹系列。BDU-33 表示该系列炸弹中的一种圆径为 25lb 的教练炸弹，BDU-33/B、BDU-33A/B、BDU-33B/B 为该弹的三种不同型号：BDU-33/B 为环形尾翼结构；BDU-33A/B 为十字形尾翼结构；BDU-33B/B 为十字形尾翼结构，但保险装置不同。

编号制度中的英文字母 T 或 XM 加阿拉伯数字，表示正在研制中的产品型号。其后接英文字母 E 加阿拉伯数字，表示正在研制中的产品型号的改型，如 500lb XM42E1 子母雷。

5.2 炮弹的一般识别

炮弹的弹体上都有标识。炮弹外表上的文字、代号、色带、涂漆和压印，用于表示炮弹的构造、性能和用途。因为炮弹构造和使用方法比枪弹复杂，所以文字和代号也多，这里主要介绍一般规定和部分弹体外形结构。

图 5-3～图 5-9 是美军弹药标识及色码编排规则。

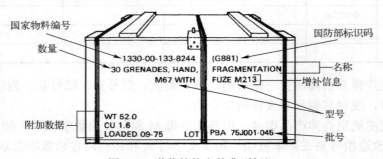

图 5-3 弹药箱体上的典型标识

（XM67-X 表示研制型或试验型；XM67E16-E1 表示一次试验改进型；XM67E2-E2 表示第二次试验改进型；M67-去掉 X 字符，M 表示为标准型；M67E16-E1 表示标准型经一次试验后的改进型；M67A16 表示经一次验收改进的标准型；M67A1E16 表示经一次试验及验收的改进型；WT 表示箱体重量（lb）；CU 表示箱体体积（ft³）；LOADED 表示生产厂家弹药装配的日期（月-年）；LOT PBA75J001045 中，PBA 表示生产厂家代号，75J 表示弹药的装配年月，用 A～M 分别表示 1～12 月，001 表示产品位置及生产程序，045 表示产品序号）

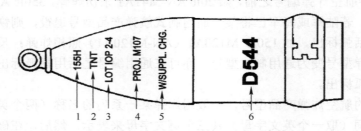

图 5-4 155mm 榴弹弹体上的典型标识

1—弹药口径及类型（图例口径为 155mm，H 表示榴弹）；2—装填类型或（和）弹丸类型（图例为 TNT 装药）；3—批号；4—简称和型号；5—增补信息（图例中 W/SUPPL. CHG 表示"带有辅助装药"）；6—国防部标识码（图例中为 D544）

第 5 章 弹药识别

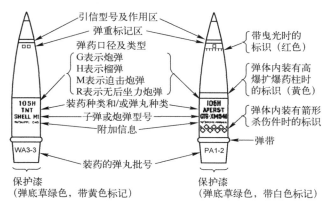

图 5-5 炮弹弹体上的标识

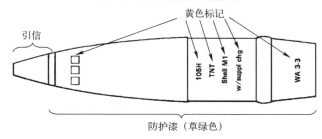

图 5-6 榴弹弹体上的色码

(黄色标记表示装填高爆炸药；棕色标记表示装填低爆速炸药；灰色标记表示装填化学试剂；浅绿色标记表示装填发烟剂；浅红色标记表示装填燃烧剂；白色标记表示装填照明烟火剂；黑色标记表示穿、破甲弹；银白色（涂铝或银）标记表示干扰弹；蓝色标记表示训练弹)

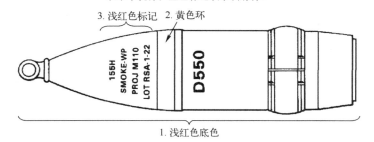

图 5-7 分装式弹丸上的色码

(黄色环表示装填有高爆传爆药；棕色环表示装填有低爆传爆药；深绿色环表示装填有毒化学试剂；深红色环表示装填有反暴乱化学试剂；白色环表示弹药为照明弹；黑色环表示弹药为碎甲弹)

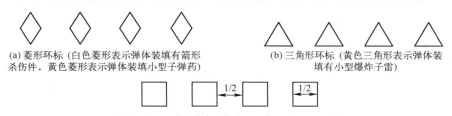

图 5-8 弹体上的特殊标识

弹种	弹体颜色分类说明		
爆破弹	草绿色弹体，带黄色标记 	高爆炸药	碎甲弹（口径大于40mm）有黑色色带
穿甲弹	不装高爆炸药：黑色弹体，带白色标记 	尾翼稳定脱壳穿甲弹	普通穿甲弹，高速穿甲弹
穿甲弹	装填高爆炸药：黑色弹体，带黄色标记	破甲弹	半爆穿甲弹
杀伤弹	群子弹：橄榄色弹体，带白色标记	带杀伤钢块	带箭形杀伤件，有白色菱形色带
杀伤弹	箭形杀伤弹：白色标记、菱形及黄色色带 		
演习弹及训练弹	不装高爆炸药：白色标记	演习弹 蓝色弹体	教练弹 青铜色弹体
演习弹及训练弹	装填高爆炸药：蓝色弹体，带白色标记 	装填低爆速炸药 有褐色色带	装填高爆速炸药 有黄色色带
改进型常规弹药	草绿色弹体，带黄色标记 	有黄色菱形色带	
化学毒剂弹（致命性战剂）	灰色弹体，带绿色标记，如有扩爆药，则弹体有黄色色带 	有一条绿色色带	
刺激性毒剂弹（反暴乱化学毒剂）	灰色弹体，带红色标记，如有扩爆药，则弹体有黄色色带	有一条红色色带	
照明弹	白色弹体，带黑色标记，对分装式弹丸，则有白色标记和色带 		
烟幕弹	浅绿色弹体	黄磷，增塑黄磷 浅红色标记及黄色色带	其他发烟剂 黑色标记
燃烧弹	浅红色弹体，带黑色标记 		
干扰弹（金属箔片）	铝质弹体，带黑色标记，如有低爆速扩爆药，则弹体有棕色色带 		
目标跟踪与回收弹	橙色弹体，带黑色标记 		

图 5-9　美军弹药弹体上的标准颜色色码对照表

5.3 地雷的识别

地雷本质上是一类爆炸性障碍物,分为防步兵地雷、防坦克地雷和特种地雷等,其识别主要根据外形和结构等判断,见图 5-10 和图 5-11。

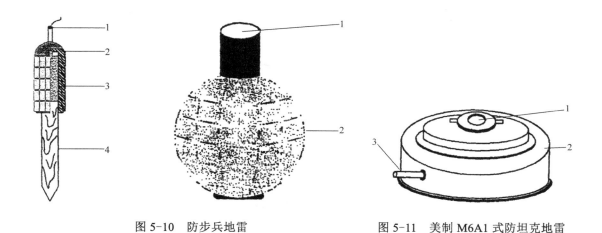

图 5-10 防步兵地雷
1—引信;2—雷体;3—装药;4—固定桩。

图 5-11 美制 M6A1 式防坦克地雷
1—引信室;2—外壳;3—副引信。

5.4 引信与底火的检查识别

引信也称为信管,是炮弹、炸弹、地雷等的起爆装置。它按安装位置分为弹头引信、弹尾引信;按作用时间分为瞬发、短延期、空中爆炸、定时;按发火方式分为直接撞击、惯性、压缩生热、化学腐蚀、电子等。

引信上的标识包括引信名称及制造诸元两部分内容,用压印表示。弹头引信压印在引信体上,假引信在引信体上压有一铁圈或压"摘火"或涂白色环一圈。引信的外形可参见图 5-12~图 5-15。

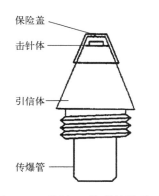

图 5-12 苏制 50 掷弹筒榴弹引信

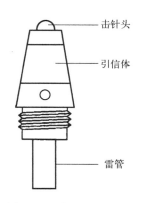

图 5-13 蒋造 60 迫弹引信

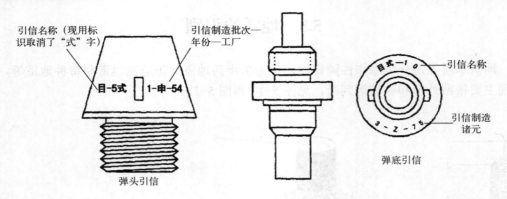

图 5-14 国产弹头引信与弹底引信

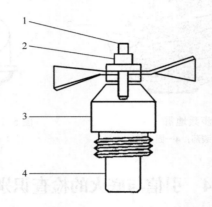

图 5-15 美制 AN-M110A1 航弹引信
1—击针；2—保险箍；3—引信体；4—传爆管。

第6章 弹药引信

6.1 概 述

引信是一种利用目标信息,在预定条件下引爆或引燃弹药战斗部装药的控制装置或系统,是弹药的重要组成部分,用于控制弹药的最佳起爆位置或时机。

6.1.1 引信的功能

引信的功能包括保险功能、解除保险功能、目标功能和起爆功能。

(1)保险功能。引信必须保证在达到预定的起爆条件之前不作用,保证弹药在储存、运输、处理和发射中的安全。

(2)解除保险功能。引信必须在发射后的适当时机解除保险,进入待发状态。通常是利用发射和飞行过程中产生的环境力,也可以利用时间装置、无线电信号等使引信解除保险。

(3)目标功能。引信可以通过直接或间接的方式感觉目标。凡引信直接从目标获得信息而起爆的属于直接感觉,包括以下两个方面:①接触目标,即引信或弹体与目标直接接触而感觉目标;②感应目标,即引信或弹体不与目标直接接触,而是利用感应目标导致的物理场变化的方法来感觉目标。引信通过其他装置感觉目标信息属于间接感觉,包括以下两个方面:①预先装定,即根据测得的从发射(投掷、布设)开始到预定起爆时间或按目标位置的环境信息进行预先装定;②指令控制,即引信根据其他装置感觉到的目标信息发出的指令而起作用。

(4)起爆功能。引信必须在产生最佳效果的条件下起爆弹丸装药或战斗部。引信可以在接触目标前、接触目标瞬间或接触目标后起爆,这取决于对引信的战术技术要求。

6.1.2 引信的分类

引信可按装配部位、弹丸对目标的作用方式进行分类。

1)按装配部位分类

按装配部位来分,引言可分为弹头引信、弹身引信、底部引信和尾部引信4类。

(1)弹头引信,是装在弹丸或火箭弹战斗部前端的引信,类似装在航空炸弹或导弹前端的引信,又称为头部引信。弹头引信可以有多种作用原理和作用方式,如触发、近炸或时间。使用最为广泛的是直接感受目标的反作用力而瞬时作用或延期作用的弹头触发引信,这种引信要同目标直接撞击,必须有足够的强度才能保证正常作用。弹头引信的外形对全弹气动外形有直接影响，因此必须与弹体外形匹配良好。

（2）弹身引信，又称为中间引信，是装在弹身或弹体中间部位的引信。该引信一般是从侧面装入弹体，多用于弹径较大的航空炸弹、水雷和导弹。为了保证起爆完全和作用可靠，大型航空炸弹和导弹战斗部可同时配用几个或几种弹身引信。弹身引信多采用机械引信和电引信。

（3）底部引信，又称为弹底引信，是装在战斗部底部的引信。穿甲爆破、穿甲纵火、碎甲等战斗部配用的都是底部引信。为使战斗部在侵彻目标之后爆炸，底部引信通常带有延期装置。引信装在战斗部底部，不直接与目标相碰，可防止引信在战斗部侵彻目标介质时遭到破坏。

（4）尾部引信，又称为弹尾引信，是装在航空炸弹或导弹战斗部尾部的引信。穿甲爆破型的航空炸弹通常配用尾部引信。为了保证起爆完全性和提高战斗部作用可靠性，重型航空炸弹通常同时装有头部引信和尾部引信。

2）按弹丸对目标的作用方式分类

（1）触发引信，是弹丸直接与目标撞击时引爆弹丸的引信。

（2）非触发引信，是弹丸不需要接触目标，当距目标一定距离时，就能引爆弹丸的引信。

6.1.3 引信的组成

引信主要由发火控制系统、安全系统、能源、爆炸序列等组成，如图 6-1 所示。

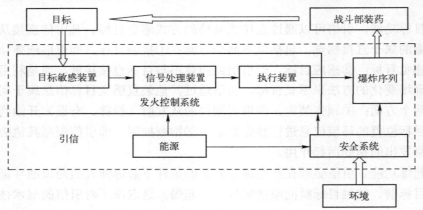

图 6-1　引信基本组成

6.1.3.1 发火控制系统

引信发火控制系统的作用是感觉目标信息与目标区环境信息，经鉴别处理后，使爆炸序列第一级元件发火，主要包括目标敏感装置、信号处理装置和执行装置（发火装置）3 个基本部分。

（1）目标敏感装置是能觉察、接收目标或目标周围环境的信息，并将信息以力或电的信号予以输出的装置，根据引信对目标的觉察方式可分为直接觉察和间接觉察。

直接觉察又分为接触觉察与感应觉察。接触觉察是靠引信（或战斗部）与目标直接接触来觉察目标的存在，有的还能分辨目标的真伪。感应觉察是利用力、电、磁、光、声、热等觉察目标自身辐射或反射的物理场特性或目标存在区的物理场特性。对目标的直接觉察是由发火控制系统中的目标敏感装置和信号处理装置完成的。

间接觉察有预先装定与指令控制。预先装定在发射前进行，以选择引信的不同作用方式或不同的作用时间，例如时间引信多数是预先装定的。指令控制由发射基地（可能在地面上，也可能在军舰或飞机上）向引信发出指令进行遥控装定、遥控起爆或遥控闭锁（使引信瞎火）。

（2）信号处理装置是接收和处理来自目标敏感装置的信号，分辨和识别信号的真伪与实现最佳炸点控制的装置。

（3）执行装置是使引信的爆炸序列第一级火工元件发火的装置，也称为发火装置，是各种形式的发火启动装置。常用的执行装置有击发机构、点火电路、电开关等。

6.1.3.2 爆炸序列

所有的引信都有爆炸序列。爆炸序列是指各种火工元件按它们的敏感程度逐渐降低而输出能量逐渐增大的顺序排列而成的组合。它的作用是把由目标敏感装置或起爆指令接收装置输出的信息变为火工元件的发火，并把发火能量逐级放大，让最后一级火工元件输出的能量足以使战斗部可靠且完全地作用。对于带有爆炸装药的战斗部，引信输出的是爆轰能量，这类引信的爆炸序列称为传爆序列。对于不带爆炸装药的战斗部，例如宣传、燃烧、照明等特种弹，引信输出的是点火能量，这种引信又称为点火引信。点火引信的爆炸序列一般称为传火序列。引信爆炸序列随战斗部的类型、作用方式和装药量的不同而不同。需要注意的是，引信中用作保险的火工元件不属于爆炸序列。图6-2所示为榴弹触发引信常用的三种传爆序列。其中，图6-2（a）用于中、大口径榴弹引信中，图6-2（b）和图6-2（c）多用于小口径榴弹引信中。

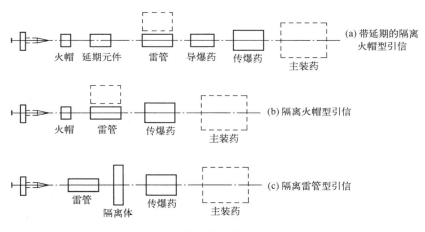

图6-2 榴弹触发引信的传爆序列

从引信碰击目标到爆炸序列最后一级火工元件完全作用所经历的时间，称为触发引信的瞬发度或称引信的作用迅速性。这一时间越短，引信的瞬发度越高，瞬发度是衡触发引信作用适时性的重要指标，直接影响战斗部对目标的作用效果。

爆炸序列中比较敏感的火工元件是火帽和雷管。为了保证引信勤务处理和发射时的安全，在战斗部飞离发射器或炮口规定的距离之内，这些较敏感的火工元件应与爆炸序列中下一级火工元件相隔离。隔离的方法是堵塞传火通道（对火帽而言），或者是用隔板衰减雷管爆炸产生的冲击波，同时也堵塞伴随雷管爆炸产生的气体（对雷管而言）。可以把雷管平时与下一级火工元件错开，如图6-2（a）和图6-2（b）所示；也可以在雷管下面设置可移动的隔离体，如图6-2（c）所示。仅将火帽与下一级火工元件隔离开的引信，称为隔离火帽型引信，又称为半保险型引信。将雷管与下一级火工元件隔离开的引信，称为隔离雷管型引信，又称为全保险型引信。没有上述隔离措施的引信，习惯上称为非保险型引信。非保险型引信没有隔离机构，但仍有保险机构。实践证明，由于引信的原因引起弹药膛炸的，大多数出现在非保险型引信上。

爆炸序列的发火由位于发火装置中的第一个火工元件开始。第一个火工元件往往是爆炸序列中对外界能量最敏感的元件。元件发火所需的能量由敏感装置直接供给，也可以经执行装置或时间控制、程序控制或指令接受装置的控制，而由引信内部或外部的能源装置供给。第一个火工元件的发火方式主要有下列三种。

1）机械发火

用针刺、撞击、碰击等机械方法使火帽或雷管发火，称为机械发火。

（1）针刺发火，是指用尖部锐利的击针戳入火帽或针刺雷管使其发火。发火所需的能量与火帽或雷管所装的起爆药（性质和密度）、加强帽（厚度）、击针尖形状（角度和尖锐程度）、击针的戳击速度等因素有关。

（2）撞击发火。它与针刺发火的主要不同在于击针不是尖头而是半球形的钝头，故又称为撞针。火帽底部有击砧，撞针不刺入火帽，而是使帽壳变形，帽壳与击砧间的起爆药因受冲击挤压而发火。撞击发火可不破坏火帽的帽壳。

（3）碰击发火。碰击发火不需要击针，靠目标与碰炸火帽或碰炸雷管的直接碰击或通过传力元件传递碰击使火帽或雷管受冲击挤压而发火。这种发火方式常在小口径高射炮和航空机关炮榴弹引信中采用。

（4）绝热压缩发火。绝热压缩发火不需要击针。在火帽的上部有一个密闭的空气室，引信碰击目标时，空气室的容积迅速变小，其内部空气被迅速压缩而发热，由于压缩时间极短，热量来不及散逸，接近绝热压缩状态，火帽接收此热量而发火。在苏联老式迫击炮弹引信以及第二次世界大战中日本、美国、英国的20mm航空机关炮榴弹引信中，都曾采用过这种发火方式。

2）电发火

利用电能使电点火头或电雷管发火，称为电发火。电发火用于各种电触发引信、压电引信、电容时间引信、电子时间引信和全部的近炸引信。所需的电能可由引信自带电源和换能器供给，导弹引信也可利用弹上电源。引信自带电源有蓄电池、原电池、机电换能器（压电陶瓷、冲击发电机、气动发电机等）或热电换能器（热电池）等。

3）化学发火

利用两种或两种以上的化学物质接触时发生的强烈氧化还原反应所产生的热量使火工元件发火，称为化学发火。例如，浓硫酸与氯酸钾和硫氰酸制成的酸点火药接触就会发生这种反应。化学发火多用于航空炸弹引信和地雷引信中，也可利用浓硫酸的流动性制成特殊的化学发火机构，用于引信中的反排除机构、反滚动机构（这两种机构常用于定时炸弹引信中）及地雷、水雷等静止弹药的诡计装置中。

6.1.3.3 安全系统

引信安全系统是引信中为确保平时及使用中安全而设计的，主要包括对爆炸序列的隔爆、对隔离机构的保险和对发火控制系统的保险等。安全系统在引信中占有重要地位。

安全系统涉及到隔离机构、保险机构、环境敏感装置、自炸机构等。根据其发展，引信安全系统主要包括机械式安全系统、机电式安全系统以及电子式安全系统。图 6-3 所示的后座保险机构原理图是典型的机械式安全系统。

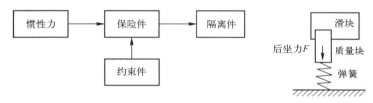

图 6-3　后坐保险机构原理

6.1.3.4 能源

引信能源是引信工作的基本保障，主要包括引信环境能、引信物理或化学电源。

机械引信中用到的多是环境能，包括发射、飞行以及碰撞目标的机械能量，实现机械引信的解除保险与发火等。引信内储能是指预先压缩的弹簧、各类做功火工品等储存的能量，是多数静置起爆式引信（如地雷）驱动内部零件动作或起爆的能量。

引信物理或化学电源是电引信工作的主要能源，用于引信电路工作、引信电起爆等。在现代引信中，引信电源一般作为一个必备模块单独出现，常用的引信物理或化学电源有涡轮电机、磁后坐电机、储备式化学电源、锂电池、热电池等。

6.1.4　引信的作用过程

引信的作用过程是指引信从弹药发射（或投掷、布设）开始到引爆或引燃战斗部装药的过程，主要包括解除保险过程、信息作用过程和引爆（引燃）过程。

（1）解除保险过程。引信平时处于保险状态。发射时，引信的安全系统根据预定出现的环境信息，分别使发火控制系统和爆炸序列从安全状态转换为待发状态。

（2）信息作用过程，分为信息获取、信号处理和发火输出 3 个步骤。引信感觉到目标信息后，转换为适于引信内部的力信号或电信号，输送到信号处理装置，进行识别和处理。当信号表明弹药相对于目标已处于预定的最佳起爆位置时，信号处理装置即发出发火控制信号，再传递到执行装置，产生发火输出。引信作用可靠性主要取决于解除保险过程与信息作用过程中各个程序是否完全正常。

（3）引爆（引燃）过程，是指执行装置接收到发火信号的能量使爆炸序列第一级火工元件发火，通过爆炸序列起爆或引燃战斗部装药的过程。

6.1.5 对引信的基本要求

根据武器系统战术使用的特点和引信在武器系统中的作用，对引信提出了一些必须满足的基本要求。由于对付目标的不同和引信所配用的战斗部性能不同，对各类引信还有具体的特殊要求。这里主要介绍对引信的基本要求。

6.1.5.1 安全性

引信安全性是指引信只有在预定条件下才作用，而在其他任何场合下均不得作用。这是对引信最基本也是最重要的要求。爆炸或点火的过程是不可逆的，因此引信是一次性作用的产品。引信不安全将导致勤务处理中爆炸或发射时膛炸或早炸，这不仅不能完成作战任务，反而会对我方造成危害。

1）勤务处理安全性

勤务处理是指由引信出厂到发射前所受到的全部操作和处理，包括运输、搬运、弹药箱的叠放和倒垛、运输中的吊装、飞机的空投、对引信电路的例行检查、发射前的装定和装填、停止射击时的退弹等。勤务处理中可能遇到的比较恶劣的环境条件是运输中的震动、磕碰、搬运和装填时的偶然跌落、空投开伞和着地时的冲击以及周围环境的静电与射频电干扰等。引信不能因这些环境条件的作用或例行检查时的错误操作而提前解除保险、提前发火或起爆。对于地雷爆破装备器材，还要保证人工布设地雷或操作爆破器材时的安全。

2）发射安全性

火炮弹丸在发射时的加速度很高。某些小口径航空炮弹发射时加速度峰值可达 $110000g$，中、大口径榴弹和加农炮榴弹发射时的加速度可达 $1000\sim30000g$；火箭弹弹底引信靠近火箭发动机，发射时引信会因热传导的影响而被加热；坦克作战中可能有异物进入炮膛，发射时弹丸在膛内遇异物而突然受阻。在这些环境影响下，引信的火工品不能自行发火，各个机构不应出现不应有的紊乱或变形。

3）弹道起始段安全性

弹道起始段安全是为了保证我方阵地的安全。使用磨损了的火炮射击时，引信零件在炮口附近有时受到高达 $500\sim800g$ 的章动力，如果引信保险机构在膛内已解除保险，引信已成待发状态，在这样大的章动力作用下，就可能发生炮口早炸；如果隔离火帽的引信，火帽在膛内提前发火，灼热气体可暂时储存在火帽所处的空间内，而弹丸一出炮口，隔爆机构中堵塞火帽传火的通道就被打开，气体下传，会引起引信炮口早炸。对空射击时，炮口附近可能会遇到伪装物或高层建筑上的设施；坦克直接瞄准射击时，会在炮口附近遇到树枝、庄稼等障碍物；多管火箭炮在发射时，前面火箭弹喷出的火药气体会对后面火箭弹的引信有影响。在上述情况下都要求引信不能发火。

弹道起始段安全性由延期解除保险机构和隔爆机构来保证。引信完成解除保险（或解除隔离）的距离，最小应大于战斗部的有效杀伤半径，最大应小于火炮的最小攻击距离。

4）弹道安全性

引信保险机构解除保险，隔爆机构解除隔离以后，引信在弹道上飞行时的安全性称为弹道安全性。在弹道上，引信顶部受有迎面空气压力，弹丸在弹道上做减速飞行，减速炸弹在阻力伞张开时，引信内部的活动零件受到爬行力或前冲力作用；大雨中射击时，引信头部会受到雨点的冲击；在空气中高速运动，引信顶部生热而使温度升高；近炸引信会受到人工和自然的干扰等。在上述这些环境条件的作用下，引信都不得提前发火。这可由弹道保险、防雨保险、抗干扰装置等来保证。引信弹道安全性保障了引信对目标作用的可靠性。

6.1.5.2 作用可靠性

引信的作用可靠性是指在规定储存期内，在规定条件下（如环境条件、使用条件等）引信必须按预定方式作用的性能。引信作用可靠性主要包括局部可靠性和整体可靠性。局部可靠性包括引信保险状态可靠性、解除保险可靠性、解除隔离可靠性；整体可靠性包括引信对目标作用的发火可靠性和对战斗部的起爆完全可靠性。

引信作用可靠性采用抽样检验方法经模拟测试系统和必要的靶场射击试验所得的可靠工作概率来衡量。对靶场射击试验来说，引信作用可靠性以在规定的弹道条件、引信与目标交会条件和规定的目标特性下引信的发火概率来衡量。这一概率越高，引信的作用可靠性越高。

与引信发火可靠性直接有关的是引信的灵敏度。对触发引信来说，触发灵敏度是指引信触发发火机构对目标的敏感程度，以发火机构可靠发火所需施加其上的最小能量来表示，此能量越小，灵敏度越高。对近炸引信来说，近炸引信检测灵敏度（动作灵敏度）表征引信敏感装置感受目标存在的能力，对于给定的检测和误警概率（或动作和误动作概率）通常以接收系统所需的最小可检信号电平表示，此值越低，灵敏度越高。

6.1.5.3 使用性能

引信的使用性能是指对引信的检测，与战斗部配套和装配，系统接电、作用方式或作用时间的装定，对引信的识别等战术操作项目实施的简易、可靠、准确程度的综合。它是衡量引信设计合理性的一个重要方面。引信设计者应充分了解引信服务的整个武器系统，特别是与引信直接相关部分的特点，充分了解引信可能遇到的各种战斗条件下的使用环境，研究引信中的人因工程问题，确保在各种不利条件下（如在能见度很低的夜间或坦克内操作、在严寒下装定等）操作安全简便、快速、准确。应尽可能使引信通用化，使一种引信能配用于多种战斗部和一种战斗部可以配用不同作用原理或作用方式的引信，这对于简化弹药的管理和使用，保证战时弹药的配套性能和简化引信生产都有重要的意义。

6.1.5.4 经济性

经济性的基本指标是引信的生产成本。在决定引信零件结构和结合方式时，应考虑简化引信生产过程，采用生产率高、原材料消耗少的工艺手段。由板状零件组成的结构将为充分采用冲压工艺提供可能。形状复杂的零件应优先考虑用压铸、热塑成型等工艺。零件间用铆接比用螺纹连接装配效率要高，并更便于实现装配自动化。选用零件的原材料应充分考虑我国的资源状况。引信零件和机构应尽量做到标准化和系列化。

采取上述措施，不仅可降低引信的成本，而且由于引信生产过程的简化和生产率的提高而使引信的生产周期缩短。这就为战时提供更多的弹药创造了条件。它的意义已不仅限于经济性良好这一个方面。

6.1.5.5　长期储存稳定性

弹药在战时消耗量极大，因此在和平时期要有足够的储备。一般要求引信储存 15～20 年后各项性能仍应合乎要求。零件不能产生影响性能的锈蚀、发霉或残余变形，火工品不得变质，密封不得破坏。设计时应考虑到引信储存中可能遇到的不利条件。可能产生锈蚀的引信零件均应进行表面处理，引信本身或其包装物应具有良好的密封性能，以便为引信的长期储存创造良好的条件，尽可能延长引信的使用年限。

6.2　典型引信介绍

在一级培训教材中对一些典型地雷引信的结构和动作原理进行了介绍，集束炸弹的引信因其特殊性将在"典型集束炸弹及其排除"部分介绍，本节主要介绍具有一定通用性的航空炸弹引信和炮弹引信。与地雷相比，航空炸弹与炮弹在投掷或发射前及其后的一小段距离内对安全性的要求更高，因此保险机构及解除保险机构更为复杂。早期的该类引信多采用机械机构实现引信保险、解除保险及起爆，较新的引信则往往采用机电一体结构实现更为复杂的功能。

6.2.1　典型航空炸弹引信

6.2.1.1　美军 AN-M103 弹头引信

AN-M103 是美军早期使用的弹头引信，可配用于 100～2000lb 通用炸弹、90lb 和 260lb 杀伤炸弹、4000lb 薄壳炸弹。该引信为碰炸引信，采用了隔离雷管的保险机制，通过多级传动轮系减慢触发机构解除保险的过程，从而保证必需的安全垂直落下距离。AN-M103 引信结构具有相当的代表性，M139A1、M140A1、M163、M164 及 M165 引信都是在 AN-M103 的基础上加以改变而形成的。

AN-M103 引信的结构如图 6-4 所示，引信上部是旋翼机构及减速轮系，中部是发火机构与延期装置，下部是隔爆机构和传爆管。平时，活机体受保险块阻挡不能下移，延期击针刺不上火帽，瞬发击针与雷管错开，雷管又与导爆药错开，引信处于安全状态。保险块被旋翼帽挡住不能掉出，旋翼帽通过位于侧壁的螺钉与具有内齿的齿套相连，从图 6-4 右下角可以看到该齿套。旋翼与中间的小齿轮固接，小齿轮与两个中间齿轮啮合。中间轮上边的轴伸在旋翼帽上的孔中，两个中间轮下边都是曲轴，与轮片相连。轮片装于齿套中，其外节圆直径小于齿套的内节圆直径，轮片没有固定的轴，因而可以受两个中间轮的驱动，在齿套内作平面运动，从而拨动齿套转动。齿套与位于引信轴线上的保险螺杆固结。平时保险螺杆旋入活机体中，限制活机体的轴向运动。解除保险杆的上半部插入活机体中，下半部插入引信体中，阻挡雷管座（滑块）的径向移动。弹簧使解除保险杆顶在齿套的下端面上。装定销限制解除保险杆的上升行程，起瞬发与延期的调整作用。平时，保险绳将旋翼和旋翼帽联结在一起，保证旋翼不会旋转。旋翼是 M1 式的，翼展 152mm，水平倾角 60°，共两片。

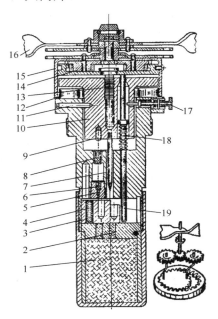

图 6-4　AN-M103 引信

1—传爆药；2—导爆药；3—雷管座；4—雷管；5—加强药；6—延期药；7—瞬发击针；8—火帽；9—延期击针；
10—活机体；11—切断销；12—保险块；13—保险螺杆；14—减速轮系；15—旋翼帽；16—旋翼；
17—装定销；18—弹簧；19—解除保险杆。

投弹时，抽出保险绳，旋翼开始旋转，通过中间的小齿轮、两个中间轮和齿片，带动齿套旋转，从而使保险螺杆从活机体中旋出。旋翼转动 65.33 转，螺杆旋出 1 扣。与螺杆同时做旋转和上升运动的还有旋翼帽。当旋翼帽和保险螺杆旋出 0.25 in 时，旋翼帽释放保险块，保险块在其里面的弹簧作用下弹出，解除对活机体的保险。此时保险螺杆尚未从活机体中完全旋出，即旋翼减速机构仍连接在活机体上。剪切销保证活机体不会因旋翼减速机构所受到的迎面空气压力而向下运动，并且也保证活机体完全被释放后的弹道安全。当保险螺杆自活机体中旋出 1/2 in 时，即完全从活机体中脱出，连同旋翼减速机构一起飞离引信体。

在旋翼减速机构和螺杆从活机体中旋出的同时，解除保险杆在其弹簧的作用下向上运动，当运动受到装定销的阻挡时，解除保险杆从雷管座右侧台阶上缘脱出，雷管座在弹簧推动下向右移动一个有限的距离，雷管与加强药、延期药对正，此时引信可得延期作用。引信装定成瞬发作用时，解除保险杆的上升运动不受装定销的阻挡，可上升到最高位置，并完全释放雷管座。雷管座可向右充分移动到位。此时雷管与瞬发击针对正。

碰击目标时，活机体受冲击力，剪断剪切销，延期击针戳击火帽。若为延期装定，因瞬发击针与雷管错开，只能进入雷管座上的空孔中，雷管被加强药引爆，可得到 0.01s 的延期时间。若为瞬发装定，在延期击针戳击火帽的同时，瞬发击针也戳击雷管，而引爆导爆药。由于引信要配用在杀伤、爆破和通用炸弹上，所以必须有瞬发和延期两种作用。

AN-M103 引信的优点是：有两种装定；是隔离雷管型的；活机体有较大的受力面积；触发灵敏度较高。但是，作用时间调整的设计方案，使得引信装定瞬发和延期时旋翼有不同的解除保险转数。显然，引信装定延期时的解除保险转数较少（550 转），而装定瞬发时转数较多（780 转）。当装定延期时，最小空中安全行程仅 152m，这是它的一个缺点。AN-M103 引信另一个不足之处是保险螺杆与齿套的连接处强度较弱，飞机紧急迫降时，旋翼机构受冲击力的作用可能在与螺杆连接处断开。这时解除保险杆就会跳起，雷管座右移，引信解除保险，在连续撞击下，引信可能起爆，造成对载机的威胁。为了解决这一问题，对 AN-M103 引信作了改进，成为 AN-M103A1 引信。主要改进之处是：①把保险螺杆加粗和加长；②用保险螺杆限制解除保险杆，只要螺杆不旋出，引信就不会解除保险；③将延期时间增大到 0.1s，除配用 M1 式标准旋翼外，引信还可配用 M2 式标准旋翼（水平倾角在端部为 60°，根部为 90°），空中安全行程可达 899～1654m，也可配用一种专用于平头深水炸弹的旋翼（水平倾角为 30°）。AN-M103A1 引信几乎可以配用在 100lb 以上的所有炸弹上。在 AN-M103A1 引信基础上，改变延期管的延期时间，衍生出 M139A1、M140A1 引信；改变空中安全行程，衍生出 M163、M164、M165 引信。

6.2.1.2 美军 M904 系列弹头引信

M904 系列引信是弹头引信，配用于 MK80 系列（MK81、MK82）低阻通用炸弹，也可以配用在杀伤炸弹、重型毒气弹与老式高阻通用炸弹上。该引信为触发延期引信，其结构类型为机械/火药结构，采用了弹簧驱动错位爆炸序列作为安全和解除保险装置，通过保险钢丝与旋翼形成两道保险。引信体上有上下两个观察窗，可以观察到引信的保险状态，如图 6-5 所示。

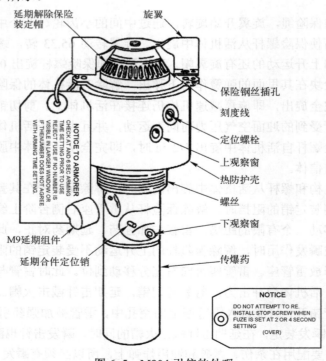

图 6-5 M904 引信的外观

第 6 章 弹药引信

M904 引信的基本设计思想是：同时利用计量旋翼的转速及转数来设计旋翼减速机构；让击发体随旋翼减速机构的输出轮一起旋转，通过改变击发体解除保险过程中的转角，来实现对解除保险时间可调的要求；用更换标准延期组件的办法实现延期时间可改变的要求，并且可在引信体上直接更换，不与其他零件发生关系；缩小旋翼的翼展，加长旋翼高度，增加旋翼水平倾角，以适应高速投弹的要求。

图 6-6 为 M904E2 引信的结构，引信由旋翼机构、等速调速器及减速轮系、可转动的活机体及装定装置、延期装置、水平回转式隔离雷管机构和传爆管等组成。

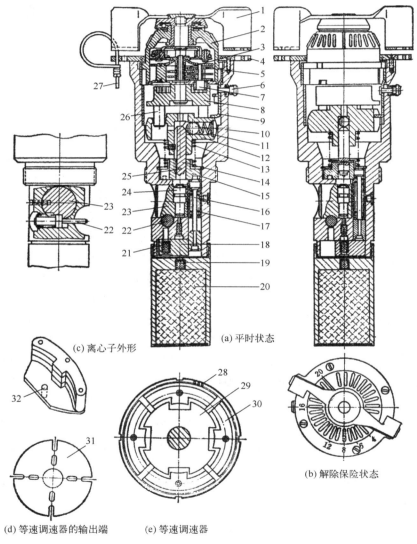

图 6-6 M904E2 弹头引信

1—旋翼；2—头部锥帽；3—小齿轴；4—头部固定圈；5—齿片；6—装定按钮；7—小齿轮；8—保险器；9—定位器；10—钢珠；11—钢珠簧；12—击针上座；13—弹簧；14—击针；15—击针下座；16—柱塞；17—柱塞簧；18—雷管座；19—导爆药；20—传爆药；21—雷管；22—延期合件定位销；23—延期合件；24—M9 延期组件；25—切断销；26—拨销；27—保险叉；28—弹簧；29—拨叉；30—离心子；31—圆盘；32—拨销。

与旋翼直接连接的是一个等速调速器，见图 6-6（e）。拨叉与旋翼固结。在拨叉上开有 4 个槽；拨叉外有 4 个离心子，由冲成的 4 个片叠合而成。离心子外箍一个圆柱簧。平时由于圆柱簧的拉力，使 4 个离心子的突爪卡在拨叉 4 个槽中，这时离心子将随拨叉即随旋翼一起旋转。如图 6-6（d）所示，在离心子下面有一个圆盘，其上有 4 个开口槽。离心子下底部铆有拨销，插于开口槽中。在离心子飞开的状态下，销子仍插在开口槽中。这样，圆盘总是随离心子绕引信轴的转动而转动。等速调速器的运动输入来自旋翼，经调速后由圆盘输出给传动轮系。调速原理是：起初 4 个离心子随拨叉一起旋转。当旋翼转速到达一定值时，离心子因其离心力将弹簧张开，其突爪脱离拨叉上的槽，此时离心子就不随旋翼一起旋转了。由于传动轮系及其负载的摩擦等因素，离心子的转速将减少。当离心力不足以克服离心子张开状态下的弹簧抗力时，弹簧又将离心子的突爪挤回到拨叉中，离心子又将随旋翼一起旋转。离心子的旋转运动不加改变地通过拨销传给圆盘。由于弹簧的张力是可以调整的，所以离心子与拨叉脱离接触和返回拨叉中所需的离心力是一确定的值，即离心子与拨叉啮合和脱离的角速度均为固定值。这样，不论旋翼的角速度因航速等因素如何改变，调速器通过圆盘输出的角速度总是在一个有限的范围内变化。M904E2 引信的等速调速器的输出角速度控制在 1800～1950r/min 即 30r/s 范围内。圆盘的输出传给其下的减速传动轮系。轮系共有 6 对齿轮，活套在两个轴上。与圆盘固结的是一个小齿轴，与其旁的齿片啮合。通过齿片对齿轮的减速，传到小齿轮。小齿轮再与带有内齿的保险器啮合。保险器上伸出两个销子，插在击针上座中，击针上座将随保险器一起转动。这是减速轮系的输出端。击针上座的内孔中装有击针，其上有一贯通的纵槽。与击针上座铆合的导销插在击针纵槽中。击针下部装在击针下座中，两者之间横贯有一切断销。这样，当击针上座由保险器拨动旋转时，也带着击针下座一起旋转。

引信的解除保险时间是从头部装定的。等速调速器的上部有头部锥帽，在其锥形部上冲有许多凸起，以便用手旋转锥帽。锥帽上还有一个指标，在头部固定圈上有装定解除保险时间的刻度值。头部固定圈用螺钉拧在引信体上。进行时间装定时，需同时按下装定按钮，释放对头部锥帽的锁定，才能转动头部锥帽，此时定位器与头部锥帽一起转动，就可以装定定位器与击针上座缺口之间错开的角度。M904E2 引信的最小装定时间是 2s，最大装定时间是 18s，每隔 2s 有一档，共 9 档。这 9 个装定位置由一个分度盘上的 9 个凹槽来控制。

在击针下座的下面是延期合件，其中装有 M9 延期组件。它有瞬发作用和 0.010s、0.025s、0.050s、0.100s、0.250s 的延期作用等 6 种组件以供选用。在引信装入炸弹前，选择所需的组件装于引信体中。M9 延期组件，包括 M42 撞击火帽、延期药柱和 M6 接力药柱。不装延期药就得到瞬发作用。阻尼板和膨胀室的作用是避免火帽的火焰直接冲到延期药表面上，降低点燃的强度。剧烈的点火可能会引起延期药的爆燃，甚至在延期药量比较小时（如 0.010s）火焰会冲透延期药而改变引信的延期装定时间。延期组件下面，在引信体内装有 XM9 型接力药柱（用叠氮化铅压成），其下为水平回转式雷管座。平时雷管与其上的接力药柱和其下的导爆药错开，因为雷管座被柱塞挡住不能回转，而柱塞上端由击针下座阻挡着，尽管柱塞簧推它，也不能上移。

投弹时，穿在旋翼与头部固定圈上的保险钢丝被抽出，引信开始解除保险，旋翼在气流中旋转带动限速器，限速器输出一个恒定的转速，旋转输出传递给保险挡块，使其以大约 11°/s 的速度转动，击杆体、击针和击针筒随着保险挡块一起转动，当到达预先装定的解除保险延期时间时，击杆体上的缺口与装定指示限制杆对正。击杆弹簧迫使击杆体向上移动，顶到保险挡块的底部。在击杆体向上移动时，被弹簧顶着的钢珠进入击杆体与击针上端面之间的空隙内。弹簧迫使转子释放杆向上，释放转子。转子旋转并移动雷管，使雷管与击针与爆炸序列的其余部分对正，并被锁定在解除保险位置上。

引信受到撞击时，在三个剪切凸耳被切断后，驱动延期解除保险装定帽，将引信头部组件推入引信体内，通过保险挡块作用在击杆体上，压迫钢珠，使钢珠切断击针、剪断切断销，击针戳击 M9 延期元件（图 6-7）发火，延期元件输出通过接力管传递给导爆管、传爆管和炸弹的主装药。

6.2.1.3 美军 FMU-113 空炸引信

FMU-113 空炸引信配用在 MK80 系列（低阻）和 M117 炸弹，安装于弹头部，作用方式为近炸，结构类型为噪声调制连续波多普勒系统。保险标识泡中解除保险杆显示绿色为安

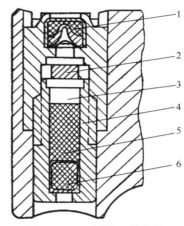

图 6-7 M9 标准延期组件

1—M42 撞击火帽；2—阻尼板；3—膨胀室；4—延期座；
5—延期药；6—M6 接力药柱。

全；安全和解除保险装置为错位爆炸序列；传爆管为 FZU-2/B；雷管为 MK44 雷管。FMU-113 空炸引信结构如图 6-8 所示。

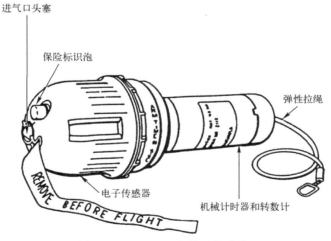

图 6-8 FMU-113 空炸引信结构

炸弹投放时，拉绳拉开头塞（涡轮空气入口），打开涡轮排气口，使柱形弹簧启动保险计时器释放转子。需要 250kn 空气速度以克服空气涡轮机的阈值。涡轮机转速控制在 8000r/min，驱动带扭簧的转数计和向目标探测器供电的交流发电机。在拉绳拉动后 3.5s 时，扭簧与转数计脱开，而与转子连接。到选定的解除保险时间时，机械定时器释放转子，扭簧使转子对正。在解除保险后经过 200~500ms 的线路稳定时阀，近炸传感器开始工作。

接近目标时,传感器的发火信号使电驱动器动作,驱动击针戳击雷管。在目标探测器失效时,撞击使引信头部压垮,驱动备触发杆进入驱动器膛内,迫使击针戳击雷管。

6.2.1.4 美军 FMU-139A/B 电子引信

FMU-139A/B 引信配用在 MK80 系列(低阻和高阻)和 M117 炸弹,安装于弹尾部,作用方式为触发或延期,结构类型为电子。保险/解除保险标识:若保险钢丝或保险销在原位或不显示红/黑为安全。安全范围:低阻时为 4s、6s、7s、10s、14s、20s;高阻时为 2s、2.6s、4s、5s。安全和解除保险装置为错位爆炸序列。传爆管为 125g CH-6。雷管为 MK71-1 电雷管。引信动作的全部能量均由 FZU-48/B 炸弹引信驱动器提供。FMU-139A/B 引信及其结构如图 6-9 和图 6-10 所示。

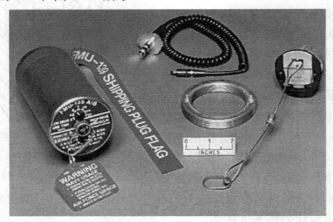

图 6-9　FMU-139A/B 引信

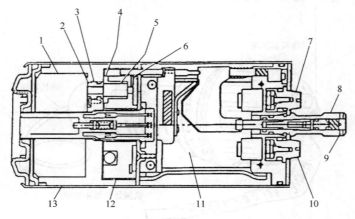

图 6-10　FMU-139A/B 引信结构示意图

1—传爆管;2—导爆管;3—导管座;4—雷管座;5—雷管;6—转子印刷线路板;7—低阻保险时间开关;
8—塞头位杆;9—保险钢丝孔;10—高阻保险/延期开关;11—电子部件;12—S 和 A 转子;13—护筒。

FMU-139A/B 引信采用电子计算机决定解除保险时间和作用时间。通过引信体上的各种开关预置低阻和高阻弹的解除保险时间和触发后的延期时间。解除保险过程是从通以 24V 的直流电和收到从 FZU-48/B 炸弹引信起动器上传来的涡轮释放信号开始。阻力传感器以 62.5ms 的时间间隔采集一次数据，在炸弹投放后 1.7s 以内，若在 28 个数据中至少有 16 个合适（表示重力加速度水平合适）则阻力传感器开关闭合，电子计算机据此作出判断设置延期解除保险时间为 2s（2.5s 内，若在 40 个数据中有 16 个合适，则设置 2.6s；在 3.75s 内，若在 60 个数据中有 16 个合适，则设置 4s 或 5s）。在要求的解除保险时间之前 100ms 时，释放杆从转子上移开，放开转子。当移动释放杆的活塞驱动器点燃时，如果释放杆开关原来就是断开的或断开失效，则引信将瞎火。到解除保险时间时，点燃膜盒驱动器使转子进入解除保险位置并锁定，对正爆炸序列。开关置于雷管脚线短路断开的位置。解除保险后 40ms，被设置的线路可接收发火信号，当触发或近炸信号传来时雷管就发火。

6.2.1.5 苏军 АБ-1Д/У 头尾两用引信

АБ-1Д/У 引信是一种头尾两用引信，根据需要可装在炸弹头部，也可装在炸弹尾部。除了爆破弹外，还可用在杀伤爆破弹和燃烧弹上。

该引信的构造见图 6-11。带有旋翼的保险螺杆从头部罩的螺孔内旋入引信内腔，并插入惯性击针的纵向圆孔内，将惯性击针两侧圆孔内的钢珠挤向两侧。两钢珠凸出在惯性击针体外的部分卡在惯性筒内侧的环槽内，因此惯性击针和惯性筒均不能移动。惯性筒下端有一火帽，火焰可以经过引信体内的纵向孔传至延期药盘。当定时螺钉被拧出与引信体平齐时，

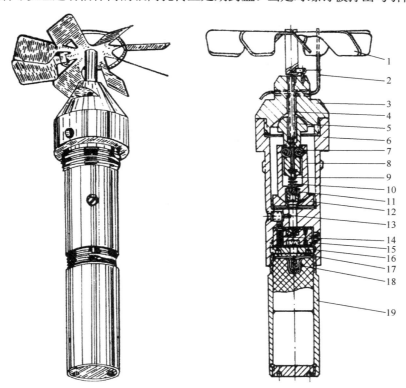

图 6-11　АБ-1Д/У 引信

1—旋翼；2—地面保险叉；3—头部罩；4—保险螺杆；5—惯性击针；6—引信体；7—钢珠；8—惯性筒；
9—击针头；10—保险簧；11—火帽；12—滑动座；13—定时螺钉；14—延期药；15—延期药盘；
16—压紧盖；17—火药块；18—雷管；19—起爆管。

延期药盘上的延期药燃烧全长的 1/2 即可传至雷管,延期时间为 11～16s;当定时螺钉被拧紧时,延期药盘上的延期药必须燃完全长,才能传至雷管,延期时间为 22.5～31.5s。引信体下端有内螺纹与起爆管相连。为了加强传向雷管的火焰,在雷管上方放置了一块火药块。

当炸弹在飞机上被投下时,地面保险叉被拔掉,旋翼在气流作用下旋转,并带动保险螺杆向外旋转。当保险螺杆的末端离开两个钢珠位置时,钢珠就失去对惯性击针和惯性筒的控制,仅由保险簧支撑惯性击针。当炸弹落地时,惯性击针在惯性力作用下(如引信装在炸弹头部,惯性筒带动火帽移动),压缩保险簧,击针撞击火帽而发火,火焰使延期药盘上的延期药燃烧,经一定时间(根据定时螺钉的位置而定),延期药又点燃火药块,引起雷管和扩爆药爆炸。

当飞机低空投弹时,由于炸弹离开飞机后很快碰着地面,炸弹与地平面的夹角很小,甚至可能平着落地。这时,惯性击针和惯性筒在惯性力作用下向引信侧方运动,在头部罩和滑动座圆弧面的作用下相互接近而使击针戳击火帽。

6.2.1.6 苏军 АВДМ 长延期引信

该引信是苏联早期最常用的长延期引信,如图 6-12 和图 6-13 所示。

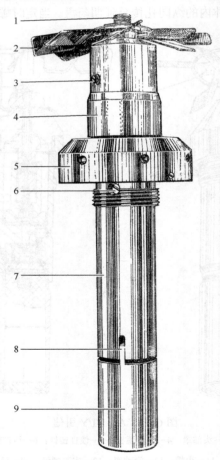

图 6-12　АВДМ 长延期引信

1—注液螺钉;2—旋翼;3—制旋螺钉;4—保险筒;5—头部罩;6—注液开关;7—电池管;8—旋爆接触片;9—旋爆筒

第6章 弹药引信

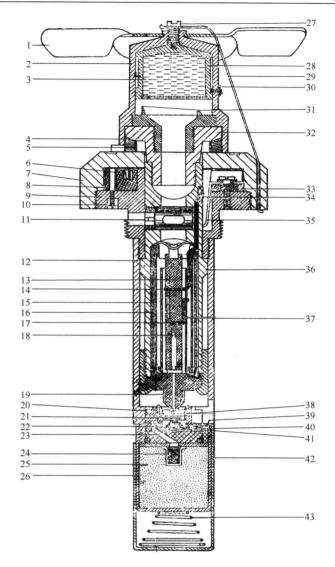

图 6-13 АВДМ 长延期引信的构造

1—旋翼;2—保险筒;3—电解液;4—保险块;5—保险圈;6—电阻丝;7—头部罩;8—金属接触点;9—电阻调整盘;10—定时螺钉;11—注液开关;12—引信体;13—氯化银;14—延期电池正极;15—发火电池正极;16—发火电池负极;17—隐藏接触钉(甲);18—隐藏接触钉(乙);19—接触环;20—接触座;21—分流接触片;22—电门管;23—传火孔;24—雷管;25—传爆药;26—传爆筒;27—注液螺钉;28—电解液盒;29—地面保险丝;30—制旋螺钉;31—刀圈;32—圆帽;33—电阻盘;34—接触钉;35—接触片;36—电池管;37—延期电池负极;38—接触杆;39—旋爆接触片;40—分流接触片弹簧;41—旋爆接触钉;42—旋爆筒;43—旋爆管。

1) 引信构造

该引信由引信体、电力机构、起爆机构、旋爆装置和保险装置等组成。

(1) 引信体上有电阻调整盘,用 14 个螺钉标明延期时间,分别对应 0.5h、0.8h、1h、2h、3h、4h、5h、6h、8h、12h、18h、24h、36h、48h,拧紧有相应时间的螺钉即表示该引信延期爆炸的时间。

（2）电力机构由延期电路机构、发火电路机构和注液机构三部分组成。延期电路机构包括延期电池、接触钉、接触片、电阻丝及定时螺钉等。电池内平时无电解液，当引信装入炸弹前一定时间才注入电池。炸弹在未落地之前，接触钉和接触片之间是断开的，13 根电阻丝都安装在胶木制成的电阻盘内，相互串联。电阻丝之间用金属接触圈连接，当定时螺钉拧入时，定时螺钉便和金属圈接触。

发火电路机构包括发火电池、接触环、电门管、氯化银、接触杆、分流接触片和分流接触片弹簧等组成。发火电池套在延期电池外面，由两种不同的金属片制成的圆筒组成正负极，内圈为正极，外圈为负极，两极之间由纱布隔开。发火电池的作用是使电门管发火。接触环与接触座之间平时相隔一定距离，只有当炸弹落地时两者才会接触在一起。氯化银是发火电路中的绝缘体，充满甲、乙隐藏接触钉之间的空隙，使发火电路被断开。分流接触片弹簧将分流接触片顶起与接触座接触，电门管处于短路状态（保险状态）。

（3）起爆机构由雷管、传爆药和传爆筒组成。

（4）旋爆装置由旋爆接触钉、旋爆筒和旋爆簧组成。当引信装入炸弹后，旋爆簧被压缩，旋爆筒上的旋爆接触片与旋爆接触钉离开。当向外旋出引信时，旋爆簧伸长，旋爆接触片与旋爆接触钉接触，引信立即爆炸。

（5）保险装置由旋翼、保险筒、保险块、保险圈和地面保险丝等组成。平时由 4 块保险块将电池管上面的圆帽托起，使电池管等不能向下移动，因而各接触点不能接触。保险块由保险筒套住，保险筒与旋翼连接并由地面保险丝固定。在圆帽外面（保险块内侧）还套有一个用薄金属片制作的保险圈。

2）发火原理

炸弹从飞机上投下时，地面保险丝被拉出，旋翼在气流作用下旋转。经过一定的距离，保险筒被旋掉，保险块掉出，电池管等仅由保险圈支撑。炸弹着地时，因惯性力作用，电池管和圆帽等向下移动，压扁保险圈，使接触片与接触钉、接触环与接触座分别接触。同时，接触杆向下将分流接触片压下，启开电门管的短路状态，此时延期电路被接通，定时爆炸时间开始计时。

延期电路工作时，电流是从延期电池正极经接触钉、接触片、电阻丝和定时螺钉通向延期电池负极。延期电路工作时产生的氢气使氯化银逐渐还原为银。当甲乙两隐藏接触钉间的氯化银还原成银时，发火电路导通使电门管发火，火焰经传火孔使雷管爆炸，从而引起传爆药和炸弹的爆炸。该引信延期时间的长短取决于电阻丝电阻值的大小。电阻值越大，延期电路中通过的电流越小，氯化银还原成银的速度就越慢，甲乙隐藏接触钉被银接通所需时间就越长，炸弹爆炸延期时间就长。反之，延期爆炸的时间就短。

在引信延期过程中，如果从炸弹中向外旋出引信，旋爆簧就伸张，使旋爆接触片与旋爆接触钉接触，电流便从发火电池正极经接触环与接触座、电门管、旋爆接触钉和旋爆接触片通向发火电池负极，构成电流回路，使电门管发火引起炸弹爆炸。

6.2.2 典型高射炮引信

小口径高射炮的任务是对付 3000m 以下的低空目标，如实施低空突袭或作低空俯冲攻击的强击机以及武装直升机等。高射炮可配备在地面部队或舰艇上。地面小口径高射炮有牵引的和自行的两种。这种火炮的口径有 20mm、23mm、25mm、30mm、35mm、37mm、40mm、45mm、57mm 等若干种。口径较小的高射炮多是双管或四管联用。配用的弹丸有杀伤爆破榴弹、杀伤爆破燃烧榴弹、穿甲弹等。为了观察弹丸飞行轨迹，有的弹丸还有曳光作用。榴弹可配触发引信、近炸引信，穿甲弹仅配触发引信。

与小口径高射炮在性能上相近的是小口径航空机关炮，可安装在歼击机、强击机、轰炸机及战斗直升机上，用来对付空中目标或地面目标。配用的弹种和引信与小口径高射炮弹相仿，有的还可以通用。

这两种火炮及弹丸的共同特点是：①初速高，大多在 800m/s 以上，20 世纪 70 年代后设计的小口径高射炮及航空炮弹丸的初速都在 1000m/s 以上；②弹丸的炮口转速高，一般都在 60000r/min 以上；③弹重轻，20mm 口径弹丸重 0.1~0.14kg，30mm 口径弹丸质量 0.25~0.35kg，37~40mm 口径弹丸重 0.6~0.85kg，57mm 口径弹丸重 2.8~3.2kg；④发射时的后坐加速度大，57mm 高射炮弹丸的最大后坐过载系数大于 24000，37mm 的大于 40000，20mm 弹丸的可达 100000 以上。例如，美国 20 世纪 80 年代配用的 XM242 型 25mm 航空炮弹丸的初速 1097m/s，弹丸炮口转速 110340r/min，最大后坐过载系数为 104000，配用 M758 引信总长 36mm，质量仅 17.76g。

除对引信的一般要求外，该类弹药引信的主要战术技术要求有：

（1）灵敏度要高，以利于高空中对飞机蒙皮类"弱目标"可靠发火。小口径高射炮对付的是飞机，航空炮在许多情况下也是用来对付飞机的。虽然飞机的防护比过去有所增强，但仍有一些薄弱部分。引信碰到飞机蒙皮的薄弱部分，特别是以大着角碰击时，应能可靠作用。小口径航空炮除对付飞机外，还要对付地面轻型目标，其引信的灵敏度也应高些。引信发火性验收试验，要求对一定厚度的厚纸板或胶合板、硬铝板射击时可靠发火。

（2）瞬发度不能太高，有一定的短延期以利于钻入目标内部起爆。为了使命中目标的弹丸对目标发挥尽可能大的破坏效果，可采用多种效能的杀伤爆破燃烧榴弹，并要求引信钻入目标内才起爆弹丸。特别是对于装药量少的小口径弹丸，在飞机蒙皮防护增强的情况下，在蒙皮外爆炸远不如钻入蒙皮内爆炸的破坏作用大。因此要求引信有一定的延期时间，使弹丸能钻入飞机内部 30~50cm 爆炸。这一延期时间应随弹丸口径和初速的不同而有所不同，一般为 0.4~0.8ms。

（3）要有足够的安全距离。对于低空来袭和进行俯冲射击的飞机，高射炮的射角可能很小，瞄准具的轴线和炮身轴线不重合，瞄准手坐于炮管的一侧，不一定能看得见炮口处的异物。为了防止在弹道起始段上引信碰到伪装物、城市高层建筑或舰船上层建筑时起爆弹丸，引信应有足够的安全距离。但是，安全距离也不能太大，以免弹丸碰到低空目标时引信还没有解除保险而造成瞎火。因此，解除保险距离应大于弹丸的杀伤半径，小于火炮的最小战斗距离。随着弹丸口径和威力的增大，解除保险距离也变大。例如瑞士 35mm 高射炮榴弹触发引信的解除保险距离为 40~200m，美国 20mm 航空炮榴弹用的 M757 引信的解除保险距离为 10~100m。

（4）要有自炸功能，以避免对空失效后落回己方阵地造成不必要的破坏。小口径高射炮在己方阵地上进行防空作战，火力密集，且多数弹丸都不能命中目标，如果这些弹丸落地爆炸，必将给己方阵地造成很大损失。为了避免这一情况，要求引信未命中目标时在空中自炸。自炸炸点应在弹丸弹道降弧段上，并距地面有足够的高度。小口径航炮装于飞机上也经常在己方上空进行空战，同样会有大量未着目标的炮弹落下，因此引信也应有自炸功能。

（5）大着角发火可靠，以适应目标的流线型结构。高射炮射击俯冲的飞机时，航空炮射击迎面来的飞机或尾追射击时，以及俯冲射击地面目标时，都会有很大的着角，因此要求引信以大着角碰击目标时必须可靠发火。

Б-37引信是苏联37mm高射炮配用的典型引信。该引信引进我国后称为"榴-1"引信。此类小口径弹药主要配备于高射炮和航空机关炮，主要对付3000m以下的低空目标。

1）引信构成

Б-37引信是一种具有远距离保险性能和自炸性能的隔离雷管型弹头瞬发触发引信。它配用于37mm高射炮和37mm航空炮杀伤燃烧曳光榴弹上，主要用于对付飞机等空中目标。Б-37引信由发火机构、延期机构、保险机构、隔爆机构、闭锁机构、自炸机构以及爆炸序列等组成，如图6-14所示。

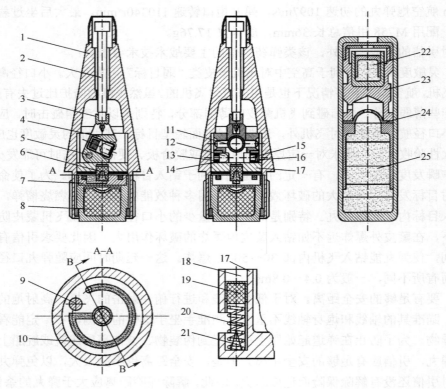

图6-14 Б-37引信

1—引信体；2—击针杆；3—击针尖；4—雷管座；5—限制销；6—导爆药；7—自炸药盘；8—传爆药；9—定位销；
10—自炸药盘；11—转轴；12—半球形头离心子；13—保险黑药；14—螺筒；15—平头离心子；
16—离心子簧；17—U形座；18—螺塞；19—火帽；20—弹簧；21—点火击针；22—火帽；
23—延期体；24—保险罩；25—火焰雷管。

(1) 发火机构为瞬发触发机构，包括木制击针杆、杆下端套装的钢制棱形击针尖和装于雷管座中的针刺火帽。击针杆用木材制造，以保证质量轻，头部直径较大，可增加碰击时的接触面积，这样可以使引信具有较高的灵敏度。击针合件从引信体上端装入，并被 0.3mm 厚的紫铜制的盖箔封在引信体内。盖箔的作用是密封引信，并可在飞行中承受空气压力，使空气压力不会直接作用在击针杆上。另外该引信还有一套用于解除保险和自毁的膛内发火机构，包括火焰、弹簧和点火击针。

(2) 隔爆机构为垂直转子隔爆，包括一个 U 形座，内装一个近似三角形的铜制雷管座，在雷管座中装有针刺火帽和火焰雷管。雷管座在 U 形座中由两个转轴支持着，雷管座两侧面的下方各有一个凹坑，一个是平底，一个是锥底，用来容纳从 U 形座两侧横孔伸入的两个离心子。头部是平头的离心子被离心子簧顶着。头部是半球形的离心子由保险黑药柱顶着，这两个离心子平时将雷管座固定在倾斜位置上，使其上面的火帽与击针，下面的雷管与导爆药柱都错开一个角度，从而使雷管处于隔离状态。

(3) 保险机构为冗余保险，分别为后坐加火药延期保险和离心保险。保险机构包括保险黑药柱，两个离心子，以及装在 U 形座侧壁纵向孔中的膛内发火机构，膛内发火机构由点火击针、弹簧和针刺火帽组成。装有膛内发火机构的纵向孔的侧壁上有一小孔与保险黑药柱相通。黑火药燃烧产生的残渣可阻止离心子飞开，因而将雷管座上的凹槽做成锥形，借助于雷管座的转正运动，通过锥形凹槽推动离心子外移。

(4) 闭锁机构为一个依靠惯性力作用的限制销。雷管座的右侧钻有一个小孔，内装有限制销。当雷管座转正时，它的一部分在惯性力作用下插入 U 形座的槽内，将雷管座固定在转正位置上，起闭锁作用。

(5) 延期机构为小孔气动延期，包括延期体和穹形保险罩。延期体是铝制的，上下钻有小孔，中部有环形传火道。延期体装在火帽和雷管之间，火帽发火产生的气体必须经斜孔、环形传火道进入延期体下部的空室，膨胀以后再经保险罩上的小孔才能传给雷管。传给雷管的气体压力和温度达到一定值时，雷管才能起爆。这样就可保证将到 $0.3\sim0.7$ms 的延期时间。

(6) 自炸机构采用火药固定延期方式，包括膛内发火机构和自炸药盘。自炸药盘是铜的，或用锌合金压铸而成，位于雷管座的下面；盘上有环形凹槽，内压 MK 微烟延期药。延期药的起始端压有普通点火黑药，终端引燃药与导爆药相接。药盘上盖有纸垫防止火焰窜燃。

(7) 爆炸序列有两路，分别为主爆炸序列和自毁爆炸序列。主爆炸序列包括装在雷管座中的火焰雷管、导爆药和传爆药。自毁爆炸序列包括膛内点火机构的火帽、自炸药盘、导爆药和传爆药。

2）作用过程

该引信平时依靠双离心子约束，对主爆炸序列隔爆以实现引信的安全。发射时，膛内发火机构的火帽在后坐力的作用下，向下运动压缩弹簧与击针相碰而发火，火焰一方面点燃保险黑药柱，一方面点燃自炸药盘起始端的点火黑药。瞬发击针在后坐力的作用下压在雷管座开口槽的台肩上。引信主发火机构膛内不作用。弹丸在出炮口前，平头离心子在离心力作用下已飞开。由于保险药柱通过半球形头离心子的制约以及后坐力对其转轴的力矩的制动作用，雷管座不能转动，从而保证膛内安全。

当弹丸飞离炮口 20～50m 时，保险黑药柱燃尽，半球形头离心子在雷管座的推动以及离心子自身所受的离心力的作用下已飞开，解除对雷管座的保险。这时后效期已过，瞬发击针受爬行力向上运动，雷管座在回转力矩作用下转正。雷管座中的限制销在离心力作用下飞出一半卡在 U 形座上的槽内，将雷管座固定在待发位置上，实现闭锁。此时雷管座上部的火焰对正击针，下部的雷管对正导爆药，引信进入待发状态。这时，自炸药盘中的时间药剂仍在燃烧。

碰击目标时，引信头部在目标反作用力的作用下使盖箔破坏，击针下移戳击火帽，火帽产生的气体经气体动力延期装置延迟一定的时间，在弹丸钻进飞机一定深度后引爆雷管，进一步引爆导爆药和传爆药，从而引爆弹体装药。

发射后 9～12s，若弹丸未命中目标，则在弹道的降弧段上，自炸药盘药剂燃烧完毕，引爆导爆药，进而引爆传爆药，使弹丸实现自炸。

6.2.3 典型中大口径地面炮用触发引信

中大口径榴弹是指口径在 75mm 以上的各种杀伤弹、爆破弹和杀伤爆破弹，还有榴霰弹、群子弹、箭束弹等，并特指用加农炮、榴弹炮、加农榴弹炮或无后坐力炮发射的一类炮弹。野战炮兵发射中大口径榴弹，主要用来压制敌人的炮兵、集群坦克，歼灭集结、行进和冲锋的步兵，摧毁敌人的指挥中心、交通枢纽，破坏敌人的轻型掩体、技术兵器，切断敌人的燃料和弹药供应线，以及在雷区开辟通路等。不同口径、不同种类的火炮梯次配置，可使发射的榴弹构成 10～40km（甚至更远些）的火力纵深。

根据不同的目标性质，中大口径榴弹除配用触发引信外，也可配用时间或近炸引信，以满足不同的射击需要。基于中大口径榴弹的用途和发射特点，该类引信具有作用方式多、对解除保险的距离要求较高等特点。

中大口径榴弹对付的目标种类繁多，因此要求引信有多种作用方式。例如，当用大威力爆破弹爆炸产生的超压来摧毁暴露在地面上的有生力量及技术兵器时，要求引信有瞬发作用；而用这种弹丸破坏轻型掩蔽所等建筑物时，进入建筑物内爆炸才能得到更好的破坏效果，这就要求引信有延期作用；主要依靠破片杀伤目标的榴弹，在一般情况下，空炸的杀伤效果最好；中大口径榴弹用加农炮或无后坐力炮射击时，弹道比较低伸，落角比较小，很容易产生跳弹；有时为了取得心理效果和对付堑壕里的敌人，有意识地进行跳弹射击，这时也要求引信有延期作用。一般瞬发作用时间短达 100μs 左右，延期时间大致时间平均在 0.01～0.1s 范围内。惯性作用瞬发作用时间短达 5ms 左右，这个时间是惯性触发机构所固有的，而不是特别设计的。因此，中大口径榴弹用引信设置有瞬发和惯性两种发火机构，有的还具有延期装置，在发射前需对引信进行装定。

中大口径火炮在阵地上通常梯次配置，进行间接瞄准射击。为了保证己方阵地的安全，要求引信具有足够的解除保险距离。保险距离的下限应满足所需的安全要求，上限则应满足火炮最短攻击距离的要求。现用中大口径榴弹引信的保险距离大致在 10～100m 的范围。对中大口径炮弹来说，引信只有 10m 保险距离是不够的。

现以美军 M739 引信为例介绍此类引信。该引信是 20 世纪 80 年代以后中大口径地面炮榴弹装配的主要弹头触发引信。其结构如图 6-15 所示。该引信具有以下特点：

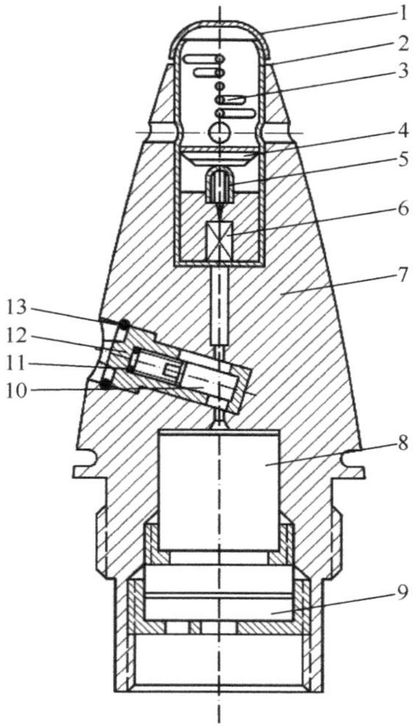

图 6-15 美军通用榴弹 M739 触发引信
1—雨帽；2—栅杆座；3—防雨栅杆；4—击针；5—支筒；6—M99 雷管；7—引信体；
8—惯性触发机构与延期机构合件；9—隔爆机构合件；10—滑柱；11—滑柱簧；12—调节栓；13—弹簧定位圈。

（1）触发机构上面加装防雨装置。引信头部有一雨帽，平时起密封作用。在栅杆座内交叉装有 5 根防雨栅杆。雨滴进入引信头部被栅杆阻拦而溅散，使其动量降到瞬发着发机构发火所需动量之下。栅杆座的底部有 4 个排水孔，积水可因离心力由此排出。这种防雨装置可以有效地把直径 4mm 的雨滴打散。装这种防雨装置，使触发机构的灵敏度有所降低，但可用于对丛林地带的射击，使弹丸深入丛林内部才爆炸。这时，栅杆可切断引信头部遇到的丛叶和小树枝。加装防雨装置，使引信在低速和高速下的灵敏度有很大的差异。M739 引信装于 105mm 榴弹炮，榴弹以 204m/s、零度着角向 1.25in（31.75mm）厚的胶合板射击才能可靠发火。若装于初速 914m/s 的 175mm 加农炮弹，则对 1/4in（6.35mm）厚的胶合板零度着角射击即可发火。

（2）采用整体的引信体，因而引信的侧向强度有所提高。由于用高强度铝合金作引信体，引信的重量较铜质引信轻了很多。

（3）装定装置设计得更为简单。调节栓中装有滑柱和滑柱簧。图示的是瞬发装定的状态。发射后，滑柱压缩滑柱簧而飞开，调节栓上的槽和孔与引信体上的传火孔对正。碰击目标时，击针戳击雷管，雷管爆炸产物直接传向隔爆机构的雷管。装定延期时，将调节栓转动，此时调节栓上的槽和孔与引信体上的传火孔错开一个角度，传火通道被堵塞，此时惯性触发机构和延期装置起作用。

（4）隔爆传爆机构作为一个合件装入引信体内孔中。隔爆机构仍采用水平回转体。

为实现双重环境保险，雷管座除采用离心板保险外，还增加了一个后坐惯性销保险机构。

M739 引信装定瞬发时，作用时间约 170μs；对中大口径榴弹用机械触发引信来说，这样的瞬发度是比较高的。装定延期时，延期时间是 30～70ms（引信用的是 M2 标准延期体）。

6.2.4 典型迫击炮弹引信

迫击炮是一种构造简单的轻便火炮，如 81mm 迫击炮的战斗重量不超过 50kg，107mm 迫击炮质量也只有 300kg 左右。中小口径的迫击炮可拆卸成几个独立的部件，以便人背马驮；大口径的，可作为一个整体由车辆牵引。作战中，迫击炮跟随步兵分队前进，它的机动性好，能使步兵迅速占领发射阵地，发射速度较线膛炮为快，火力密度大，是对步兵直接进行火力支援的主要武器之一。迫击炮除大量配用榴弹外，还配用一些特种弹，如宣传弹、照明弹、燃烧弹、化学弹等。

1) 迫击炮弹引信特点

迫击炮所发射的榴弹，其效能与中大口径线膛炮榴弹相同，但迫击炮的发射方式及其弹道有其自身的特点。因此，除了有与相应中大口径线膛炮榴弹引信相同的战术技术性能外，迫击炮弹引信尚有一些自身的特点：

（1）在较低的过载系数值水平上解决平时安全与发射时可靠解除保险的矛盾。迫击炮是一种轻便火炮，与其他火炮相比，炮身短、管壁薄、膛压低、初速小，与引信设计有关的参数最大过载系数 K1 值较小，一般不超过 10000。作为设计依据，零号装药、高温发射（这是最不利的情况）时 K1 值只有 1000 左右，与坠落过载在同一数量级上，甚至还可能低一个数量级。只是发射时惯性力的作用时间较长，为坠落过载的数倍或十数倍。这给引信保险机构的设计带来了一定的困难。如果采用直线运动后坐保险机构，通常只有借助较长的保险行程才能解决引信平时安全与发射时可靠解除保险的矛盾，一些早期迫击炮弹引信就是这样做的。但是，增加保险行程的办法会受到引信机构轴向尺寸的限制，在某些情况下，这种设计甚至是不可能实现的。这就促使人们寻求另外的解决途径。人们发现，迫击炮弹平时坠落时，虽然惯性力较大，但对作用时间的积分较小，发射时惯性力较小，但对作用时间的积分较大。曲折槽机构及连锁卡板机构能够识别这种差别，因而可以用来解决迫击炮弹引信平时安全与发射时可靠解除保险的矛盾。

（2）具有防止重装弹功能，避免出现重装弹后膛炸。从炮口装填的迫击炮弹，在发射时有可能出现两种非正常的情况：①底火瞎火，炮弹没有被发射出去而留在膛内；②底火正常作用，但药包迟缓燃烧，炮弹在膛内停留一段时间后才开始正常运动。对于 60mm、81mm、82mm 这类口径的迫击炮，最高射速可达每分钟 30 发，射手的装填动作可能是有"节奏"的。因此，如果第一发炮弹没有发射出去，射手出于"习惯"仍按正常的发射速度装填第二发，前一发炮弹就要在膛内与第二发炮弹相碰。这种非正常装填，人们笼统地称之为"重装"。一些老式的无隔爆机构的迫击炮弹引信，如果触发机构中没有利用弹道环境力解除保险的机构，则有可能在上述第二种情况下产生严重的膛炸或炮口炸事故。

图 6-16 所示为一种老式的日本迫击炮弹引信，没有隔爆机构。显然，当第一发炮弹

正在炮膛内运动，而突然遇到第二发装填的炮弹时，第一发炮弹引信的切断销将被剪断，击针则在惯性力的作用下通过保险片随同火帽座一起下移，火帽压缩弹簧前冲，击针就要戳击火帽发火，而引起膛炸（瞬发装定）或炮口炸（延期装定）。触发机构若在出炮口后才解除保险，就可有效地防止因"重装"而可能出现的膛内发火的事故。如果引信为隔离雷管型，即使火帽或雷管在膛内发火，这发弹只不过在碰击目标时瞎火而已，不会引起膛炸或炮口炸。

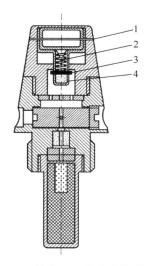

图 6-16　日本 100 式迫击炮弹引信
1—切断销；2—击针；3—保险片；4—火帽。

（3）具有较高的瞬发度和灵敏度，以提高发火可靠性并实现对多种目标的高效杀伤。迫击炮所射击的目标区域不仅是土质地面，还有可能是水面、沼泽、沙漠等。目标本身则是有生力量以及一些强度较低、结构较弱的器材、车辆、建筑物等。无论是击中目标本身还是目标背景，引信都应该可靠作用。迫击炮弹引信的灵敏度问题由于炮弹较轻、落速较小而显得更为突出。与灵敏度有关的另一个问题，是要求引信在迫击炮弹以小落角碰击目标甚至弹侧擦地时仍能可靠发火。考虑到迫击炮外弹道十分弯曲，利用这一特点，通常需对背山坡目标进行射击，因此，对引信提出这一要求就是理所当然的了。迫击炮榴弹主要以破片杀伤和毁坏目标，为了有效地利用破片，引信瞬发度应尽可能高。

2）M-6 引信

（1）引信结构。

M-6 引信配用于 82mm 迫击炮杀伤榴弹。引信的结构如图 6-17 所示，这是一个隔离雷管型的引信。该引信组成比较简单，主要包括发火机构、后坐保险机构、隔爆机构、闭锁机构和爆炸序列。

① 发火机构为瞬发发火机构，包括击针头、击针、雷管，平时被后坐保险机构保险。

② 后坐保险机构包括带细径的击针、惯性筒、惯性筒簧、一个上钢珠、一对下钢珠以及支座，该机构自成合件。惯性筒上有曲折槽，与支座上的导向销作用实现平时的安全以及一定的延期解除保险距离。惯性筒上有一曲折槽（共三段），并相应地在支座上点

铆—导向销。

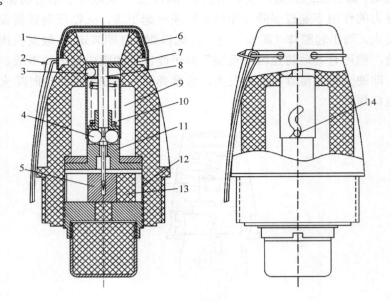

图 6-17　M-6 引信的结构

1—盖箔；2—运输保险销；3—上钢珠；4—下钢珠；5—雷管座；6—保险帽；7—击针头；8—击针；9—惯性筒；10—弹簧；11—支座；12—锥簧；13—雷管；14—导向销。

③ 隔爆机构采用水平移动的滑块实现雷管与导爆药的隔离。由于迫击炮弹不旋转，驱动力为侧推簧，隔爆机构的保险件为伸入滑块盲孔中的击针。

④ 闭锁机构为雷管，其在滑块内可相对滑块上下移动，当解除隔离后雷管一部分伸入支座的孔中，起到闭锁作用。

⑤ 引信爆炸序列包括雷管、导爆药、传爆药三件爆炸元件。

（2）引信作用过程。

M-6 引信的作用过程如下：

平时，击针插在雷管座孔内，使雷管处于隔爆位置。在坠落惯性力的作用下，惯性筒边转动边向下运动。由于惯性力作用时间很短，惯性筒刚开始运动，惯性力已作用完毕。惯性筒的转动、槽壁和导向销的摩擦，特别是导向销在拐角处与槽壁的碰撞，使惯性筒所得动能在运动完两段槽前就全部消耗完了。在弹簧的作用下，惯性筒将恢复到原位，引信仍然是安全的。

在发射前，需拔下运输保险销，摘掉保险帽。否则，将导致引信对目标作用失效。发射时，后坐力作用时间较长，足以使惯性筒下移运动到位，保证上钢珠掉出。出炮口后，惯性筒在弹簧抗力作用下向上运动并抵住击针头，使击针同它一起运动。在运动过程中，惯性筒打开支座两侧的钢珠孔，击针以其锥面将钢珠挤出钢珠孔。击针头抵住盖箔，击针尖离开雷管座孔，雷管座在锥簧的作用下向左平移到位，雷管与击针对正，引信处于待发状态。

惯性筒在上移过程中，同样伴随有绕轴线的往复转动，槽壁与导向销间的碰撞与摩擦，使惯性筒的上升速度得到明显的衰减，从而延长了解除保险的时间，使引信得到一定的炮口保险距离，M-6 引信的针刺雷管可以相对雷管座活动。弹丸在做外弹道飞行时，雷管将在爬行力作用下向前移动，进入支座轴线上的孔内，从而使雷管锁定在待发位置。这样，当引信体与目标相碰时，雷管座不至于在侧向惯性力的作用下平移，而引起引信的失效。

（3）M-6 引信设计缺陷。

M-6 引信的设计构思很巧妙，以尽可能少的零件，尽可能简单的结构，基本满足对小口径迫击炮弹引信所提出的战术技术要求。不过这种引信同时也有一些严重的甚至是致命的缺点。

① 触发灵敏度不高。为了保证平时安全，弹簧不能太软，惯性筒在解除保险后完全成了多余的零件，但目标反力同样需要克服它的惯性才能戳击雷管。这些都对触发机构的灵敏度有影响。

② 利用曲折槽机构所得的解除保险距离太短，只有 1~3m，视炮弹初速不同而有所不同。

③ 致命缺点是有可能发生炮口炸事故。炮弹出炮口后，击针尖离开雷管座上端面，雷管座在锥簧作用下运动到位，由于曲折槽机构的作用，击针的上移需要一段时间，击针在惯性筒簧推动下碰到盖箔时，受有迎面空气压力的紫铜盖箔将使击针筒向下反弹，戳击已处于待发状态的雷管，引起炮口炸。M-6 引信之所以设计成击针在解除保险后直接与盖箔相碰，是为了提高它的触发灵敏度，特别是对卵石地和背山坡的灵敏度。另外，在勤务处理中一旦惯性筒下移到位，引信就处于待发状态，这样的引信在发射时必然要膛炸。为避免这种情况，可在射击去掉保险帽时注意观察盖箔的状况，凡是已解除保险的引信，在盖箔上都留有击针头碰击的规则的圆形凸印，应禁止用这样的引信射击。这种检查在射击训练时是能做到的，但在紧张的战斗环境下难以做到。

6.2.5 典型手榴弹引信

手榴弹和枪榴弹是步兵近战中最常用的极其重要的弹药。手榴弹的种类很多，有杀伤手榴弹、破甲手榴弹、燃烧手榴弹、烟幕手榴弹和照明手榴弹等，其中主要是杀伤手榴弹。手榴弹引信的设计必须考虑不同手榴弹的使用特点，使其在结构与性能上得到更好的配合。手榴弹引信的主要战术要求具体如下。

（1）安全性要高。手榴弹引信的安全性包含的内容很广，主要有：勤务处理安全；携行安全，防止战士在作战中（如匍匐前进、攀登、在树丛中行进等）被他物钩住或拉脱保险环、保险盖而使手榴弹爆炸（这种事例在战争中都曾经发生过）；操作安全，一般规定必须同时进行两个动作才能使引信解除保险；震动安全，防止因跌落、撞击甚至被踢一脚而解除保险；初始弹道安全，保证手榴弹在投出 6~9m 内不作用，这段距离相当于 1s 左右的时间；待投的手榴弹不用时应能重新保险；引信应为全保险型，防止雷管因受冲击波、火烤、静电、挤压等的作用提前发火时引起全弹爆炸。手榴弹与枪榴弹通用时，应保证万一选错枪弹（如应为空包弹而选成实心弹）发射时的安全。

（2）灵敏度不应过高，以保证弹道上的安全性，防止投掷中遇到树枝等弱障碍物而早炸，但另外应能在水面和雪地上爆炸。延期手榴弹的延期时间不应大于 5s，使敌方不可能把投出的手榴弹反投回来。

(3) 手榴弹引信最好具有触发和延期两种作用。在某些情况下，如在丛林中，电缆线附近，或楼房等有限空间内，采用触发作用的手榴弹总不免是危险的，可能在近距离内碰到墙壁等障碍物而导致引信作用。这时最好是采用延期作用。延期作用还能保证手榴弹落地后的自毁，以免给士兵的进攻带来麻烦。当作战空间较大、投掷距离较远时，多采用触发作用。引信的装定装置应该能使投掷手在黑暗中甚至戴着手套的情况下正确地进行装定。

(4) 长期储存性能稳定。这对手榴弹引信来说是一个难题。这和引信采用的发火原理及其结构有关。

尽管手榴弹引信看起来很简单，但事实上直到目前国内外还没有一种能完全满足上述各项要求的手榴弹引信。有些手榴弹引信，结构简单，成本低，但安全性不够好，另外一些则相反。最原始的手榴弹，采用的就是时间引信，又称为延期引信，目前仍在手榴弹中广泛使用。所谓"延期"，是指手榴弹自火帽发火到装药爆炸这段时间，一般为5s，短的也不小于2~3s，以保证手榴弹落入敌阵后再爆炸。早期的延期药剂通用的是黑火药，这种药剂容易吸湿变质而使引信瞎火，后来开始使用耐水药或微烟药，并将延期药管制成全密闭式的。

图6-18所示为美国M204时间引信和它配用的M26式杀伤手榴弹。引信由点火机构（击发机构）、保险机构、起爆装置和引信体组成。点火机构由击针、击针簧、击针簧轴和火帽组成。击针装在击针簧上，击针簧是一套在击针簧轴上的扭力簧，一端抵在引信体上，另一端通过击针被保险杆压住而处于扭紧状态。保险机构主要由保险杆和保险销组成。保险杆的一端插在引信体的T形耳轴上，压住击针使它处于安全位置。带拉环的保险销插入保险杆上的孔和引信体孔内，使保险杆的另一端靠在弹体上，处于安全位置。起爆装置包括火帽、延期药管、延期药和雷管等，都装在中心管内。火帽上有锡箔，以密封起爆装置。

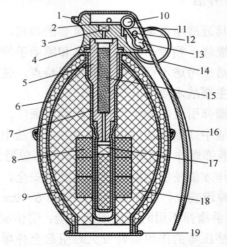

图6-18　M26手雷及M204时间引信
1—耳轴；2—锡箔；3—火帽；4—引信体；5—延期药管；6—预制破片；7—中心管；
8—传爆药柱；9—弹体；10—击针簧轴；11—击针簧；12—保险销；13—击针；
14—拉环；15—延期药；16—保险杆；17—雷管；18—炸药；19—弹底

投掷前，用手紧握住保险杆，使它紧靠弹体，再用另一手或牙拔出保险销，将手榴弹投向目标。手榴弹在飞行中，由于击针簧的作用和空气阻力的作用，保险杆绕 T 形耳轴翻转并脱落，释放击针。击针在击针簧的作用下撞击火帽发火，点燃延期药，通过延期药引燃雷管，从而起爆弹体主装药。

此类引信主要有两个缺点：①延期时间不准，名义延期时间为 4～5s，实际较此更长，有的可达此值的两倍；②不能确保投掷手的安全，用拉环将保险销拉出后，投掷前一直要用手把保险杆紧紧地握压在弹体上。投掷手稍有疏忽，手一松就会使处在弹簧张力下的保险杆绕耳轴转动，即使没有从耳轴上脱落，也可能释放击针，使手榴弹在手中爆炸。例如 M26 手雷，保险杆张开 35mm 就可以释放击针。在短兵相接的复杂战争条件下，投掷手的注意力不会总是集中在握有手榴弹的手上。

第 7 章 典型集束炸弹及其排除

本章着重介绍美军集束炸弹。美军的制式集束炸弹及其武器系统通常冠以 CBU-xx 的代号；弹箱（布撒器）通常被命名为 SUU-xx，子弹药则通常称为 BLU-xx。例如，CBU-97/B 表示传感器引爆反装甲型集束炸弹，它的弹箱代号为 SUU-64/B，子弹药则是 BLU-108 反装甲子弹药。美军的集束炸弹分为制导型和非制导型。非制导型集束炸弹包括 CBU-78/89 "盖托" 地雷集束炸弹、CBU-87/B 综合效应弹药（CEM）集束炸弹、母弹不制导而子弹药制导的 CBU-97/B 传感器引爆武器集束炸弹和 CBU-94 碳纤维子弹药集束炸弹。制导型集束炸弹包括 CBU-105 传感器引爆集束炸弹、CBU-104 "盖托" 地雷集束炸弹、CBU-103 综合效应弹药和 CBU-107 动能子弹集束炸弹，这些制导型集束炸弹也称风力修正弹药布撒器（Wind Corrected Munitions Dispenser，WCMD）。

7.1 集束炸弹概述

集束炸弹是一种通过扩大杀伤面积来提高杀伤效能的航空子母炸弹，是第二次世界大战后期开始发展并迅速用于实战的一类弹药，主要用于攻击坦克装甲集群、部队集结地等群体目标，以及机场跑道等大面积目标，具有极强的毁伤能力。集束炸弹集束的方式有两种：一种是捆扎式的，把多颗子弹药按一定排列捆在一起，由飞机投放；另一种是弹箱式的，把许多子弹药装在一个弹箱内，从弹箱内抛射或连同弹箱一起投放。投弹后根据定距引信所控制的工作时间，它们可在空中预定高度散开或抛出子弹药。构成集束炸弹的子弹药又称为子炸弹，集束炸弹本身则成为母弹，母弹内储放的子炸弹数，少的几颗，多的几百颗。子炸弹有爆破、杀伤、燃烧等多种类型，其中：杀伤子炸弹能产生大量破片，用以攻击大面积范围内的有生力量；燃烧子炸弹多为集中型燃烧弹，构成集中燃烧火种，用以引燃和烧毁军事目标；爆破子炸弹能贯穿一定厚度的防护层，并突入掩体内部爆炸。

使用子母弹箱和集束弹架，使子弹药运输更合理，大大提高了轰炸效率。西欧国家和美国都曾把集束技术列为发展重点，尤其是作为压制火力的杀伤弹、燃烧弹等集束技术发展更快。但是，集束炸弹存在着巨大的隐患，例如作战前的搬运、储藏和投放时的操作不当，以及由于投放到较松软的地面，集束炸弹就无法正常起爆，许多子炸弹也可能不会爆炸。这些未爆炸的集束炸弹会造成严重的后果。1991 年海湾战争中就有数万个子炸弹没有爆炸，在战争结束后的几个月时间里，伊拉克和科威特就时常发生因子炸弹爆炸造成的人员伤亡。集束炸弹具有很大的杀伤力，对武装人员和平民往往无法区分，没有爆炸的子炸弹则会在战争结束后给当地民众带来长期的威胁。

7.2 CBU-14/A 集束炸弹与 BLU-3/B 杀伤弹

SUU-14/A（或 SUU-14A/A）撒布器（图 7-1～图 7-3）内装的 BLU-3/B 杀伤弹（图 7-4），构成 CBU-14/A 或（CBU-14A/A）子母弹中的子弹药。SUU-14/A 是固定式撒布器，由 6 个发射管组成，每个发射管内装 19 个 BLU-3/B 杀伤弹。发射管由铝合金制成，内有发射药，由飞机的直流电源点火，可以单管发射，也可以间隔 20μs 连续发射。BLU-3/B 杀伤弹被发射出来即迅速进入战斗状态，落地碰击爆炸。

图 7-1　SUU-14/A 撒布器

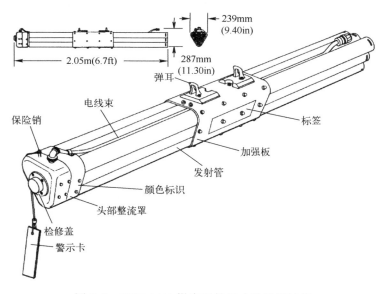

图 7-2　SUU-14/A 撒布器的尺寸及外部结构

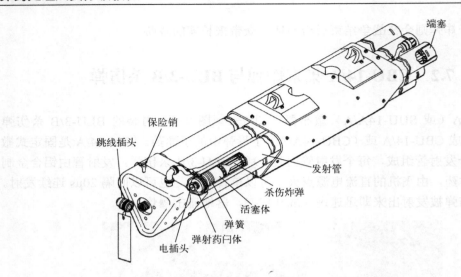

图 7-3　SUU-14/A 撒布器的内部结构

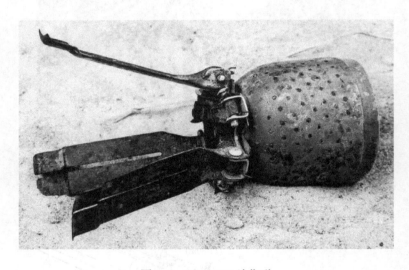

图 7-4　BLU-3/B 杀伤弹

1）构造与性能

该弹外形似菠萝，外壁为黄色，俗称为菠萝弹，如图 7-4 所示。全弹重 785g，长 95mm，弹体直径 70mm（图 7-5）。

该弹由弹体、尾翼、引信三部分组成。弹体外壳由软钢制成，厚 6.5mm，壳内压铸直径 6.35mm 的钢珠 240~250 粒。弹体头部有一弹盖，内装有专用引信，尾部有一螺钉孔，用以安装尾翼。尾翼有 6 个对称的翼片，每个翼片均用轴连接在尾翼座上，在轴上安有弹簧，其作用是将翼片在空中从安全位置旋转到战斗状态位置。尾翼座和胶木垫圈用螺钉固定在弹尾上（图 7-6）。

第7章 典型集束炸弹及其排除

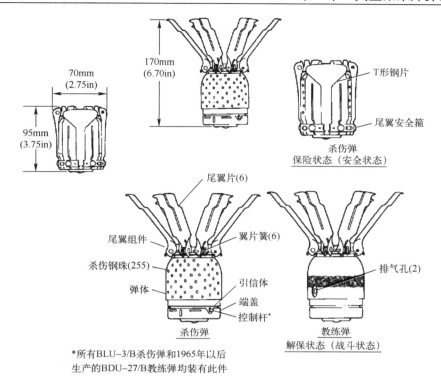

图 7-5 BLU-3/B 杀伤弹的尺寸

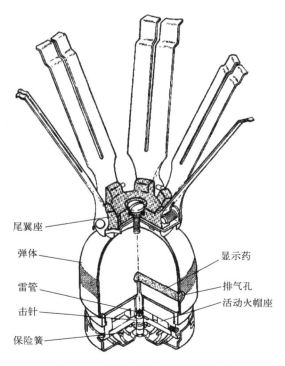

图 7-6 BDU-27/B 教练弹的结构

该弹内装赛克洛托炸药（Cyclotol 70/30，即：黑索今 70%；TNT30%）162g，密集杀伤半径 10m，有效杀伤半径 20～30m。

2）引信结构

BLU-3/B 的引信为专用引信，与弹体构成一体，安装在弹体头部（图 7-7）。击针固定在弹盖上，弹盖侧壁有 6 个压合孔，与引信盒侧壁的环槽压合在一起。弹盖和引信盒之间在一定范围内可以上下活动。引信盖是压合在引信盒上的，在引信盒底部中央有一圆孔，内装雷管。雷管和装药之间有传爆药。

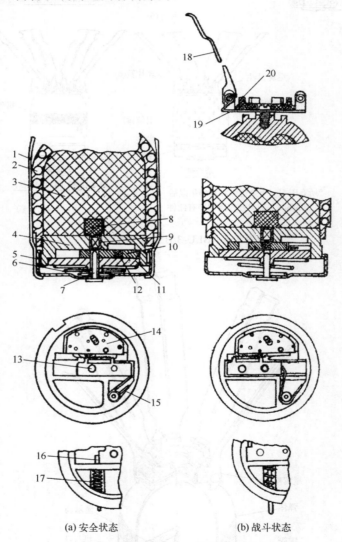

(a) 安全状态　　　　　　(b) 战斗状态

图 7-7　BLU-3/B 引信构造

1—尾翼；2—钢珠；3—炸药；4—引信盒；5—弹盖；6—保险簧；7—击针；8—传爆药；9—雷管；10—活动火帽座；11—引信盒盖；12—火帽；13—空孔；14—减速齿轮组；15—弹簧；16—控制杆；17—控制杆簧；18—翼片；19—尾翼座；20—胶木垫圈

平时弹盖被压向弹体，压缩保险簧，击针通过引信盒盖中央的圆孔插入活动火帽座的空孔内，使火帽座不能移动，火帽偏离击针和雷管，使引信处于安全状态。

该弹在发射筒内，尾翼的 6 个翼片翻折下来包住弹体，翼片端部的钩状部钩住弹盖，压缩保险簧，6 个翼片由尾翼安全箍箍住，安全箍两端用 T 形钢片连接固定。由于该弹在发射筒内被束缚，因此 T 形钢片和安全箍不能弹开，保险簧始终被压缩，翻折在弹体上的翼片，将引信盒侧壁的控制杆压下，控制杆另一端挡住了活动火帽座。活动火帽座一侧虽受到弹簧的推力，但由于击针在空孔中，又有控制杆的阻挡，因此不能移动。

引信盒内有一减速齿轮组，其中最后一个齿轮与活动火帽座边缘的齿相吻合，其作用是当解除引信保险时，使火帽对正击针和雷管的过程增长，以便炸弹远离飞机后再完全进入战斗状态。

3）动作原理

该弹从弹箱内被抛出后，T 形钢片和尾翼安全箍自行脱落，6 个翼片在弹簧的作用下向后翻转；同时，弹盖在保险簧的推力下向前移动，将击针从火帽座的空孔中拉出，控制杆也在控制杆簧的作用下离开火帽座。火帽座在弹簧推力作用下移动（其移动速度受减速齿轮组的控制），直到引信盒的另一端为止。这时火帽与击针、雷管对正，引信完全进入战斗状态，在尾翼的气动作用下，弹头向下继续下落；当炸弹着地时，弹盖受目标的反作用力压缩保险簧，同时击针撞击火帽，引爆雷管，使炸弹爆炸。

4）排除方法

（1）诱爆。

用 200g TNT 药块，放在弹体头部点火诱爆。

（2）拆卸。

左手握弹，弹头朝前，用改锥将弹盖的 6 个压合孔下凹部均匀撬起，保险簧即自行将弹盖连同击针弹出。若炸弹未解除保险落地，则应先将 T 形钢片取下，翼片自行弹起，这时因活动火帽座移动位置时带动减速齿轮组，引信发出"沙沙……"的声音，此时不可将弹掷出。将引信盒按逆时针方向从弹体旋下，揭开底部锡箔，取出雷管，炸弹即失效。

若需分解引信盒，则可把引信盒放在酸性（或碱性）水中浸泡 10 天左右，将火帽失效，用齐头竹签将火帽顶出。除去引信盖和引信盒接缝处的密封胶，倒置引信，将引信盒支起，使引信盒悬空，用小冲子插入放置雷管的圆孔内将引信盖冲出，即可分解内部零件。

7.3 CBU-24 集束炸弹与 BLU-26/B 杀伤弹

CBU-24 系列子母弹是由 BLU-26/B 杀伤弹装在 SUU-30 系列撒布器内组成的。SUU-30/B（图 7-8、图 7-9）、SUU-30A/B 及 SUU-30B/B 撒布器内装 670 颗 BLU-26/B，SUU-30C/B 内装 640 颗 BLU-26/B。

图 7-8 SUU-30/B 撒布器

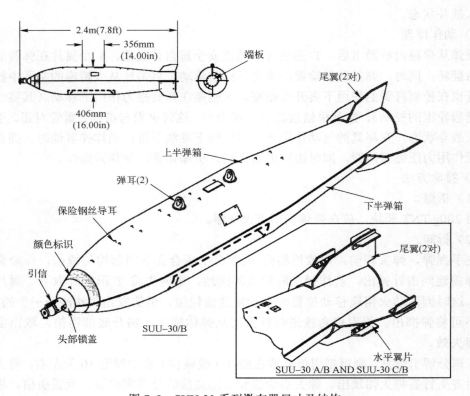

图 7-9 SUU-30 系列撒布器尺寸及结构

1）构造与性能

BLU-26/B 又称为球形钢珠弹、"番石榴（Guava）"弹，是一种直径 71mm 的杀伤弹，见图 7-10。该弹由弹壳、装药、引信三部分组成，如图 7-11 所示。弹壳由 2 个金属半球体扣合而成，其接合部用金属箍箍成一个整体。弹壳厚 7mm，表面有 4 道凸棱。在弹壳外压铸了直径 6.35mm 的 300 粒钢珠。引信装在弹体中央，分瞬发引信和延期引信两种。全弹重 434g，弹体内装 84g 赛克洛托炸药，密集杀伤半径 8~10m，有效杀伤半径 20m 左右。

第 7 章　典型集束炸弹及其排除

 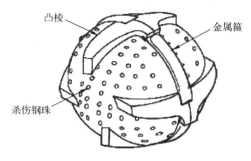

图 7-10　BLU-26/B 杀伤弹

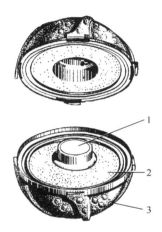

图 7-11　BLU-26/B 杀伤弹的内部结构
1—引信；2—炸药；3—弹壳。

2）M219 瞬发引信结构

BLU-26/B 使用 M219 引信。引信全部机件装在引信盒内，外部有一起爆药片。平时转盘上的火帽与雷管转开 90°，转盘内的空腔中有一弹簧促使转盘按顺时针方向旋转，但转盘被 4 个由弹簧顶住的方形离心块卡住不能转动。击针插在转盘的保险孔内，击针弹簧片被压杆顶住不能抬起，3 块瓣形离心块在簧片的弹力作用下合拢在一起，并压住压杆，使引信处于安全状态，如图 7-12 所示。

3）动作原理

当 BLU-26/B 脱离撒布器下落时，弹体表面的凸棱在空气阻力下使弹体旋转，当达到 2800r/min 时，3 块瓣形离心块在离心力作用下向外张开，并松开压杆，击针弹簧片向上弹起，击针离开转盘上的保险孔。同时，4 块方形离心块在离心力的作用下向外移动，压缩弹簧并离开转盘上的凹槽，转盘在其内部弹簧的推力下顺时针转动 90°，使火帽对正击针和雷管，引信进入战斗状态，如图 7-12 所示。当弹体着地或触及其他物体时，离心力消失，3 块瓣形离心块突然合拢，迫使压杆猛向下压，击针弹簧片带动击针戳击火帽，火帽发火，经雷管和起爆药片的传爆，引起炸药爆炸。

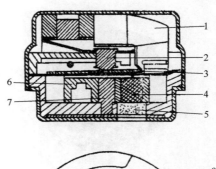
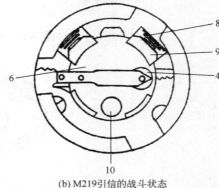
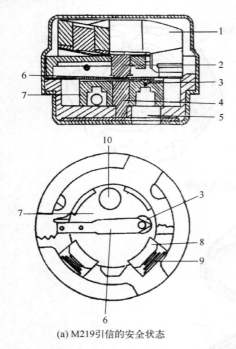

(a) M219引信的安全状态　　　　　　　(b) M219引信的战斗状态

1—瓣形离心块；2—压杆；3—保险孔；4—转盘轴；
5—雷管；6—击针弹簧片；7—转盘；8—方形离心块；
9—弹簧；10—火帽。

1—瓣形离心块；2—压杆；3—击针弹簧片；
4—火帽；5—雷管；6—转盘；7—转盘轴；8—弹簧；
9—方形离心块；10—保险孔。

图 7-12　M219 引信的安全状态和战斗状态

4）排除

（1）炸弹落地后若有陆续爆炸现象，则表明是延期引信，应在 6h 后再接近落弹区域；若无陆续爆炸现象，则表明是瞬发的，可以接近落弹区。单发销毁时，可用 200g TNT 药块放在弹体旁（尽量靠近弹体）点火诱爆。未爆的球形钢珠弹，如不使其过分震动或滚动，一般不会爆炸。排除时，为简化作业，可将其轻轻捡起，集中销毁。

（2）如需拆卸，可用钢锯将弹体上的金属箍锯断，将弹体两半球体分开，取出引信。揭下引信盒外面的锡箔，取出雷管，炸弹即失效。如需取出火帽，须从引信侧部中间锯断引信盒，取下击针弹簧片和方形离心块，使转盘转动 90°，这时火帽对正雷管室，用直径 2～3mm 的齐头竹签从雷管室内插入，轻轻把火帽顶出。

如需拆卸延期球形钢珠弹，应在投弹后超过 3～5 天进行，方法与拆卸瞬发球形钢珠弹相同。

7.4　CBU-25/A 集束炸弹与 BLU-24/B 杀伤弹

CBU-25/A（或 CBU-25A/A）子母弹由 BLU-24/B 杀伤弹（图 7-13）装在 SUU-14/A（或 SUU-14A/A）撒布器内构成，见图 7-1～图 7-3。SUU-14/A 的 6 个发射管内共装有 132 个 BLU-24/B 杀伤弹。

第 7 章 典型集束炸弹及其排除

图 7-13 BLU-24/B 杀伤弹

1）构造与性能

BLU-24/B 杀伤弹亦称为柑子弹或丛林弹，主要用于杀伤丛林地区的有生力量。该弹由弹体、引信和尾翼三部分组成，如图 7-14 所示。

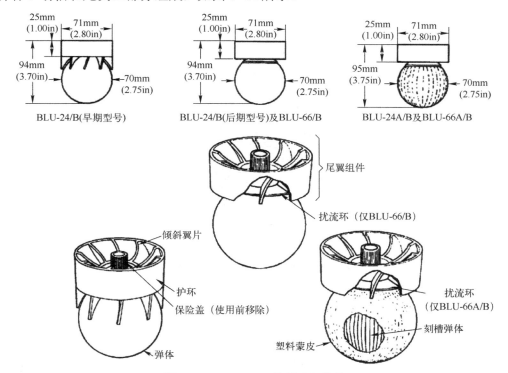

图 7-14 BLU-24/B 的尺寸与结构

2）引信结构

引信的全部机件装在引信壳内，引信中有 3 块互为 120°的瓣形离心块，并包围着一个带有击针簧的击针，瓣形离心块有轴与基座相连，下端的小钩钩在击针的环槽内。击针平时插在活动雷管座的圆孔内。活动雷管座的两侧各有一个凹槽，每个槽内各有一个柱形离心块，柱形离心块由弹簧顶住，使活动雷管座不能移动，雷管不能对正击针和引信下部的扩爆药,引信处于安全状态。

3)动作原理

当柑子弹在空中下落时,因尾翼受空气阻力作用而旋转,当转速达到 3500r/min 时,3 块瓣形离心块在离心力作用下向外张开,下部向里合拢并上移,将击针从活动雷管座中抽出并进一步压缩击针簧。同时,柱形离心块也在离心力作用下外移,离开活动雷管座侧部凹槽,活动雷管座失去控制,在离心力作用下沿轨道向一侧孔隙处移动,至定位销将其定位为止。此时,雷管对正击针和扩爆药,引信处于战斗状态,如图 7-15 所示。当炸弹触地时,由于突然停止旋转,3 块瓣形离心块离心力立即消失,击针失去控制,在击针簧张力作用下刺发雷管,引起扩爆药和炸药爆炸。柑子弹下落穿过密林使其转速降至 2000r/min 时,击针弹簧的弹力将克服瓣形离心块的离心力而带动击针刺发雷管,炸弹将会在着地前爆炸。

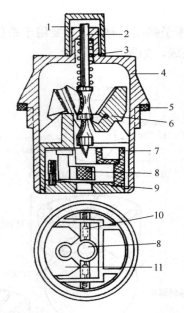

图 7-15 BLU-24/B 引信的战斗状态

1—护罩;2—击针杆;3—击针簧;4—引信壳;5—橡胶垫;6—瓣形离心块;
7—塑料座;8—雷管;9—定位销;10—柱形离心块;11—活动雷管座。

4)排除方法

(1)诱爆。

柑子弹落地时,有的没有解除保险;有的虽已解除保险,但击发装置或雷管发生故障而不能爆炸。为保障安全排除,对柑子弹一般不进行拆卸,而用炸药将其诱爆。也可用带钩的绳索对其进行拖拉,然后再捡起集中销毁。

(2)拆卸。

在特殊情况下或需获取样品时,可对其进行拆卸。拆卸时,一手抓住弹体,另一手按逆时针方向旋下尾翼,取出引信,炸弹即失效。如需从引信中取出活动雷管座,须先卸下引信底盖即可将其取出。

7.5 CBU-34/A 集束炸弹与 BLU-42/B 子雷

BLU-42/B 杀伤地雷（图 7-16）装在 SUU-13/A 子母弹箱内构成 CBU-34/A 子母雷。子母弹箱内有 30 个发射筒，每个发射筒内装 18 个子雷。子母弹箱从飞机上投下一定距离时，子雷从发射筒内被抛出。子雷在降落过程中，由于自身旋转使保险机构开始工作，落地后约经几十秒钟完全解除保险。此时，从雷壳内弹出 8 根绊线，绊线缠绕在周围的草或树上，当牵动绊线使雷体滚动或直接触动雷体，都会引起地雷爆炸。该雷外形、大小与球形钢珠弹相似，在雷壳表面上除能看到凸棱和铁箍外，还可看到四爪卡箍、双槽控制杆的顶端及绊线弹簧帽。

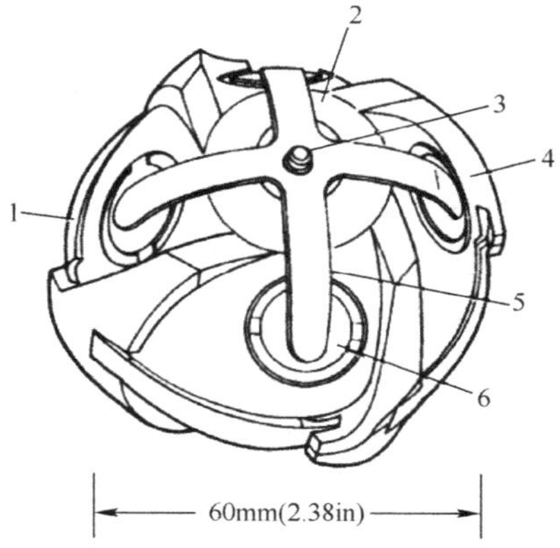

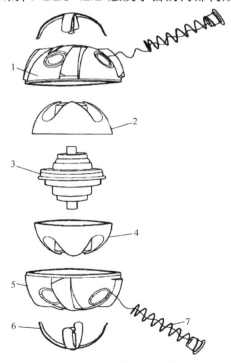

图 7-16 BLU-42/B 子雷
1—铁箍；2—雷体；3—双槽控制杆；4—凸棱；5—四爪卡箍；6—绊线弹簧帽。

1) 构造与性能

BLU-42/B 子雷直径 60mm，由雷壳、装药、引信三大部分组成。雷壳由金属制成，两个半球状的雷壳扣合在一起，并由铁箍固定为一个整体。雷壳内无钢珠，依靠雷壳产生的破片杀伤人员。雷壳上有 4 条凸棱和 8 个安装绊线的圆孔（由绊线弹簧帽盖住）。引信固定在雷体中央。装药为 TNT 和黑索今混合炸药 60g，该雷全重 470g，密集杀伤半径略小于 BLU-26/B 球形钢珠弹。BLU-42/B 触发子雷的内部构成见图 7-17。

图 7-17 BLU-42/B 触发子雷的内部构成
1—雷体；2—装药；3—引信盒件；4—装药；5—雷体；6—四爪卡箍；7—弹簧与绊线。

2）动作过程

该雷使用触发电子引信，引信由绊线系统、保险系统和电路系统三部分组成。绊线系统的作用是解除保险前收拢绊线，解除保险时展开绊线。保险系统的作用是保证电源在平时与电路断开，而当雷在降落过程中又将相应电路接通（接通延期保险装置，使雷落地后经一定时间完全进入战斗状态）。电路系统是引信的核心部分，其作用是保证雷落地后经一定时间解除保险，保证雷在解除保险后受触动而爆炸，保证雷经一定时间自毁。

触发雷在坠落过程中由于凸棱受空气阻力作用而旋转，当达到一定转速（2800r/min）时，解除保险，使电池与电子电路接通，定时电路开始工作。一般在雷落地后几十秒钟后雷管即可发火，使绊线系统释放绊线，敏感元件和自毁电路这两部分与电源接通，使雷进入战斗状态。

当雷受触动时，敏感元件盒内的镀金钢珠滚动，使电路中产生脉冲电流，经电子电路的放大、整流而到达电雷管，引起电雷管爆炸，从而使雷爆炸。

触发雷完全解除保险后，如无外力触动，经一定时间会自行爆炸。该引信电池的电压原为 4.05V，当电压降到 3~3.5V 时，自毁电路中便传出一个信号，使电雷管爆炸。自毁时间通常在几天至十几天范围内。

3）排除方法

根据绊线是否展开判断该雷是否解除保险。对已解除保险装置的雷可采取下列方法销毁：

（1）在掩蔽位置用长竹竿触动雷体，或牵动绊线使雷体滚动而爆炸。

（2）用一长绳，一端固定扫雷锚（或石块），从掩蔽位置投掷到布雷处，然后向回拖动绳索，牵动雷的绊线引起雷爆炸。

（3）利用炸药爆炸的冲击波使雷体震动而爆炸。

（4）在汽车运输线上，可在装甲履带车后挂以铁钩等拖带物，边行走边销毁沿路的触发雷，以便使运输线迅速恢复安全通行。

对于尚未解除保险的触发雷，用 200g TNT 炸药放在弹体旁点火将其诱爆。必要时，也可在保证安全的情况下经触动后捡起集中销毁。

7.6　CBU-59/B 集束炸弹与 BLU-77/B 子弹药

1）概述

CBU-59/B 子母炸弹由 MK6/7Mod2 弹箱内装 717 颗 BLU-77/B 子弹药构成，1974 年投产，1975 年服役，并在越南战争、中东战争以及 1991 年的海湾战争中使用。

2）结构和性能特点

BLU-77/B 子弹药（图 7-18）称为"反人员/反器材"（Anti-Personnel，Anti-Material，APAM）弹药，是新型子弹药，弹重 0.46kg，引信装置为 FMU-88/B。飞机投弹后在一定高度子母弹箱开箱，子弹药离开弹箱后空气从其头部进入保险机构的入口，开始解除保险过程。当子弹药速度达到 305~417km/h 时，子弹药引信解除保险，使其碰撞击针对准雷管，惯性击针对准火帽。若攻击硬目标，则碰撞击针使雷管发火，引爆传爆序列，使弹体贯穿目标爆炸；若攻击软目标，则惯性击针击发火帽，引燃延时火药和抛射药，由后者产生的火药气体将弹体推入空中，同时延时火药经预定延时，引爆雷管和传爆序列，使弹体在空中爆炸。

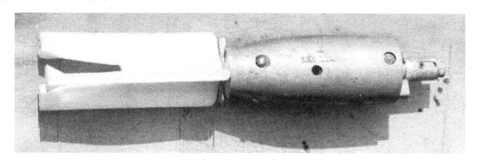

图 7-18　BLU-77/B 子炸弹

3）CBU-59/B 基本战术技术性能

圆　　径：500lb（227kg）

全 弹 重：750lb（340kg）

全 弹 长：2337mm

弹体直径：335mm

装 填 物：BLU-77/B，717 颗

尾翼装置：折叠式尾翼，翼展 437mm（闭合）/876mm（张开）

引信装置：MK339，弹头引信

子母弹箱：MK6/7Mod2

4）CBU-59/B 子母炸弹引信

CBU-59/B 子母炸弹母弹采用 MK339 引信，子弹引信装置为 FMU-88/B。下面介绍这两种引信。

（1）MK339 机械时间引信。

MK339 机械时间引信配用在 MK20 型反坦克子母弹，CBU-59/B 子母炸弹和 CBU-72B 型燃料空气炸弹，MK339 机械时间引信如图 7-19 所示。MK339 机械时间引信安装于弹头部，MK339 机械时间引信技术性能参数与工作原理如下：

① 功能参数。

作用方式：空炸

结构类型：机械

特点：起飞前可装定，1.2～100s 间隔 0.1s

飞行中可选择：基本装定时间或起飞前的装定时间

② 解除保险参数。

第一保险：保险钢丝

第二保险：旋翼

其他保险：气流速度>140kn 不解除保险，<200kn 全解除保险，在计时前转数必须完成

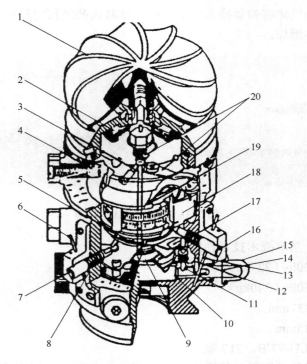

图 7-19 MK339 引信结构

1—旋翼；2—凸轮机构；3—击针；4—基本时间装定装置；5—选择时间度盘；6—基本保险钢丝；7—基本销；8—基本销簧；9—主簧；10—滑块；11—保险销；12—启动销（下端）；13—选择保险丝；14—绿色箔片；15—安/危标识窗；16—选择销；17—选择销簧；18—选择活门；19—基本时间度盘；20—点火连杆。

保险/解除保险标识：观察窗内的滑块位置

安全范围：保险钢丝抽出后 1.1s（空气速度在 200kn 以上）

③ 火工品

安全和解除保险装置：弹簧驱动错位爆炸序列

雷管：MK43Mod 2

④ 工作过程。

当基本保险钢丝抽出时，开始解除保险，并释放旋翼的止动封口带和基本销。旋翼带飞离，旋翼转动。当旋翼速达 5400r/min 时，凸轮释放起动销，从滑块上移开卡销。上述动作发生在 450kn 时需 30ms 或 200kn 时需 320ms。同时，随着旋翼释放，基本销弹出，定时器启动。在基本保险钢丝抽出后 1.1s 时引信解除保险。在基本解除钢丝抽出后 1.2s 时，发火机构的选择活门进入所要求的发火方式（基本时间或选择时间）。在装定时间时，计时盘上缺口对正，释放选择活门使发火杆上卡销组件脱开。发火杆使半圆销旋转释放击针，引燃爆炸序列。若选择保险钢丝不抽出，则引信只在基本时间上发火。

（2）子炸弹 FMU-88/B 引信。

FMU-88/B 引信为子炸弹引信，配置在 BLU-77/B 子弹药，引信结构如图 7-20 所示。FMU-88/B 引信与子炸弹制成一体，技术指标和工作过程如下。

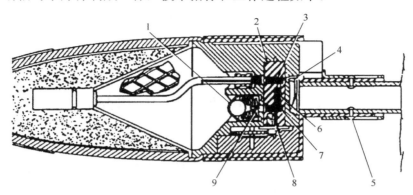

图 7-20　FMU-88/B 引信结构

1—惯性体和击针组件；2—转子；3—针刺雷管；4—瞬发击针；5—切断铆钉（目标识别器）；
6—延期药柱；7—针刺火帽；8—弹射延期药柱；9—软目标击针。

① 功能参数。

作用方式：触发（瞬爆或延期）

结构类型：机械

特点：硬目标为瞬发，软目标为延期、弹射（空炸）110ms

目标：装甲、地面

② 解除保险参数。

第一保险：触块

第二保险：振动翼片（速度鉴别），120kn（指示空速）不解除保险，225kn（指示空速）全解除保险

其他保险：防错装机构，翼片驱动转子到解除保险位置

保险/解除保险标识：观察窗口

安全范围：225kn（指示空速）下最少 2.5s，550kn（指示空速）下最少 0.9s

③ 火工品。

安全和解除保险装置：气流驱动的错位爆炸序列

火帽：针刺火帽 488AS155

雷管：针刺雷管 488AS144

其他：弹射装药，2.75g 黑火药

火药元件：488AS150，488AS157 和 2877501

④ 工作过程。

FMU-88/B 引信的解除保险周期自子炸弹与子母弹箱分离时开始。分离时，振动翼片机构喷口突然向外，从转子上移开止动销并释放振动翼片。气流使振动翼片迅速振动，驱动转子至解除保险位置。当子炸弹遇到硬目标时，击杆被驱向瞬发击针，起爆导爆索、

传爆管和战斗部。由于战斗部是在距离目标固定的距离上被起爆，聚能装药将摧毁目标。当子炸弹撞击到软目标时，阻力制动装置张开，以避免子炸弹侵入过深，并保证在 25ms 弹跳延期时间之前停住。撞击时，惯性体驱使软目标击针刺入火帽，并点燃两个延期药柱，一个延期 25ms，另一个延期 110ms。25ms 延期药柱起爆弹射装药，使引信和战斗部与引信帽分离反弹回空中，这样破片效率最高。110ms 延期药柱起爆战斗部，它在弹射装药将战斗部反弹回空中后 85ms 时发生爆炸。

7.7 CBU-87/B 综合效应弹药

1）概述

CBU-87/B 子母炸弹（图 7-21）由美国阿里杨特技术系统公司（Alliant Techsystems，原霍尼韦尔国防航海系统公司）于 20 世纪 80 年代初期开始研制，1985 年由航空喷气军械公司（Aerojet Ordnance）负责生产，空军订购总数 9275 枚，1986 年首批生产型开始进入空军服役，随后进入美军海军和海军陆战队服役，1991 年首次大量用于海湾战争，摧毁伊拉克的各种地面目标。

图 7-21 CBU-87B 集束炸弹

1991 年，美国分别向埃及和沙特阿拉伯销售 160 枚和 2100 枚 CBU-87/B 子母炸弹，同时向北约各国出口。1992 年 10 月，美国空军订购 9598 枚 CBU-87/B 作战型、104 枚 CBU-87/B 训练型，620 套备用近炸引信，用来补充在 1991 年海湾战争中所消耗的 CBU-87/B 弹药，该批弹药的生产持续到 1994 年 9 月，同年向土耳其出口 493 枚 CBU-87/B。1995 年洛克韦尔公司开始为 B-1B 战略轰炸机的 3 个炸弹舱内挂 CBU-87/B、CBU-89/B、CBU-97/B 子母炸弹，改进了相应的悬挂投放装置，每个悬挂装置可挂 10 枚子母炸弹，在 15 次投弹试飞中共投下 247 枚子母炸弹，并于 1996 年底正式进入 B-1B 战略轰炸机服役。

2）结构和性能特点

该弹由 SUU-65/B 战术弹药子母弹箱（TMD）内装 202 枚 BLU-97/B 综合效应

子弹药构成。TMD 弹箱外形与普通炸弹相似，弹体呈圆柱形，采用薄壳结构，上部有 2 个间距 356mm 的弹耳。头部呈半球形，内装定时/近炸弹头引信，还有 1 个 FZU-39/B 多普勒雷达近炸引信，用作备份。尾部装有 4 片折叠式尾翼，在载飞时处于折叠状态，投放后尾翼展开，使子母炸弹稳定下落，并在预定时刻将弹箱内的子弹药抛撒出去。

3）基本战术技术性能

全 弹 重：430kg

全 弹 长：2330mm

弹体直径：396mm

装 填 物：BLU-97/B，202 枚

尾翼装置：折叠式尾翼，翼展 520mm（闭合）/1070mm（张开）

引信装置：弹头引信，机械定时引信/近炸引信或 FZU-39/B 多普勒雷达近炸引信

子母弹箱：SUU-65/B

4）BLU-97A/B 综合效应子母子弹药

（1）基本情况。

该弹是阿里杨特技术系统公司（原霍尼韦尔国防海上系统公司）于 20 世纪 80 年代研制的通用子母子弹药，由于其具有反装甲、破片杀伤、燃烧作用，因而称为综合效应子母子弹药（CES）。该子弹药装入 SUU-65/B 战术弹药子母弹箱（TMD），构成 CBU-87/B 综合效应弹药（CEM）子母炸弹，1986 年开始进入美国空军服役，随后进入美国海军和海军陆战队服役，并向国外销售。BLU-97A/B 综合效应子弹药如图 7-22 所示，1991 年首次大量用于海湾战争，摧毁伊拉克的各种地面目标。

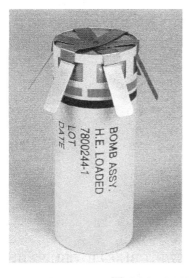

图 7-22　BLU-97A/B 综合效应子弹药

（2）结构和性能特点。

BLU-97/B 子弹药为圆柱体，由模压加工的钢板制成，内有铜衬锥形装药，起破甲作

用，可穿透装甲厚度为 125mm，穿透软钢板厚度为 190mm，伴随破甲效应，还造成被攻击装甲的剥落效应；同时，在穿入目标内部爆炸后，钢制弹体产生大量重 30g 的杀伤破片，起直接杀伤破坏作用，破坏效果如下：

① 使轻型战车失去机动能力的距离为 15m。
② 破坏停机坪上的飞机的距离为 75m。
③ 杀伤人员的距离为 150m。
④ 可穿透处在 11m 远的钢板厚度为 6.4mm。
⑤ 若被攻击目标内有汽油、柴油等易燃物质，则子弹药爆炸后将其含锆海绵环炸裂，生成燃烧物质，引起目标内易燃物质燃烧。

该子弹药（结构示意图见图 7-23）头部装有 1 个弹出式导管，前端装有压电晶体，引爆针刺雷管，由其引爆主装药。子弹药引信在从子母弹箱内弹射出来之后，经过 0.45～0.80s 解除保险。该弹尾部装有充气式减速伞，当子弹药离开子母弹箱后处于安全距离时才使该减速伞展开，使其前向速度减小，尽快转入垂直下落，并保证飞行的稳定性，以便对坦克装甲最薄弱的顶部实施击顶攻击。

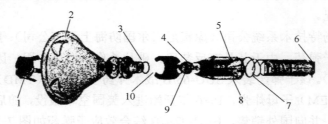

图 7-23 BLU-97/B 结构示意图

1—多爪支座；2—充气式减速伞；3—引信装置；4—传爆组件；5—预压组件；
6—外伸式导管；7—预压弹簧；8—锥孔装药衬管；9—含锆海绵；10—针刺雷管。

（3）基本战术技术性能。

口　　径：3lb（1.5kg）
全 弹 重：1.5kg
全 弹 长：169mm（装填状态），356mm（展开状态）
弹体直径：64mm
装　　药：Cyclotol 70/30，287g
尾翼装置：无，带充气式减速伞
引信装置：压电引信

5）CBU-87/B 综合效应弹药（CEM）引信

（1）母弹引信 FZU-39/B。

FZU-39/B 脉冲多普勒雷达引信配备于 CBU-87/B，CBU-89/B，CBU-92/B，CBU-97/B，SUU-64/B 和 SUU65/B 弹箱。作用方式为近炸，结构类型为脉冲多普勒雷达。FZU-39/B 引信结构如图 7-24 所示。

第 7 章 典型集束炸弹及其排除

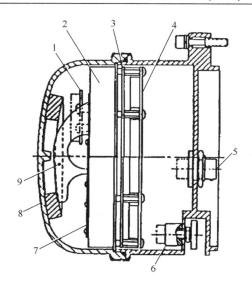

图 7-24 FZU-39/B 脉冲多普勒雷达引信

1—调制解调器；2—中频放大器；3—信号处理器 1；4—信号处理器 2；5—密闭的连接器；
6—作用高度和电子抗干扰开关；7—射频头；8—天线罩；9—天线。

FZU-39/B 近炸传感器与 SUU-64/B 和 SUU-65/B 子母弹箱引信一起使用。传感器由引信的热电池提供能源，热电池由撞击火帽激活。投弹箱投放后 3s 之内，电池不向传感器提供能量。传感器能发出全方位的多普勒信号，以确定投弹箱离地面的垂直高度，在到达起飞前选定的作用高度时，或者使弹箱旋转或者使弹箱打开。若在预置的作用高度没有作用，则传感器将继续探测目标，直到撞击时产生发火脉冲。在起飞前对传感器上的电子抗干扰开关进行装定：若装定为"OFF"时，传感器受到成功的干扰时引信将瞎火；若装定为"ON"时，在传感器受到干扰之后引信仍能作用。

（2）子弹药引信 BLU-97/B。

BLU-97/B 引信安装在 BLU-97A/B 综合效应子弹药的尾部，其结构如图 7-25 所示，技术参数与工作原理如下。

① 功能参数。

作用方式：万向触发

结构类型：机械、压电

目标：地面、装甲和器材

② 解除保险参数。

第一级保险：子炸弹限制于子母弹箱中

第二级保险：速度识别，75kn（指示空速）不解除保险，175kn（指示空速）全解除保险

③ 火工品。

安全解除保险装置：转子/擒纵机构

雷管：M55 和 MK96 雷管

导爆管：0.090g 叠氮化铅和 0.065g 太安

传爆管：2.180g 黑索今

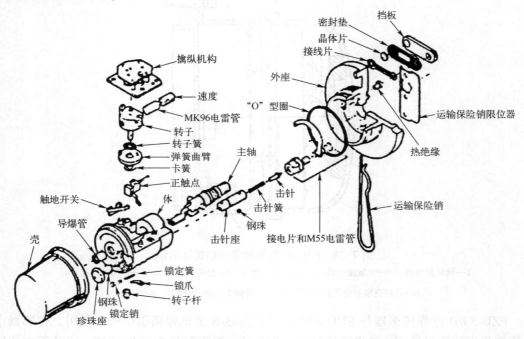

图 7-25 BLU-97/B 引信结构

④ 工作过程。

当子母弹打开，每一个 BLU-97/B 子炸弹暴露在 175kn（指示空速）或更高的气流中时，十字形限制器被释放，使附加的充气减速器（AID）充气，使子炸弹减慢至 125feet/s（38.1m/s）。一个 6.5lb 的力克服引信主轴上的卡环使轴向后移动，使得弹簧曲臂缠绕转子簧，并使卡环将轴锁定在解除保险位置上。横销控制了主轴的移动。转子通过擒纵机构延期大约 0.5s 后抵至解除保险位置并锁定，使 MK96 雷管与导爆管对正，并实现它与第一和第二压电发火电路间的电联接。在引信解除保险的过程中，子炸弹上的炸高控制管被释放，并通过压缩弹簧的作用而向前伸出，这样形成第一触发发火电路。撞击使炸高控制管受压驱使引信击针向后戳击 M55 针刺雷管。该能量使压电晶体受挤压产生电能，并被用于起爆 MK96 雷管。在引信解除保险时，备用的弹簧驱动的击针系统可在较大的着角下起爆引信，而不需要通过炸高控制管。

7.8 CBU-97/B 子母炸弹

1）概述

CBU-97/B 子母炸弹是美国空军装备使用的具有远距防区外、投射后不管、对地多目标攻击能力的新一代航空子母炸弹，其名称"斯弗伍"是"传感器引爆武器"（Sensor Fuzed Weapon，SFW）的英文译名。主承包商为达信防务系统公司，于 20 世

第 7 章 典型集束炸弹及其排除

纪 80 年代初开始研制，经过 12 年的发展，于 1992 年初完成首批样弹的作战使用鉴定，同年 6 月开始投入小批生产，1993 年开始进入美国空军服役。图 7-26 为 CBU-97/B 子母炸弹外观。

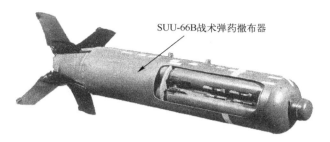

图 7-26　CBU-97/B 子母炸弹

2）结构和性能特点

CBU-97/B 传感引信子母炸弹装配有 SUU-66/B 战术弹药子母弹箱，每个战术弹药子母弹箱内装 10 个 BLU-108/B "斯基特"（Skeet）灵巧反坦克子弹药，每个子弹药内装有 4 枚 "弹射弹"，即每一个子母炸弹可以投放出 40 枚杀伤 "弹射弹"。子母弹箱外形与普通炸弹相似，弹体呈圆柱形，上部有 2 个间距 356mm 的弹耳。头部呈半球形，内装定时/近炸引信。尾部装有 4 片折叠式尾翼，在载飞时处于折叠状态，投放后尾翼展开，使子母炸弹稳定下落，并在预定时刻将弹箱内的子弹药抛撒出去。

该型弹的攻击过程（图 7-27）是：飞机将母弹抛投后，在一定高度将柱形布撒器依次投放，柱形布撒器下降过程中开伞；弹体稳定后，将伞抛弃，点燃火箭发动机起旋，以保持弹体稳定；将 4 枚反装甲子弹药借离心力抛出，以自身的红外探测器对地面进行扫描；当探测到坦克发动机等热源，便引爆弹头，从顶部发起攻击，击穿其顶甲。如在规定时间内无法探测到目标，便自行引爆。目前，40 个子弹药可以覆盖 5.5×10^4 m²，加装小型主动激光雷达后，反装甲子弹药的目标探测能力和选择瞄准点的能力会得到进一步的提高，其覆盖范围将达到 10^5 m²。

CBU-97/B 于 1999 年改进并投产，4 个弹射弹除装有被动红外传感器外又增加了一个主动红外传感器，以改进对目标的探测并剔除假目标的能力。其搜索地面面积是原来的两倍多，达 1.214×10^5 m²。其主动红外传感器采用一个发射激光的二极管，发射红外波束。通过从地面反射的激光，可测量至目标的距离，以及有助于鉴别目标高度和剖面的变化。主动红外传感器能增加传感器开始工作的高度，以及对目标的鉴别能力，同时增加对地面的搜索区域。改进型的 CBU-97 还将每个 BLU-108/B 子炸弹内装的 "弹射弹" 增加为 56 个（由原 40 枚弹射弹增加到 56 枚），以增大战斗部的破坏面积。除攻击重型装甲外，它还可以有效攻击较软的目标（如防空设施等）。CBU-97/B 是一种全天候武器，云、雾、雨和雪都不会影响其作战性能，尽管主动传感器在很浓的烟和雾的情况下会降低性能，但是被动红外传感器表现出色，仍能探测目标。由于该子母炸弹采用新型灵巧子弹药，使其获得投射后不管和对地多目标攻击能力，与过去和现役只具有对地单目标攻击能力的各型子母炸弹相比，在作战使用性能水平上出现了飞跃，加上采用美国空军发展的"风修正弹药弹箱",内装惯性导航系统和控制舵面,使该子母炸弹本身变为制导子母炸弹,获得远距防区外、投射后不管、精确对地攻击能力,从而使其在作战使用性能水平上进一步提高。

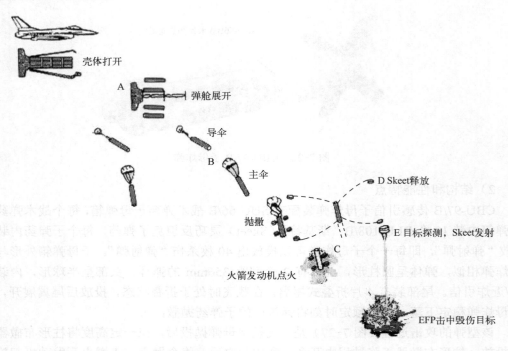

图 7-27 CBU-97/B 子母炸弹作战原理示意图

3)基本战术技术性能

口　　径:1000lb(454kg)

全 弹 重:450kg

全 弹 长:2340mm

弹体直径:406mm

装 填 物:10 颗 BLU-108/B

尾翼翼展:520mm(闭合)/1070mm(展开)

引信装置:头部定时/近炸引信

4)BLU-108/B 灵巧反坦克子弹药

BLU-108/B"斯基特"(Skeet)灵巧反坦克子弹药(图 7-28),是采用制导的一类子弹药,称为灵巧子弹药。其外形呈圆柱形,直径为 133mm,采用箱式结构,在子母弹箱内的长度为 800mm,其外部装有 4 片稳定尾翼,内部装有命名为"斯基特"(Skeet)的、分别位于 4 个折叠式支背上的、带稳定降落伞和微型固体火箭发动机的射弹战斗部。该灵巧战斗部外形也是 1 个小箱体,直径/高度为 118mm/90mm,其内底部装有 EFP 聚能装药,其外一侧装有红外探测器。该红外探测器抗干扰性能好,能精确探测目标并引爆装药。

第 7 章　典型集束炸弹及其排除

(a) BLU-108/B 子弹药　　　　　　　(b) Skeet 战斗部

图 7-28　BLU-108/B 子弹药

子母炸弹稳定下落,并在预定时刻将弹箱内的子弹药抛撒出去。BLU-108/B 子炸弹随即把一个小降落伞张开,降落伞不仅起到减速作用,而且使它们具有垂直姿态。到达预定对地高度之后,把降落伞抛掉,并用一个火箭发动机使管状子弹药旋转,与此同时将它推向上方,并把 4 个 Skeet 战斗部射到 4 个相反的方向,使它们的下视双波段红外导引头获得所需的锥形搜索方式。当红外传感器探测到目标时,立即引爆战斗部装药形成爆炸成形弹丸(EFP),向下以 1488m/s 的速度撞击目标,可穿透 11.5cm 厚的轧制钢板;如果没有探测到任何目标,弹头就会在预设时间内爆炸。

5) CBU-97/B 子母炸弹引信

CBU-97/B 母弹引信采用 FZU-39/B 脉冲多普勒雷达引信,在前面已作介绍。

7.9　CBU-78/89 "盖托" 子母炸弹

1) 概述

该子母炸弹由美国奥林军械公司(Olin Ordnance,原航空喷气军械公司),于 20 世纪 80 年代中期开始研制。1985 年航空喷气军械公司同美国空军签定生产 9275 枚包括海、空军的 CBU-78/89 "盖托" 子母炸弹在内的合同,从而开始投入子母炸弹的研制和生产。1986 年首批生产型子母炸弹开始分别进入美国海、空军服役。

1991 年美国海军将 CBU-78/B 首次用于海湾战争,摧毁伊拉克的各种地面目标,其中一项任务是投布到隐藏有 "飞毛腿" 导弹的地区,阻止其机动。1992 年 10 月,美国空军再次订购 1000 枚 CBU-89/B "盖托" 子母炸弹。1995 年洛克韦尔公司开始为 B-1B 战略轰炸机的 3 个炸弹舱内挂 CBU-87/B、CBU-89/B、CBU-97/B 子母炸弹,改进相应的悬挂投放装置,每个悬挂装置可挂载 10 枚子母炸弹,在 15 次投弹试飞中共投下 247 枚子母炸弹,1996 年底上述子母炸弹正式进入 B-1B 战略轰炸机服役。

2）结构和性能特点

美国海军的CBU-78/B"盖托"子母炸弹，系由MK6"石眼"子母弹箱内装45枚BLU-91/B和15枚BLU-92/B"盖托"小地雷构成。该弹箱外形与普通炸弹相似，弹体呈圆柱形，上部有2个间距356mm的弹耳。头部呈卵形，配用FMU-140/B多普勒雷达近炸引信。尾部装有4片折叠式尾翼，在载飞时处于折叠状态，投放后尾翼展开，使子母弹箱稳定下落，并在预定时刻将弹箱内的小地雷抛撒出去。

美国空军的CBU-89/B"盖托"子母炸弹，系由SUU-65/B战术弹药子母弹箱（TMD）内装72枚BLU-91/B和22枚BLU-92/B"盖托"小地雷构成。该弹箱外形与普通炸弹相似，弹体呈圆柱形，上部有2个间距356mm的弹耳。头部呈半球形，配用FMU-140/B多普勒雷达近炸引信。尾部装有4片折叠式尾翼，在载飞时处于折叠状态，投放后尾翼展开，使子母弹箱稳定下落，并在预定时刻将弹箱内的小地雷抛撒出去。

BLU-91/B和BLU-92/B"盖托"小地雷具有相同的外形尺寸，均置于方形支架内，其长/宽/高为146mm/141mm/66mm。不同之处是内部结构和功能，其中：前者为反坦克地雷，重1.95kg，内部采用EFP装药结构，配用磁感应引信，不仅引爆战斗部，而且是在目标到达最佳引爆点时才引爆；后者为杀伤人员地雷，重1.68kg，投布到地面上后自动展开其4条引线，人员触发引爆装药，生成大量钢质杀伤破片，高速飞散形成大范围杀伤区域。两者均采用可编程自毁装置，在飞机出航之前可由指挥员在地面通过子母弹箱上的选择开关，预先装定自毁时间。CBU-78/89集束炸弹与BLU-91/B和BLU-92/B小地雷如图7-29所示。

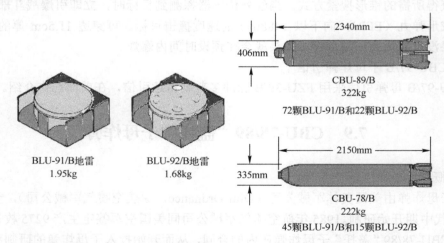

图7-29 CBU-78/89集束炸弹与BLU-91/B、BLU-92/B小地雷

3）CBU-78/89集束炸弹基本战术技术性能

圆　　径：500lb（227kg）（CBU-78/B），750lb（340kg）（CBU-89/B）
全 弹 重：222kg（CBU-78/B），322kg（CBU-89/B）
全 弹 长：2150mm（CBU-78/B），2340mm（CBU-89/B）
弹体直径：335mm（CBU-78/B），406mm（CBU-89/B）
装 填 物：45枚BLU-91/B和15枚BLU-92/B（CBU-78/B），72枚BLU-91/B和22

枚 BLU-92/B（CBU-89/B）

尾翼翼展：440mm（闭合）/860mm（展开）（CBU-78/B），520mm（闭合）/1070mm（展开）（CBU-89/B）

引信装置：头部 FMU-140/B 近炸引信

4）CBU-78/89 集束炸弹引信

（1）母弹引信 FMU-140/B。

FMU-140/B 为近炸引信，引信配用在"石眼"杀伤爆破炸弹，CBU-78"盖托"炸弹和"巨眼"炸弹，安装于弹头部。FMU-140/B 引信结构如图 7-30 所示，主要技术性能指标与工作原理如下。

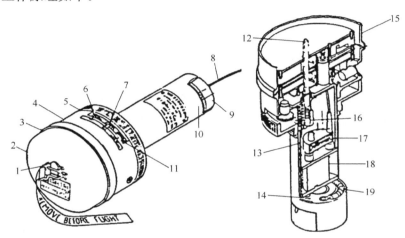

图 7-30　FMU-140/B 近炸引信结构

1—安全销；2—天线罩；3—卡环；4—前罩座；5—引信法兰；6—炸高开关；7—电子抗干扰开关；8—拉绳；9—传爆管；10—传爆管座；11—安全分离时间开关；12—保险标识杆；13—保险杆；14—S 和 A 转子；15—前罩；16—锁定杆膜盒驱动器；17—速度开关；18—热电池；19—保险膜盒驱动器。

① 功能参数。

作用方式：近炸

结构类型：定向多普勒雷达

② 解除保险参数。

第一保险：拉绳

第二保险：速度阈值 170kn

保险/解除保险标识：解除保险标识杆没突出天线罩为安全

安全范围：起飞前选择 3s，4s，5s，6s，7s，8s，9s，10s，18s

③ 火工品。

安全和解除保险装置：错位爆炸序列

火帽：在热电池上

雷管：D74BI 雷管

传爆管：FUZ-1/B 传爆管

其他：解除保险膜盒，定位杆膜盒，炸药量均小于1g

④ 工作过程。

子母弹箱投放时，拉绳使电池起动装置（BFD）工作，激活热电池并解开转子。电能启动解除保险定时器和传感器。在选定的解除保险时间前0.1s时，炸药膜盒驱动器使保险杆从转子中顶出（解除保险标识杆升起）。若在选定的解除保险时速度高于170kn，炸药膜盒驱动器使转子与爆炸序列对正。在投弹箱投放后2.5s后，双频道定向多普勒传感器感觉目标靠近时，仍不能开始处理信号。开始工作之前，引信必须处于待发状态，必须预定炸高感觉到目标，同时垂直接近速度必须大于30.48m/s。电子抗干扰（ECM）开关预置在"OFF"时，引信受干扰时将瞎火。ECM开关预置在"ON"时，引信在两个频率干扰之后将作用300ms。若在解除保险之前，投弹箱投放2.5s以后，达到装定的炸高，引信只在解除保险时发火。如果引信在投放后2.5s之前穿过装定的炸高，那么引信将在备用炸高时作用（182.88m）。

（2）子地雷引信BLU-91/B。

BLU-91/B为防坦克地雷引信，配用在BLU-91/B型防坦克地雷、CBU-89/B（空军）及CBU-78/B（海军）XM87型地雷系统（Volcano），安装在地雷中心和表面。BLU-91/B引信结构如图7-31所示，其基本技术指标如下。

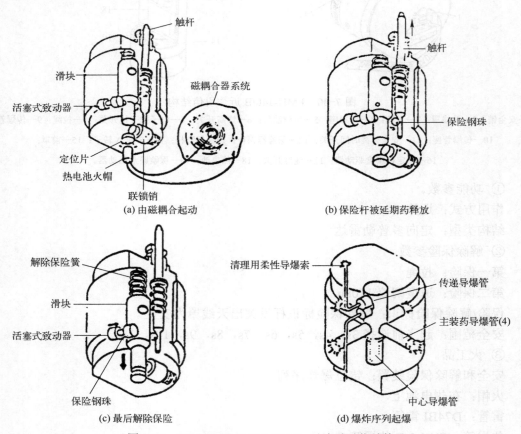

图7-31　BLU-91/B（BLU-92/B）子地雷引信结构

① 功能参数。
作用方式：磁感应、自毁、反扰动
结构类型：磁性
目标：地面坦克、车辆
自毁：电压过低
② 解除保险参数。
第一保险：磁感应信号，保险钢珠
第二保险：滑块制销
其他保险：数字式电子延期定时器，联锁销
③ 火工品。
火帽：电池起爆器，9292624
雷管：M100 电雷管，PA506 电子延期雷管
导爆管：PA513 中心导爆管，PA517 主装药导爆管（4 个）
传爆管：136g PBXN-5（在地雷上）
其他：柔性导爆索 160mg PBXN-5（2 个）
抛土装药：750mg M5 发射药（2 个）
微型活塞式致动器：5.2g 发射药
④ 能源。
锂储备电池 9275567 或高能量电池 9328787（2 个）
⑤ 工作过程。

当地雷从子母弹箱中抛出后，激活电池用的火帽激活引信上的锂电池，推下保险装置上的定位帽，防止联锁销在释放触杆后松动。在释放触杆同时，使保险钢珠自由。在装定的撞击延期后，电子线路启动微型活塞式致动器，移开滑块制销，使弹簧将滑块移到解除保险的位置。稳定一段时间后，一旦发现目标，磁力计和电子线路就能发出起爆信号。反扰动或自毁线路也能起爆地雷。点火信号点燃 M100 雷管，依次点燃 PA521 导爆管，柔性导爆索组件和抛土装药（清除上表面的电子线路组件或隔板）。PA506 延期雷管（在引爆 M100 雷管某一时间）引爆 PA513 中心导爆管（中心装药）、PA517 导爆管（4 个主装药导爆管）、传爆管和地雷主装药。每个 MX87 雷系统上使用 5 个 BLU-91/B 型安全和解除保险装置。一个外接定时器可用来延期解除保险。

（3）子地雷引信 BLU-92/B。
BLU-92/B 引信结构见图 7-31，其基本技术指标与工作原理如下。
① 功能参数。
作用方式：绊索、反扰动和自毁
结构类型：机械、电子
特点：40ft 绊索 8 个，反扰动，数字式电子自毁定时器
目标：地面人员
灵敏度：绊索，0.14kg 时不发火，0.41kg 时发火
反扰动：倾斜 30°

② 解除保险参数。

第一保险：磁感应信号

第二保险：滑块制销

其他保险：数字式电子延期定时器，联锁销

③ 火工品。

火帽：电池起爆器，9292624

雷管：M100 电雷管

导爆管：PA513 中心导爆管，PA517 主装药导爆管（4 个）

传爆管：1.58g A-5 混合炸药（在地雷上）

其他：微型活塞式致动器，5.2mg，50%KDNBF，50%斯蒂芬酸钡。

④ 能源。

锂储备电池 9275567 或高能量电池 9328787（2 个）

⑤ 工作过程。

地雷装进弹箱后，触杆的切断销被剪断，但用固定夹防止触杆移动。触杆将联锁销保持在收缩位置，也保持保险钢珠抵住滑块。当地雷从子母弹箱中抛出后，激活电池用的火帽，激活引信用锂电池，推下保险装置上的定位片，压缩联锁帽，防止联锁销在释放触杆后松动。在释放触杆同时，使保险钢珠自由。在装定的撞击延期后，电子线路启动微型活塞式致动器，移开滑块制销，使弹簧将滑块移到解除保险的位置。地雷散开绊线，并准备随时处理目标信号。绊线作用、外界扰动或自毁作用都会发生起爆。发火信号按下列顺序启动爆炸序列：M100 雷管，PA513 导爆管（中心装药），PA517 导爆管（4 个主装药），传爆管和地雷主装药。每个 XM87 型地雷系统上使用一个 BLU-92/B 安全和解除保险装置。一个外接定时器可用来延期解除保险。

7.10 "石眼" 2 MK20 反坦克子母炸弹

1）概述

"石眼" 2MK20 反坦克子母炸弹（图 7-32）由 MK6/7Mod2 弹箱内装 247 枚 MK118Mod2 反坦克子弹药构成。MK6/7 子母弹箱完全相同，仅外表涂漆和印字标记不同，其中：MK6 用于美国海军；MK7 用于美国空军。MK6/7 弹箱于 20 世纪 60 年代初期研制，60 年代中期开始服役，随后用于越南战场。"石眼" 2 在经历广泛作战使用试验之后于 1971 年正式服役，并在越南战争、中东战争以及 1991 年的海湾战争中使用，可攻击坦克、装甲辆车、汽车车队、油库、弹药库、掩体内的人员等。该子母炸弹目前仍在生产和改进。

2）结构和性能特点

该弹的 MK6/7 弹箱由以下 3 部分组成。

（1）头部，由 2 个半圆形薄铝板制成，装有 MK339 机械定时引信，通过螺钉将头部与弹箱体固连。

第 7 章　典型集束炸弹及其排除

图 7-32　"石眼" 2 MK20 反坦克子母炸弹

（2）中部，为弹箱体部，由铝合金挤压而成，在连接弹耳处内壁上装有加强板。沿弹箱轴线两侧槽内装有 V 形爆炸切割索，由头部机械定时引信控制起爆，起爆后产生的剪力将母弹外壳切成两半，使子弹药散布开来。

（3）尾翼装置，装有弹簧伸张的折叠式翼片。MK118 子弹药在弹箱内排成 6 排，子弹药之间的空隙用塑料定型填充。

MK118 子弹药（图 7-33）的口径为 2lb（0.908kg），弹重 0.634kg，弹长 340mm，弹体直径 55mm，装药为 B 炸药、重 0.2kg，尾翼装置为整体塑料制成的箭羽形、翼展 58mm，引信装置为 MK1 Mod0 压电机械复式引信。该子弹药的弹体由冷压制成。在头部，装有压电装置，用导线将其同尾部压电引信连接。在尾部，装有 MK1 Mod0 压电发火和惯性机械发火复式引信。当子弹药速度达到 241～370km/h，该引信解除保险时间为 0.85～1.40s（Mod0）或 0.40s（Mod1）。采用聚能装药药型罩，由紫铜板冷冲制成，其圆锥形锥角为 41.5°。穿透能力为：坚硬土壤 700～800mm；花岗岩 100～150mm；钢板 50～80mm。

图 7-33　MK118 子炸弹

携带该子母炸弹的载机在对严密防空的坦克阵地实施攻击时，可高速低空投弹，高度 75m 水平投弹，或 30m 飞至目标区拉起投弹。150m 高度投弹时，MK20 的子弹药覆盖面积为 4800m²；同样在 150m 高度投弹时，ISCB 的小地雷散布椭圆面积为 3700m²。该小地雷的规格为 2lb（0.908kg），弹重 0.52kg，弹长 321mm，弹体直径 53mm，装药重 0.176kg，尾翼翼展 58mm（闭合）/100mm（张开）。

3）基本战术技术性能

圆　　　径：500lb（227kg）

全 弹 重：209kg

全 弹 长：2337mm

弹体直径：335mm

装　填　物：MK118 Mod0/1，247 枚

尾翼装置：十字形，翼展 437mm（闭合）/876mm（张开）

引信装置：MK339，弹头引信

子母弹箱：MK6/7Mod2

4)"石眼" 2 MK20 反坦克子母炸弹引信

"石眼" 2 MK20 反坦克子母炸弹母弹使用 MK339 机械定时引信已作介绍，这里主要介绍 MK118 引信 MK1 Mod0。

MK1 Mod0 引信配用于 MK118 反坦克子炸弹。MK118 子弹药带有一个用火帽气体施压的压电电源。这实际上相当于一个能量放大器，以保证子弹药在十分不利的着目标条件下（着速小，着角大），压电陶瓷仍能得到一个稳定的压力，并输出足够的电压去起爆弹底部 MK1 Mod0 引信中的电雷管。

引信的电路原理如图 7-34 所示。头部电源装有压电陶瓷及与之并联的电阻 R。压电陶瓷上端面通过弹体与底部引信的壳体及独脚电雷管外壳导通。雷管的芯极平时通过开关 K1 与外壳短路。电阻 R 用以泄漏解除保险前累积在压电陶瓷上的电荷。装有独脚电雷管的回转体开始回转后，短路开关 K1 打开；完全转正时，接电开关 K2 闭合。电雷管接入起爆回路，引信处于待发状态。碰击目标时，击针刺发火帽，产生的火药气体加压于压电陶瓷。电阻 R 的阻值远大于雷管内阻，压电陶瓷主要向电雷管放电，并起爆电雷管。

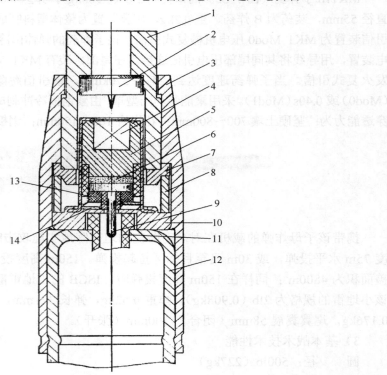

图 7-34　引信的电路原理

1—击发体；2—击针；3—引信头；4—火帽；5—压电火帽座；6—压电陶瓷；7—支板；8—支环；9—接电插销；
10—支座；11—绝缘座；12—弹头支筒；13—电阻片；14—导电簧片。

头部电源的功能是在弹丸碰击目标时向底部引信输出一电脉冲,以起爆电雷管。压电电源由击针、火帽、压电陶瓷及泄漏电阻等组成。电阻在结构上位于压电陶瓷的上极面,通过压电火帽座、支座等零件与弹体及底部引信外壳导通。压电陶瓷的下极面则通过接电插销用导线与底部引信接电插头相连(图 7-35)。外露的击发体通过刚性保险支板、支环支撑在支座上。在目标反作用力作用下,击发体可将支板沿薄弱部切断,刺发火帽。利用火帽产生的气体,向压电陶瓷施压。这种加压方式显然会使引信的作用迅速性有所下降。MK118 反坦克子炸弹钢制长鼻直径约 18mm,而壁厚达 1.5mm,结构强度很高,加之炸弹很轻,着速又小,因此引信作用时间稍长不至于对炸高产生很大影响。

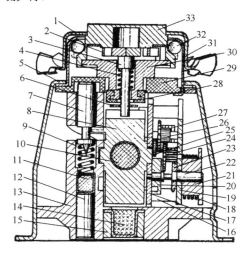
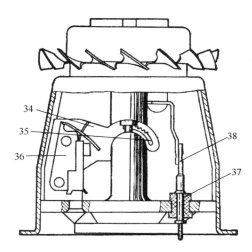

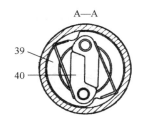

图 7-35 MK1 Mod0 弹底引信

1—旋翼;2—离心板簧片;3—保险杆;4—保险杆簧;5—外壳;6—接电片;7—击针;8—回转体;9—击针簧;10—MK96 Mod0 电雷管;11—MK95 Mod0 针刺雷管;12—钢销;13—引信体;14—引爆管;15—引爆管座;16—夹板轴;17—后夹板;18—扭力簧;19—前夹板;20—驱动轮;21—扭簧座;22—扭簧座轴;23—齿轮;24—齿轮;25—骑马轮;26—齿轮;27—平衡摆;28—橡皮轮;29—绝缘片;30—转轴;31—头部外罩;32—尼龙滚珠;33—旋翼座;34—雷管座;35—弧形凸起;36—地线夹头;37—绝缘套;38—插头;39—板簧框架;40—离心板。

MK1 Mod0 弹底引信(图 7-35)由隔爆机构、旋翼离心保险机构、钟表机构、接电机构、惯性触发机构等组成。

(1)旋翼离心保险机构。MK96 Mod0 电雷管平时处于水平位置,由回转体将其与引爆管隔离。回转体的保险位置由插入回转体上缺口槽的保险杆固定。保险杆在保险杆簧的作用下，有解除保险的趋势，但受两块离心板的阻挡，而不能向上运动进入旋翼座的孔内。两块离心板分别插入旋翼座的两个轴上，并由框架式离心板簧将它们固定于合拢位置（图 7-35 中的 A-A 剖面）。旋翼座上部铆有旋翼，下部铆有带橡皮轮的转轴。上述零件构成了旋翼离心保险机构。这一机构通过头部外罩与引信外壳结合在一起。在旋翼座和头部外罩之间，有尼龙球作为滚动轴承，以减小旋翼座相对头部外罩转动时的摩擦力矩。

（2）钟表机构。装在前夹板和后夹板之间的钟表机构，也是一个独立的部件，如图 7-36 所示。后夹板 4 角有 4 个孔，与引信体一侧 4 个凸起相啮合，而后点铆。驱动轴的转速，通过 3 对传动轮受骑马轮和平衡摆组成的调速器的控制。驱动力矩来自扭簧。钟表机构通过固结在驱动轴上的驱动轮，与回转体发生关系。平时，回转体上的制转销穿过后夹板上的月牙槽，插在驱动轮圆弧槽内端拐弯处。回转体被保险杆锁住不能转动，制转销又将驱动轮锁住，使之不能转动。此时，扭簧处于扭紧状态。保险杆释放回转体后，驱动轮将推动制转销沿月牙槽运动，直到制转销从驱动轮弧形槽中脱出为止。由于钟表机构的控制使驱动轮与回转体的运动都比较缓慢，以延长解除保险所需的时间。MK1 Mod0 引信的远距离解除保险的作用是：防止多发子炸弹自投弹箱抛出时互相碰击而使引信提前作用。

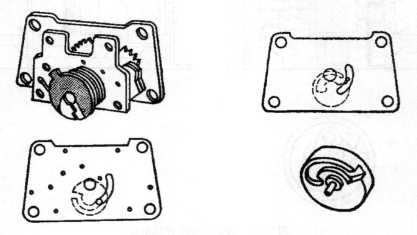

图 7-36　MK1 Mod0 引信钟表结构

（3）隔爆机构。这里重点介绍回转体。回转体的进一步转正，是与转轴固结在一起的橡皮轮带动的，如图 7-37 所示。图中点划线所示扇形片，是回转体尚未开始转动时的位置。实线所示扇形片，是回转体与驱动轮刚脱离接触时的位置。这时，扇形片上的齿爪和橡皮轮接触，并压在橡皮轮上，一起由旋翼带动旋转，并通过回转体转至使其后侧面的弧形凸起。弧形凸起与引信体上的定位面接触时，不再转动。橡皮轮则继续转动，并在扇形片上打滑。

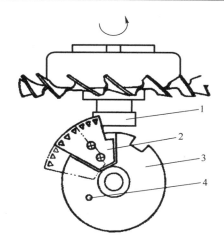

图 7-37 回转体转正
1—橡皮轮；2—扇形片；3—回转体；4—旋转销。

（4）接电机构。与驱动轮固结的扭簧座端面，涂红绿两种色标。当引信处于安全状态，即雷管处于水平位置时，可以从外壳的透视孔中看到绿色色标。引信解除保险或处于其他不正常位置时，可以看到红色色标。引信的接电机构由雷管短路机构和接电机构两部分组成，如图 7-38 所示。电雷管处于水平位置时，导电筒的触头是自由的。在导电簧的作用下，导电筒顶在套筒的内端面上，使雷管的芯杆和外壳短路。回转体转正时，电雷管处于图示位置。导电筒的触头与接电片接触，使电雷管接入起爆回路。触头受压使导电筒与套筒脱开，解除电雷管的自身短路。

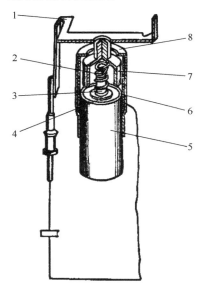

图 7-38 MK96 Mod0 电雷管的短路与接电
1—接电片；2—导电簧；3—芯杆；4—导电垫片；5—电雷管；6—绝缘套；7—导电筒；8—套筒。

（5）插销。为保证弹底引信与弹体的可靠联结，在引信体上铆结有一地线夹头，由弹体引出的插销在此夹牢。

（6）惯性触发机构。MK1 Mod0 引信除了可以由压电电源起爆外，也可以惯性触发起爆。惯性触发机构由惯性击针、击针簧和 MK95 Mod0 针刺雷管等组成。回转体处于安全位置时，弧形凸起横插在惯性击针的细颈部，限制击针的轴向运动，不能下移戳击雷管，惯性触发机构处于保险状态。回转体转正后，弧形凸起离开击针细颈部触发机构处于待发状态。这时，击针簧起弹道保险作用。碰击目标时，如压电电源未能引爆电雷管，则惯性击针因惯性力前冲，戳击针刺雷管。雷管爆轰波通过右侧的薄弱部位，将已经转正的电雷管起爆。钢销的作用，是增大针刺雷管的径向起爆能力。

7.11 法国 BLG 66 子母炸弹

1）概述

BLG 66 "贝卢加"（Belouga）子母炸弹（图 7-39）是法国空军实施低空、高速、快速瞄准、大面积轰炸而发展的一种新型炸弹，20 世纪 70 年代中期开始研制，70 年代末投入批生产，80 年代初开始进入法国空军服役。除装备法国空军外，该弹还向国外销售，已生产 4000 多颗，目前仍在服役。

图 7-39　BLG66 子母炸弹

2）结构和性能特点

该弹为整体式结构，采用北约标准间距 356mm 的双弹耳。在结构上由头部、弹体、尾部 3 部分组成，其中：头部呈锥形，内装发电机（由桨叶驱动）、程序控制机构、气体分配器和火药作动筒；弹体呈圆柱形，内装 1 根中央支管，沿其径向每排配置 8 颗子弹药在发射膛内，沿其纵向配置 19 排子弹药在发射膛内，共计装填子弹药 152 颗；尾部为十字锥形尾翼，内装降落伞。

该弹现有 3 种子弹药（图 7-40）可供选用，其外形尺寸和重量均相同，由法国拉克鲁瓦公司研制，弹长 153mm，弹径 66mm，弹重 1.3kg。子弹药呈圆柱形，壳体由轻型铝合金制成，内装推进药和弹射弹头，底部中央有电雷管，引燃推进药，使弹头初速达到 15～30m/s（取决于子弹药的具体型号）。各子弹药均带降落伞，使子弹药垂直下落，特别适用于攻击装甲较薄弱的坦克装甲目标。3 种子弹药分属不同类别的弹型：

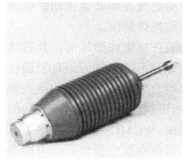  

(a) 通用杀伤爆破子弹药(EG)　　(b) 反装甲子弹药(AC)　　(c) 阻击杀伤爆破子弹药(IZ)

图 7-40　三种"贝卢加"子弹药

（1）通用杀伤爆破子弹药（EG），内装高爆炸药和瞬时触发引信，爆炸时产生大量高速破片，可穿透距爆心 10m 远的 4mm 厚钢板，可杀伤人员、器材、车队、油库、停放飞机等目标。

（2）反装甲子弹药（AC），内装空心锥孔装药和瞬时触发引信，子弹药的破甲厚度为 250mm，还能对距爆心 10m 远的目标产生辅助破坏作用。

（3）阻击杀伤爆破子弹药（IZ），内装高爆炸药和长延时（数小时）定时引信，其杀伤爆破作用与通用型子弹药相同。这种子弹药专门用于阻滞敌人的作战行动，封锁机场、港口、铁路和公路枢纽等。

根据作战任务需要，还可装填执行辅助任务用的子弹药，如发烟标识弹、诱饵弹、训练弹以及照明弹等。

3）基本战术技术性能

口　　　径：300kg

弹　　　重：305kg（全弹）/1.3kg（子弹药）

弹　　　长：3330mm（子母弹箱）/153mm（子弹药）

弹体直径：360mm（子母弹箱）/66mm（子弹药）

装　填　物：EG/IZ/AC，151 颗

尾翼装置：十字形，翼展 550mm

引信装置：定时引信（子母弹箱），触发引信（子弹药）

7.12　风力修正弹药布撒器

风力修正弹药布撒器（Wind Corrected Munition Dispenser，WCMD）是 20 世纪 90 年代中期出现的概念，是具有简易制导能力的集束炸弹。在 1991 年海湾战争中，美军为了躲避地面防空火力的攻击，要求飞机从高空投放炸弹，但原有的集束炸弹是为低空投放而设计的，在中空和高空投放时受风力影响较大，命中精度不尽如人意。为此，美空军提出研制适于高空投放的集束武器，WCMD 便应运而生。WCMD 采用简易的惯性制

导装置，在原有集束炸弹战术弹药布撒器的基础上，在尾部加装一个用于修正风力的尾部制导组件而成。该组件可使现役战术弹药布撒器对弹体表面的气流和其他扰动影响进行调整，以修正风的影响和武器自由下落过程中的误差，提高投弹精度。

风力修正弹药布撒器有两层含义。狭义的 WCMD 单指装在集束炸弹尾部，具有风力修正能力的子弹药布撒器。该尾部组件由一个螺接在集束炸弹上的 400mm 直径圆柱形尾件与一个呈十字结构的 4 片稳定尾翼构成。尾件空腔内装有惯性制导装置和微处理器。惯性制导装置装在一个重 0.63kg、400cm^3 的密封装置中，包括用于测量角度变化的低成本微型环形激光陀螺和用于测量速度变化的数字式加速仪。WCMD 尾部组件除了具有稳定的抛撒功能外，还具有弹道修正和导向能力，可使武器在中高空投放后尽可能准确地指向目标。广义的 WCMD 则是对装有尾部组件的集束炸弹的统称，由子母弹箱、尾部组件、引信和多种战斗载荷构成。

采用 WCMD 之后，集束炸弹的作战性能得到了显著提高，主要体现在以下方面：①炸弹投放精度提高，例如 CBU-105 从 12km 高空投放后，其圆概率误差将从普通集束炸弹的百米左右提高到 26m；②炸弹的投放高度增加，例如 CBU-97 的最高投放高度为 6km，而 CBU-105 增加到 12km；③炸弹投放距离增加，例如 CBU-105 的投放距离从普通集束炸弹的 10km 增加到 19km，使得美军战机可从敌防空火力的有效射程之外对目标进行攻击。

加装了 WCMD 尾翼组件的集束炸弹在名称上也有所变化：带有 WCMD 的 CBU-87 综合效应弹药代号变为 CBU-103；带有 WCMD 的 CBU-97 的传感器引爆武器代号为 CBU-105；带有 WCMD 的 CBU78/89"盖托"地雷集束炸弹代号为 CBU-104；带有 WCMD 的 CBU-97/B 动能子弹药集束炸弹代号为 CBU-107。这些制导型集束炸弹也称为风力修正弹药布撒器。

第二部分　专业技能

第 8 章 危险评估与决策

8.1 未爆弹药的危害及安全措施

采用爆炸法和燃烧法销毁处理未爆弹药的同时，会伴随爆炸或燃烧的二次效应，如爆炸产生的冲击和振动、飞石、有毒气体等爆炸危害。这些危害如果控制不当，将会对销毁现场的人员、设施、建筑物等造成伤害或损毁。在未爆弹药的销毁工作中，为有效控制爆破危害对周围环境的影响，保护人员、建筑和各种设施的安全是弹药销毁技术工作中的重要环节之一。因此，在销毁处理未爆弹药工作中，必须充分重视安全防护工作，采取足够和有效的安全措施。

8.1.1 爆破地震效应

用大规模的爆炸法销毁未爆弹药时，会产生爆炸地震动。这种由爆破地震波引起的振动，通常会造成附近地面以及地面上物体产生颠簸和摇晃，称为爆破地震效应。爆破产生的震动作用有可能引起建（构）筑物的破坏。

一般根据爆破时地面或结构物某点处所采集到的峰值振动速度来衡量爆破振动强度。爆破振动强度不对保护对象产生震动破坏效应（如墙面开裂、结构损坏、地面塌陷以及设备不能正常运行）时的峰值振动速度称为安全振动速度。通常爆破安全振动速度根据被保护对象所允许的临界破坏速度除以一定的安全系数来求得。

通常用下列公式计算某一距离处爆炸引起的爆破振动速度峰值，即

$$V = K\left(\frac{Q^{1/3}}{R}\right)^{\alpha} \tag{8-1}$$

式中：V 为保护对象所在地面质点振动速度峰值（cm/s）；Q 为一次爆破装药量（kg），齐爆时为总装药量，延迟爆破时为最大一段起爆的装药量；R 为爆心至观测点的距离（m）；K、α 分别为与爆破点至计算保护对象间的地形、地质条件有关的系数和衰减指数，其值可按《爆破安全规程》有关规定选取（表 8-1），或通过现场试验确定。

表 8-1 各类场地场地系数 K、α 值

岩　性	K	α
坚硬岩石	50～150	1.3～1.5
中硬岩石	150～250	1.5～1.8
软岩石	250～350	1.8～2.0

第8章 危险评估与决策

在根据式（8-1）对销毁工作中的爆破地震动强度进行核算时，需要确定药量 Q，即等效药量。爆炸法销毁未爆弹药时，在根据待销毁弹药数量确定起爆装药药量后，要核算在爆炸销毁中待销毁炸药或弹药所含炸药与起爆装药同时爆炸时所产生的爆炸破坏效应。如果其爆炸危害效应超出场地允许范围，则应减少一次销毁的废弃火炸药和弹药的量，并相应调整起爆装药量。

爆炸法销毁未爆弹药时，一般是将弹药战斗部引爆销毁。由于各种炸药的爆炸威力不相同，因此在进行安全核算时，要对待销毁弹药的等效药量进行核算。对炸药进行药量换算，一般采用 TNT 作为标准药进行等效药量核算，在此基础上计算其爆炸危害效应。

如果某种炸药的装药形状与 TNT 装药呈几何相似，在其他条件相同时，其爆炸效应与一定质量 TNT 的爆炸效应相同，则称 TNT 的质量为这种炸药的等效药量。例如，接触爆破时，10kg 的 TNT 爆炸效应与 6.7kg 黑索今的爆炸效应相当。

某种炸药的药量 C_X 与其等效药量 C_T 之间的关系用药量等效系数 E_W 表示，即

$$E_W = C_T / C_X \tag{8-2}$$

药量等效系数是与单位质量的某种炸药等效的标准炸药的质量。接触爆破时，黑索今的药量等效系数为 $E_W = 10/6.7 \approx 1.5$。

在式（8-2）中，C_T 一般根据药量计算公式求出，如果已知某种炸药的药量等效系数 E_W，即可换算出这种炸药的药量。因此，确定药量等效系数是等效药量计算的关键所在。

按照猛度确定的等效药量系数列于表 8-2 中。其中，标准炸药 TNT 的 $E_{WT}=1.0$。$E_W>1.0$ 的炸药，猛度大、破碎能力强，使用这类炸药，药量比 TNT 少；$E_W<1.0$ 则相反。

表 8-2 根据猛度确定的等效药量系数

炸药种类		E_W 值
单质炸药	梯恩梯（TNT）	1.00
	黑索今（RDX）	1.50
	特屈儿（CE）	1.26
	太安（PETN）	1.50
	硝化甘油（NG）	1.44
	硝酸铵（AN）	0.42
混合炸药	C_3 塑性炸药（77%RDX/23%增塑剂）	1.26
	C_4 塑性炸药（91%RDX/5.3%癸二酸二辛酯/2.1%聚异丁烯/1.6%马达油）	1.30
	M1 军用代那买特（75%RDX/15%TNT/10%添加剂）	0.92
	民用代那买特 40%（39.0%NG/45.5%硝酸钠/13.8%可塑剂/其他 1.7%）	0.65
	民用代那买特 50%（49.0%NG/34.4%硝酸钠/14.6%可塑剂/2.0%其他）	0.79
	民用代那买特 60%（56.8%NG/22.6%硝酸钠/18.2%可塑剂/2.4%其他）	0.83

炸药的爆速对猛度的影响很大。爆速低、猛度小的炸药，因其破碎能力较差，在接触爆破（尤其是对韧性材料）中一般不宜使用。装药的密度影响爆速和猛度，如果装药的实际密度过小，则爆速和猛度也随之减小。因此，确定药量等效系数应比表中数据有所减小。

爆炸法销毁未爆弹药时，为避免爆破振动对周围建筑物产生破坏性影响，必须计算爆破振动的安全允许距离。如果建筑物位于安全允许距离以内，则需减少一次销毁未爆弹药量并相应调整起爆药量，控制爆破规模。

（1）允许安全振动速度。

目前，国内对各种建、构筑物所允许的安全振动速度规定如下：土窑洞、土坯房、毛石房为 1.0cm/s；一般砖房、大型砌块及预制构件房屋，框架建筑物为 2～3cm/s；钢筋混凝土框架房屋和修建良好的木房为 5.0cm/s；水工隧洞为 10cm/s；地下巷道在岩石不稳定但有良好支护时为 10cm/s，在岩石中等稳定有良好支护时为 20cm/s；在岩石坚硬稳定但无支护时为 30cm/s。

（2）减少爆破地震动强度的措施。

在未爆弹药销毁工作中，为减少爆破地震动对销毁场地周围建筑物或设施的影响，可以采取下列措施：①严格限制一次待销毁的弹药量；②在被保护的建（构）筑物设施与销毁弹药场地之间开挖减震沟。

8.1.2 爆炸冲击波

炸药在空气中爆炸，爆炸气体产物压力和温度局部上升，高压气体在向四周迅速膨胀的同时，急剧压缩和冲击药包周围空气，使被压缩空气压力急增，形成以超音速传播的空气冲击波。掩埋在地下孔洞中的炸药爆炸所产生的高压气体通过裂缝或孔口泄漏到大气中，也会产生冲击波（图8-1和图8-2）。爆炸冲击波由于具有比自由空气高得多的压力（超压），会造成附近建（构）筑物的破坏和人体器官的损伤，造成爆炸冲击损伤。

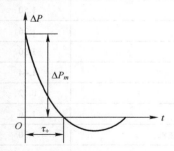
图 8-1 空气冲击波 $\Delta P(t)$ 曲线

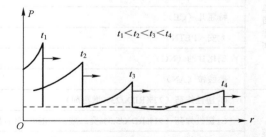
图 8-2 冲击波在空气中传播的情况示意图

人所能承受的空气冲击波的允许超压不应当超过 0.01MPa。爆炸冲击波对人体的损伤等级见表 8-3。

表 8-3 爆炸冲击波对人体损伤等级

损伤等级	损伤程度	超压/MPa
轻微	轻微挫伤	0.02~0.03
中微	听觉器官损伤，中等挫伤，骨折等	0.03~0.05
严重	内脏严重挫伤，可能引起死亡	0.05~0.1
极严重	大部分死亡	>0.1

露天爆炸法销毁未爆弹药时，一次销毁（含起爆炸药量）炸药量不大于 20kg 时，空气冲击波对在掩体内避炮作业人员的安全允许距离可表示为

$$R_k = 25\sqrt[3]{Q} \tag{8-3}$$

式中：R_k 为空气冲击波对掩体内人员的最小允许距离（m）；Q 为一次销毁药量（含起爆药量）（kg）。

地表裸露采用外贴药包爆炸法销毁航弹时，应核算不同保护对象所承受的空气冲击波超压值，并确定相应的安全允许距离。在平坦地形条件下爆破时，爆炸冲击波超压值可表示为

$$\Delta P = 14\frac{Q}{R^3} + 4.3\frac{Q^{\frac{2}{3}}}{R^2} + 1.1\frac{Q^{\frac{1}{3}}}{R} \tag{8-4}$$

式中：ΔP 为空气冲击波超压值（10^5Pa）；Q 为一次起爆的炸药当量（航弹装填药量与起爆药量之和单位为千克），秒延时爆破为最大一段药量，毫秒延时爆破为总药量；R 为装药至保护对象的距离（m）。

《爆破安全规程》规定的空气冲击波对人员的超压安全允许标准为 $0.02×10^5$Pa；对建筑物按《爆破安全规程》中的建筑物的破坏程度与超压关系表取值。空气冲击波安全允许距离，应根据保护对象、所用炸药品种、地形和气象条件由设计确定。

水下爆炸法销毁航弹、水雷等大型未爆弹药时，其安全校核采用爆破冲击波的安全判据和安全允许距离，并根据水域情况、药包设置、覆盖水层厚度以及保护对象情况而定。可按照不同情况根据《爆破安全规程》有关规定执行。

为防止在销毁工作中爆炸冲击波对场地建（构）筑物的破坏，必须估算空气冲击波的安全距离。对药包在地面爆炸时，空气冲击波对目标的最小安全距离 R 可表示为

$$R = K\sqrt[3]{Q} \tag{8-5}$$

式中：Q 为炸药量（kg）；K 在有防护掩蔽体时取 15，无掩蔽体时取 30。

空气冲击波的危害范围受地形因素的影响，遇有不同地形条件可适当增减。例如，在峡谷地形进行销毁时，沿沟的纵深或沟的出口方向，应增大 50%~100%；在山坡一侧进行爆破对山体另一侧影响较小，在有利的地形条件下，可减小 30%~70%。

降低废弃火炸药和弹药销毁工作中的爆炸冲击波强度的措施主要包括：
（1）减少一次销毁的药量。
（2）尽量选择较开阔场地进行销毁工作。销毁场地要远离人群聚集地和结构厂房。
（3）可选择在废弃洞室、掩体内进行爆炸销毁。
（4）人工挖坑进行掩埋销毁。

8.1.3 爆破噪声及控制措施

爆破噪声是爆破空气冲击波衰减后继续传播的声波,是由各种不同频率、不同强度的声音无规律地组合在一起所形成的杂音。

空气在无声波传播时所具有的压强为静压强。当有声波传播时,该处空气在某瞬时就产生附加压强 ΔP,称为瞬时声压。ΔP 有正、负值之分,是随时间而不断变化的,常用其均方根值(有效值)p 来表示,称为有效声压,简称为声压。

当频率为 1000Hz 时,正常人耳刚刚能听到的声音声压是 2×10^{-5}Pa,而刚刚使人耳产生疼痛感觉的声压是 20Pa,两者相差 10^6 倍。由于其数值变化范围太大,直接以声压绝对值来表示声音强弱程度就不方便记忆使用,因此,从电工学引进一个成倍比关系的对数量"声压级"的系数,用以表示声音的大小,人耳适听的声压级范围是 0~120dB。声压级 L_P 与声压 P 的关系为

$$L_P = 20\log\frac{P}{P_0} \tag{8-6}$$

式中:L_P 为声压级(dB);P 为声压(0.1Pa);P_0 为基准声压,取值为 2×10^{-5}Pa。

声压级 L_P 也称为"声压水平"。基准声压 P_0 也称为"参考声压"(或听阈),这是正常青年人耳刚能听到的 1000Hz 声音的声压。若某声音的声压与基准声压之比的常用对数的 20 倍等于 1,则这个声音的声压级为 1dB,且规定基准声压为零级,并且等于 2×10^{-11}MPa。当噪声强度为 120dB 时,相应超压为 2×10^{-5}MPa。

世界卫生组织(WHO)关于噪声的资料指出:噪声超过 120dB,对人体健康是危险区;90~120dB,是过渡区;小于 90dB 是安全区。《爆破安全规程》规定:爆破噪声为间歇性脉冲噪声,在城镇爆破作业中每一个脉冲噪声应控制在 120dB 以下。复杂环境条件下,噪声控制由安全评估确定。

在爆破作业中,宜采用以下措施控制环境噪声污染。

(1)尽量不用导爆索网路,在地表空间不得有裸露导爆索或雷管,不能避免时应覆盖土或水袋。

(2)尽量不用外部药包裸露爆破。

(3)严格控制单位耗药量、单孔药量和一次起爆药量。

(4)保证填塞质量和填塞长度,严防冲炮。

(5)实施毫秒延时爆破,在设计起爆顺序时,必须注意防止在保护对象所在地噪声叠加的可能性。

(6)必须用外部药包爆破时,要综合应用控制药量、覆盖药包、分散布药、分段起爆等措施,将强噪声分解为若干个弱噪声,以此降低噪声污染。

(7)安排合理的爆破时间,尽量避免在早晨或下午较晚时间起爆,避开大气效应导致噪声增强;要同邻近单位协商,实施定点、准时爆破,增强人们对噪声的承受能力。

8.1.4 爆炸飞散物

在露天销毁未爆弹药工作中,会产生爆炸飞散物。爆炸飞散物包括爆炸破片以及火

工品和小型弹药在爆炸冲击作用下的抛掷飞散物。对于掩埋于坑内的废弃火炸药和弹药销毁而言，除会产生上述情况下的飞散物外，还会有大量土石的飞散。

《爆破安全规程》规定，爆破飞散物对设备、建筑安全距离须由设计确定外，个别飞散物对人员的安全允许距离应参照《爆破安全规程》有关规定。

在爆炸法销毁未爆弹药时，除严格爆破设计，核算安全距离确定警戒区域外，在销毁作业时控制爆破飞散物的措施主要有：

（1）对需爆炸法销毁的未爆弹药尽量选择深埋覆盖法进行销毁。

（2）做好对爆破对象的覆盖和防护措施。

（3）对危险性高，无法进行转移运输，需进行现场诱爆销毁的弹药，可采取小药量引爆，初步解决其危险性。进行爆炸作业时，应在防护对象与销毁的未爆弹药间设置防爆墙（图 8-3），起到防冲击波和爆炸飞散物的作用。

图 8-3　在建（构）筑物外修建的防爆墙

8.1.5　爆破有害气体及控制措施

8.1.5.1　爆破有害气体的种类

未爆弹药销毁工作中会产生有毒气体。炸药爆炸后产生的毒气是一氧化碳和氮的氧化物，还有少量的硫化氢和二氧化硫。

1）一氧化碳

一氧化碳（CO）是炸药在负氧情况下产生的无色无味气体，其密度是空气密度的 0.967 倍，宜用加强通风驱散。在相同条件下，它在水中的溶解度比氧小。

CO 的毒性在于它与血液中的血红蛋白能结合成碳氧血红蛋白，达到一定浓度就会阻碍血液输氧，造成人体组织缺氧而中毒。在含有 CO 成分的空气中呼吸中毒致命的情况，因人而异。在低浓度 CO 下短暂接触，会引起头昏眼花、四肢无力、恶心呕吐等，吸入新鲜空气后症状即可消失，也不致产生慢性后遗症。长时间在 CO 含量达 0.03%环境中生活就极不安全，大于 0.15%是危险的，达到 0.4%就会很快死亡。CO 的毒性有累积作用，它与红细胞结合的亲和力要比氧与红细胞的亲和力大 250 倍。含有 CO 的血液呈淡红色，饱和程度愈大，红色愈深。这是判断 CO 中毒的主要症状。

2）氮的氧化物（N_nO_m）

未爆弹药销毁工作中会生成大量的氮的氧化物，主要有 NO、N_2O_3、NO_2/N_2O_4 等，一般以 NO_2/N_2O_4 为代表。

一氧化氮（NO）是无色无味气体，其密度是空气的 1.04 倍，略溶于水。它与空气接触即产生复杂的氧化反应，生成 N_2O_3。N_2O_3 是一种带有特殊化学性质的气体或混合气体，其物理性质类似 NO 与 NO_2 的等分子混合物。它的密度是空气的 2.48 倍，能为水或碱液吸收产生亚硝酸或亚硝酸盐。

二氧化氮（NO_2）是棕红色有特殊味的气体，性能不稳定，低温易变为无色的硝酸酐（N_2O_4）气体。常温下，NO_2/N_2O_4 混合气体中 N_2O_4 占多数，但受热即分解为 NO_2。因此，一般认为这类混合气体在低浓度、低压力下稳定形式是 NO_2。NO_2/N_2O_4 密度是空气密度的 1.59 和 3.18 倍，故爆后可长期渗于碴堆与岩石裂隙，不易被通风驱散，出碴时往往挥发伤人，危害很大。

NO_2/N_2O_4 与 N_2O_3 易溶于水，当吸入人体肺部时，就在肺的表面黏膜上产生腐蚀，并有强烈刺激性。这些气体会引起刺激鼻腔、辣眼睛、引发咳嗽及胸口痛，低浓度时导致头痛与胸闷，浓度较高时可引起肺部浮肿而致命。这些气体具有潜伏期与延迟特性，开始吸入时不会感到任何征候，但几个小时（常达 12h）后剧烈咳嗽并吐出大量带血丝痰液，通常因肺水肿而死亡。

NO 难溶于水，故不是刺激性的，其毒性是与红细胞结合成一种血的自然分解物，损害血红蛋白结合氧的能力，导致产生缺氧的萎黄病。研究表明，NO 毒性虽稍逊于 NO_2，但它常有可能氧化为 NO_2，故认为两者都是具有潜在剧毒性的气体。

3）硫化物

硫化氢（H_2S）是一种无色有臭鸡蛋味的气体，密度是空气密度的 1.19 倍，易溶于水，通常情况下 1 个体积水中能溶解 2.5 个体积 H_2S，故它常积存巷道积水中。H_2S 能燃烧，自燃点 260℃，爆炸上限 45.50%，爆炸下限 4.30%。H_2S 具有很强的毒性，能使血液中毒，对眼睛黏膜及呼吸道有强烈刺激作用。当空气中 H_2S 浓度达到 0.01%时即能闻到气味，流鼻涕、唾液；浓度达到 0.05%时，经过 0.5～1.0h 时即严重中毒；浓度达到 0.1%时，短时间内就有生命危险。

二氧化硫（SO_2）是一种无色、有强烈硫磺味的气体，易溶于水，密度是空气密度的 2.2 倍，故它常存在于巷道底部，对眼睛有强烈刺激作用。SO_2 与水汽接触生成硫酸，对呼吸器官有腐蚀作用，刺激喉咙、支气管发炎，呼吸困难，严重时引起肺水肿。当空气中 SO_2 浓度为 0.0005%时，即能闻到气味；浓度为 0.002%时有强烈刺激，可引起头痛和喉痛；浓度为 0.05%时即引起急性支气管炎和肺水肿，短时间内就会死亡。

8.1.5.2　控制未爆弹药销毁作业中有害气体的措施

1）增大起爆能

对废弃火炸药和弹药进行爆炸法销毁时，应选用感度适中、威力较大的炸药作为起爆药包，这对感度较低的炸药（如铵油类、不含 TNT 或含 TNT 较少的硝铵类炸药等）

尤为重要。

2) 选定合理装填形式

装药前必须将药孔内积水及岩粉吹干净。根据情况采用散装药（不耦合系数为1），将会显著降低有毒气体浓度。此外，装药密度、起爆药包位置、药包包装材料、填塞物种类、堵塞质量等都会对有毒气体的产生有一定影响。

3) 加强对场地通风与洒水驱烟

对于销毁量大、需在同一场地集中时间反复销毁时，要选择开阔场地进行焚烧和爆炸法销毁。在每次销毁后，可采取措施对场地进行通风和洒水驱烟。特别是在密闭焚烧时，要在技术上确保弹药的彻底焚烧，如适当增加焚烧时间、提高焚烧温度、减少每次焚烧量等，并做好焚烧后的排气措施，防止人员中毒。

洒水一方面可将溶解度较高的 $NO_2/N_2O_4/N_2O_3$ 转变为亚硝酸与硝酸；另一方面可将难溶于水的氮氧化合物（如 NO）便于随风流出工作面。在水中加入一定浓度的碱液，如 $Ca(OH)_2$、Na_2CO_3 等，效果更好。

4) 充分考虑爆破环境露天爆破选定起爆站和观测站位置时，应考虑爆破当天的风向和地形条件，尽量避免设在下风方向。若需在有害气体影响范围内工作时，应采取有效的个人防护措施。

8.1.6 未爆弹药销毁作业中的安全距离确定

采用爆炸法单个销毁未爆弹药（如炮弹、航弹和鱼雷）时，需要根据保护对象的允许振动安全要求，确定警戒范围。一般是以弹径毫米数乘10，以米（m）为单位作为半径来确定，如表8-4所列。

表8-4 炸毁各种弹药数量及最小安全距离参考表

弹药种类	每坑销毁弹数/个	爆炸时破片最大飞散距离/m	一般建筑物玻璃门窗的安全距离/m	警戒安全半径/m
各种手榴弹	100	100~250	1200	500
50mm 掷榴弹	80	100~250	1200	500
60mm 迫击炮弹	40	100~250	1200	500
70mm 步兵炮榴弹头	20	200~400	1200	500
75mm 山野炮榴弹	14	200~500	1200	1000
81/82mm 迫击炮弹（轻弹）	20	150~300	1200	500
90mm 迫击炮弹	20	150~300	1200	500
105mm 榴弹头	4	500~1000	1200	1500
150mm 榴弹头	2	600~1250	1200	1500
150mm 以上榴弹	2	1250~1500	1200 以上	2000
81mm 烟幕弹	5	50~150	800	400

(1) 普通军用弹药和各种火炸药的一次销毁量，在一般条件下，以不超过 40kg TNT 当量为宜。确定安全距离时，要综合考虑每次的销毁量和引爆方式，以及场地对个别破片的阻挡因素。

（2）销毁燃烧弹时，防火是首要问题，要考虑发生火灾后的灭火以及对烧伤人员的救护。

（3）销毁毒气弹时，除了要确保场地便于通风外，还应对风向、毒性作用范围、毒性作用期限和防毒解毒措施等进行全面考虑。毒气弹销毁场地的安全半径应为20~80km，在这个范围内不得有居民点、工厂、通航河流、铁路和公路干线；半径3km以内不得有水源和牧场。为了避免工作人员中毒，如场地有荒草，在销毁前应先行割除或用火烧净。对于毒气弹的销毁，应根据毒气弹的种类研究专门的销毁方法。

（4）炸毁航弹时，应根据弹药的种类、装药量、数量和破片飞散距离确定场地。炸毁场地应选择在距仓库、工矿、铁路、输电线、广播电视通信设施、交通要道、居民点等处2km以上的安全距离，不得将销毁场地设在草原和森林里。炸毁场地要尽量利用有天然屏障的山沟、丘陵等地形进行，防止破片飞散过远，同时还要便于运输和布置警戒。炸毁场地危险区及警戒区最小安全半径如表8-5所列。

表8-5 航弹炸毁场地危险区及警戒区的最小安全半径

弹 种	弹片飞散半径/m	警戒区/m
50kg以内的炸弹	500	距危险区200
100kg以内的炸弹	800	距危险区200
100kg以上的炸弹	1200	距危险区500
220kg以上的穿甲炸弹	1500	距危险区500
炮弹、火箭弹的战斗部	/	距炸点的距离为（弹头毫米数×10）

（5）在炸毁250~500kg重型航弹时，人工掩体距爆破点不应少于500m，掩体的出入口应背向爆破坑。为避免爆炸后产生的有毒气体及有害尘埃进入掩体，掩体应设在销毁场的上风方向。

8.2 未爆弹危险度及风险评估

所有有未爆弹存在的区域都有一定的危险，而且还可能有不少未爆弹落点处没有被标识出来。对待那些被怀疑存在未爆弹的区域必须十分谨慎，千万不要过分指望警示标识和人员屏障所起的警告和保护作用。

未爆弹的危险度可以按照这样的三个要素或事件来进行评估。其中，第一个要素是遭遇未爆弹，主要是考虑人员从未爆弹区域穿行，并因某种程度的外力、能量、移动或其他方式改变了未爆弹状态的可能性；第二个要素是未爆弹爆炸，则考虑了一旦出现与未爆弹遭遇时未爆弹发生爆炸的可能性；第三个要素是未爆弹爆炸的后果，包括人员伤亡，与暴露在化学战剂中有关联的生理健康危险，由未爆弹爆炸扩散到空气、土壤、地表水及地下水中化学成分及核物质所引起的环境恶化等。

一般来说，未爆弹的风险评估通常采用保守的评价方法，即假定未爆弹爆炸的后果是严重的人员伤亡。

8.2.1 风险因子

在遭遇未爆弹以及未爆弹爆炸的可能情况下，下列风险因子将影响与未爆弹有关联的风险严重程度。

1）影响遭遇未爆弹可能性的因子

（1）地域上未爆弹的数量或分布密度。

某区域内未爆弹的数量越多，人员遭遇未爆弹的概率也就越大；相反，低分布密度的未爆弹区域，人员遭遇未爆弹的可能性也较低。未爆弹的分布密度主要取决于该区域内所使用的弹药类型和数量。例如，布撒子弹区域的未爆弹分布密度要大于其他类型未爆弹区域。另外，未爆弹的分布密度还受土壤类型和气候等条件的影响。

（2）未爆弹侵入地下的深度。

通常情况下，人员遭遇地表或部分侵入地下的未爆弹要比遭遇那些全部侵入地下的未爆弹更有可能。对于侵入地下的未爆弹，遭遇未爆弹的可能性取决于人员在未爆弹区域内进行的活动，浅层挖掘、挖沟、耕作、建筑以及其他作业活动都可以破坏到侵入地下的未爆弹的安定状态。此外，埋在冰冻线以上的未爆弹最终有可能迁移到地表面。

（3）未爆弹的大小。

未爆弹的大小会直接影响到其是否易被发现。因为大型未爆弹比小型未爆弹更易被人们所发现，所以人们更容易看到并避免接触到大型未爆弹。

（4）现有的和可能的地域使用情况。

增加某一地域上的人员使用次数，遭遇未爆弹的可能性也会增大。例如，当土地所有者将其土地用于消遣的目的（如徒步旅行、打猎或野营），而不是用于放牧或作为野生生物保护区时，遭遇未爆弹的可能性会更大。一般说来，某地区受土地使用活动的影响程度越深广，并且这些活动的强度越大，那么遭遇未爆弹以及导致未爆弹爆炸的可能性也就越大。

（5）地域的易接近程度。

某区域的易接近程度会直接影响到进入该地域和遭遇未爆弹的人数。例如，公路附近没有篱笆的区域要比远处有篱笆的区域更易进入，这就增加了遭遇未爆弹的可能性。

（6）地貌。

地貌会影响可能进入某场地的人数，也会影响到土地使用的数量和类型。人们较可能进入居民区附近的平坦地域，而不会到远处具有崎岖地形的地域活动。另外，地貌的影响可以使未爆弹集中起来，通过地表水的运动和土壤侵蚀，未爆弹更可能迁移到山谷和洼地中。

（7）植被或地表覆盖状况。

繁茂的植被和地表覆盖可以隐匿甚至位于地面的未爆弹。然而，可以采取限制进入某区域的措施来防止可能遭遇未爆弹的威胁。

（8）土壤类型。

土壤类型会影响不管引信是否动作的未爆弹的侵彻深度。有些类型的引信在其动作之前需要大的撞击，如果弹体在泥浆或碎土中着地，则引信可能不会动作，这样的现地条件可能依次增加出现未爆弹的可能性以及未爆弹的分布密度。未爆弹侵入某些土壤要比其他类型的土壤更为容易，因此，松软土壤中发现的未爆弹深度要比预期的深度大。

（9）气候条件。

气候条件会影响未爆弹的地表迁移、未爆弹的可见度以及埋在地下的未爆弹向地表迁移。暴雨和强风天气更可能使未爆弹通过地表水和土壤侵蚀发生迁移，而大雪的覆盖可以隐匿地表的未爆弹。另外，气候还会影响冰冻线和冰融循环。一般来讲，天气越冷，冰冻线越深，可能迁移至地表的未爆弹数量越多。同样地，经历一段时期内冰融循环的次数越多，未爆弹迁移到地表所花的时间也越短。

2）影响未爆弹爆炸可能性的因子

（1）未爆弹引信的类型和敏感度。

就引信类型来讲，磁引信和近炸引信被认为是最敏感的引信，而拉发和压发引信是最不敏感的引信。引信的敏感度以及引信是否解除保险、引信在弹药中的位置等其他因素均会影响未爆弹发生爆炸的可能性。

（2）人员频繁出入未爆弹区域的活动。

人员在有未爆弹（要结合引信类型具体分析）的区域内活动，会增大未爆弹发生爆炸的可能性。例如，在大规模挖掘地域，带碰炸引信的未爆弹发生爆炸的可能性要比野生生物保护区的大得多。

以上这些因子之间相互关联，并不能根据某一因子来对未爆弹进行风险评估。

8.2.2　未爆弹的风险评估

对未爆弹的影响进行风险评估，应着重做好以下三个方面的工作：①对特定军事基地或设施遭受破坏的风险进行评估；②对存在未爆弹区域的人员职业风险和未爆弹剩余风险开展标准化评估方法的研究工作；③基于生活周期成本和公共风险，开展对弹药分类场所和炸药处废点的方法论研究。不管采用何种方法，任何特定场所的风险评估结果，都受制于从该场所可以获得的资料总量及其可靠性。

确定特定场所风险的第一步就是对该场所进行评估。典型场所评估的内容涉及收集土壤和地质条件、地形、植被、气候以及现有的和可能的地域使用情况等因子的现有信息。另外，场所评估还需要进行直观的检查，即对土壤、水质和空气进行采样。上述结果可用于确定风险是否容易被有效控制，或是否需要更为细致深入地研究和分析。

如果需要进一步地研究和分析，那么就需要对场所进行评定，收集区域内曾使用的弹药类型、与弹药相关联的器材以及环境信息，从而对该场所造成的风险水平进行评估，以作出明智的风险管理决策。这里所收集的信息要比对场所进行评估时收集的信息更为详细，场所评定的结果可直接用于综合风险的评估，确定是否需要特殊场所响应，以及评定特殊风险进行响应取舍的效率。

8.2.3　子弹及可撒布地雷的环境评估

发现敌方布撒的子弹和可撒布地雷后，应立即采取措施，对未爆弹危险范围内的人员发出警告，标示子弹和可撒布地雷的方位，并对人员和设备采取相应的防护措施。同时，对以下的军事行动情况和战术因素进行评估：

（1）对己方当前所执行任务的延滞影响。

（2）受直接和间接火力的威胁程度。直接或间接火力造成人员伤亡的风险可能比子弹或可撒布地雷所造成伤亡程度更大。

（3）地形类型。当地地形决定了子弹和可撒布地雷的作战效率、可见度以及其被探测和排除的能力。

（4）可利用的备用通路或阵地。

（5）可采用的防护程度和范围。

（6）专业支援（如排爆或工程兵小组和装备）的可利用率。

对当前形势进行评估后，可以得到以下三个主要的选择方案：①能承担伤亡风险，继续完成所指派的任务；②利用战术排爆方法，开辟备用通路或阵地；③根据当前作战命令，采用预先制定的备用战术方案。

8.2.4 未爆弹处置时的优先级划分

在对未爆弹危险源或区域进行科学的风险评估后，排爆分队或工程技术分队应在指挥部的统一安排下，组织实施未爆弹处置作业。通常，在某区域内可能发现的未爆弹不止一枚，应根据现地的未爆弹危险等级，对未爆弹影响区域内的爆炸危险进行等级划分（图 8-4），从而更好地科学筹划，合理利用资源，高效、安全地完成排除未爆弹任务。

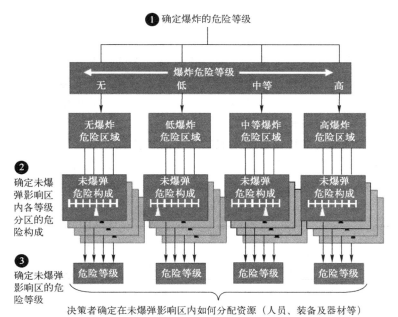

图 8-4 未爆弹影响区优先级处置流程示意图

在国际地雷行动标准"IMAS 10.50"的附件 G 中给出了弹药危险分类。

8.3 编制未爆弹危险源报告

战场上遗留的未爆弹会对作战计划中的指挥决策过程产生重大的影响。指挥员对战斗分队下达运动和支援命令后，未爆弹危险区的具体方位对指挥控制分队至关重要。另外，未爆弹危险区还会对与其遭遇的任一分队的作战能力产生最直接的影响。为利于指挥员下达正确的作战命令，必须建立健全有效的未爆弹报告制度，使指挥员能够根据重点任务和作战计划对排爆分队和工程装备进行合理分配，投入到未爆弹的排除任务中。

1）未爆弹现地报告

未爆弹现地报告模式是一种详细、迅速、双向的报告体制，它可以清晰地告知未爆弹危险区域所处位置、轻重缓急次序以及何种分队会受其影响。当未爆弹危险程度超出了排爆分队的处置能力，并对分队的当前任务产生不利影响时，现地报告用于请求上级协助处置。该报告有助于指挥员根据战场形势下达优先作战计划。

一旦发现未爆弹，就应以现地报告的形式报送上一级主管部门。该报告形式可以参考美军做法，报告共分为9行，其内容必须以最快的方式报送。报告的内容按下列次序提供：

（1）第1行记录发现未爆弹的日期和时间。

（2）第2行报告未爆弹的活动性和位置。

（3）第3行记录联系方式：无线电频率，呼号，联络点和电话号码。

（4）第4行填写未爆弹的类型：空投式、发射式、布设式和投掷式弹药。如果可以从现地获知未爆弹的类型，还应提供其下属类别信息；如果发现的未爆弹多于1个，还要列明未爆弹数目。

（5）第5行尽可能详细地记录核、生、化沾染程度的情况。

（6）第6行报告任何受到危险影响的设备、装置以及其他现地资产。

（7）第7行记录对当前任务的影响程度：对当前战术形势提供一个简短的描述，以及未爆弹的存在对人员状态有何影响。

（8）第8行填写对人员和设备所采取的任何防护措施。

（9）第9行填写排爆技术人员或工程师对未爆弹危险源作出反应优先级的初步建议（表8-6）。

表8-6 优先级分级表

优 先 级	基 本 描 述	备 注
刻不容缓，立即处置	未爆弹阻止了分队机动和执行任务的能力，或对执行任务至关重要的关键设备和装置形成直接威胁	未爆弹处置的优先等级必须与现地报告中第7行所记录的战术形势相对应。应注意的是：此处的优先等级仅指定于未爆弹对当前分队执行任务的影响程度。表中的"局部影响"或"无威胁"等级项并不意味着所发现的未爆弹没有危险
间接影响，迂回处置	未爆弹迟滞了分队机动和执行任务的能力，或对执行任务较为重要的关键设备和装置形成威胁	
局部影响，暂缓处置	未爆弹减弱了分队机动和执行任务的能力，或对有价值的非关键设备和装置形成威胁	
无威胁，暂不处置	未爆弹对分队的作战能力或周围的设备及装置影响甚微或毫无影响	

2）优先处理现地报告

未爆弹现地报告应通过分队指挥系统发送至上一级主管部门。指挥链中每个收到（或浏览）现地报告的指挥员可以实时改变反映当前战术形势或预想的作战计划，而确保未爆弹现地报告通过指挥通道发送以及为每篇报告分派正确的优先级是指挥链中每个指挥员应承担的分内职责。

如果指挥链中某位更高级别的指挥员改变了未爆弹处置的优先级，那么必须告知所有的下级指挥员（特别是制订现地报告的分队指挥员）。各级指挥员必须牢记：即使他们可以根据战场形势降低未爆弹的处置优先级，制订现地报告的分队也应当能够继续执行其担负的任务，直到支援分队前来协助。除了优先级状态之外，指挥链中的所有指挥员需要实时告知其任务区内每一未爆弹危险源的当前状态。

制订现地报告分队的上一级指挥部应确定有排爆或工程分队参与支援的最终的优先级。指挥部应根据作战任务、敌方兵力、地形、己方兵力以及能利用的时间，派遣排爆或工程分队前往未爆弹危险源进行处置。

3）未爆弹报告简表

如果不考虑战场形势和作战任务，发现未爆弹的分队还可以采用报告简表的样式填写并上报至上级首长或指挥部门。未爆弹报告简表实际上是现地报告的一种简化，表 8-7 是未爆弹报告简表的基本格式。

表 8-7　未爆弹报告简表格式

未爆弹报告表	
报送首长/机关	填写报告送达的部门首长或机关名称
呈报人/部别	填写呈报人的姓名及其所属部别
发现未爆弹的时间	填写日期和时间
未爆弹的具体位置	填写未爆弹所在位置的 GPS 坐标
现地人员姓名及所属单位	填写姓名和单位
未爆弹的状态	填写全部侵入地下、部分侵入地下或完全暴露于地表
未爆弹的类型	填写航空炸弹、枪榴弹、炮弹、火箭弹等
未爆弹的大小（估算）	填写长、宽、高，或直径等
未爆弹的突出特征	填写外形、颜色、弹体标记等
位于未爆弹附近的建（构）筑物	填写建（构）筑物的名称、类型以及与未爆弹之间的距离

如果现场可实现网上发送，则更为简便快捷，其方法可按照表 8-7 的基本格式填写电子邮件，在"收件人"栏内直接填写排爆分队或技术人员的邮箱地址，在"发件人"栏内填写自己的邮箱地址（包括姓名和部别），在"回复主题"栏内填写"遭遇未爆弹"等字样。另外，在邮件内容中用分别 1，2，3，…编号标明即可。

4）未爆弹技术报告表

未爆弹技术报告表应在发现未爆弹后指定专人填写，在现地报告的基础上，确认未爆弹的当前状态，重点查询并填写未爆弹的基本构成及其动作原理，为后期排爆分队的技术培训提供技术支持。同时，电子文档和纸质文档均作为未爆弹技术库资料留存。

表 8-8 给出了未爆弹技术报告的样式，可参照制表。

表 8-8　未爆弹技术报告式样

未爆弹技术报告表			
填表时间	20××-××-××	填表人	×××
未爆弹现地照片		弹药结构示意图	
（现地照片）		（弹药结构示意图：壳体、弹底组件、铜药型罩、高爆装药、传爆药柱、引信、曳光管，35.6cm）	
未爆弹单元		多用途/确认	
未爆弹型号识别		M136（AT-4）型破甲弹	
弹体侵彻情况		位于地表	
未爆弹状态		弹道风帽脱离，弹头引发引信和弹尾起爆引信启动	
未爆弹数量		1 枚	
基本描述		AT-4 由一个带发火机构的玻璃钢发射管、瞄准装置、背带以及防护盖组成，对于反坦克武器而言，这种无后坐力设计优于火箭类武器。该系统装配的尾翼稳定炮弹包括弹体（战斗部）和保护罩组件两部分。战斗部为聚能装药结构形式，配用 84mm 全口径动作引信。压电碰炸引信可以引起主装药（奥克托儿）的爆轰，其碰炸角可小到 10°	
动作原理		扣压扳机后释放击针杆，击针杆撞击底火发火，从而引起发射药的燃烧。发射管内发射药燃烧形成的压力抛开发射管底部的塑料盘，气体从后端泄出，从而平衡了发射管的后坐力。燃烧的发射药将推动弹丸向前运动并离开发射管。炮弹撞击目标后，冲击效应传递给压电式的弹尾起爆引信。引信的爆炸序列引起弹丸主装药爆轰，爆轰产物使铜质药型罩压垮而形成指状射流。这种高速射流具有极高压力，在目标上贯穿成孔。与此同时，弹体和锥形弹头炸成许多细小破片	

第 9 章 地雷和战争遗留爆炸物信息的收集和处理

9.1 概　　述

信息管理（Inforamtion Management, IM）是地雷行动中所有活动的重要组成部分，是指不断地提出信息需求，收集、分析数据，并及时向地雷行动相关方提供信息的过程，包括向非地雷行动组织（如赞助者、政治家、法律工作者、研究人员等）提供支持。有效的信息管理使地雷行动的管理者和其他相关方在决策时能够得到最佳的信息。

有效的信息管理需要地雷行动各方密切协作。透明的信息管理使得项目易于管理且有据可查，使监督、评定和全面的质量管理成为可能。有效的信息管理对于国家地雷行动方案的成功至关重要。

《禁止杀伤人员地雷公约》和《特定常规武器公约》所附修订的第二号议定书均要求缔约国向联合国建立的扫雷数据库提供信息，该数据库现称为 E-MINE（电子地雷信息网），可登录 www.mineaction.org 使用。事实上，联合国作为地雷行动信息库的作用是非常重要的。根据联合国相关信息管理政策，联合国将：

（1）通过 E-MINE 网站协调地雷行动相关信息的收集和发布。

（2）努力提高公众对地雷和战争遗留爆炸物问题的认识，了解为解决这个问题所付出的努力。

（3）协调与联合国地雷行动有关的信息的收集、管理和服务。

（4）通过地雷行动信息管理系统推广标准化数据收集和管理在地雷行动方案中的应用。

2001 年，联合国大会敦促成员国和地区、政府、非政府组织、基金会继续向秘书长提供全面的协助和协调，尤其是提供信息和数据，以及其他有助于加强联合国在地雷行动中协调作用的资源。2013 年 5 月 IMAS 5.10 "地雷行动信息管理"草案出台，对地雷行动中的信息管理提出了指导。

9.2　国际地雷行动标准中对信息管理的要求

9.2.1　实施地雷行动信息管理的先决条件

图 9-1 所示为在地雷行动项目中进行信息管理所需要的一些先决条件，包括资料管理、记录管理、网络管理、人力资源、相关设备、信息管理知识、地理信息系统管理和质量管理等。

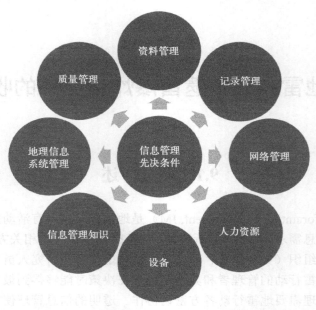

图 9-1　进行地雷行动信息管理的先决条件

9.2.1.1　资料管理

国家地雷行动管理局应建立并维护具备以下功能的资料管理体系。

（1）数字化结构：一种包含文件命名规则和元数据的统一化标准数据结构，能够对与地雷行动相关的数字资料进行管理，如报告、照片和视频资料等。

（2）纸质文件结构：与数字化结构相对应的统一化纸质文件填写标准。

资料管理系统应能查询出文件资料由何人编辑以及资料最新的版本。

9.2.1.2　记录管理

国家地雷行动管理局应建立并维护能够满足如下要求的记录管理体系：

（1）能够管理作业行动数据和与之相关的其他数据。

（2）能够设置优先级并分配作业行动资源。

（3）能够生成作业进程及资源分配的汇总信息。

（4）可供作业人员和管理人员使用。

（5）可根据地雷行动项目的需要进行调整并与其他信息系统兼容。

国家地雷行动管理局或地雷行动中心应界定信息系统处理信息的范围和任务，以达到最优的作业效率。例如，信息系统的扩展任务可以包括人力资源管理和地雷行动的效费比研究等。

地雷行动信息管理系统（IMSMA）是地雷行动中应用最普及的记录管理系统，涵盖了地雷行动信息管理的完整周期，且具备一定的灵活性，能够根据行动过程的需要做出变动，是联合国地雷行动首选的信息管理系统。当前所有的地雷行动均使用了 IMSMA。除了地雷行动外，IMSMA 也开始用于其他的人道主义活动运行管理。

9.2.1.3　网络管理

国家地雷行动管理局应制定制度与技术措施，以使地雷行动项目能够通过互联网、内部网或社区网络反映相关活动信息。

9.2.1.4 人力资源

国家地理行动管理局应保证至少设有如下职位：

（1）信息管理员，应具备信息管理和质量管理方面的知识，负责信息管理。

（2）系统管理员，负责从事信息技术和基础设施建设和维护方面的工作，包括资料管理、记录管理、网络管理和信息设备维护管理方面的工作。

（3）地理信息系统管理员，负责地理信息系统方面的管理和维护工作。

9.2.1.5 设备

（1）所使用的计算机系统应能满足信息管理系统的最低要求。

（2）计算机所使用的软件经过注册，且具备打印机、扫描仪等适当的外围设备。

（3）信息技术设备应能够防尘、防电源涌浪破坏和其他危害。

（4）应有适当的数据存储设备和机制，能够按照一定的策略和程序完成数据安全、数据备份和数据的灾难恢复操作。

（5）使用者能够通过互联网或电子邮件进行通信。

（6）职员工作环境满足基本的人体工程学原理。

9.2.1.6 信息管理知识

国家地雷行动管理局应给予信息管理人员一定的职业发展机会，并确保其在以下方面接受适当的培训：

（1）项目中使用的信息管理系统以及系统管理。

（2）数据分析和统计。

（3）地理信息系统。

（4）地雷行动的运行。

9.2.1.7 地理信息系统管理

（1）信息管理人员应能使用地理信息系统（GIS）软件。该软件可以是嵌入在记录管理系统之内的或是独立运行的应用程序。

（2）应能访问本地的或连接至互联网的地理信息。

（3）应建立位置数据的标准，包括坐标格式、单位和符号。

（4）数据记录表应包含要求的位置数据以得到所需信息。

9.2.1.8 质量管理

（1）应建立统一的标准化数据收集表格。

（2）合理地定义数据收集表中的数据项，并制定地雷行动项目与外部相关方之间进行数据和信息交换的制度和标准。

（3）在信息管理的所有阶段，从信息源头到信息的最终接收环节都应建立数据质量管理机制。

（4）国家地雷行动管理局应对地雷行动中的商业化活动进行适当规划。

9.2.2 地雷行动信息管理操作循环流程

信息管理周期使信息管理人员能够预见地雷行动各相关方的需求，从而通过提前进行的信息管理活动制定出相应的计划。如图 9-2 所示，信息管理操作循环流程包括信息需求评估、数据收集、数据分析和信息分发。

图 9-2 信息管理操作循环流程

信息管理操作循环流程应符合以下原则：

（1）转化——持续地将数据转化为信息，将信息转化为决策依据。

（2）高效性——信息管理人员能够根据其经验预见需求并及时处理这些需求，从而使数据和信息的管理以主动的方式进行。

（3）广泛性——成功地实施信息管理循环流程需依靠主动纳入地雷行动的实施环节、管理环节和其他相关方的合作。

（4）高质量——应对数据进行检查与核实，保证其准确性、及时性并进行良好的组织以便于分析。

（5）一致性——通过分类数据收集并约定关键词汇的技术性定义，可确保得到客观的、可重复的分析查询结果，从而得以对透明的、可解释的信息化决策进行表述。

（6）共享性——信息应以标准化的方式和适当的格式分发给地雷行动项目的各相关方。与其他相关方共享信息将会促进其进一步参与计划、实施及后续进程。

9.2.2.1 信息需求评估

对信息的分析应包括定期评估以及与主要相关方商讨，并就以下事项达成结果：

（1）各相关方当前及将来所需的信息输出。

（2）需收集数据的内容、频度、格式和载体形式。

（3）保证所采集数据质量的程序。

（4）能够保证信息输出结果一致性的数据分析方法。

（5）内部及外部信息、报告分发的格式和方法。

（6）衡量地雷行动项目的定性及定量的主要性能指标。

9.2.2.2 数据收集

在数据收集阶段应确定在何处、如何收集到所需的数据，以及证实数据的方法。数据收集方法应能实现预期的数据用途，并应符合机密性和隐私权等职业道德规范。

国家地雷行动管理局应保证数据收集符合以下约定方针：

（1）分类收集数据，包括性别和年龄等相关信息。

（2）数据收集过程应保持一致性和标准化。

（3）信息管理来源的详细内容应包括数据的类型、数据收集的方法、数据格式以及数据供给方法。

（4）在数据收集过程中应进行质量管理，除使用标准化的表格和数据填写域外，也包括数据核对与确认过程中操作人员的主动介入。

（5）为保证数据收集过程的一致性，应遵循数据收集标准中的整套方法和相关准则，包括明确测量单位、测量设备、记录方式、记录语言和输入方法。

（6）应对数据进行有效性确认与核实，以保证数据准确、完整、前后一致并与其他已有信息相关联。

（7）对信息源进行分类，并确保信息的可靠性。

在国际地雷行动标准其他部分中详细说明了各类数据的收集要求。IMAS 08.10 中给出了非技术调查的数据收集要求，IMAS 08.20 中给出了技术调查的数据收集要求，IMAS 09.10 中给出了与扫雷要求相关的数据收集要求，IMAS 09.11 中给出了战场清理的数据收集要求，IMAS 08.30 中给出了后扫雷文件的数据收集要求，IMAS 07.40 中给出了关于扫雷组织监督的数据收集要求，IMAS 12.10 中给出了关于雷患教育的数据收集要求，IMAS 10.60 中给出了关于扫雷事故调查与报告过程中的数据收集要求。

9.2.2.3 数据分析

客观的、可重复的数据分析依赖于能够克服主观性、增加信息输出结果一致性的信息管理策略和标准。国家地雷行动管理局应确保采取如下分析策略和标准：

（1）对关键词汇作出技术定义，如受害者和以平方米表示的已取消区域、已释放区域、已清除区域等。可用文本陈述的方式列出应进行统计的内容和不用进行统计的内容。

（2）管理低质量信息（如重复信息、不完整信息、过时的信息或非间接信息等）的准则和工作程序。

（3）使用总结统计报告和绘图将数据分组并按结构组织。

（4）参照地雷行动和其他来源信息的工作程序和准则。

（5）基于已建立的指标判断趋势的工作程序和准则。

（6）建立请相关方参与分析信息，以借助其经验和个人判读的工作程序。

9.2.2.4 信息分发

信息分发包括向内部用户和外部用户发布信息，以便相关方能方便地使用这些信息。各国的国家标准中应明确说明信息共享的过程和通信方法，并应注意对于不同的相关方其所需分发信息的格式、频度也会不同。在规划信息分发时，至少应考虑如下事项：

（1）信息将发布给哪些相关方。

（2）各相关方所需接收的信息类型。

（3）信息如何进行分类，如总结、统计或绘图等。

（4）信息分享的频度，如按年、季度或月。

在分发数据时应进一步考虑的有：

（1）相关性，如数据细节的程度和相关方所需的特殊需求。
（2）安全性，对相关方的数据自由裁量权策略。
（3）敏感性，与数据泄露有关的安全事项。

地雷行动中心信息管理标准作业程序中应包含在相关方之间分享信息的模板，并应考虑东道国加入的国际人道主义条约（如禁止杀伤人员地雷条约、集束弹药条约和常规武器公约）的要求。

9.2.3 责任与义务

9.2.3.1 国家地雷行动管理局

国家地雷行动管理局应：

（1）建立并实施信息管理制度、标准和规范，这些标准和规范应符合国际地雷行动标准及其他国家标准的要求。

（2）建立能够在地雷行动组织、赞助者、相关国家部门及其他相关方之间高效、及时地传输数据和信息的信息管理系统。

（3）确保地雷行动项目内的信息管理部门具备适宜的人员、设备和培训。

（4）确保地雷行动项目内的信息管理部门建立起明确可行的信息管理标准作业程序（SOP）。

（5）协调地雷行动信息收集活动，避免重复工作以最大程度地利用资源，将调查疲劳降至最低。

9.2.3.2 地雷行动中心

地雷行动中心应：

（1）制定程序或国内通用的信息管理标准作业程序（SOP），明确符合国家标准的信息需求的类型、格式和频度。

（2）至少成立一个信息管理部门，具备符合国家标准先决条件的合格人员和设备。

（3）对地雷行动组织中涉及到信息管理的作业人员和信息管理人员进行培训。

（4）在所有信息管理活动中发挥积极的作用。

（5）为国家地雷行动标准中信息管理部分的修正提供意见和建议。

（6）通过培训降低地雷行动中心内其他人员对特定人员的依赖性。

（7）通过使用商定的策略和已有的信息管理系统、标准、方针、程序和步骤，确保数据和信息流简洁有效。

（8）在信息管理周期的所有阶段实施数据质量管理。

（9）能够发现地雷行动项目中信息管理方面可能存在的不足，并及时提醒相关作业人员和管理人员。

9.2.3.3 地雷行动组织

地雷行动组织应：

（1）制定并实施可行的信息管理标准作业程序（SOP），且应符合国家地雷行动管理局制定的国家标准及地雷行动中心的要求。

（2）利用地雷行动项目现有的信息管理能力进行计划、实施和安排后续作业行动。

（3）在整个信息管理周期中参与质量管理程序。

（4）确保信息管理人员在作业行动中的参与和训练。

（5）当信息错误或不一致时，提供反馈信息并进行核实和改正。

9.3 地雷行动信息管理系统简介

日内瓦国际人道主义扫雷中心（GICHO）为联合国开发的 IMSMA 作为一个基于地理信息系统的数据库项目得到了广泛应用，服务于地雷行动的全过程。IMSMA 系统或其他相关数据库通常由国家地雷行动中心管理。自 1999 年初次发布以来，该系统目前已在全世界 40 多个地雷行动方案中使用，并根据现场用户提出的要求，持续进行了修改和升级，已经成为地雷行动信息管理的实际标准。

IMSMA 对地雷行动的各种信息进行全面管理，其目标是确保将各种已成熟的信息管理技术、系统（包括地雷行动信息管理系统、maXML 数据交换标准、手持式数据采集器以及其他工具）与现场的日常工作成功地结合起来。为了实现该目标，最新版本的 IMSMA 软件包括全功能的地理信息系统和关系数据库，是一个易于使用和维护的信息管理工具。在系统中引入了一个地图驱动的导航系统，可在现场方便地定制。系统配发由日内瓦国际人道主义扫雷中心管理，免费提供给雷患国家和积极参与维和及地雷行动保障工作的国家政府。

IMSMA 可用于完成以下任务：

（1）计划、管理、报告清除地雷和战争遗留爆炸物的活动，并绘图。

（2）计划、管理和报告地雷风险教育活动，并绘图。

（3）记录、报告受害者信息，并绘图。

（4）记录、报告社会—经济信息，并绘图。

9.3.1 系统的组成

IMSMA 是一个基础数据库管理系统，由地名辞典、数字地图和信息库组成，各部分之间可以方便地进行动态交互，可为用户提供直观、可视化的操作界面（图 9-3），可以方便地进行数据输入和调取。

（1）地名辞典列出了当地的地理名称，打开一级和二级目录后，可以选择所需要的地理位置区域并显示在数字地图上，同时在数据库面板上显示该区域的地理数据信息。

（2）数字地图用于显示地图和在地图上标示所需要的地雷行动信息。数字地图可通过互联网上的 Google 获得，也可采用航拍或远距离地面激光扫描等手段获得。

（3）信息库是由不同种类数据组成的关系数据库，数据种类包括危险区信息、意外事故信息、受害者信息、地雷危害教育和质量控制等，如图 9-4 所示。每一种数据都由一种清晰的、一致性的图标标识。

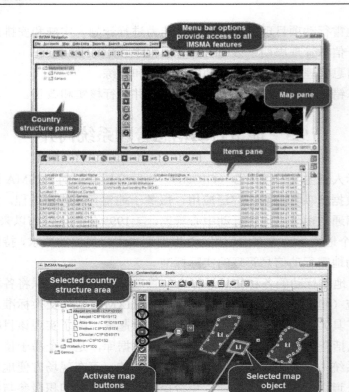

图 9-3　IMSMA 系统组成界面

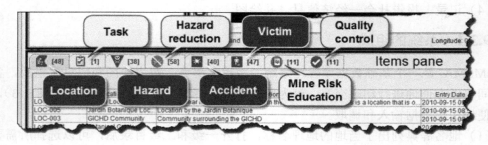

图 9-4　信息库标示图

9.3.2　系统注册与安装

IMSMA 系统的注册商标和版权归 GICHD 所有，并受保护。由 GICHD 对参与人道主义扫雷行动的政府机构、国际组织、非政府组织和维和部队免费提供，但需要在日内瓦人道主义扫雷中心的地雷行动信息管理部门进行注册登记，并接受由 GICHD 指派的专家对软件的操作使用和维护等进行技术培训。

1）IMSMA 系统使用需求

使用 IMSMA 系统需要：①IMSMA 系统软件；②系统软件加密狗，如图 9-5 所示；③用户 ID 和密码，图 9-6 为软件登录界面。

图 9-5　软件加密狗

安装 IMSMA 系统所需硬件设备和操作软件要求如下：

（1）Windows XP 专业版或 Windows 7 商业版。

（2）双核处理器，主频大于 2GHz。

（3）系统内存大于 4GB。

（4）50GB 硬盘。

（5）独立显卡和图形绘制卡。

（6）2003 或 2008 服务器等其他网络设备。

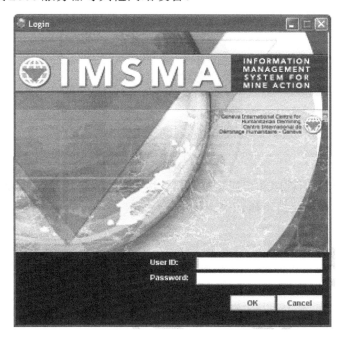

图 9-6　IMSMA 软件登录界面

2）手持式数据采集工具

为了提高现场数据收集活动的效率和可靠性，日内瓦国际人道主义扫雷中心与瑞典爆炸物处理和扫雷中心（SWEDEC）及其他机构合作，开发了与 IMSMA 系统配套使用的便携式数据采集工具。该便携式数据采集工具与 IMSMA 捆绑使用。利用该工具，

IMSMA 用户能够电子化地完成 IMSMA 的技术勘测和雷场勘测表格，采集到的数据可直接导入 IMSMA 数据库。

如图 9-7 所示，现场数据采集工具包括全球定位系统（GPS）、激光测距双目镜、记录现场观察资料的数码相机、运行便携式现场数据采集系统的手持终端、运行 IMSMA 系统的笔记本电脑或台式电脑，以及 maXML 数据交换工具，在便携式现场数据采集器和 IMSMA 之间交换数据。激光测距双目镜，可用来识别 GPS 测距或距离勘测员位置最大 1000m 远的雷场或危险区域的周界点，这使得勘测员无需冒着生命危险进入可疑雷区，也能够绘制出可疑或已知的危险区域周界。

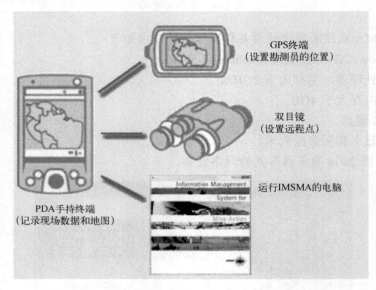

图 9-7　IMSMA 便携式现场数据采集工具包

3）技术培训

GICHD 制定了培训程序和资质认证标准，按专家级、管理层级和操作用户级三级分类培训，经培训合格者获得资质证书。

第三篇
弹药处理人员分级培训教程
（三级）

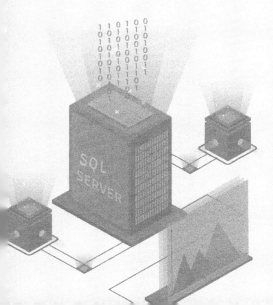

第一部分 基础知识

第 10 章　弹药防爆安全处理技术

10.1　弹药防爆安全处理的一般原则

安全处置作业（Render-Safe）是指应用特别的弹药处理方法和工具，阻断爆炸物的功能或分离出其主要部件，以防止意外伤害爆炸。常用的弹药处理方法有失效处置作业和解除战斗状态。失效处置作业（Neutralise）是指用保险销或保险杆等安全装置，置于爆炸物内以防止引信或点火装置动作的一种行为；解除战斗状态（Disarm）是指通过取出引信或排除点火装置等使弹药或爆炸装置变得安全的行为，通常为切断发火序列中的一个或多个链接。

处理作业中发现的地雷或未爆弹药通常要遵循下列原则：

（1）通常情况下，清排作业过程中发现的地雷或未爆弹药，必须在当天工作结束之前销毁。如果无法在当天销毁，必须报告上级管理部门。

（2）通常情况下，清排作业过程中发现的地雷或未爆弹药，必须当场销毁，任何人不得擅自试图移动、分解。

（3）如果场地条件不允许，例如过于靠近敏感目标或者为了避免爆炸破片造成二次污染（特别是反车辆地雷），可以将地雷或未爆弹药移至安全地点销毁，但必须事先报请上级管理部门的批准，并首先进行拉雷程序。

（4）出于教学或研究目的，需要对部分地雷或未爆弹药进行分解，必须报请上级管理部门的批准。

（5）所有的处理过程必须在监督员的指挥下，由通过资质认证的人员（通常是组长或副组长）实施。作业的程序、器材和方法必须符合相关的标准要求，在扫雷队伍的标准作业程序中要有明确的规定，且必须经过上级管理部门的批准。

（6）直接实施处理的人员必须按要求穿戴防护装具，其他人员必须处于安全距离之外。如果场地条件允许，要设置沙袋等必要的防护措施，以保障人员安全或减少销毁作业对周围环境的影响。

（7）所有处理行动必须事先在规定的时间内通报相关管理部门、本级指挥机构，并通过它们通知邻近的清排分队、驻军或其他相关单位，以免引起误会、纷争或意外伤害。

（8）作业过程中，要确保医疗救护人员全时在位，医疗器材设备性能良好，如果无法满足要求，则必须停止作业。

10.2 安全处置方法与器材

10.2.1 拆卸引信

炸弹拆卸引信后就不会自动爆炸，采用该方法排除未爆炸弹，可减少对机场和需保护目标的进一步破坏。但拆卸引信是一种十分危险的作业，并且长延期未爆炸弹通常都装有反拆卸机构，因此一般不采用此法。只有在下列情况下才会采用拆卸引信：

（1）未爆炸弹装配的引信为失效的瞬发或短延期引信，并极易拆除。
（2）炸弹落在极重要的地区，不宜采用其他方法排除。
（3）上级有特殊要求及布置。

一般引信的拆卸只要用手或扳手逆时针将引信旋下后，取出传爆药柱即可。磁感应引信拆除时，先用 100g 炸药将中间接线盒炸开，切断线路，并用胶布包好线头（可一次炸或连续炸，切忌将导线断头与弹体接触，以免导通电路），撬开弹尾引信室取出引信。

拆卸具有反拆卸机构的引信，有两种方法：①用推滚炸弹的方法旋出引信。采用此方法时动作用力要平稳，一个人用右手握住引信，其他人员站在炸弹的一侧，推动炸弹滚动（炸弹沿顺时针滚动），当感到引信变紧时，停止滚动，改向反方向滚动，待引信变松后再继续前滚，如此反复，直到引信旋出。②拆除传爆管。由于引信的传爆管与弹体有时是用螺钉或铆钉固定的，可用螺丝刀旋出螺钉或用钢锯靠近弹体锯断铆钉，再用扳手逆时针旋动传爆管，将传爆管连同引信一同取出。

由于拆除引信具有非常大的危险性，除非万不得已，不应采用此方法。

10.2.2 割爆法分离引信

利用炸药爆破的力量，将炸弹上装有引信的头部或尾部割掉，使引信与弹体脱离。

割爆的装药方法是：将几个直列式药包对称布置于炸弹的同一截面周围，或用一整条长形药包环绕弹体，头、尾部与弹体的结合处有焊缝，药包应放在焊缝内侧 1cm 处。

割爆用的炸药一般为 TNT 炸药。一种方法是，首先准备好 75g 或 100g 的 TNT 药块，也可用 200g 药块锯成 2 块或 400g 药块锯成 4 块，在每块的一端钻雷管孔；然后将药块均匀绑在能弯曲的树枝或竹片上，将树枝（竹片）环绕弹体，炸药在内，树枝（竹片）在外，用绳捆紧，使炸药紧贴弹体，一块炸药装一雷管。第二种方法还可用直径 3~4cm 长条布袋，装粉状、鳞片状 TNT 炸药，布袋长度等于弹体周长，特殊情况下，可绕两圈，炸药要装密实；将装好的布袋绕弹体捆紧，对称装 4 个雷管（弹径大时可增加雷管）。

用铸铁制造的炸弹可用导爆索割爆。弹壳厚度在 15mm 下的炸弹，在弹体上缠绕导爆索 6 圈，厚度在 20mm 左右的绕 10 圈。缠绕的方法是逐层递减，如绕 6 圈，第一层 3 圈，第二层 2 圈，第三层 1 圈。

割爆可采用导爆管点火、电点火或导爆索点火。而采用导火索点火时，很难使装药准确同时起爆。

割爆用炸药量由弹径、弹体厚度、弹体材料三个因素决定。装药量的计算目前还没有实用的公式，可供参考的公式为

$$C = K \cdot t^2 \cdot F \qquad (10-1)$$

式中：C 为装药量（kg）；K 为材料系数，生铁取 0.005，钢或铸铁取 0.0077；t 为弹体厚度，（cm）；F 为弹体周长（cm）。

下面是几个割爆装药量的实例：①用 1kg 鳞片状 TNT 炸药装入 3cm 直径的布袋，绕弹体捆紧，割开 50kg 炸弹尾部（尾部与弹体用螺丝结合）；②用 3kg 鳞片状 TNT 炸药装入 4cm 直径的布袋，割开 750kg 炸弹（弹壳为熔铸式，无结合缝，厚 2cm，弹体外圆周长 1145mm）；③用 1.8～2kg 硝铵炸药割爆 100kg 带引信的铸造杀伤弹（壳厚中部 4cm，头部 5cm），连续成功割爆 3 枚。

10.2.3 爆炸切割器

爆炸切割是利用聚能原理来切割坚硬目标的爆炸新技术，在拆船业中广为采用，金属板材、管材和其他坚硬材料均可采用聚能切割器来进行爆炸切割。由于切割都是沿着一个面切割出一条窄缝，因此，多采用平面对称型药型罩。切割金属板材时多采用平面对称长条线形药型罩，如图 10-1（a）和图 10-1（b）所示。切割金属管材时则采用平面对称圆环线形药型罩，如图 10-1（c）所示。根据施工工艺的不同，圆环形聚能切割器嵌装在管内的切割处；外圆环用于外切割，即将环形聚能切割器套装在金属管外圆周的切割处。

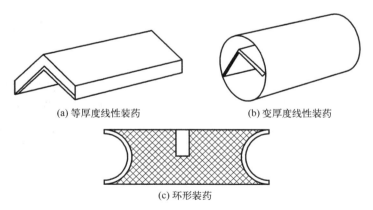

(a) 等厚度线性装药　　(b) 变厚度线性装药

(c) 环形装药

图 10-1　线性和环形聚能装药结构

线性聚能装药是一种长条形的带有空穴的装药，在空穴中嵌入金属药型罩，如图 10-2 所示为不同尺寸的爆炸切割器。药型罩的形状可以是圆弧形或各种不同角度的楔形。药型罩的材料可以是铜、钢、铝、铅等。利用这种装药制成的各种爆炸切割器，从 20 世纪 60 年代初开始就广泛应用于宇航和军事工程领域，例如各种自毁系统和分离装置，以及用于切割履带的防坦克地雷等。我国自 20 世纪 70 年代开始，把这一技术应用于水下工程。

图 10-2　不同尺寸的爆炸切割器

线性聚能装药爆炸切割的机理是：当炸药起爆后，爆轰一方面沿着炸药的长度方向传播，另一方面随着药型罩运动，高温高压作用于药型罩，使药型罩被迫以很大的速度向内运动，并在对称平面上发生碰撞后，形成向着底部以高速运动的片状射流，称为"聚能刀"。依靠这种片状的"聚能刀"，实现对金属的切割作用。

聚能切割技术处置未爆弹，是利用特殊装药的爆炸装置在炸药爆炸后形成的高速金属射流来切割或破坏弹体的引信部位，从而使其完全失去起爆能力，或对弹体的主装药部分进行作用达到完全引爆的效果。聚能切割技术用于处置弹药的实践比较成熟，当前国内外也研制开发了各种类型的切割装置，适用于各种型号弹药的销毁处置。聚能切割器一般都是线状，外用重金属压制成 V 形状，内部充填高能炸药，如梯黑炸药。聚能切割器在用雷管起爆内装炸药后，能形成高速金属射流来切割破坏或弹体的外壳，露出其弹体内部结构，从而取出炸药或对弹体内部做进一步的研究。

10.2.4　火箭扳手

火箭扳手可以使作业手在安全距离外旋下航空炸弹或炮弹的引信。它通常由钢架、可调整的活动锯齿卡口和位于两侧方向相反的两个小型火箭舱组成。在两个火箭舱内可装入推进剂装药。当推进剂装药被点燃后，在短时间内产生大量气体，从火箭舱的喷管内喷出。由于两个火箭舱喷管方向相反，气体从两个喷管内喷出所产生的推力形成扭矩，可以使火箭扳手高速旋转，从而旋出与之相连接的引信。为了便于使用，一般在火箭扳手上会醒目地标出扳手的旋转方向。有的产品中提供了不同形状的卡口，以适应圆锥形或圆柱形的引信体。火箭扳手一般采用电点火方式，并且两个火箭的点火头采用串联的方式接入点火线路，这样可以确保两个火箭装药同时被点燃。图 10-3 所示为美国生产的 RE 61 RW 火箭扳手。

图 10-3　RE 61 RW 火箭扳手

第 10 章 弹药防爆安全处理技术

为了减少现场操作的时间，降低作业人员的风险，应在安全区域做好火箭扳手的准备工作。分别旋下两个火箭舱的顶盖，装入火箭推进剂装药，并将点火脚线穿过顶盖上的小孔。将两个火箭点火线路串联后，与导线连接，并测量线路导通情况。做好以上准备工作后，作业手带着火箭扳手进入作业现场。

当确定可以旋出航空炸弹的引信时，利用活动卡口将火箭扳手按照正确的旋转方向牢固地固定在引信体上，并确保周边没有物体阻挡火箭扳手的旋转，必要时需将引信与弹体附近的土壤挖除。火箭扳手的设置如图 10-4 所示。

图 10-4 火箭扳手的设置

设置完成后，所有人员撤离到安全距离外，实施点火，将引信从航空炸弹上旋出。为防止发生意外，作业完成后，应等待一段时间（通常为 15min），并远距离观察弹药情况，在确认安全后作业人员方可再次进入作业现场做进一步的处理。对于某些连接螺纹较长的引信，可能需要多次作业才能将引信完全旋出。

使用火箭扳手旋下弹药引信时，应注意以下事项：

（1）喷管中喷出的尾焰和高温气体可能引燃其附近的可燃物质。

（2）使用电点火方式时，应预防射频干扰引起提前点火导致意外。

（3）使用火箭扳手拆除引信有可能导致引信动作，尤其是在引信已部分损坏的情况下。

（4）对于有反拆卸功能的引信，使用火箭扳手时可能导致弹药爆炸。

10.2.5 磨料水射流切割

水射流切割是一种新型切割技术，其基本原理是利用压力数十至数百兆帕的高压水通过特殊设计的、孔径很小的喷嘴以数百米每秒的高速度喷出，借助这种高速水射流动能的冲击作用来切割工件。磨料水射流设备（Hydro-Abrasive Cutting Equipment，ACE）是普通水射流技术的发展，其实质是在高速水射流中添加一定数量、具有一定质量和硬度的磨料颗粒而形成液固两相射流。由于在水中加入了磨料颗粒，改变了水射流的流动特性和对物体的作用方式。磨料水射流不仅利用了水射流的冲蚀作用，也充分利用了磨料颗粒的冲蚀与磨削作用，具有较强的切割能力。

利用高压水射流切割材料时无烟、无味、无毒、无火花。由于水的冷却作用，被切割工件的温升很小，切口中（包括切口剖面）的温度低于 100℃，产生的热量少，特别适合在有防爆要求或易燃易爆的危险场合下进行切割作业。

水射流切割设备一般由动力装置、水/磨料混合装置、喷头（切割头）等部分组成，如图 10-5 所示。为了便于安全地按照设定的轨迹切割，还需要有喷头支架与喷头移动控制装置，如图 10-6 所示。

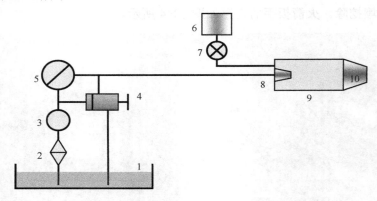

图 10-5　磨料水射流切割设备的构成

1—水箱；2—过滤器；3—柱塞阀；4—安全阀；5—压力表；6—磨料箱；
7—截止阀；8—水喷嘴；9—混合腔；10—磨料喷嘴。

图 10-6　喷头支架及移动控制装置

图 10-7 所示为英国 Remotec De-Mil Systems 公司生产的便携式磨料水切割设备。该套设备由柴油动力单元与磨料混合单元两部分组成。这两部分均固定在不锈钢架上，以便于搬运。磨料混合单元有两个磨料罐，每个罐内存储的磨料可供喷嘴连续工作 10min。三缸泵带有安全阀，最大工作压力可达 5000psi。在磨料混合单元上还有喷嘴移动控制开关，最远可在 500m 距离上控制喷嘴移动作业。作业时，喷嘴距待切割表面的距离应在 15～30mm 之间。该设备对钢材的最大切割厚度可达 25mm，可按直线或圆形轨迹移动以切开弹药壳体，暴露其内部的主装药。

第 10 章 弹药防爆安全处理技术

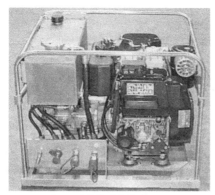

(a) 柴油动力单元

(b) 磨料混合单元

图 10-7 英国"剑鱼"(Swordfish) 便携式磨料水切割设备

表 10-1 列出了"剑鱼"便携式磨料水切割设备的主要性能参数。

表 10-1 英国"剑鱼"(Swordfish) 便携式磨料水切割设备的主要性能参数

参数	高度	宽度	长度	重量
柴油动力单元	610mm	600mm	780mm	118kg
磨料混合单元	650mm	550mm	800mm	118kg
对不同厚度钢材的切割速度	10mm	15mm	20mm	25mm
	90mm/min	55mm/min	38mm/min	35mm/min
水消耗量	8L/min			

使用磨料水射流切割设备时，应注意以下事项：

（1）切割弹药时，可能会触发敏感引信或在主装药中形成"热点"引起弹药的爆炸，因此作业时人员应在安全距离之外。

（2）水射流切割的部位应避开引信、电路及扩爆药。

（3）应采取适当措施回收产生的污水。

第 11 章　典型弹药引信及其拆除

对发现的未爆弹药进行防爆处置作业，需要准确识别弹药及其引信型号，并熟知引信的结构、动作原理和拆卸方法，才能保证安全地实施防爆处置作业。本章重点介绍一些典型弹药引信的结构性能及动作原理。

11.1　ФАБ-250М-54 爆破弹

1）构造与性能

ФАБ-250М-54 爆破弹的构造如图 11-1 所示。弹体用钢材焊接而成。弹头焊有弹道环，用以改善炸弹的跨声速稳定性，其直径与弹体圆筒部直径相同。弹体头部和尾部各有一个引信室，内装传爆管，可配用螺纹直径 52mm 和 36mm 的引信。弹体上有 3 个弹耳，相距 250mm 的 2 个弹耳焊在弹体一侧，另一弹耳焊在另一侧炸弹重心处。安定器为双圆筒式，焊接在弹体尾锥部。弹体内装 TNT 炸药 98kg，弹长（不含引信）1471～1500mm，弹体直径 325mm，全重 236kg。当投弹高度为 10000m 时（表速 800km/h），在中等密度的土壤，侵彻深度 3.8m。

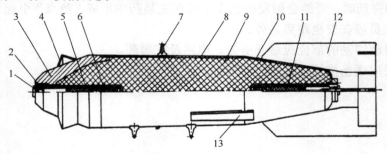

图 11-1　ФАБ-250М-54 爆破弹的构造

1—防潮塞；2—连接螺套；3—弹头；4—弹道环；5—头部传爆管；6—传爆药柱；7—弹耳；8—弹体圆筒部；
9—炸药；10—尾锥部；11—尾部传爆管；12—安定器；13—定位块。

该弹可装配的引信有 8 种，均为可调的延期引信。除长延期的引信外，多数是短延期和中延期引信（有的可调成瞬发），如 АБ-1Д/У 引信（见二级培训教程）。

2）排除方法

（1）诱爆。

将 2～3kg TNT 炸药装药，靠近引信固定在弹体上，点火使装药爆炸，以诱爆炸弹。

第 11 章 典型弹药引信及其拆除

（2）拆卸引信。

把炸弹挖出后，按逆时针方向旋出引信，并从引信上旋下起爆管，引信即失去爆炸的可能。为防止火帽击发和引起延期药燃烧，可用扳手旋出压紧盖，拧松延期药盘固定螺，取出延期药盘；拧开头部罩，分解惯性击针和惯性筒，并从惯性筒上取下火帽。

11.2 ФАБ-1500М-54 爆破弹

1）构造与性能

ФАБ-1500М-54 爆破弹的构造如图 11-2 所示。弹头为铸钢制成，并焊有弹道环。弹体圆筒部用厚 18mm 的钢板焊接而成，外面焊有两个弹耳。为保证悬挂在飞机上的炸弹轴线与飞机轴线平行，在弹体圆筒部前部焊有 2 块定位块，后部焊有 4 块定位块。安定器为双圆筒式，焊接在弹体尾锥部。弹体头部和尾部各有一引信室，内装传爆管，可配用螺纹直径 52mm 和 36mm 的引信。弹体内装 TNT 炸药或 MC 炸药（TNT 19%、RDX 57.6%、细粒铝 11%、片状铝 6%、卤蜡 6.4%）。装填 TNT 炸药时，装药量为 675kg；装填 MC 炸药时，装药量为 718kg。弹长（不含引信）2726～2765mm，弹体直径 630mm，全重 1550kg，装 MC 炸药时全重为 1586kg。当投弹高度为 10000m 时（表速 800km/h），在中等密度的土壤，侵彻深度为 7.8m，弹坑容积可达 170m³。

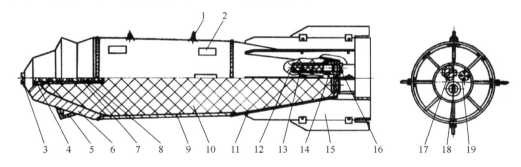

图 11-2 ФАБ-1500М-54 爆破弹构造

1—弹耳；2—定位块 3—防潮塞；4—连接螺套；5—弹道环；6—弹头；7—头部传爆管；8—传爆药柱；9—弹体圆筒部；
10—炸药；11—尾锥部；12—尾部传爆管；13—传爆药柱；14—连接螺套；15—安定器；16—防潮塞；17—尾部传爆管；
18—装药孔；19—排气孔。

该弹可装配的引信有 12 种，多数是短延期或中延期可调引信（如 АБ-1Д/У 引信），尾部引信室还可装配 АВДМ 长延期引信。

2）排除方法

准确地识别炸弹上安装的引信是否为 АВДМ 引信，对果断处置未爆炸弹具有重要意义。怎样断定炸弹上安装的是 АВДМ 引信呢？首先，该引信均装在炸弹的尾部引信室内，炸弹头部引信室用钢制螺塞封闭。然后，再仔细观察引信露在弹体外边部分的形状和大小。АВДМ 引信露在弹体外的部分为一扁圆形金属头部罩，上部有一金属圆帽，圆帽中心有一带内螺纹的圆孔，圆孔周围有 2 个扳手孔。头部罩侧面有 6 个扳手孔，并有一个小螺钉孔。引信露于体外的最大直径约为7cm,最大高度约为3.4cm。

该种引信除了保险装置未解除外,不能直接将引信从炸弹中旋出。在一般情况下,应用炸药将其诱爆,如用 TNT 炸药,应不少于 3kg,将其放在弹体靠近引信的位置点火爆炸。如果炸弹处在重要目标区域不宜诱爆时,可用少量炸药放在引信旁边,将引信露于体外部分炸掉,达到破坏其延期电路的目的,使炸弹失去延期爆炸的可能,再将炸弹运至安全地点实施诱爆。

11.3 250lb MK81 Mod1 低阻爆破弹

250lb MK81 Mod1 低阻爆破弹属于 MK80 系列低阻炸弹。该系列炸弹是美国海军为高速飞机外挂投弹发展的新型炸弹,是美军现役航空炸弹中使用最广泛的一类。目前使用的伞形机械尾翼减速炸弹和激光制导炸弹,就是在这类炸弹基础上改进而成。

1)构造与性能

弹体为流线型铸钢弹体,有头部引信室和尾部引信室。该弹采用双弹耳,间距 356mm。在炸弹重心处另有一个弹耳,弹耳均用螺纹与弹体连接。在前弹耳和重心弹耳之间,有一个插塞,用以连接头、尾引信的电路(使用电引信时)。弹体尾部安装有锥形钢制圆筒,并在尾部固定 4 片安定器翼片。弹体内装特里托纳炸药(Trional,TNT 80%、铝 20%)或 H6 炸药[B 炸药(RDX 60%,TNT 40%,外加蜡 1%)74%,铝 21%,钝化剂 5%,外加氯化钙 0.5%],装药量为 45.4kg。弹头传爆管用 M126A1(T45E1),弹尾传爆管用 T46E4。炸弹全长 1882mm,弹体直径 229mm,炸弹全重 118kg。

2)发火原理

炸弹从飞机上投下时,锁住风翼的保险装置被抽掉,风翼在气流作用下旋转,并通过调速组件和传动齿轮组,促使转动轮、击发体、击针和压盘转动。当击发体边缘的缺口对正下固定圈的凸出部时,弹簧便将击发体顶起。此时,压盘上的缺口也对正下面的保险控制杆,保险控制杆在弹簧的张力下,其上部进入压盘的缺口内,下部释放三角雷管座。三角雷管座在扭簧的作用下旋转一定角度,使雷管对正传爆序列,并被卡片固定,引信进入战斗状态。

在击发体被弹簧顶起时,击发体中央纵向圆孔和击针之间产生了孔隙。这时,击发体横向圆孔内有一钢珠,被弹簧推入该孔隙内,以便在击发时传导撞击力。

炸弹碰到目标时,碰击力驱使整个头部组合件向内运动,击发体被压,并通过钢珠将力传给击针,切断销被切断,击针撞击火帽,使整个传爆序列爆炸,从而引起炸弹爆炸。

3)排除方法

(1)诱爆。

用 2kg TNT 炸药,放置在弹体靠近引信的位置点火爆炸。

(2)拆卸引信。

按逆时针方向从弹体上旋出引信(可用扳手插入连接件的扳手孔内,将连接件和扩爆筒一起旋出),旋下扩爆筒和起爆筒,按下卡销,取出柱形火帽体。取出三角雷管座,引信即失去爆炸的可能。

11.4 500lb AN-M64A1 通用爆破弹

1) 构造与性能

该弹为整体铸钢式弹体,头部和尾部各有一引信室。弹体一侧有两个弹耳,另一侧的炸弹重心有一个弹耳,均用焊接的方法固定在弹体上。弹尾安装有箱形(方框式)安定器。弹体内可装填 4 种类型的炸药:TNT 炸药 121kg;或阿马托炸药(硝酸铵和 TNT 各 50%)119kg;或 B 炸药(RDX 60%、TNT 40%、外加蜡 1%)124kg;或特里托纳炸药(Tritonal)128kg。全弹长 1503mm,弹体直径为 360mm,全弹重 245~254kg。该弹爆炸后可形成直径 9~11m、深 4~6m 的弹坑,冲击波对人员的有效杀伤半径为 22.9m,破片最大杀伤半径为 914m。

2) 发火原理

炸弹从飞机上投下,旋翼在气流作用下旋转,旋压杆随之旋转并下降。经 24.4~30.5m 后,旋压杆将玻璃瓶压破,化学液流出,蚀破碗形铜帽,化学液即被紧靠化学圈的毡片吸收。经过一定时间(规定的延期时间),化学圈被化学液软化至不能挡住击针钢珠时,钢珠在击针和击针簧的压力下外移,击针失去控制,在击针簧张力作用下撞击火帽而发火。

炸弹落地后,如企图卸下引信而按逆时针方向旋动引信时,反拆卸钢珠就被推入浅槽,并卡在引信座和内套管内壁之间,使引信不能转动。如果继续用力旋转,则保险钉就会被扭断,引信体仅有螺纹与引信座结合。再向外旋转时,引信体下部和引信座之间就产生了孔隙。当该孔隙等于或稍大于击针筒钢珠的直径时,击针筒钢珠便在击针筒簧的张力作用下被挤向外侧,击针筒失去控制,连同击针一起撞击火帽而发火。

3) 排除方法

一般情况下以诱爆为主。如果炸弹落在重要目标区域,则应迅速挖出运至安全地点诱爆或从炸弹上卸下引信。作业时,应根据炸弹投下的时间和当地温度推算出炸弹的爆炸时间,在预定爆炸时间前 10min 离开现场。如果在该时间内未爆炸,则应等到超过预定爆炸时间 10min 后再接近炸弹作业。

(1) 原洞诱爆。

如果条件允许,弹孔又较大,不经挖掘或经简单挖掘即可将诱爆炸药送至弹体上,则可用 3kg 以上 TNT 炸药,尽量靠近引信安放在弹体上点火爆炸。

(2) 拆卸引信。

① 用推滚炸弹的方法旋出引信(图 11-3)。将炸弹放于平地,弹尾朝向作业手右手方向,一名作业手(组长)右手握住引信体不使其转动,另外 1~2 名作业手位于组长左侧,按组长的指挥向前推滚炸弹(按引信位置顺时针方向推滚炸弹)。组长应时刻注意引信的松紧程度,如果感到引信松动,则说明反拆卸钢珠进入深槽,可继续滚动炸弹;如果感到引信由松变紧,则说明反拆卸钢珠进入浅槽,应立即停止向前滚动,然后慢慢向

回滚动（不超过半圈即可），待引信松动后，再继续按原来方向向前推滚，直至将引信旋出为止。

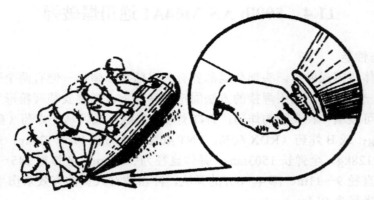

图 11-3　用推滚炸弹的方法旋出引信

② 拆卸套管。由于引信的套管与弹体是用螺钉或铆钉固定的，故需用解锥取出螺钉或用钢锯靠近弹体锯断铆钉，再用扳手按逆时针方向旋动套管，即可将套管连同引信一起取出。该方法可使反拆卸钢珠不起作用。欲分解引信，可按推滚炸弹旋出引信的方法进行。

11.5　ОФАБ-100М 杀伤爆破弹

该弹主要用来杀伤和摧毁战场上、行军中及集结地域内的有生力量和技术装备，以及位于轻、中型掩蔽部内的目标。

1）构造与性能

弹头由厚 10mm 钢板冲压而成，呈半球形，前端焊有螺孔直径为 85mm 的弹头螺圈，弹头弧面上焊有弹道环。弹体圆筒部由铸钢制成，壁厚 26.5～29.5mm，两端薄，中间厚。前、后端分别与弹头、底盖焊接在一起。底盖由 4mm 钢板制成，中央有一圆孔，尾部传爆管通过此孔焊接固定在弹体内，尾锥体由 2.5mm 钢板制成，前端焊在底盖上，后端焊有传爆管螺套。安定器为方框圆筒式，焊接在尾锥体上。弹体重心处焊有一个弹耳。

该弹有两个传爆管，一个在头部，另一个在尾部。头部传爆管由螺套、传爆管壳、连接螺套和传爆药柱组成。螺套与传爆管壳焊在一起，旋在弹头螺圈中间的螺孔内。螺套的内螺孔可安装螺纹直径为 36mm 的引信。平时，螺套上拧有连接螺套，其上有一直径为 26mm 的引信安装螺孔，并旋有防潮塞。头部传爆管内装有两节特屈儿传爆药柱，共重 122g，药柱外面包有衬纸，由连接螺套将其压紧。尾部传爆管由螺套和传爆管壳组成，焊接在尾锥体后端。螺套上有一直径 36mm 引信安装螺孔，平时旋有防潮塞。尾部传爆管内装有两节特屈儿传爆药柱，共重 164g。传爆药柱装在布袋内，塞入传爆管，并用木塞压紧。

弹体内装 TNT（90%）和二硝基萘（10%）炸药 35kg。全弹重 121kg，全弹长 1049～

1065mm，弹体直径为 280mm。杀伤半径为 38.9m，弹坑容积为 15.8m³，距爆点 10m 远破片可击穿（30mm）厚度钢板。

2）发火原理

炸弹从飞机上投下时，旋翼控制器被拉火，经 10s 后旋翼控制器发火并被抛出，引信的旋翼受空气阻力开始旋转。待螺杆和保险筒旋掉后，3 块保险块随之脱落，打火筒和惯性筒靠保险簧支撑，引信成战斗状态。

炸弹着地时，打火筒受到撞击（如引信装在弹尾，惯性筒受惯性力作用向下运动），压缩保险簧；火帽座压缩衬筒内的硝化棉火药，骤然产生高温；硝化棉火药燃烧，火帽发火，点燃火药柱；火焰通过传火孔引燃延期药（如定时螺钉被拧出与引信体外面齐平，火焰将同时点燃瞬发药），然后火焰又传至火药块；火药块燃烧引起雷管和传爆药爆炸，炸弹即被引爆。

3）排除方法

（1）诱爆。

用 2kg TNT 炸药，将其放在弹体靠近引信处点火爆炸。

（2）拆卸引信。

使用扳手按逆时针方向旋下引信，再旋下起爆管。拧出引信体下端侧壁的螺钉，取出延期药座和火帽座。旋掉打火筒上端的螺帽，使打火筒和惯性筒从引信体下端滑出，取出装有硝化棉火药的衬筒。如果炸弹落地时，旋翼控制器没有发火，则引信处于安全状态。应首先从弹体上将引信旋下，旋下起爆管，取出火帽座。然后拧下旋翼控制器的击地筒和延期管，旋下带旋翼的保险筒，使保险块自动脱落。最后旋下打火筒顶端的螺帽，使打火筒、惯性筒从引信体下端滑出，再取出装有硝化棉火药的衬筒。

11.6 动 磁 炸 弹

动磁炸弹是在带有伞状尾翼的炸弹上装有动磁引信的炸弹。这种炸弹在空中张开尾翼像一把伞。炸弹着地后，弹体钻入土中，尾翼与弹体脱离。当铁磁物体（如火车、汽车等）在距它一定距离运动时，即可引起炸弹爆炸。如果在其附近没有铁磁物体运动，则炸弹会定时自行爆炸。这种炸弹主要用来封锁、破坏交通运输线、重要军事目标以及破坏机动车辆和杀伤有生力量。有时投在沿海和江河中，用以封锁水上交通。

1）弹体（含尾翼）的构造与性能

动磁炸弹通常有 250lb、500lb 和 750lb 三种圆径，除体积和重量不同外，其构造基本相同。现以 500lb 圆径炸弹为例介绍。

该弹代号为 MK82 Mod1 Snake-eye（蛇眼）Ⅰ。弹壳由普通钢制成，外部有两个挂弹环和一个接线盒插座，弹体两端各有一个引信室。尾翼由 4 个伞叶、弹尾轴杆、弹尾套和 8 根撑杆等铝合金构件组成。投弹前，4 个伞叶收拢，投下时，伞叶张开。其作用是减低炸弹下落速度，保持弹头朝下，张开伞叶的同时还能拔掉尾部引信的保险销。该弹全重 254kg，全长 2273mm，弹体直径为 273mm。装填炸药类型为特里托纳（Tritonal）或 H6，重 87kg。爆炸后可形成深约 3m、直径约 4m 的弹坑，破片有效杀伤半径 150～

200m。

2) 引信的构造及性能

（1）构造。

动磁引信由头部引信、尾部引信和引信电缆（包括接线盒）三部分组成。该引信由 MK42 型已发展到 MK42-3 型，但结构、性能大体相同。

（2）性能。

① 灵敏度。动磁引信的灵敏度与铁磁物质的大小、运动速度、弹位高低、炸弹倾斜度有关。一般说来，铁磁物体越大、距炸弹越近、运动速度越快、弹体垂直入土，引信灵敏度越高。装有 MK42-0 型动磁引信的炸弹垂直入土时，火车距离 50m 以内、卡车在 20m 以内、指挥车在 15m 以内、人持步（机）枪在 2m 以内、人带手枪或十字镐在 0.5m 内运动都可能引起动磁炸弹爆炸。由此可见，动磁引信对铁磁物体很敏感。

② 定时自毁。当炸弹落地并进入战斗状态后，如果无铁磁物体影响使其爆炸，则经过一定时间会自行爆炸。炸弹自行爆炸的时间在 15min～120d 内，多数在 2～3d 内爆炸。其自毁时间是由电池的电压决定的。电池的电压原为 9.5V，当消耗到 80%（7.6V）时，尾部引信即产生一个爆炸信号，并传到头部引信，使电雷管爆炸。

③ 抗干扰性能。如果铁磁物体运动速度太快，信号太强（如炮弹、飞机等飞越炸弹位置时），则动磁引信会自动封闭 1min。在此 1min 内，即使炸弹附近有铁磁物体运动，动磁引信也不会爆炸。1min 后，引信恢复正常。

④ 防拆卸功能。当引信进入战斗状态后，搬动炸弹或拆卸炸弹上的铁磁零件（包括拆卸引信）、用导电器件使接线盒中间金属环与外金属环短路、按下机械开关的按钮而使电源被切断等情况，都会使动磁弹爆炸。

3) 发火原理

（1）炸弹由飞机上投下时，尾翼的保险销被拔掉，伞叶自动张开。伞叶张开的同时，尾部引信的保险销被拔掉，电源开始使电化学保险装置工作。

（2）尾翼保险销被拔掉的同时，头部引信的保险销也被拔掉，旋翼在气流作用下旋转。根据引信装定的解除保险的秒数（2s、4s、6s、8s、10s、12s、14s、16s、18s 可调），头部引信在空中解除保险，三角雷管座与整个传爆装置对正（与 M904E2 引信相同）。

（3）尾部引信的保险销被拔掉后，电化学保险装置开始电解。炸弹落地后，电解继续进行，磁头自动平衡外磁场。约经 5～10min 后电解完毕，电子线路与头部引信线路接通，引信进入战斗状态。

（4）炸弹附近如果有动磁物体，那么就有可能打破磁场的平衡，磁头将动磁信号转换成电流，经过电子电路的处理，将起爆电流输送到头部引信，使电雷管爆炸，从而引起整个传爆装置和装药的爆炸。

4) 排除方法

此类炸弹可采用以下两种方法排除。

（1）利用就便器材诱爆法。

在没有制式的排除动磁炸弹器材的情况下，可利用就便器材进行诱爆，如拖拉铁件诱爆法、拖拉磁铁诱爆法、电力诱爆法和炸药诱爆法等。

① 拖拉铁件诱爆法。该作业可由两人进行。甲、乙二人首先在距炸弹两侧 30～40m 处各挖一个单人掩体（或利用现有地物）；然后将两边系有 50～60m 长绳的铁件放在距弹位 15m 以外，甲按着铁件不使其移动，乙拉着一根长绳绕过弹位前进到一侧掩体，甲再向着另一掩体展放绳索（切勿拉动铁件）；最后甲、乙二人在掩体内牵动绳索，将铁件拉至弹位附近，来回拖动，扰动弹位周围磁场，使炸弹爆炸（图 11-4）。

图 11-4 拖拉铁件诱爆动磁炸弹

被拖拉的铁件最好用薄铁皮，面积约 $1\sim 2m^2$。经验表明，拖拉铁件的方向对诱爆效果有影响，南北方向拖拉比东西方向拖拉效果好。如果经较长时间拖拉仍无效，则可能是引信被封闭，应停数分钟后继续拖拉，或更换其他方法。

当受地形限制不能平拖铁件时，可用竹竿或木杆扎一个三脚架，在三脚架顶部系一个铝质或铜质圆环，将三脚架固定在弹位附近，再用一根长 60～70m 绳索，从环中穿入。绳索的一端与放在距弹位 15m 以外的铁皮连接，绳索的另一端拖至掩体内。拉动绳索，将铁皮移至三脚架下，人员在掩体内拉动绳索，使铁皮在三脚架下翻动或晃动（图 11-5）。

图 11-5 在三脚架下晃动铁皮诱爆动磁炸弹

② 拖拉磁铁诱爆法。使用永久磁铁诱爆动磁炸弹，使用方便，效果好。如果当地搜集不到永久磁铁，则可将钢钎临时充磁。在充磁后的钢钎中部和两端各系一根 50～60m

长的绳索,按拖拉铁件的方法将钢钎拖到弹位附近。一人在掩体内拉住钢钎中部的绳索,另一人在对面掩体内交替牵动钢钎两端的绳索,使钢钎在弹位附近摆动,扰动周围磁场,引起动磁炸弹爆炸(图 11-6)。

图 11-6　使用磁钢钎诱爆动磁炸弹

③ 电力诱爆法。可用汽车或工程机械的蓄电瓶作为电源。用 20m 左右的普通照明电线缠绕在直径 1m 或长、宽各 1m 的木制(或竹制)框架上,再用两根各 40m 长的较粗的导电线连接在框架的电线上,另一端与掩体内的直流电流表(30A)、开关、蓄电瓶串联起来。用绳索将框架拉到弹位附近。间隔 3s 向线圈通、断电,线圈即可产生变化磁场,使动磁炸弹爆炸(图 11-7)。

图 11-7　电力诱爆动磁炸弹

④ 炸药诱爆法。将电雷管装入一个 15kg 炸药包内(预先在电雷管上接好电线),将炸药包放在弹位附近(也可用拖拉铁件的方法将炸药包拖至弹位),在安全地点点火,使炸药包爆炸。也可用导火索在弹位附近点火引爆。炸药包爆炸时,弹体附近的铁磁物体被震动,扰动炸弹周围磁场,引起炸弹爆炸。如果炸药包靠近弹体爆炸,则也可将炸弹的装药诱爆。

⑤ 水下动磁炸弹的诱爆方法。当河面不宽、流速不大时,可将铁件或磁铁用绳索吊在筏子下面,用绳索拉着筏子顺水进入炸弹分布区,可将水下动磁炸弹诱爆。也可在河

岸用导电线围成一个线圈（类似电力诱爆法），向线圈通、断电，诱爆河内的动磁炸弹。

（2）人工拆卸法。

人工拆卸法危险性较大，只有对投在不宜诱爆的地点的动磁炸弹采用该方法。拆卸时，禁止使用或携带铁磁物体。其步骤如下：

① 开挖弹坑。开挖弹坑的位置和大小，视动磁炸弹的大小、入土方向、深度、土质等而定。当尾翼在作业位置妨碍开挖时，应用长绳索将其拖走。开挖弹坑是排除未爆炸弹的重要环节，作业要迅速，而且要勤换班。挖弹一般由1~2个班担任，分成若干三人小组，每组作业时间15~20min为宜。交接班时，应在安全地点进行。

② 炸接线盒。当挖到露出弹体上的接线盒时，在接线盒上放置约100g TNT 炸药，用火柴点燃点火管，使炸药爆炸，将接线盒炸坏。如果一次不能炸坏，则可连续进行，直至将连接头、尾引信的电线炸断。用胶布包好暴露的电线断头。这时，导电线失去传递信号的能力，不能起爆头部引信的电雷管。

③ 取出弹体，将其运到安全地点。

④ 拆卸引信。按逆时针方向分别拧下头部引信和尾部引信。分解头部引信，取出外套筒、扩爆筒、柱形火帽体和三角雷管座。将尾部引信的电池取出，炸弹即失效。

11.7 БРАБ-500М-55 穿甲弹

1）构造与性能

（1）构造。弹壳用合金钢制成，弹头呈卵形，弹道环固定在弹头上。弹壳圆柱部有两个相距250mm的挂弹环。尾锥体上安装圆筒箭羽式安定器。弹尾有两个引信室，并有相应的两个传爆管，引信室可配装直径为36mm和52mm的引信。平时引信室各有一个塞子封闭，使用时各安装一个АМД-55引信。弹体内装TNT炸药80kg，弹体前端为钝感炸药。

（2）主要性能。

该弹穿透钢筋混凝土的能力（投弹高度10000~12000m，航速800~1000km/h）如下：

① 中等质量加强混凝土1.51m。

② 中等质量钢筋混凝土1.33m。

③ 优质钢筋混凝土0.91m。

④ 带防崩复层的优质钢筋混凝土0.83m。

该弹穿透装甲钢板的能力如下：

① 当着角不大于20°、着速300~310m/s时，可穿透单层钢板150mm。

② 当着角不大于25°、着速290~300m/s时，可穿透100mm和30mm（两板之间有2.8~3cm的距离）的两块钢板。

③ 当着角小于30°、着速280~290m/s时，可穿透76mm和50mm两块重叠的钢板。

2）发火原理

炸弹投下时，飞机上的弹簧钩将拉环、保险销座、保险销一起拉出，释放活动火帽。

活动火帽在火帽簧的推动下与固定击针相撞击，活动火帽发火，火焰沿斜孔喷向延期药并将延期药点燃。约经 7～10s，延期药燃至终端，火焰经传火孔点燃火药块。火药块产生的气体将保险栓打入压杆的圆孔内（并克服薄金属片的阻力），压杆在压杆簧的推动下上升，直到与惯性盂的下表面接触为止。这时，压杆下端脱离了活动击针座，活动击针座在推进簧的推力下向前移动，使击针对正火帽；同时，固定销簧推动击针座固定销进入活动击针座的侧孔内，活动击针座即被固定，引信进入战斗状态。

当炸弹撞击目标时，如果目标抗力很小（如水面、40mm 以下钢板），那么惯性体和惯性盂在惯性作用下，克服支撑簧的张力，随同压杆（并给压杆以压力）向下运动，压缩压杆簧。压杆的下端将力传给控制杆，控制杆下端压破滑轨中心位置的薄弱部分而下降，释放钢珠，击针在击针簧的张力下向下撞击火帽，火帽发火，点燃延期药。经 0.02～0.035s，延期药燃完其全长的 1/3，火焰沿斜孔喷向金属片下面的大圆孔，并沿该圆孔喷向雷管，使雷管爆炸，从而引起传爆药及炸弹的爆炸。

如果被撞击的目标抗力较大（50mm 以上钢板），那么引信的惯性力也就增大，惯性体和惯性盂就能将压杆压到解除保险之前的位置。同时，两个卡销在卡销簧的推力下向外伸出，使惯性盂在引信延期爆炸过程中不致因压杆簧的张力而上升，压杆始终被压住。压杆向下推动控制杆，使控制杆压破滑轨的薄弱部分后，继续向下，将力传给传压杆，切断销被切断。传压杆下端连同金属片一起压入下面的圆孔中，堵住了通往延期药的斜孔。当控制杆向下移动时，钢珠被释放，击针在击针簧的张力下撞击火帽，火帽所产生的火焰使延期药燃烧，约经 0.06～0.09s，延期药燃至终端，火焰经斜孔传至雷管，使雷管爆炸，从而引起传爆药和炸弹爆炸。这样，可使炸弹穿透装甲到达目标内部爆炸。

该引信还可装定在 250kg 和 500kg 的 M-46 和 M-54 型爆破弹的尾部引信室内。

3）排除方法

（1）诱爆。

用 3kg TNT 炸药，将其放置在弹体靠近引信处点火爆炸。

（2）拆卸引信。

用手或扳手按逆时针方向旋下引信，再旋下起爆管。用尖嘴钳或其他合适的工具，插入雷管固定座的两个扳手孔内，按逆时针方向旋下雷管固定座，取出雷管。从引信体内倒出下延期药盘，引信即失效。

为检查活动火帽和上延期药盘中的延期药是否存在，应首先旋出螺圈，取出引信盖，并使上延期药盘和引信盖分开；然后旋下火帽簧螺塞，取出火帽。如果火帽未发火或延期药未燃烧，那么还应再旋下螺塞，取出火药块。

11.8 MK118 反坦克子炸弹

该弹装在 500lb MK20 Mod2 反坦克子母炸弹内，每个母弹内装有 MK118 反坦克子炸弹 247 颗。母弹弹体由铝合金制成，顺弹体轴线两侧槽内装有"V"型爆炸切割索，由弹体头部机械定时引信起爆，起爆后，爆炸切割索产生的剪力将母弹弹壳切成两半，MK118 反坦克子炸弹便散布出来纷纷下落。母弹尾部装有 4 片弹性折叠式翼片。MK118

反坦克子炸弹在母弹内成 5 排配置，子炸弹之间的孔隙用塑料定型块填塞。子母炸弹挂装在 A-4、A-6、A-7、F-4、F-8 等飞机上，现已在该弹基础上发展了激光制导型子母炸弹。

1）构造与性能

该弹由弹头部、弹体、炸药、药形罩、尾翼、头部引信和尾部引信等组成。

弹壳为钢质。弹体前部装有紫铜药型罩，药型罩呈圆锥形，锥度为 41.5°，弹壳和药型罩的接合部用胶密封。弹体内装有 B 炸药 0.2kg。弹体前端装有钢质弹头，头部引信以辊口的方式与弹头连接，并有一导电线穿过弹体将头部压电装置与尾部引信本体连接起来。弹体尾部有一尾盖，尾翼的金属箍固定在尾盖的环槽内，使尾翼不能脱离弹体。尾翼由深黄色的塑料制成，前端固定在金属箍上，尾部分成 3 个叶片，每个叶片的尾端又增加 2 个小叶片。尾部引信由尾翼金属箍的 6 个卡爪固定在弹体尾端。

该弹爆炸时可贯穿坚硬土壤 700～800mm，贯穿花岗岩 100～150mm，贯穿钢板 50～80mm。

2）发火原理

母弹在空中炸开后，MK118 反坦克子炸弹被抛出而下落。在下落过程中，尾部机构的风翼旋转，当达到一定转速时，两块离心板在离心力作用下绕其轴向外张开并推开簧片，打开保险杆上升的通道。保险杆在保险杆簧的张力作用下上升，进入风翼轮座下面的空室内，其尾部离开旋转雷管座的缺口，从而释放旋转雷管座。这时钟表机构开始工作，驱动轮在扭力簧的带动下转动，转动的速度受传动轮系和调速器的控制，以达到延期的目的。驱动轮转动时，半圆槽压旋转雷管座上的限制销，并带动旋转雷管座转动。限位销同时又受到后夹板上的月牙槽的限制，当旋转雷管座在转过 45°时，限位销就到达半圆槽的开口部并与驱动轮分离。此时风翼轮带动的转轴下部的橡皮轮已和旋转雷管座上的扇形片相接触。扇形片铆在旋转雷管座上，其上冲有三角形突起，以便使扇形片和橡皮轮紧密接触。扇形片在橡皮轮的带动下转动，使旋转雷管座转正。

当旋转雷管座被橡皮轮带动转正时，电雷管的导电筒触头被接电片压下并接通电路，导电筒与套筒分离，使电雷管的短路断开。这时，引信即被解除保险状态。旋转雷管座转正后，限位销顶到后夹板月牙槽的另一端，同时，旋转雷管座背面的弧形保险片的齿与导电线夹成一体的簧片咬合，使旋转雷管座定位。

当炸弹碰击目标时，在目标的反作用力下，头部机构的铝环被切断，击发体向后运动，击针刺击火帽，火帽发火推动压电块使晶体受压，晶体两端产生电位差，电流经压电座、导电线、插头、接电片等通至电雷管的导电芯杆，与电雷管的一极接通；晶体的另一极接地，和电雷管的另一极（电雷管壳）接通，电雷管爆炸，引起起爆管和装药的爆炸。

在旋转雷管座转动过程中阻挡惯性击针的弧形保险片随之移动，并脱离惯性击针。这时，惯性击针只由击针保险簧支撑而不能下降。炸弹落地时，惯性击针向下冲击，克服击针保险簧的张力而刺击针刺雷管，针刺雷管爆炸，引爆电雷管，从而使炸弹爆炸。

在正常情况下，压电装置的作用比惯性着发机构的引爆速度快，能保证聚能射流充分发挥作用（弹头变形甚小），故该弹以压电装置引爆炸弹为主。

3）排除方法

（1）诱爆。

将 200g TNT 药块放置在子炸弹的弹体上点火爆炸，将炸弹诱爆。

（2）拆卸方法。

① 拆卸尾部机构。将炸弹挖出，一手握住弹体，一手用解锥或其他合适的工具将尾翼金属箍的齿从尾盖的环槽内撬出，将尾翼卸下，这时尾部机构即与弹体分离，最后将半尾部机构和通向弹体的导电线分开。要将尾部机构中的火工品取出，应首先卸下起爆管，再将惯性着发机构中的钢柱从底部卸下，倒出针刺雷管。撬开引信外壳下部侧壁与引信体之间的扣合点，将引信体从引信外壳的下部抽出。如果旋转雷管座已经转正，则可用齐头竹签从引信体下部通过起爆管孔向上将电雷管顶出。如果旋转雷管座尚未转正，将引信体从引信外壳中取出时则会听到"沙沙"的声音（这是钟表装置在带动旋转雷管座旋转），那么等声音停止后，应从引信体上部中心孔中拨动旋转雷管座，使其继续转动，直至转不动为止，再按上述方法顶出电雷管。

② 拆卸头部机构。用钢锯从辊口靠近击发体一侧（稍离开辊口）锯断，将头部引信体和弹头部分开，即可抽出压电部件。因火帽在压电部件中，故应妥善保管。

11.9　ПТАБ-2.5 反坦克子炸弹

ПТАБ-2.5 反坦克子炸弹装在一次有效弹箱（或母弹）中，由飞机上投下。一次有效弹箱在空中解体后，该弹被抛出纷纷下落，碰击目标或落地爆炸。有两种一次有效弹箱装填该弹：一种是 РБК-500-225 弹箱，重 225kg，长 1478～1500mm，直径 450mm，可装填 50 个反坦克子炸弹；另一种是 РБК-500 通用弹箱，装 30 个反坦克子炸弹。

1）构造与性能

该弹主要由弹头、药型罩、弹壳、装药、扩爆药、引信和尾翼组成。

炸弹头部有一个半球状钢质弹头，并与保险环一起固定在弹壳前端。保险环用来支撑弹头，以保证当炸弹碰击目标时使聚能射流与目标之间保持适当距离。锥形药型罩固定在弹壳前部。钢质弹壳的外面套有杀伤破片套，用以产生较多的破片，弹壳和杀伤破片套共厚 3.5mm。弹壳内装填 TNT 和 RDX 混合炸药 0.387kg。装药尾部的引信室内装有一块空心扩爆药。弹壳尾端与尾锥固定在一起。尾翼由 4 个扇形翼片和一个弓形夹板连接而成（均由钢板制作）。尾翼焊接在尾锥上。弹体尾部中央有一个直径为 36mm 的螺纹孔，用来安装引信。当子炸弹命中角为 0°时，破甲厚度为 30mm。

2）发火原理

子炸弹从母弹中抛出后，弹头朝下向下降落。空气流使旋翼旋转。当转速达到 40rps 时，离心子在离心力作用下向外移动并压缩离心子簧，从而释放惯性体。旋翼保险机构失去作用后，便在气流作用下飞离引信。惯性体在支撑簧的支撑作用下不能下降，在空中保持战斗状态。

当子炸弹碰击目标时，惯性体在惯性作用下向下运动并压缩支撑簧。当钢珠到达引信体内膨大内腔时,钢珠掉出,击针被释放。在击针簧张力作用及惯性体的惯性力作用下,击针刺击雷管,雷管爆炸,从而引起扩爆药和炸弹爆炸。

3) 排除方法

(1) 诱爆。

将 200g TNT 药块放置在子炸弹的弹体上点火爆炸,将炸弹诱爆。

(2) 拆卸引言。

从子炸弹尾部旋下引信,再从引信上旋下扩爆管。

11.10　750lb M116A2 火焰弹

750lb M116A2 火焰弹是一种散布性火焰燃烧弹,供高速飞机外挂投放,用来杀伤掩体内外的人员,烧毁后勤设施、土木建筑物及运输车辆等。

1) 构造与性能

弹体用铝板制成,分为三部分:中部弹体、头部弹体和尾部弹体。

中部弹体呈圆柱状,长 1235mm,直径 474mm,圆柱部体内有铝制桁梁支撑,并用铝板加强,两个弹耳焊接在该加强板上。圆柱体两端焊有铝制楔形密封环,用来连接头部弹体和尾部弹体,由密封垫片保证连接部分密封,两端还有装配用的箭头标记。

头部弹体由前弹体和头盖组成。前弹体为铝制抛物面壳体,长 826mm,最大直径 470mm。与中部弹体连接的一端有一个密封环,环上有 8 个安装锁紧螺钉的孔。前弹体另一端有一铝制框架,其上有点火药支承环和头盖导轨。支承环上可安装 M23 或 AN-M23A1 点火药。引信和点火药旋接在一起。头盖导轨的中心装有预压弹簧及头盖塞,平时用一根短钢丝固定,当挂到飞机上时,改用引信保险钢丝固定。前弹体两端有刻印的箭头标记。头盖是铝制壳体,装在前弹体的前面,以保证炸弹在飞机上外挂时具有流线型外形。头盖顶端有一螺纹孔,以便用螺钉将头盖固定在头盖导轨上。头盖两侧有两个窗口、用来检查点火药和引信。

尾部弹体由后弹体和尾锥组成。后弹体为一铝制截头圆锥,长 997mm,最大直径 471mm。后弹体的连接装置结构与前弹体相同。后弹体上也有装配用的箭头标记、点火药支承环、尾盖导轨、检查窗口等。

该弹内装胶状燃料(凝固汽油和相同密度的燃料)100gal(重 279kg),燃烧温度 800℃左右。

2) 发火原理

该弹从飞机上投放时,保险钢丝即从头盖塞和引信中被抽出,头盖和尾锥在各自的弹簧作用下弹离弹体,使头部引信和尾部引信处于空气流之中,风翼开始转动。风翼旋转 15～20 转,保险螺杆便从两个保险钢珠之间被抽出,保险钢珠缩入惯性体内,从而解除对惯性体和惯性筒之间相对运动的限制。此时,带击针的惯性体还受保险簧的支撑,惯性体和惯性筒之间还不能相对运动,这时引信已处于待发状态。

碰击目标时,若引信装在弹头,则惯性力使惯性筒前移,压缩保险簧,带动火帽撞击击针；若引信装在弹尾，惯性力使惯性体前移，压缩保险簧，带动击针撞击火帽；若炸弹小着角或水平落地，则惯性力使惯性体和惯性筒向侧方移动并相互靠拢，压缩保险簧，火帽被击针击发，火焰通过传火孔喷入雷管，雷管爆炸，引信发火。

750lb M116A2 火焰弹撞击目标时，弹体破裂，燃烧剂被抛散。同时，M173 引信发火，使点火药点燃白磷引火剂，从而使散布在目标上的燃烧剂燃烧。

3）排除方法

（1）诱爆。

将 3kg TNT 炸药放置在弹体尽量靠近引信的位置，点火爆炸，将弹诱爆。

（2）拆卸引信。

旋下头部引信和尾部引信，从引信体上旋下传爆管。如果需取出火帽，则可从引信体上旋下头部组合件体，使惯性筒和惯性体脱离保险螺杆，装有火帽的惯性筒即可与惯性体分离。

第二部分 专业技能

第 12 章　战争遗留爆炸物处理的组织实施方法

12.1　排爆分队的人员与装备配置

排爆分队为执行未爆弹排除任务的最小单位，其人员和装备应能满足独立执行排爆任务的要求。鉴于未爆弹排除的特点，排爆分队在人员配置上，要求高度专业化，能够准确识别可能遇到的未爆弹类型并熟知其性能与排除方法；在车辆配置上，需要具备高度的机动性，能够快速到达任务区内任何地点执行排爆任务；在设备和工具配备上，应具备高度的安全性和灵活性，能够在复杂的战时条件下安全可靠地完成任务。

12.1.1　人员配置

根据未爆弹排除作业要求，排爆分队人数以 17～22 人为宜，其中干部 2～3 人，专业士官 14～19 人。具体分工及职责如下：

（1）队长，1 人，由专业技术军官担任。应具备良好的军事素质和心理素质，有较强的指挥能力与作业组织能力，熟悉未爆弹排除技术及安全规范，其担负的主要职责包括：接受上级的指令，并及时组织任务侦察，确定排爆方案；排爆行动的现场组织指挥；制定未爆弹排除预案及细则；筹措必需的各种排爆工具器材，并保证全队的装备、器材及工具时刻处于良好状态；定期举行业务技能培训与演练，保证全队所有人员具备相当的业务水准。

（2）副队长，1 人，由专业技术军官担任，并兼任排爆分队的技术工程师。必须精通未爆弹排除技术，能够熟练进行信息收集与资料管理，并具有一定的指挥与作业组织能力。其担负的主要职责为：熟悉各种常见弹药的性能、特征，掌握常见未爆弹的排除方法，并定期向全队人员开展针对性的技术培训；参与排爆任务的侦察，协助队长制定排爆方案；根据未爆弹现场确定处置方法，并指导排弹作业手安全作业；收集整理未爆弹排除的档案资料，并填写各种登记、上报表格；负责撰写排爆工作（技术）报告。

（3）探测手，2～4 人，由专业士官担任。其主要职责为：操作探雷器、航弹探测器、探地雷达等器材，准确确定地表及地下的未爆弹位置，并标识其具体方位；对探雷器、航弹探测器及探地雷达等器材进行日常维护和保养。

（4）机械操作手，2～3 人，由专业士官担任。其主要职责为：操作挖掘设备和吊装运输车辆，并在普通作业手的配合下，安全地挖出位于地表以下的未爆弹并在副队长指挥下将其转移至预定地点；对挖掘设备和吊装运输车辆进行日常维护和保养。

（5）排弹作业手，2～4 人，由专业士官担任。主要职责为：在作业现场执行未爆弹

第12章 战争遗留爆炸物处理的组织实施方法

的拆除、诱爆等操作；协助副队长完成排爆资料档案的收集整理、表格填写等工作；对各种排爆装备及工具进行日常维护和保养，及时向队长报告各类器材消耗情况以便及时补充。

（6）普通作业手，6～10人，由专业士官或士兵担任。主要职责为：协助机械作业手进行未爆弹的开挖、吊装和运输；开辟作业现场消防通道，并作为救火预备队；驾驶侦察车辆、人员输送车辆、工具器材车辆、救护、消防车辆，并定期对车辆装备进行维护和保养；承担其他与排爆工作有关的各项任务。

（7）医护人员，2人，由一名军医和一名护士担任。其主要职责为：对作业现场的意外伤害实施紧急救护；向全队人员讲授紧急救护知识；协助队长定期举行紧急救助演练。

在以上分工中，队长、副队长及排弹作业手应由专门机构组织对其进行未爆弹排除培训，并应轮流定期（2～3年一次）进行业务培训，以保证其专业知识的更新；排爆分队的其他成员除应具备各自分工所要求的专业技能外，均应定期（至少每季度一次）接受队内组织的未爆弹排除常识、紧急自救和救护常识的培训（或演练）。

排爆分队执行任务时，应由队长指定警戒范围，外围警戒一般应由协同步兵分队担任。排爆分队人员仅在无协同单位时承担外围警戒任务（由普通作业手承担）。

表12-1所列为典型的排爆分队人员配置及分工，以供参考。

表12-1 典型的排爆分队人员配置

分 工	人 数	说 明
队长	1	由专业技术军官担任，应接受过专门机构培训
副队长（兼任工程师）	1	由专业技术军官担任，应接受过专门机构培训
探测手	4	探雷器及航弹探测器操作手各1人，探地雷达操作手1人，助手1人；由专业士官担任
机械操作手	2	挖运操作手及吊装运操作手各1人，由专业士官担任
排弹作业手	4	由专业士官担任，应接受过专门机构培训
普通作业手	8	由专业士官或士兵担任，至少5人应具有娴熟的驾驶技能
医护人员	2	军医及护士各1人
总计	22人	

12.1.2 车辆及装备配置

战时未爆弹排除具有数目多、地点分散、突发性高、情况复杂、任务时间紧等特点，要求排爆分队具有高度的机动性，能在恶劣环境下赶往任务地点并遂行排弹任务，因此车辆和装备配置应满足以下要求：

（1）拥有越野型侦察车辆，能够在受领任务的第一时间内出发前往任务地点。对战时道路通行情况、任务地点周边环境、任务性质等进行评估，以确定最佳行动方案；以能搭载4～5名乘员的越野四驱车辆为宜，并应配备有无线通信电台、车顶照明灯、自救绞盘及自救钢缆等。

（2）挖掘设备除在任务地点执行挖弹任务外，还应准备在道路遭破坏的情况下，紧急修复道路或开辟绕行通道,因此以轮式挖掘装载两用(多用)车辆为宜,并应具有较高的道路行驶速度和较强通行能力。

(3)吊装运输车辆应为起重、运输一体的小型车辆。其起吊质量应在2000kg以上,以应对一般的排弹任务,但车体过大会降低其通行能力;应对车辆的运输车厢进行改造,加装航弹固定装置、防爆缓冲装置(如沙箱、防爆隔板等);应具有良好的越野通行能力。

(4)工具器材运输车应为改装过的小型货车。应将一般性工具器材与爆炸性器材隔离放置;车辆应具有良好的通行能力。

(5)人员输送车辆用于输送排爆分队人员,其承载能力以8~12人为宜,应具有良好的越野通行能力,并随车装备有无线通信电台。人员输送车辆最好为轻型装甲运兵车,以便在紧急情况时为车队人员提供一定程度的防护。

(6)排爆作业手应配备排爆服,探测作业手应配备扫雷防护服或搜爆服,其他人员应配备防弹服及防弹头盔。

(7)所有车辆应配备车载无线通信电台,现场作业时,队长与作业手、外围警戒人员应有手持对讲机作为联络手段;配备手持扩音器和哨子作为备用通信手段。

(8)所有车辆应配备基本的自救工具及急救包等,以应对各种战时突发情况。

(9)在有条件时应配备消防车与救护车。

表12-2所列为典型的排爆分队车辆与装备配置,以供参考。

表12-2 典型的排爆分队车辆与装备配置

车辆类型	数量	作用	备注
越野侦察车辆	1	用于未爆弹技术侦察、道路侦察和机动联络	4~5人,带通信电台
装甲运兵车	1	用于将排爆分队快速输送到作业地点	8~10人,带通信电台
轻型轮式挖掘设备	1	用于快速挖掘较浅的未爆弹药(3m以下)	WZ20-18型轮式挖掘装载机
大型轮式挖掘设备	1	用于挖掘较深的未爆弹药及快速构筑销毁坑、人员掩体等	WYL20B轮胎挖掘机
吊装运输车辆	1	用于起吊大型未爆弹并将其运走	东风小霸王随车吊,加装航弹固定器与隔爆板,带通信电台
工具器材运输车	1	用于运输探测、挖掘及销毁器材等	经改装的小型货车,带通信电台
消防车	1	用于作业现场的消防作业,同时车上的消防水枪及工具可协助未爆弹的开挖	带有消防斧、破坏钳、链锯等工具,带通信电台
装甲救护车	1	用于人员救护	带通信电台
GGF110扫雷防护装具	4	用于探测操作手的防护	
115型探雷器	2	用于探测地表及接近地表的未爆弹药(<30cm)	
332型航弹探测器	2	用于探测埋深较浅的未爆弹药(<30m)	
探地雷达	1	用于探测较深的大型未爆弹药(5~10m)	可选配LTD-2000型探地雷达
排爆服	4	用于排爆作业手的防护	
排爆杆	2	与排爆服配合使用,用于不明性能或不稳定的小型未爆子弹药(装药量不大于200g TNT)的排除	
成套扫雷工具箱	4	用于排爆作业	含起爆器、欧姆表、电工刀、剥线钳、起子、剪刀、雷管钳、扫雷耙、扫雷锚等
注:该表中不包含雷管、炸药、通道标识带、沙袋等消耗性器材			

12.2 作业场地的布置

扫雷分队进行作业的任务区域通常包括两个部分：工作区域和管理区域。工作区域是指具体实施清排作业的区域，通常可能会有地雷或未爆弹药，一支分队的任务区域内可能包含多个工作区域。管理区域是用于保障人员休息、用餐、医疗、停放车辆、存放设备器材等用途的区域，它通常位于高危险区域之外，也是清排作业开始之前，作业分队重点设置的区域。

设置场地时要充分考虑道路、地形、遮蔽物、远近、安全距离等因素。尤其是安全距离非常重要，它的确定要根据面临的危险（如地雷或未爆弹药的种类、威力等）及现场可供利用的防护措施（如装甲、防护服、人工掩体、自然地形地物）等因素而定。安全距离要符合相关标准的规定，并且经上级管理部门批准。

场地设置前要进行必要的勘查探测、清除植被、平整地面，并对相关区域按照标示系统的规定进行标示，在作业期间人员不得进入标示区域之外。

场地设置的过程要接受外部质量抽查机构的检查。

12.2.1 常见的区域划分和设置

（1）控制点。控制点是监督员的指挥所，监督员在此对作业进程实施监督和控制，同时对整个任务区域实施管理。任何进入任务区域的访客首先必须到控制点向监督员报到并登记相关信息，如果有必要，监督员在此向访客讲解工作简报和安全规定。控制点通常应建在相对平坦、干燥、排水良好的区域，有车辆进出通道，离雷区的距离符合安全要求（通常为100m），也不能过远（通常要求步行不能超过5min），最好有天然遮蔽。

（2）器材储藏区。安全存放所有装备器材的区域。通常是紧邻控制点或是控制点的一部分。

（3）停车场。应设在控制点附近，面积要足够容纳作业分队的车辆及来访人员车辆。离雷区的距离符合安全要求（通常为100m），所有车辆都应停放在停车场内，以便发生紧急情况时无须再调动车辆。

（4）医疗区。一般设在控制点附近平缓干燥并有遮蔽阴凉的地方。在清排作业过程中，医疗区应随时保持至少一名获得资质的医护人员，救护车也要停放在这里。医生要确保所携带的药品、器材及救护车上的设备都处于良好状态。在一个任务区域内可以设置多个医疗区，但必须保证医疗救护人员在5min内能从所在的位置赶到任何一个医疗区。

（5）炸药存放区。所有未使用的炸药应存放在安全且标示清晰的区域，该区域要干燥、遮阳。炸药存放区离其他区域的距离要符合安全要求（通常至少为50m）。如果有较好的掩蔽位置，安全距离可适当缩小，但必须得到上级管理部门的批准。

（6）休息区。用于非作业人员的休息、就餐等，离雷区的距离符合安全要求（通常为100m）。为减少往返时间，也可以在作业区内设立休息区，环境应干燥、有遮蔽。人员在通道内休息区休息时，必须穿戴防护服，除非有足够的安全距离或合格的掩蔽条件才可以脱下防护服。

（7）厕所。为防止人员不经意走进雷区，同时出于卫生考虑，每个雷场都应设置一个厕所。厕所应设在休息区附近，足够现场人员使用，通向厕所的道路应该进行标示。

（8）进出道路。所有进出道路要尽可能处于较好状况，便于分队行动和救援，可能的情况下要至少 3m 宽。

（9）警戒哨。在任务区域外围的进出道路上，要设置警戒哨，阻止无关人员进入任务区域。哨兵要携带武器和通信工具，能随时与监督员保持联系，有访客到来时及时向监督员报告，经允许后才能放行。

（10）探雷器测试区。每个排雷现场都应设置测试区，在展开作业前要测试探雷器的探测深度能否达到要求。测试区由两部分组成，每部分尺寸均为 1m×1m×0.5m。第一部分应该没有任何金属物，第二部分则除了在要求的深度埋有相关测试物（特定现场威胁物）外无任何其他金属。测试时，先在非金属物测试区进行探测，此处应听不到任何信号，再到埋有测试物的测试区探测，此时探雷器应有警示。测试物的深度要从地面量起至测试物的顶部。测试坑的土质要与作业区内的土质相近。随着任务进展，可以在已清排区内另外再建立测试区。

（11）金属收集坑。应建在雷区外便利的区域。清排作业中在雷区发现的所有金属都应放到金属收集坑内。

（12）地雷或未爆弹药残骸坑。应设在雷场之外便利的区域。从雷场排出的所有地雷或未爆弹药残片都应存放入此坑，直到确定其不含爆炸物。随后将所有地雷和未爆弹药残片从现场移到适当区域进行最终处理或者进行掩埋和标示。

（13）销毁区。用炸药对地雷或未爆弹药进行销毁处理的场所。

（14）参考点。也称为标识物，它是一个位于危险区域之外具有标识性作用的固定物，它需要具有非常好辨认的特征，例如一幢房子、一个交叉路口或一座桥，可以用来协助找到基准点，在勘查报告中应该详细地描述参考点的特征、位置及其到基准点的路线。如果这条路线距离较远、地形没有明显特征、存在较多的障碍或者方向发生了多次变化，则可以在路线上设置几个中间点。

（15）基准点。一个清楚可认的具有特定要求的固定标识，完成扫雷后所有的测量都将以它为起点进行。它位于危险区域之外，距离起始点较近，且能够通视，否则在基准点和起始点之间应该设置中间点，以便于导向。

（16）起始点。清排作业开始的点，通常标示着进入了高威胁危险区。

（17）起始线。通过起始点示意清排作业开始的线，它将已清排区域和未清排区域分开。随着清排作业不断深入雷区，此条线将不断向里推进。

（18）安全通道。用于连接管理区各部分的通路，它应该按照标示系统采用白顶或无色的木桩及喷白漆的石块进行标示，人员在管理区活动时不得超出它的范围。通向雷区的安全通道以起始点作为末端。安全通道必须为 2m 宽。

（19）清排通道。也称为工作通道，是实施清排的人员、探雷犬或机械进行作业的通道。人工清排作业的通道至少宽 1m，作业手通过基准杆确保其宽度。1m 宽的通道最长不得超过 30m，作业手必须尽早在其一侧开辟另一条通道，使通道总宽度达到 2m 以上。当作业区域中存在大石块、地面不平或者有较多的障碍可能导致作业手失去平衡时，尽早将清排通道拓展至 2m 是硬性要求。已经完成的清排通道必须按照标示系统用红顶短木桩（或红色石块）进行标示，其最大间隔为 2m（通常是 1m），相应的标示带（绳）可以被拴在木桩上辅助标示。两条相邻的清排通道之间的距离不得少于 25m。

（20）边界线。也称为基准线，它是指穿过起始点标示整个危险区域边界的线，位置和范围通常是在勘查中确定的，最初的起始线也位于它上面。如有可能，它也可利用已存在的线性设施，如公路、小道及耕地的边缘。

（21）边界通道。也称为基准通道，它是围绕着危险区域清排并标示的一条最少 2m 宽的通道，它的边缘也可被用作边界线，清排行动可以从这里开展。如果危险区域有明确界定的边界，则此通道可以不设置。

（22）中间通道。它是在雷场中间开辟的一条被清排和标示的通道，最少宽度为 2m，它的边缘分别标示着后侧清排通道的结束和前侧清排通道的起始线。

图 12-1 和图 12-2 所示为作业区域划分和设置的简要示例。

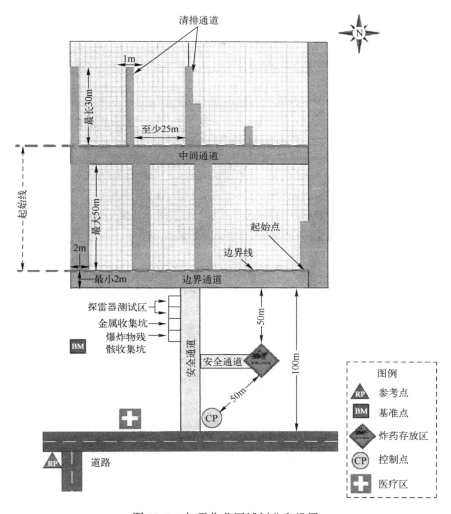

图 12-1　扫雷作业区域划分和设置

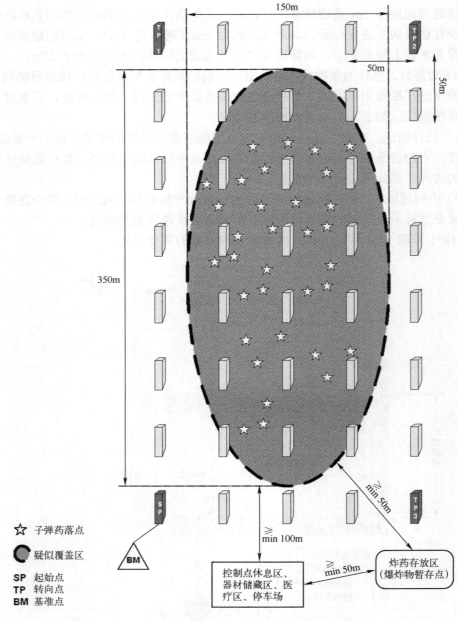

图 12-2　子母弹排除作业场地布置示意图

12.2.2　安全距离

保持合适的安全距离对于确保作业时人员、装备器材的安全具有重要的意义，作业时相关区域、人员和装备器材之间的安全距离必须符合相关标准的规定，并且在作业分队的标准作业程序和清排计划中明确规定，任何缩短安全距离的变动必须得到上级管理部门的批准。

表 12-3 列举了在清排作业中安全距离的最小值。

表 12-3 清排作业中安全距离的最小值

序号	项目	安全距离最小值/m	防护措施
1	作业组之间	25	防护面罩和躯干防护服
2	在爆破型杀伤人员地雷场中清排的人员之间	25	防护面罩和躯干防护服
3	在反车辆地雷场中清排的人员之间	50	防护面罩和躯干防护服
4	在破片型杀伤人员地雷、跳雷和破片型定向地雷场中清排的人员之间	50	防护面罩和躯干防护服
5	在安装诡计装置的雷场中清排的人员之间	视诡计装置的类型而定	防护面罩和躯干防护服
6	在作业手和进行监督、质量检查的人员之间	不受限	防护面罩和躯干防护服
7	从事作业的人员和没有穿戴防护装具不直接参与清排作业的人员之间	100	
8	炸药存放区和作业区以及其他区域之间	50	
9	控制点、停车场和正在从事清排作业的人员之间	100	
10	没有防护措施的车辆、机械和正在从事清排作业的人员之间	100	

注：未经上级管理部门的批准，任何人不得缩小安全距离，必要时增加安全距离。

12.3 实 施 程 序

未爆弹排除实施工作程序框图如图 12-3 所示，可分为准备、实施和总结三个阶段。

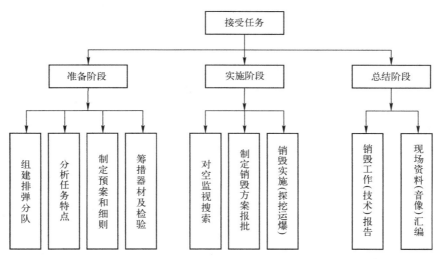

图 12-3 未爆弹排除实施工作程序框图

12.3.1 准备阶段

排弹工作是突发性很强的工作，而且作业对象不可预计，未爆弹状态复杂。准备阶段工作往往在平时（战前）就要有所准备，战时准备阶段只不过是在平时的准备和研究基础上的检查和补充。

平时应筹措一定量的爆破器材和监测设备、辅助工具及劳保护具，使其处于备用状态。作业人员应经常进行带有针对性的业务训练。技术人员应收集各种弹药资料，分析其（可能）出现未爆弹的状态，结合任务实际制定相应的销毁预案，做到心中有数、有备无患，这类工作应由专门人员进行。

战时当接受任务后应立即分析任务特点，制定出排弹预案及实施细则（包括安全措施），并对筹措的引爆器材及装备进行检查，对辅助工具及劳保护具进行清点，所用器材设备装入排弹工程车处于待命状态。

准备阶段工作极其重要，不但所需的器材、设备、护具等市场无法购置，预案和细则的制订也不是应急可以完成的，应有长期积累和技术的摸索，平时应加强准备阶段的工作。

12.3.2 实施阶段

实施阶段是完成任务的关键，包括空袭观察，现场侦察，制订实施方案，销毁实施（如探测、挖掘、搬运、诱炸等）。

12.3.2.1 空袭观察

排除未爆航空炸弹，必须对空袭现场实行严密观察。在重要阵地、交通要道、桥梁、渡口和其他重要目标，应在不同的方向上设置 2～3 个观察哨，每个观察哨由 3～4 人组成。哨所内应有记时、记录等用品以及望远镜、指北针等，最好配备有线或无线通信工具。哨所的位置应选择在便于观察和隐蔽的地点构筑工事，距观察目标的距离约 200～500m。

1）观察员的任务

空袭警报发出后，观察员应立即对管辖区域实施细致的、不间断的观察，其任务如下：

（1）熟悉所要观察的目标或区域内的地形、地物，并绘制成要图。

（2）观察敌机的类型、架次、投弹时飞行方向、高度、投弹方法、投弹时间、投弹数量、弹落位置和未爆炸弹的数量等。

（3）记录所观察的事项，并及时向上级报告。

（4）带领搜索排除人员寻找未爆炸弹的位置。

2）观察方法

观察人员要明确分工，定人、定位、定方向。每个哨所内，至少要有一人专门记录。观察时应避开朝向太阳方向，以免阳光耀眼；应顺风向观察，以免炸弹爆炸所形成的烟尘遮住视线。为能较准确掌握投弹方向和弹落位置的资料，观察员应利用明显地物作为标识。发现敌机时，每个哨所要有一人一直注视敌机（如飞机太高，要用望远镜），因炸弹开始脱离飞机时下落速度较慢，容易观察投弹数量。另外要有一人注视被轰炸的目标及其周围地区，以观察炸弹爆炸数量以及未爆炸弹数量和位置。炸弹爆炸时会发出爆炸声、火光并产生黑烟；未爆炸弹落地时，有碰击地面的撞击声，并掀起土块和尘土，无黑烟。因为哨所距被观察目标较远，应注意光、烟等和所产生的声音有时间差。对超音速飞机，观察时要注意提前量。

第 12 章 战争遗留爆炸物处理的组织实施方法

12.3.2.2 现场侦察与搜索

一般应尽快组织人员进入交战或轰炸区域，进行侦察和搜索，目的是寻找未爆弹药的大体位置，初步识别判断未爆弹药的种类、型号。

1）现场侦察的任务

（1）查清未爆弹的数量，初步识别判断未爆弹药的种类、型号，确定其大体位置，并作好标示，标出危险区域的范围。

（2）查明有无子母弹、地雷等小当量弹药和生化弹药。

（3）查清道面或目标受损情况和弹坑数量及规格。

（4）及时向上级报告侦察情况和侦察结果。

2）现场侦察的组织

现场侦察的任务应由经过训练的专门分队担任，事先将分队分成若干个侦察组，每组2～4人。要保证侦察时所使用的工具器材及交通车辆处于完备状态，随时准备执行侦察任务。执行任务时，应根据敌机投弹的数量、面积等，指派一定数量的侦察组迅速到达侦察地点，在观察人员的带领下实施侦察。侦察分队的指挥员要在现地给各组分配任务，按片或按段指明各组的位置及方向，确定集合地点，明确指挥员的位置。

3）侦察的方法

（1）侦察队形。每个侦察小组根据划分的侦察区域大小和能见度条件，成一列横队或梯次队形按规定方向搜索，人与人的距离25～35m，接合部要衔接严密，翼侧应进行标示。当侦察到终端时，再在原侦察地带的左侧（或右侧）向回侦察，直至侦察完毕。在搜索过程中，根据当地条件可随时调整队形。对观察哨指出的重点地段，可反复搜索，人与人之间的间隔可适当缩小。对有树丛、高草等地点，全组人员可分散逐点搜索。

（2）搜索的步骤。

未爆弹搜索的三个步骤是识别、标记和报告。发现未爆弹后，首先对未爆弹危险源进行识别；然后采取应急行动，用制式标牌或其他明显物对未爆弹进行标记，并疏散未爆弹危险源附近的人员和设备；最后以报告形式上报未爆弹危险源。

在搜索到未爆弹时，切记不要触摸未爆弹弹体及其附件，不要靠近未爆弹。发现未爆弹时，就地标记，并确保夜间和各个方向上均能看见标牌。采取相应的防护措施，如疏散人员和设备、隔离未爆弹危险源以及修建防爆墙，并将未爆弹的种类和数量记录在报告中。

（3）搜索注意事项。

正常情况下，散落在地表的未爆弹靠肉眼就可以搜索观察，而侵入地下的未爆弹药最好用探测仪器进行搜索。

① 敌机群连续轰炸时，所投的弹药数量多，而且是大当量弹药和小当量弹药混合投放，瞬发弹药、延期弹药（定时炸弹）、随机起爆弹药混合投放，未爆弹药及延期弹药、随机起爆弹药很容易被已爆弹药炸起的浮土掩盖，搜索时应特别注意。

② 大弹坑中如果有未爆弹时，未爆弹一般已侵入已爆弹坑的虚土中，孔口被松土、废墟盖住，视野较难发现，此时必须用仪器探测判别。

③ 小当量弹药的弹坑很容易被误认为是侵入地下的未爆弹的坑口，但其坑内无弹片和火药味等特征，可通过这些来加以判别。

④ 混凝土块砸入土质道面容易被误认为是未爆弹坑，但此类坑口部一般不规则。

4）炸弹落点的征候及炸弹重量的判断

根据地表征候，可以确定钻入地下炸弹的落点。炸弹落点周围有堆积的碎土、土块，弹孔周围堆积较厚，散射出的土块、碎土逐次减少，被掀起的土块没有爆破的痕迹（如土壤发黑，有火药味等）、附近无弹片。在粘土中，炸弹落点处除形成高度不匀的半圆形土堆外，周围地面还会出现裂缝，地面向上膨胀，此时清除落点周围的土壤，往往能发现弹坑。有时地面有明显的弹坑，例如：在坚硬土质，炸弹落点周围有明显的裂缝，并有松土。在水泥路面（或机场跑道）上，路面遭受明显破坏，弹坑周围有放射形裂缝，并部分向内塌陷、下沉，清除杂物后，用探针探测，松软的位置即是弹坑，再向下挖掘，即可发现弹坑的形状。另外，如果炸弹落点周围没有近距离的炸点，则落点周围的树木枝叶及草丛上有明显的尘土。敌人为了防止定时炸弹被排除，有时采用定时和瞬发炸弹同时投掷的方法，使定时炸弹的落点被瞬发炸弹的弹坑及被抛出的土壤掩盖。在这种情况下，应根据飞机投弹的规律进行判断。如果单机连续投弹，则各弹着点的间距大体相同；如果炸弹炸坑间的距离不符合这一规律，即可假定未爆炸弹的弹着点，则应对该处进行重点搜索。

发现弹坑后，量出弹坑的直径，即可判断炸弹的重量（参考表 12-4）。

表 12-4 弹坑直径与弹重的关系

弹孔直径/cm	炸弹圆径/lb	炸弹重量/kg
20	100	45.4
25	200	90.8
35	400	181.6
40	500	227
50	1000	454
60	2000	908

5）炸弹在地下位置的确定

炸弹落地后一般都是斜向钻入地下，其入土方向和深度由飞机航速、炸弹类型、投弹高度、落角及土壤性质决定。炸弹落地后一般有下列几种情况（图 12-4）：

（1）炸弹落角在 45°以上时，能在地面形成 20～60cm 的弹孔。弹孔深度：硬土为 2～3m；软土为 5～6m。弹孔周围有 30～40cm 厚的新土。

（2）炸弹落角在 45°以下时，则斜向侵入地下 1～3m。

（3）炸弹落角在 20°以下时，一般不会侵入地下，而在地面上形成弹沟。也有的炸弹入土 20～30cm 后又钻出地面。

（4）有的炸弹侵入地下后，改变了原入土方向，向左右或向上转弯。转弯过大时，其安定器可能被折断并堵塞在弹洞内。

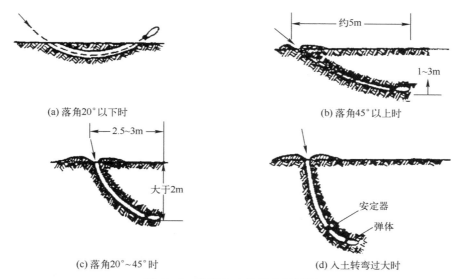

图 12-4　炸弹入土后的几种情况

6）未爆弹的现场标示

侦察、搜索未爆弹人员发现未爆弹或可疑弹坑时，特别是在入地不深或在地表面的，不准随意翻动，应立即向指挥人员报告，并使用小红旗或飘带做好标识（图 12-5），用制式醒目标牌标示未爆航弹位置（图 12-6）。

图 12-5　用简易物（飘带等）标示未爆航弹位置

图 12-6　用制式醒目标识标示未爆航弹位置

7）侦察结果的报告

侦察完成后，可以采用报告简表的样式填写并上报。表12-5所列为未爆弹报告简表的基本格式。

表12-5 未爆弹报告简表内容

未爆弹报告表	
报送首长/机关	填写报告送达的部门首长或机关名称
呈报人/部别	填写呈报人的姓名及其所属部别
发现未爆弹的时间	填写日期和时间
未爆弹的具体位置	填写未爆弹所在位置的GPS坐标
现地人员姓名及所属单位	填写姓名和单位
未爆弹的状态	填写全部侵入地下、部分侵入地下或完全暴露于地表
未爆弹的类型	填写航空炸弹、枪榴弹、炮弹、火箭弹等
未爆弹的大小（估算）	填写长、宽、高，或直径等
未爆弹的突出特征	填写外形、颜色、弹体标记等
未爆弹的数量及散落范围	填写数目、散落范围和分布特征等
位于未爆弹附近的建（构）筑物	填写建（构）筑物的名称、类型以及与未爆弹之间的距离
未爆弹的表示情况	采取何种方法标示出未爆弹的位置和危险区域

12.3.2.3　未爆弹在地下位置的探测

见一级培训教材。

12.3.2.4　未爆航弹的挖掘

见一级培训教材。

12.3.2.5　取弹及运弹

见一级培训教材。

12.3.2.6　拉雷（弹）操作程序

如果一枚地雷（通常是反车辆地雷）或未爆弹药需要移动，但难以确定其自身尤其是底部没有诡计装置，那么在移动之前需要实施拉雷（弹）操作程序。

1）确定拉雷（弹）作业的方法、距离和防护措施时，需要考虑以下因素：

（1）爆炸物的类型，包括地雷、迫击炮弹、榴弹、航弹、火箭弹等。

（2）爆炸物的杀伤方式，包括冲击波、破片、燃烧、射流等。

（3）爆炸物的状态，包括有没有安装引信、能否被引爆。

（4）爆炸物的威力，包括装药量、作用距离。

（5）可能附带诡计装置的类型和影响范围。

（6）附近的人员、动物、设备和建筑物的状况。

2）拉雷（弹）的要求

（1）拉雷（弹）由监督员指挥，组长实施。其他人员必须位于安全距离之外。

（2）监督员提前在规定的时间内向管理部门、本队指挥员（值班室）报告拉雷（弹）作业的时间、地点、目标类型和安全距离等，并通过他们通报邻近的清排分队、驻军或其他相关的单位组织，以免引起误会、纷争或意外伤害。同时，监督员向必要的位置派

第 12 章 战争遗留爆炸物处理的组织实施方法

出警戒哨,防止有人误入作业区域。

(3) 拉雷(弹)点距被拉目标至少 50m,要设置沙袋墙等防护设施,也可以利用装甲车辆作为防护设施或拉雷(弹)工具,但拉雷(弹)过程中从拉雷(弹)点至目标要有良好的通视条件。

(4) 场地条件允许时,可以在目标周围以沙袋设置防护墙,一方面能够控制可能爆炸产生的冲击波或破片的范围,另一方面也有助于拉动时使目标产生翻转,确保拉动效果。

(5) 在确保安全距离的前提下,要选择最短的路线,必要时可以使用带圆环或滑轮的支桩帮助实现变向,如图 12-7 所示。

(6) 拉雷(弹)的绳索要能提供足够的拉力,并且不能有打结、缠绕、破损等现象,最好缠绕在绳轴上。

(7) 拉绳经过的区域不能存在可能会阻碍拉雷(弹)的障碍物或植被。

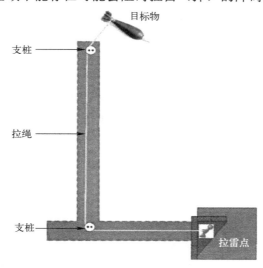

图 12-7 拉雷(弹)场地设置示意图

3) 拉雷(弹)的程序

(1) 组长携带着支桩和手锤等工具沿布设拉绳的路线走向目标,同时检查有无可能会阻碍拉雷(弹)的障碍物或植被,在预定的拐点植入支桩,必要时为了保证目标尤其是反车辆地雷在拉动时能够翻转,可以在距离目标不少于 20cm 的地方植入一根短木桩。

(2) 组长回到拉雷(弹)点,检查拉绳没有问题后,拉着绳头沿着拉绳路线布设拉绳,并将其穿过支桩上的圆环或滑轮。

(3) 组长靠近所拉目标后,将拉绳在地面迂回绕几圈,以便在系上拉钩、勾住目标或在撤回拉雷(弹)点不小心拉紧绳索时有足够的松弛距离。

(4) 组长将拉钩系到拉绳上,向监督员示意或报告;监督员确认其他人员都处于安全距离之外、医疗人员在位后,向组长示意或通知可以连接目标。

(5) 组长用拉钩勾住目标,也可以采用系在目标上或缠绕目标的方法(图 12-8),但要确保不能移动目标。

图 12-8　将拉绳固定在雷体上

（6）组长回到拉雷（弹）点，向监督员确认已经联结好。监督员可以采用发警报的方式通知其他人，并再次确认所有人都在安全距离之外，然后指令组长开始拉动。

（7）组长用连续不间断、匀速的方式拉动拉绳，直到目标被拉离原来位置或翻动，在此过程中要避免突然用力和猛扯，同时监督员和组长都要严密观察目标的情况。

（8）如果目标没有爆炸也没有其他征状，拉雷（弹）后需等 2min 才能靠近目标区，如果目标区出现烟雾，则至少要等待烟雾消散 30min 后才能靠近目标。在此过程中，警戒哨仍然要保持在位，其他人员仍然要在安全距离之外。

（9）如果目标被确认是安全的，那么就需要对它原来的位置进行探测，以确认没有其他信号源。如果再次发现信号源，那么就要采取相应的程序继续进行探测和清排。

12.3.2.7　销毁

根据情况，对于航弹可采取原洞内诱爆、运至安全地点诱爆和拆卸引信等不同方法进行处理。

（1）在原洞内诱爆。

如果炸弹距重要目标较远，炸弹爆炸后不影响重要目标，则可先清除弹洞内的积土，再用竹竿（或人员进入弹洞）将 3～5kg 炸药放至弹体旁，尽量靠近引信传爆管，点火起爆，将炸弹诱爆。

（2）运至安全地点诱爆。

对于不宜原地诱爆的炸弹，应将其挖出运至安全地点单个或集中诱爆。

（3）拆卸引信。

在必要和可能的情况下，可将引信从炸弹上拆卸下来，使炸弹失去爆炸的可能。为了解和掌握航弹及其引信的结构、性能，以便为排除这种炸弹提供有效的方法，可对炸弹和引信进行分解。分解引信时，应首先找出并卸下起爆管、雷管等危险品，然后再分解其他零部件。

12.3.3　总结阶段

该阶段是对排弹工作的检查和经验的总结，从技术角度总结实践经验，进行科学分析，深化认识，提高专业技术水平。在排弹工作出现难点和不足之处，作为今后日常训练的工作和技术研究的课题。只有搞好总结，才能使排除未爆航弹的工作能力逐步提高。

第 13 章 转移和运输

13.1 爆破器材的存储

13.1.1 爆破器材的库存管理规则

1）爆破器材应当分类存放

下列同项中的物品可以存放在同一库房内：

（1）TNT、硝铵炸药、RDX 以及用这些炸药装填的地雷和弹药。

（2）导爆索、导火索和炸药。

（3）雷管和引信。

下列同项中的物品不可存放在同一库房内：

（1）炸药、地雷、弹药不可与起爆器材（雷管、引信等）存放在同一库房内。

（2）可燃物、易燃物（如黑火药、烟火器材、燃烧器材）不可与爆破器材（炸药和起爆器材）存放在同一库房内。

（3）变质、过期的物品不可与性能良好的物品存放在同一库房内。

2）爆破器材必须整齐牢固放置

（1）所有爆破器材必须放在标准的箱子里，不得散放。

（2）堆垛高度，火具不超过 1.5m，炸药不超过 2m。垛与垛之间应留出一定距离，以便于检查和分发，垛与墙壁之间的距离不少于 50cm。垛底须加垫木，以利防潮和通风，离地高度不少于 10cm。如果包装箱放置在架子上，那么箱顶离上层架子距离不得少于 10cm。

（3）库房应建立在地势较高的位置，保持干燥，避免水淹，远离高压线路和通信基站。库内温度不宜过高或过低。应注意防止潮气、冷或热空气侵入；适时进行通风；库内要有良好的照明条件。

（4）库房内不许钉、拆炸药火具箱。在库房外开启时，距库房不得小于 20m。开启炸药火具箱不得使用铁质工具，不得强力敲击。

（5）库区内严禁烟火和存放易燃物品，各库房外应有完好的防火、防静电设备和避雷设施。

（6）库区必须加强警戒，不准在库区附近试爆、射击或打猎，无关人员不准进入库区，以确保仓库安全。

（7）库房须有专人负责管理，保管员必须经过专门的培训，熟悉业务知识。

（8）保管员要定期检查仓库设备和炸药、火具等爆破器材的数量、质量及安放状况，严格出入库登记。

（9）保管员不得在库内换衣服、休息，保管员的衣服必须防静电，鞋跟与鞋底不能钉铁掌。

13.1.2　野外炸药火具的存储与保管

（1）必须使用专用的保管箱分别存放炸药和火具，而且保管箱必须上锁，钥匙通常由监督员保管，存放在有监控设备的保险柜中。

（2）炸药应存放在安全且标识清晰的炸药储藏区。该区域必须干燥、遮阳，距其他区域和道路至少50m远，从控制点或警戒哨处到炸药存放区必须具备良好的通视条件。

（3）每天在野外存储的爆破器材不得超过25kg。

（4）使用爆破器材的单位应该监督其人员在所有作业和训练中所使用的爆破器材的数量。爆破器材使用后，使用人必须在同一天向发放爆破器材的单位报告，包括使用的日期和时间、类型、数量和用途。拥有者和使用者须对该信息的精确性负责。

（5）当天未消耗完的爆破器材，必须妥善地保存在箱子中，带回营区或者销毁，不得遗留在现场过夜。

13.2　爆破器材的运输

运输爆破器材时，不仅要遵循爆炸物运输的一般规律，而且要充分考虑到任务所在国家或地区的政治和社会状况。

13.2.1　车辆运输的要求

（1）驾驶员和副驾驶员必须经过专门的培训，身体健康，驾驶技术过硬。在执行任务前，要向驾驶员和副驾驶员说明所运输的爆炸物种类、数量等基本情况，并提出安全要求。

（2）运输爆炸物的车辆，除警卫人员外，不得搭乘其他人员。

（3）要根据爆炸物的类型及道路状况来决定使用运输车辆的种类，用于运输爆炸物的车辆必须能够适应道路状况、性能良好。

（4）运输车辆不得用作存放爆炸物过夜的仓库，载有爆炸物的车辆必须时刻处于有人监管的状态。

（5）运输爆炸物的车辆不得装载任何可能引发着火的物资，不得进行任何可能产生火花或剧烈撞击的维修，不允许在驾驶室和车辆的任何部位吸烟。

（6）爆炸物必须装箱后才能运输，包装必须符合国际标准和技术要求。箱子必须密封和防水，以防止运输过程中造成损失或泄漏。如果车辆没有顶盖，则必须用防水布覆盖。

（7）如果包装箱没有放满，需采取适当措施保证爆炸物的固定。

（8）箱子必须牢固地固定在车上，避免在运输过程中从垛顶滑落、翻滚或与其他箱子碰撞。箱子堆放的高度不得超过车厢的高度。

（9）雷管、炸药和爆炸物的引爆装置不得同车运输。不得已时，可以在同一车辆运输不超过 50kg 的炸药和不超过 100 个的雷管,但是雷管和炸药都应该使用特制箱子分别存放。在任何情况下,不能把雷管、炸药或其他爆炸物放在同一个箱子内运输。

(10) 运输爆炸物的车辆只有在发生故障需要拖去维修时才能拖行,但是拖行的速度不得大于 40km/h。车辆可以有一个拖斗或半挂拖斗,拖斗或半挂拖斗必须有与主车制动同步的制动系统。

(11) 驾驶员要谨慎驾驶,行驶速度要保持在最高限速的 80%以下,最高不得超过 60km/h。

(12) 行驶途中车辆应保持不小于 200m 的间距。

(13) 途中休息时,要注意检查和警戒,停车地点要在居民地和桥梁 200m 以外处。

(14) 爆炸物的装载和卸载只能在居民区外和远离无线电通信设施的指定地点进行。

13.2.2 发生事故或意外时的应对措施

(1) 驾驶员、副驾驶员或其他同车人员迅速下车并报告指挥员。

(2) 采取必要的措施,防止对其他车辆或交通造成危险。

(3) 迅速在车辆后面放置警告牌,以提示其他车辆注意。白天如有可能,驾驶员应让副驾驶员到车辆后方至少 100m 处提前警告其他车辆行人;夜晚驾驶员要打开车辆的警示灯。

(4) 在采取警示措施后,驾驶员要迅速把与本次运输任务相关的文件资料从车上取下来。

(5) 如果车辆着火,要迅速进行灭火。

(6) 防止爆破器材从车上散落或跌落。

(7) 防止旁观者靠近,并警告他们有危险。

(8) 如果有必要,迅速报告当地的警察或驻军,请求援助。

13.2.3 人工搬运时的要求

(1) 参与爆破器材搬运的人员必须经过临时培训,明确相关的操作规程和安全要求,在搬运过程中,必须由有资质的人员带领和监督。

(2) 人工搬运应尽量在白天进行,如在夜间搬运时,必须有良好的照明条件。照明应用电灯、蓄电池灯、手电筒、汽灯、马灯等照明设备,不得用火把、蜡烛等明火照明。当使用汽灯、马灯时,应放在下风方向,且距爆破器材和通道 10m 以外的地方。

(3) 炸药和火工品要分开搬运。雷管要装在盒里,严禁放入衣袋中,搬运电雷管时不得接近电源。

(4) 人工搬运应轻拿轻放,不许拖拉、滚动、投掷。雨、雪天应有防滑、防雨措施。

(5) 搬运人员严禁吸烟,不得携带火柴、打火机等引火物,搬运中彼此相距不得少于 5m,不准在非指定地点停留。现场严禁进行电焊等会产生火星的作业。

13.2.4 地雷或未爆弹药的搬运

如果现场不具备销毁地雷或未爆弹药的条件,例如地雷或未爆弹药位于弹药库、油库等敏感区域或其他严禁烟火的危险区域，那么必须将地雷或未爆弹药搬运至其他位置进行销毁。

13.2.4.1 搬运至较近位置

当搬运至较近位置时，通常采用人工搬运的方法实施，如图 13-1 所示。

图 13-1　人工搬运未爆弹药

（1）搬运要由通过资质认证的人员实施，通常是组长。

（2）搬运人员必须穿戴防护装具，其他人员要位于安全距离之外。

（3）搬运过程中，搬运人员必须平稳牢固地拿住地雷或未爆弹药，避免剧烈晃动甚至让地雷或未爆弹药跌落。

（4）搬运人员要平稳匀速地行走，不得跑、跳，避免意外摔倒。

13.2.4.2 搬运至较远位置

如果需要将地雷或未爆弹药搬运到较远位置时，通常使用车辆运输。

（1）地雷或未爆弹药必须放进防爆箱，箱内装上沙子，并将地雷或未爆弹药的一半埋入沙子中，如图 13-2 所示。

图 13-2　使用沙箱搬运未爆弹药

（2）运输过程中，要掌控好车速，尽量减少颠簸。

（3）到达位置后，要由 1 名有资质的作业人员（通常是组长或副组长）将地雷或未爆弹药从车上递给车下另一名有资质的作业人员，如图 13-3 所示。严禁携带地雷或未爆弹药从车上跳下。

图 13-3　将未爆弹药从车上取下

第 14 章 地雷和战争遗留爆炸物的现地销毁

14.1 未爆弹的集中处理

对于可以移动的未爆弹，可在采取适当的安全措施后，移送到集中销毁点，进行爆炸销毁处理或焚烧销毁处理。

14.1.1 爆炸法集中销毁

14.1.1.1 简介

对常规弹药进行引爆销毁是指用威力大的炸药来引爆或直接炸毁待销毁的弹药。这种方法可以处理大量弹药，但可能价格昂贵和劳力密集，在数量庞大和弹药储存散布面广时尤其如此。如果能从待销毁弹药中找到可靠的起爆药使其在销毁过程中发生爆炸（在销毁中的二次爆炸），则销毁效果会更好，且销毁将更经济。爆炸法适宜于销毁能完全爆轰或被爆轰所毁坏的爆炸物品，它们包括：

（1）各种地雷、爆破筒、手榴弹、枪榴弹、投掷弹等。

（2）各种口径的迫击炮弹、炮弹弹丸、火箭弹等。

（3）不便于拆卸的各种航弹。

在销毁大口径弹药尤其是销毁装填有高性能炸药和白磷的弹药时，这是经常被选用的方法。少量其他弹药（如烟雾弹、信号弹、催泪弹）也能在大规模引爆销毁时混入各种弹药中加以处理。这种方法也能用于处理运输时危险性高的弹药（如未爆炸弹或腐蚀情况严重的弹药）。

弹药的露天引爆需要有经验的爆破技术人员，同时需要具备炮弹结构和性能基本知识的专业人员。露天引爆是比较简单的做法，可以将炮弹单层置于浅坑内，将用于引爆的炸药装药放在被销毁弹药上。炮弹露天引爆销毁的安全程序必须十分严格，不仅在处理和使用炸药方面，而且在销毁场地、有关人员、无关人员以及财产之间必须确保足够的安全距离。如果某些炮弹或破坏部件被爆炸抛出坑外，在这种情况下，爆炸后必须对四周地区进行彻底检查。此外，也必须详细检查，以确保炮弹已全部被销毁。在坑内填土、设置沙袋或水袋可减少这种顾虑。

露天引爆方法对处置导弹和火箭系统、小口径武器和轻武器弹药（如迫击炮、反坦克炮、枪榴弹）、手榴弹、炸药和引信最为有效。为安全起见，在销毁地点周围可能需要大片面积，危险区域的范围依照弹药的种类确定，取决于破片和冲击波的最大作用距离。利用填充技术，例如利用泥土、水袋或沙袋掩盖有待销毁的弹药以及使用钢垫或钢网，都可减低碎片的飞散或飞离。但是这种方法会对环境造成影响，包括短期的空气污染。比较严重的是由于爆炸不完全和白磷等残余物可能产生的地面污染。美国在 20 世纪 90 年代就大约有 2.8 万 t 弹药被焚烧和引爆掉了，仅 1995 年就有 200 个火箭发动机被焚烧和引爆，其结果是造成了大量有毒的氮氧化物、二恶英和氰进入大气中，同时所接触的土壤也受到大面积的污染。此外，爆炸销毁还有噪声问题。如前所述，尤其在露天销毁的情况下，必须考虑到噪声、地面震动和云层低及地形地貌造成爆炸冲击波反射问题。

14.1.1.2 起爆体的制作

爆炸法销毁弹药时，一般难以用单发雷管直接将被销毁对象引爆，必须要有一定数量的炸药作为诱爆装置，这种诱爆装置称为起爆体。起爆体由炸药、雷管等爆破器材组成，主要有导火索起爆体、电力起爆体、导爆索起爆体、聚能起爆体 4 种，还可利用反坦克地雷、榴弹等作为起爆体。前 4 种起爆体的具体制作方法见图 14-1。

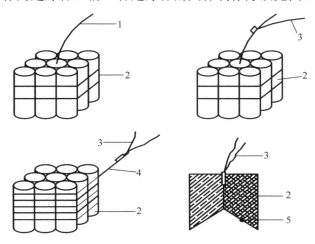

图 14-1　起爆体示意图
1—点火管；2—炸药装药；3—电雷管；4—导爆索；5—药型罩。

为了使起爆体能够良好地起爆，并能可靠地诱爆被销毁的弹药，制作起爆体时应注意以下事项。

（1）导火索、导爆索、雷管等起爆器材要事先经过检查和试验，确保性能良好。为了保证起爆体能够起爆，每一个起爆体要采用双套起爆系统，并在主雷管上附加一个或几个火雷管，以增加对炸药的起爆能力。

（2）要使用猛度和爆力较高的炸药制作起爆体，如 TNT 炸药、黑梯炸药或制式药块；炸药的重量，要能保证把被销毁的爆炸物品一次引爆。

（3）起爆体要尽量加工成球形、圆柱形或正方形，以便于炸药爆炸能量的充分作用。

（4）如果使用防坦克地雷作起爆体，则应在地雷表面另附一个引爆药包，以便于将地雷引爆。

（5）起爆器材与被销毁物的摆放原则是：起爆物在上，被销毁物在下；大的在上，小的、零散的在下；易起爆的在上，不易起爆的在下。

间距较近的未爆弹在采用地下诱爆时，可以同时点火，以缩短排弹时间。如果未爆弹的圆径较大，为减少诱爆后对环境的危害，间距有 25m 以上，则可采用起爆时间间隔为 0.2s 以上的分段引爆。

14.1.1.3 引爆药量确定

采用爆炸法诱爆航弹引爆药量的确定可参考表 14-1。

表 14-1 炸毁航空炸弹引爆药量（TNT 当量）

航弹圆径/kg	25～50	100	250	500
引爆药量/kg	0.5	1	2	5

表 14-2 是以榴弹计，炸药是以 TNT 当量计的引爆用药量表。穿甲弹和装药变质的榴弹，所需引爆药量应增加一倍。

表 14-2 销毁炮弹引爆用药量表

炮弹口径/mm	单发引爆用药量/kg	成堆用药量/kg
37～76	0.2	0.8～2.0
80～105	0.4	1.6～2.5
105～150	0.6	2.0～3.0
150～200	0.6～1.0	3.0～3.5
200～300	1.0～2.0	3.5～4.0
300～400	2.0～3.0	/
400 以上	3.0 以上	/

14.1.1.4 未爆弹药的爆炸法销毁技术

1）炮弹的销毁

炮弹的种类很多，有前膛炮弹，主要是各种口径的迫击炮弹；有后膛炮弹，主要是各种榴弹；还有其他有膛炮弹，如火箭弹、穿甲、无后坐力炮弹、燃烧弹、发烟弹等。炸毁炮弹时，都要挖爆破坑，利用天然坑穴或在山洞内进行。每坑单次炸毁炮弹的数量，按其总装药量计算，宜控制在 TNT 当量 40kg 以下。爆破坑的大小和形状，要根据炮弹的种类、口径和数量来确定，平原和开阔地的爆破坑坑深不应少于 2m。如果多堆同时起爆，坑与坑之间的距离不小于 30m。装坑时，应把弹壳薄、炸药量大和威力大的弹丸放在中央和上层，使之紧靠着起爆体；弹壳相对厚的，炸药量小的弹丸要放在坑周围和下层。也可以把炸药多的和少的，弹壳薄的和厚的混合在一起，以充分利用弹内炸药炸毁之，有效地克服炸毁不完全现象，并节约引爆药的用量。通常采用立式或辐射状装坑方法。

如果炮弹的种类、口径比较单一，而且数量不多，则可采用立式装坑法（图 14-2），即选择 1～3 枚威力大且容易起爆的弹丸放在中央，其余弹立放在周围，弹口均向中央靠拢，弹与弹之间靠紧，周围填土固定，以防邻坑爆炸振动使弹药倒塌。

第 14 章 地雷和战争遗留爆炸物的现地销毁

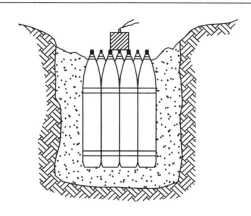

图 14-2 立式装坑法

如果炮弹的种类、口径比较复杂，而且数量多，则可采用辐射状装坑法（图 14-3），即 1~3 枚威力大且容易起爆的弹丸立在中央，其余弹丸头部朝向中心呈辐射状堆放在周围（半穿甲弹、破甲弹、小口径混凝土破坏弹的尾部朝向中心），并用土填稳填实。如果有手榴弹和小口径弹丸时，可填放在各弹空隙之间。弹药在坑内码成下大上小的宝塔形。经验表明，这种堆放形式有利于殉爆，而且炸毁也比较彻底。即使个别炮弹因炸药已失去爆炸能力未能起爆，也不会抛出过远。

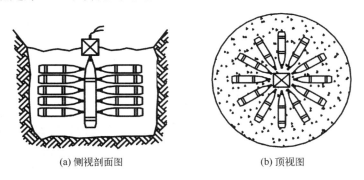

(a) 侧视剖面图　　　　　　(b) 顶视图

图 14-3 辐射状装坑法

一些特种弹，如照明弹、照相弹、目标指示弹及发烟弹等，自身爆炸威力不大，采用一般的起爆药包通常难以一次炸毁完全。当加大起爆体药量加强起爆时，要警惕空中开花和遍地开花。

为了避免化学弹混入（实际上，化学弹与一般爆破弹在同等条件下相比，由于某些化学弹装料的物理化学稳定性比一般爆破弹差，因此腐蚀情况也较后者严重），防止销毁中造成事故，在爆炸后应用望远镜仔细观察爆炸情况。有条件的，还应对爆炸异常的销毁中心用仪器进行检测。

常见的大口径混凝土破坏弹有 200mm、300mm 及 320mm 几种。混凝土破坏弹的外壳都很厚。例如日军大口径混凝土破坏弹，弹体厚 25~51mm。由于这种弹的弹体厚，难以诱爆，因此通常需要 3kg 以上的药包。除此之外，可用榴弹或其他炮弹置于该弹的腹部炸毁，也可用聚能起爆体诱爆，使用时要将聚能穴朝向弹体相对薄弱部位并进行固定，即可将弹引爆，见图 14-4。

图 14-4　聚能爆破混凝土破坏弹示意图

一般爆破弹装药为全弹重量的 50%，穿甲弹为 30%，半穿甲弹和杀伤弹为 15%，爆破杀伤弹的弹体通常厚 10～25mm，稍薄于大口径混凝土破坏弹。

2）航弹的炸毁

炸毁航弹与炸毁普通炮弹的方法基本相同，也需要在爆破坑内进行（图 14-5）。销毁带有坚固外壳的爆破弹、杀伤爆破弹和穿甲弹等，必须在 2m 以下深坑或废旧巷道中进行，销毁人员必须在安全距离之外的掩蔽部内起爆。对小型航弹进行装坑爆破销毁时，应将装药少、重量轻、弹壳厚难以引爆的航弹放在坑的底部；装药多、威力大、弹壳薄、易爆炸的航弹放在上层。弹堆应上小下大，向中央靠拢，弹与弹之间要靠紧，以利于殉爆。多堆同时炸毁时，在爆破坑内码好堆后，要将弹药堆的四周填土固定，以防邻坑爆炸时产生的振动使相邻的弹药堆倒塌，而影响彻底炸毁。

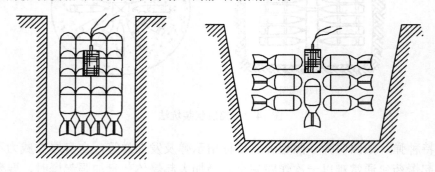

图 14-5　航弹装坑示意图

每坑航弹按弹内装药总量计算不宜超过 40kg。100kg 以上的弹应单颗炸毁，而且爆破坑的深度不应小于 2m，起爆体放置的部位要靠近引信。多坑炸毁时，坑与坑的间距不得少于 30m。炸毁航弹时，也可将手榴弹填充在航弹的空隙中一同炸毁，但要防止相互挤压和碰撞。起爆体的炸药量，要视弹体厚度、装药种类和弹药构造不同来确定，可参见表 14-1。炸毁杀伤弹、穿甲弹等壳体厚的航弹时，应将起爆体的炸药量适当增加。

起爆体应根据未爆炸弹的型号、用途和钻入地下的状态不同而放置在不同位置。炸弹钻入地下较深、土质较硬、弹坑完好、炸弹可直视的情况下，可将起爆体接好雷管捆绑在竹竿上，直接将起爆体送至炸弹尾部靠近引信位置实施起爆，但是这种方法局限性大，必须符合以上条件，引爆时由于起爆体距离弹体装药较远，引信又可能失去引爆作用，这时起爆体药量应适当加大，防止未爆弹爆炸不彻底。销毁原地挖出的炸弹时，根据炸弹弹体构造特点，起爆体应放置在弹体尾部与安定器连接的薄弱位置，使炸药底部与弹体充分接触，周围用土掩埋，但埋土不超过起爆体顶部，以利于雷管插入起爆体顶部雷管孔内，这样可充分利用雷管和炸药爆炸的传爆方向性和封闭爆轰产物在未完成引爆前的逸散，向未爆弹集中更多的起爆能量，使未爆弹被安全、彻底引爆。填土可使起爆体固定，还可减少破片的飞散，但作业时一定要仔细操作，不得使未爆弹有位移或受到冲击，以确保作业安全。对于裸露地面的未爆弹或移至安全地点诱爆的未爆弹，为使药包放置稳固，应放置在弹体侧向易爆位置，并尽量用土将弹体掩埋。

为确保排除工作人员的人身安全，炸毁时应根据炸弹威力大小和所处状态，在爆炸点上方适当位置构筑起爆掩体，距爆炸点应不少于 100m，若炸毁重磅炸弹或同时炸毁多颗炸弹则应适当增大掩体至炸点的距离。航弹炸毁时的起爆掩体距离和安全警戒距离参考表 14-3 所示。此安全距离为平坦地区单颗炸毁时的参考值，多颗炸毁时距离应适当增大，在山谷地带销毁时可适当缩小安全警戒距离。

表 14-3 航弹炸毁时的参考最小安全距离

弹　种	破片飞散距离/m	掩体安全距离/m	警戒安全距离/m
小于 50kg 的炸弹	500	100	700
不大于 100kg 的炸弹	800	200	1000
大于 200kg 的炸弹	1200	300	1500
220kg 穿甲弹	1500	300	2000

14.1.2 焚烧法销毁

凡是没有爆炸性和已失去爆炸性，或虽有爆炸性但在燃烧时不易由燃烧转为爆轰的弹药，均可采用燃烧法销毁。废弃常规弹药的集中烧毁是一种比较快速且低廉的技术，该技术易操作，对技术的要求不是太高，且对场地环境的要求也不高。其缺点是会产生有毒有害物质，对环境有影响，废旧炮弹经烧毁后剩余物质的价值性大大降低。在销毁过程中要防止被烧毁的弹药由燃烧转为爆轰的可能性，特别要防止将雷管等起爆器材混入炸药中，以免发生爆炸。

未爆常规弹药的焚烧法适用于引信已被拆除、弹体内装 TNT 炸药或以 TNT 为主要装药的弹药，如航空燃烧弹、航空照明弹、航空标识弹等。

14.1.2.1 露天焚烧

对于小型弹药，如子弹、信号弹等，可使用燃烧罐露天烧毁方法。露天焚烧法是销毁未爆常规弹药的一种简单而廉价的方法，而在处置推进剂、发射药（袋装或散装）、烟雾弹、信号弹和催泪弹方面，露天焚烧是一种非常有效的办法。

露天焚烧一般用木材、煤以及柴/汽油来引燃待销毁弹药，在进行焚烧前要确保待烧毁的未爆弹药是安全状态，而不会因外界的触发而发生误爆炸。要根据未爆弹药的特征，采用适当方式予以堆放，如将未爆弹药的战斗部朝同一个方向放置，从而达到最大程度的销毁，并便于在焚烧结束后现场核查弹药的销毁情况。在预处理阶段，弹药必须从包装材料拆离出来，进行焚烧。

露天焚烧未爆弹药会对环境产生影响，例如：弹体内药剂的燃烧会生成各种有毒气体而污染空气；弹药金属物质、添加物在燃烧反应后造成地面污染。未爆弹在没有严格操作的情况下，弹药容易在燃烧过程中爆炸。另外，焚烧法销毁未爆弹药的废料回收率低。

以爆破为主要作用的军用弹药不宜采用焚烧法销毁，这类弹药通常都有较厚的壳体，点火后需要较长时间才能使弹内的装填物燃烧。由于弹内装填物燃烧时处于密闭的情况，多数又会转为爆轰。特别是带有引信的弹药，引信在燃烧的作用下极有可能发火，从而使弹药发生爆炸，这会严重影响安全。因此，对需要用燃烧法销毁的物品，要经过认真的检查，确认不会由燃烧转为爆轰。对有可能由燃烧转为爆轰而且必须用焚烧法销毁的弹药，在销毁时的安全问题应严格按照爆炸方法对待。

焚烧法销毁的优点是销毁现场要求的警戒安全距离比爆炸法要小，但具体实施时，也要警惕被烧毁的物品由燃烧转为爆轰的可能性。

14.1.2.2 密闭焚烧

密闭焚烧是在特别设计能够制约燃烧转为爆轰效果的焚化炉（如焚烧箱、火化炉等）内控制燃烧的弹药销毁方法。这种焚化炉可以是野外使用简便的焚化器，其价格便宜、效果显著而且搬运方便，但一般容量较小，并且燃烧弹和烟雾弹会衍生有毒气体，对环境可能不利。这些焚化炉只能用于焚毁口径小于 12.7mm 的小口径弹药和轻武器弹药、烟雾弹和填充剂。

14.1.2.3 典型常规弹药的焚烧法销毁技术

1）炮弹、炸弹

用燃烧法销毁军用弹药，是利用柴禾、油料等可燃物燃烧的热量，使弹体内部的温度达到所装炸药的熔点，装药自行从弹体内流出，再继续燃烧干净。因此，焚烧法销毁的弹药要具备三个条件：

（1）弹药本身不带引信，而且弹体内又无传爆管，以防引起爆炸。

（2）弹体装药是 TNT，而不是其他炸药或在 TNT 炸药中混有较多的其他炸药。

（3）弹体本身的引信室或其他孔洞能够将主装药暴露出来，以保证熔化的炸药能从弹体内流出。

炮弹、炸弹在烧毁时，要在地下挖一条两边有 15°～20°的倾斜坡度的沟，把弹头部朝下稳固地放在斜坡上。放好后，在沟内装上足够的可燃物品，点燃后利用其燃烧热加热弹体，熔化的炸药便从弹体内流出（图 14-6）。燃烧尽后，弹壳可回收。

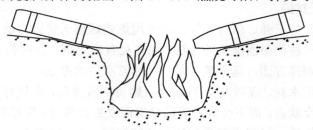

图 14-6 无引信炮弹的烧毁

第 14 章 地雷和战争遗留爆炸物的现地销毁

在烧毁其他不带引信的弹丸时，应将弹丸防潮盖卸下，稳固地放在斜坡上。每堆烧毁的弹药，按炸药总量计算不宜超过 40kg。如果装药都是单一的 TNT，其总药量不宜超过 100kg。

2）引信

炮弹、航弹的引信，宜在专用炉中烧毁。如果没有烧毁炉，则可先挖一个坑，在坑底放上干柴等可燃物，然后放上引信，每坑的引信不得多于 50 个，若数量多可分几堆同时烧毁。引信内的装药受热后即可燃烧或爆炸，从而达到销毁的目的。供烧毁用的干柴或其他可燃物必须加足，防止引信内的装药还未达到燃点而不燃不爆。另外，销毁坑不能过浅，也不能倒塌，以防火工品爆炸时将相邻引信抛出坑外，或因坑壁倒塌使火熄灭和将引信掩埋。

点火后火焰在 300℃ 以上时，引信便开始一个或几个分别爆炸，待火种完全熄灭 8h 后才能派人进入现场进行检查和清理。因为火源虽已熄灭，但引信体和燃烧的灰烬仍有余热，存在未爆引信再爆的风险。烧毁引信时应注意以下问题：

（1）引信不能与其他爆炸物品一同烧毁。

（2）当引信爆炸时，有时将火种抛出 20～30m 外，故特别要注意防火。

（3）点火用的点火药包端部附近不得放置引信，否则药包着火后可能尚未全部点燃柴禾，而引信先行爆炸将火炸灭。

（4）烧毁后，经常有爆炸不完全引信，在收集金属物料时要注意辨认。

（5）烧毁引信的最小安全距离不应少于 300m。

3）航空燃烧弹

烧毁航空燃烧弹时，要将防潮塞旋下，以防在燃烧时引起爆炸。如果防潮塞不能旋下，则应单颗烧毁。对于堆在一起烧毁的航空燃烧弹，头部应朝一个方向，每堆的数量不应超过 50 枚。

引火时，可将导火索一端插入上层炸弹的传爆药室内，紧紧地与火药接触，并在空隙部分用粉状火药将导火索固定好，点火后点火人员要立即进入掩体。每堆燃烧弹燃烧完后，要仔细检查，若发现有未燃烧完的炸弹，则需待弹体完全冷却后再烧。

4）航空照明弹、标识弹

航空照明弹内的装药可分为发射药和照明剂两大部分。发射药的作用是将照明剂点燃并使其高速抛射出弹体，因此烧毁航空照明弹前要将其抛射装置拆下，否则在烧毁时照明剂会被抛射到远方燃烧，从而发生事故。航空标识弹与照明弹的装药基本类似，不同点在于航空标识弹内装的是火药而不是照明剂，因此在烧毁航空标识弹时，要先将抛射装置卸下。

14.2 暂不处理的未爆弹

炸弹在地下侵入一定深度后，其爆炸造成的后果仅仅相当于震荡装药（内部炸药）或微量装药（松动装药）的土壤爆破，即只在地下起作用,表面受到的影响不大（表 14-4）。

这种炸弹若位于非重要区域，则可暂时不排除，但是要做好标记，并在图纸上的相应位置标明，留待以后排除。

表 14-4　可暂不排除炸弹的入土深度

美制炸弹/lb	入土深度不小于/m	苏制炸弹/kg	入土深度不小于/m
100	4.0	/	/
250	5.3	/	/
500	6.7	250	6.1
750	7.4	/	/
1000	8.5	500	7.6
2000	10.5	/	/
3000	12.6	1500	11.7
4000	15.5	3000	14.8
12000	18.0	5000	17.3
22000	21.7	9000	21.5

第四篇
弹药处理人员分级培训教程
（四级）

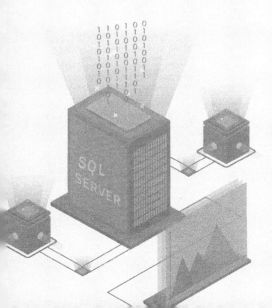

第一部分 基础知识

第 15 章　大批量未爆弹药的销毁

15.1　大批量销毁未爆弹药的原则

销毁弹药是一项极具危险的任务。遵循正确的程序，可降低其风险，否则可能导致严重后果。

15.1.1　优先考虑事项

在执行大批量弹药销毁任务时，需优先考虑的事项依次为：

（1）安全。人员和财产安全是首要考虑事项。如果某种方法不能保证安全，那么就不能采用。

（2）安全防卫措施。待销毁的弹药和用于销毁的炸药均为恐怖分子、犯罪分子的潜在目标，因此对上述物品必须时刻予以警戒。

（3）清点。清点工作与安全防卫相关，爆炸物或炸药若有缺失，则必须立即报告并展开调查。

（4）工作进度。工作进度绝不应以牺牲上述三项为代价。

（5）环境保护。计划采取的行动方案应尽可能减小对环境的影响。

15.1.2　原则

针对各种具体情况有许多不同的弹药销毁处理程序，但以下原则适用所有销毁任务：

（1）掌握弹药知识。应该掌握待销毁弹药和用于销毁的炸药、火工品特性，否则难以确定安全有效的销毁方法。

（2）精心规划任务。在实施销毁作业前，应仔细制定任务计划，预先设计好作业方案和实施过程中的所有细节。

（3）构建安全的工作环境。建立并维护安全的工作环境，确保销毁作业人员、其他人员、车辆、设备和其他财产的安全。

（4）准确发布、执行指令。销毁现场的指令必须准确无误，不能有任何不明确内容或歧义。所有人员须能准确理解并执行指令。

（5）在销毁过程中只应使用经确认和批准的方法，并遵循所有安全措施。严禁违规"走捷径"，否则可能引发意外。

（6）清理销毁现场。完成销毁作业后，在撤离前应彻底清理销毁作业场地，以防有遗留的危险品、污染区和垃圾。

如果能严格遵循上述原则,那么许多弹药销毁事故都可以避免。负责大批量弹药销毁任务的指挥员应严格遵循上述优先考虑事项和原则,安全实施销毁作业。

15.1.3 现场销毁方法

现场销毁有三种方法:爆炸法、焚烧法和焚化法。针对某一种弹药销毁方法要根据它的装药类型和设计特点来选择,因此了解该弹药的装药类型是选择最佳销毁方法的第一步。

(1) 爆炸法。该方法适用于销毁装有高能炸药的弹药。在大规模爆破销毁时,也可将处理少量其他类型的弹药(如烟幕弹、燃烧弹、催泪弹等)同时处理,但不宜过多。

(2) 焚烧法。这种销毁方法一般适用于推进剂(袋装或散装)、烟幕弹、燃烧弹、催泪弹的销毁,也适用于某些塑料外壳的杀伤人员地雷。它也能作为一些特定装药(如混合炸药、TNT、硝化甘油类炸药和枪药)等发射药处理的替代方法。

(3) 焚化法。用专门设计的密闭容器焚烧某些装填少量炸药的小型杀伤人员地雷、雷管或引信。

15.1.4 销毁地点的选择

销毁地点是指授权用爆破或焚烧方法销毁弹药和爆炸物的地方,因此也可称其为爆破场地和焚烧场地。这两个场地可以轮流设在同一销毁地点。销毁地点的设置须确保销毁操作带来的危害能降低到可以接受的程度。关于环境保护方面可参照 IMAS 10.70。

1) 爆炸法销毁场地应满足的条件

爆破产生的危害具体如下:

(1) 闪光和高温。通常这类危害影响范围有限,但也应予以重视。尽管大多数爆破产生的红色闪光不会对眼睛产生影响,但有时产生的强闪光可能会伤害眼睛。如果现场有易燃材料,如干草、杂枝条、树木或泥炭土等,则高温容易引发火灾。

(2) 爆炸和噪声。在实际销毁中,人员伤亡伤害和财产损失多由爆炸破片引起,只有当人员和设备距离很近且未采取任何防护措施时,才会导致爆炸伤害和破坏。与爆炸危害相比较,爆炸噪声问题更加突出。在近距离处爆炸噪声会导致听力受损,在较远距离上则会因噪声扰民引起公众不满。

(3) 爆破地震。这类危害主要是对相对靠近爆破地点的人员和设备产生影响,岩土有时能使这种影响传播得更远,这是引起当地民众抱怨的另一个潜在因素。

(4) 爆炸破片。爆炸破片是最具危害性的危险因素。作业范围的"危险区"应以破片可能到达的最大距离为标准。所有的人员、设备和财产处在该范围内而未予以足够防护,均是危险的。

(5) 有毒烟雾。

为消除上述危害,爆破场地需要符合如下特征:

(1) 隔离。隔离是最基本的条件。销毁地点必须尽可能远离人员和财产。
(2) 深层土。爆炸场地没有岩石和泥炭土，泥炭土容易引起地下燃烧。
(3) 无二次着火危险。爆破地点不应选在有管道、电缆或靠近燃料库周围的地区。
(4) 远离电台/雷达发射机。大规模爆破通常采用电起爆或遥控系统起爆，这种方法容易受外界电磁场影响。因此，爆破场地不应靠近雷达站、电台发射机或高压输电线。
(5) 高地势。高地势能减少爆炸冲击和地振动效应，也容易排水（有些设备需要挖沟）。然而地势高将导致爆破破片伤害的范围扩大。

2) 焚烧场地应满足的条件

焚烧产生的危害有高热、强光以及有毒气体（偶尔），而不会有爆炸冲击波、地振动或破片危险，除非燃烧中出现爆炸情况。

克服焚烧产生的上述危害，销毁场地需要符合如下条件：
(1) 无二次着火危险。
(2) 充足的水源供应。
(3) 隔离距离足够，以防止热浪或有害气体的伤害。
(4) 无泥炭土。

一个隔离、沙质和无地表植被的地方是适宜的焚烧场地。另外，焚烧场地应避开靠近悬崖，因为在悬崖附近燃烧容易引起较强的热气流，从而将燃烧过的烟尘带到很远的地方。

15.1.5 销毁地点的批准和标准作业程序

在开始销毁行动之前，销毁地点以及相关的标准作业程序应预先得到国家主管部门的正式批准（通常称为许可）。这项许可的授权应考虑到以下几个方面的基于专业弹药技术的建议和考虑。

1) 参考出版物

上级主管部门发布的有关条例地方性解释在所有标准作业程序中有效。标准作业程序都应列出上述条例清单及相关国家标准。

标准作业程序不应大量重复其他出版物中的信息内容，而应该重点详细介绍如何结合当地实际情况落实上级部门的有关规定。

2) 地图和坐标网

结合标准作业程序编制的地图内容应包括：
(1) 特定地区的地图。应标明坐标、地名和范围界限。此信息也应在标准作业程序中重申。
(2) 一张大幅的销毁地点布局示意图。布局示意图应作为标准作业程序附件（图15-1为销毁场地布局示意图范例）。销毁地点的选择要仔细考虑安全因素，一旦获得国家主管部门批准就要坚决执行，没有得到国家主管部门的批准不得有任何变动。

3) 警戒哨和观察点位置

警戒哨的布置必须能控制所有可能的销毁现场进出路口。警戒哨通常应设置在销毁现场边沿的碎片/破片防护掩蔽体内。若没有防护掩蔽体，则必须将警戒哨设置在危险区外。

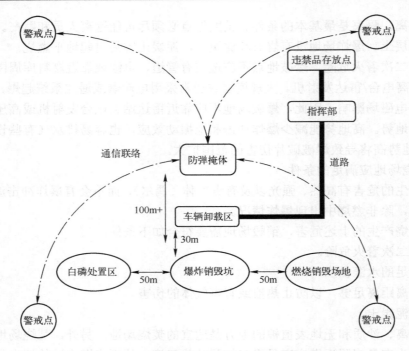

图 15-1 销毁场地布局示意图范例

4）销毁地点标示

销毁地点必须用公告板标示，公告板设在所有可能进入销毁地点危险区域外围的通道上。公告板上要告知当地社区该地点的设立目的、警示系统（岗哨或其他）、可能产生的危害（包括销毁过程中和销毁以后的）以及忽视这些警示有可能带来的后果等。公告条文应用当地语言书写。

5）点火站的位置

点火站设在足以让销毁现场指挥员能听到爆炸声的地方。通常点火站设在危险区范围内的防护掩体中。

6）通信

畅通的通信联络对于安全至关重要。应在进行销毁作业之前建立下述通信联络：

（1）点火站与消防、急救、警方等应急机构之间的通信联络。该联络也可通过指挥部进行。

（2）点火站与警戒哨之间的通信联络。除正常联络方式外，还应有应急联络手段，如喇叭、汽笛、哨音等。

常规作业程序中应该列出所有的紧急电话号码，并设有事故汇报专用设施。

7）爆炸当量限制

每个销毁点必须明确最大爆炸当量。最大爆炸当量取决于两个主要因素：

（1）爆炸破片的最大飞散距离。依据该距离确定出危险区的范围。所有人员、设备应处于危险区外，或设置掩蔽体防护。销毁现场应包括全部的危险地区，因而销毁区的大小决定了最大爆炸当量。露天销毁作业的爆炸当量不得超过最大爆炸当量，否则可能导致破片飞出销毁场地之外。

（2）地振动和噪声影响。爆破引起的地振动效应和噪声对人员和财产的影响决定了当地民众的"容忍"程度，这导致实际炸药用量极限要低于根据爆炸破片最大飞散距离确定的最大爆炸当量。

确定一个新销毁区爆炸药量上限的方法有：①开展爆炸物或弹药的技术咨询。②通过一系列爆炸破坏试验确定爆炸破片危险区范围以及地振动和噪声的容忍程度。在保持现场观察哨与点火点通信畅通、销毁点周边以及其他关键位置的观察哨得到合适防护的情形下，进行一系列爆炸试验，逐步增加炸药量。每次试验后核对观察哨的报告，若破片落点已经超过他们的位置或者已经达到观察点的容忍极限，就立即停止试验。

上述办法的试验结果就是爆炸药量极限，它能保证：

（1）在销毁区外无防护人员不会受到爆炸和破片的伤害，无论风向如何也不会受到有毒气体的伤害。

（2）销毁区外的人员和财产不会受伤或受损。

（3）噪声和地振动效应的影响控制在能够容忍的程度。

若需要在同一个销毁场地内采用多种方法销毁，如燃烧销毁、露天爆炸销毁、黄磷弹销毁或燃烧销毁烟火剂等，应分别确定每项行动的具体地点，其各自的最大药量应根据位置分别确定。

8）人员限制

现场人员的数量必须限制在最低程度，保证安全、有效工作。某些特定任务应遵循最少人员原则。

9）岗哨命令

有关命令通常列入销毁现场标准作业程序的附件中，并必须含有下述要点：

（1）通信需求。

（2）岗哨的责任。

（3）汇报要求。

10）防火措施

所有点火和吸烟材料（通常称为违禁品）必须由现场指挥员用上锁器材箱保管控制。吸烟必须在现场爆破指挥员规定的时间，到指定地点进行，并要远离所有爆炸物。

销毁机构应依据 IMAS10.50 中的附件 E 给出的一般原则，建立并维护防火政策及标准作业程序。

11）食品和饮料

对食品和饮料要加强监管，防止爆炸物颗粒或其他污染物的摄入。如果必要，现场指挥员应保证工作人员在餐前将手清洗干净。

12）运输原则

要点如下：

（1）按照预设的指定道路行驶（最好是硬化的路面），不应穿越有明火或电话线的地段，除非电话线埋设于地下或有防护措施。

（2）车辆不应接近销毁坑 30m 距离内，弹药也不应打开包装或做销毁准备处理。

（3）车辆进行装卸货时，发动机必须熄火。

（4）进行销毁作业时，车辆必须停在危险区域外的指定停车区域。

（5）人货分离，应使用不同车辆运输炸药、爆炸材料或库存待销毁弹药，并指定专人负责装卸。

13）着装

执行某些销毁任务时，需着特殊服装，该规定应详细写入标准作业程序中。其他情况也应该根据气候条件穿着合适的服装，尤其哨兵需要着适应各种恶劣天气的防护服装。

14）销毁点的特殊安全警告

特殊安全警告包括：

（1）如果爆破起爆小组离爆炸区和点火区的掩蔽坑距离较近时，必须佩戴听力防护装具。

（2）当风向可能将烟雾吹至敏感区时，对黄磷销毁和燃烧方法应进行必要限制。

15）事故预防和应急处理程序

参照IMAS10.40中针对扫雷行动的医疗支持，需要实施处理区发生突发事故的一切准备设施，包括处理区标准作业程序的医疗支持程序文件。

一旦发生事故，必须执行下述处理程序：

（1）立即展开突发事故应急处理程序，停止销毁作业，并使准备销毁的爆炸品处于安全状态。

（2）向上级主管部门报告，保护事故现场，并记录事故最终调查的所有详细记录（参照IMAS10.60）。

（3）对所有原已打开包装准备销毁的弹药和爆炸物实施安全处理并重新包装，保持隔离，等候调查。

16）记录和报告

必须保存一份永久性的销毁日志。这必须是由销毁现场指挥员签署的完整日志。

15.1.6　计划和准备

列出拟销毁的爆炸物清单。清单中所列爆炸物应在国家主管部门批准可销毁的爆炸物范围内，不得有超出批准范围的物品。

确定最佳销毁方法和地点，具体原则如下：

（1）如果待销毁物为少量低有效装药量的爆炸物，可就近使用具有较小爆炸药量上限的销毁场地。

（2）如果待销毁物中有较多的大药量爆炸物，超过了当地销毁场地的爆炸药量限制，则应选择大型销毁场地。

（3）应准确掌握所有待销毁物的组成和构造，并针对每类销毁物，确定最佳销毁方法，以实现安全、彻底地销毁。

（4）确定用于销毁的炸药种类和数量。

（5）将待销毁的爆炸物分类整理。

（6）确保每个销毁坑中的炸药总当量（包括用于起爆的炸药）不超过销毁场地的爆

炸药量上限。

（7）将炸药含量高的弹药（如防坦克地雷等）分布于各销毁坑，以增加用于销毁的有效药量。需注意的是，根据坑内爆炸物种类的组合选择销毁方法。

制定销毁计划，确定起爆顺序，并明确以下内容：

（1）日期、时间和位置。
（2）确定每个销毁小组的人员名单。
（3）拟销毁的杀伤人员地雷和爆炸性弹药清单。
（4）销毁所需的炸药、火工品清单。
（5）按类别安排好爆炸物及销毁坑。
（6）通信设备。
（7）安全和应急救援准备。
（8）食宿和运输安排。
（9）行车路线。
（10）存放物品目录，重要物品目录应备双份。

按要求向国家主管部门、地方职能部门、当地民众以及相关支援机构（如医院）发布销毁行动通告。

核对库存和需要使用的器材装备，核对销毁所用的炸药及火工品，若有可能还要核对待销毁的弹药。向参与销毁行动所属人员通报情况。

15.2 销毁作业的管理

15.2.1 抵达现场开始销毁前的准备工作

1）烟火具管制

销毁现场指挥员必须对打火机、香烟等烟火具实施严格管制，并告知所有人员关于吸烟的现场规定。

2）下达指令并点名

现场指挥员应：

（1）按额定人员名册进行点名，并向所有人员简要介绍任务情况，包括安全事项及紧急措施预案。
（2）设立急救站并指派救护人员，如果急救站设在危险区内，要备有救护人员掩体。
（3）明确每名哨兵的职责和通信规定，指派哨兵就位并设置警戒标识。
（4）指定车辆和人员的行走路线。
（5）明确停车区域，进行销毁工作时，所有车辆应该停在危险区外。

3）安全检查

现场指挥员应：

（1）检查电话交换设备和哨位电话线路联通情况。销毁开始前，电话通知现场所有的人员按现场指令要求做好准备。
(2) 每次爆炸前后都应检查现场道路，确保没有危险爆炸物。
(3) 确保起爆电缆不穿越道路，除非这些电缆埋设于地下。
(4) 指定救护车辆，该车应备有担架和毯子，保障整个销毁过程中的伤员后送救护。
(5) 采用焚烧法处理弹药时，应有消防设备及预案，或自行成立消防小组并调试好设备。
(6) 现场指挥员应在每次销毁起爆前后检查起爆掩体是否存在危险物品。应该铺设进入掩体和作业区的安全通道，如果需要，可用沙袋修整台阶和作业平台。
(7) 保证人员不在低凹地区行走和逗留。
(8) 如果需要处理硝化甘油类爆炸物，则应配置洗手设备。明确要求所有人员在搬运此类爆炸品后，饮食前都应洗手。

4）弹药卸货

销毁现场指挥员应：
(1) 指挥弹药卸载，现役和废旧弹药须分开放置，并指定专人进行现场清点、登记。
(2) 确保车辆行驶于坚硬路面。必要时可为人员行走铺设沙袋台阶。
(3) 确保车辆与销毁坑、未包装弹药和爆炸物保持 30m 以上距离。
(4) 确保装卸弹药时车辆熄火。

15.2.2 销毁作业中的管理

1）监管和控制

销毁现场指挥员须专职监管所有行动，应避免因参与某一组或某一区域的任务而影响其全局职责。

指定专人专职保护弹药和爆炸物，该人员必须始终管理，并清点送往销毁坑的物品。

2）安全

(1) 总则。

遵守所有的安全警告。

(2) 爆破或焚烧准备工作。

弹药和炸药的拆包和准备区应远离销毁坑的边缘（防止掉落）。

现役弹药和废旧弹药须分开准备：①打开包装时应保护敏感部位，不能踩踏或跨越弹药或炸药，包括导爆索；②在准备过程中注意不要将残留炸药留在准备区域内；③安全处置沾有炸药成分的物品；④尽量避免包装物品的大量堆积，检查所有多余包装物有无爆炸品遗留，并将其转运集中到堆放空包装物的场地。

在每次爆破前，应检测点火线路。

(3) 爆炸物堆放。

销毁现场指挥员应保证按如下方式堆放待销毁的爆炸物：①在保证彻底销毁的前提下尽量少用销毁炸药；②充分利用待销毁品本身装药达到彻底销毁的效果；③不同品种的待销毁弹药混合堆放时，合理搭配高装填量弹药与低装填量弹药；④弹药间不留空隙且装药间的金属和其他材料应尽可能少；⑤爆炸堆放物与其起爆网路必须足够稳固，并有相应的防护措施,不受其他爆坑爆炸影响;⑥为便于挖掘不完全爆炸物,避免将散土堆放在爆炸堆上,需要时可放置沙袋。

(4)导爆索的准备。

导爆索应尽可能展直,且无交叉搭接。

导爆索连接处必须用胶带紧缠至少 100mm,尾部至少紧缠 300mm。导爆索断口应用胶带包好,防止潮气侵入,防止松散爆炸物泄漏,避免因导爆索失效导致拒爆。

所有导爆索连接处必须设在销毁坑之外,爆破干线必须延伸到离销毁坑 2m 外的地方,防止出现拒爆。

(5)工具和炸药。

工具和炸药必须使用标记明确的专用箱包分装,散装物品不能直接人工搬运。雷管应装入封闭的、有标记的金属盒中搬运。

15.2.3 收尾工作

销毁现场指挥员应:

(1)检查销毁区,确保整个场地没有爆炸性物品,没有遗留下任何污染物。

(2)再次检查空包装盒,封存并标上无爆炸物标记。

(3)再次确认弹药和爆炸品仓库中有关物品已按记录全部销毁。如有不符事项,在调查得出合理结论与解释之前,不允许任何人离开销毁现场。

(4)要求参加销毁小组的所有人在离开销毁现场前,声明没有保留任何爆炸品、弹药和有关附属物。

(5)完成和签署销毁日志。

第二部分 专 业 技 能

第 16 章　含液体推进系统的弹药处理

在扫雷行动和战场清理中，有可能会遇到带有液体推进系统的未爆弹药，例如图 16-1 所示的俄罗斯生产制造的 SA-2 地空导弹。在近年来的战争或冲突中，经常使用的此类弹药还包括 SS-1 "飞毛腿"导弹及其改进型号、HY-2 SILKWORM、STYX "冥河"导弹及 AS-9 KYLE "凯尔"等。除了战斗部装药外，液体推进系统中残余的推进剂成分也具有危险性。此类弹药多采用二元推进剂，在发射后这些二元推进剂成分可能泄漏、挥发出来，形成有害蒸汽、烟雾等。针对此类弹药的安全清理和处置是相当复杂的技术任务。

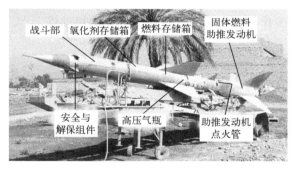

图 16-1　SA-2 地空导弹

基于以下原因，在战争或冲突结束后，需及时排除此类液体推进剂系统的潜在危害，具体包括：

（1）减少对人员健康带来的风险。
（2）便于销毁已不能使用或不稳定的弹药。
（3）保护周边环境。
（4）便于展开该区域内的清扫活动。

16.1　液体二元推进剂

液体火箭发动机与固体火箭发动机的最大不同，在于其使用的推进剂是液体状态。有的推进剂组分是单一的，例如硝基甲烷（CH_3NO_2）既是氧化剂又是燃烧剂，这种推进剂称为单组元液体推进剂。大多数液体推进剂是双组元液体推进剂。双组元液体推进剂中的氧化剂与燃烧剂分别放在氧化剂与燃烧剂存储箱中，分别输送到燃烧室中。由于推进剂是液体，因此使用液体火箭发动机的导弹要比使用固体火箭发动机的导弹增加一些辅助设备与系统，如推进剂的存储箱、推进剂的输送系统、发动机架、推进剂流量控制系统以及燃烧冷却系统等。液体火箭发动机在正常工作时，要有一定的压力把推进剂送进发动机的燃烧室。按照目前液体火箭发动机推进剂输送的形式可分为两类：挤压式和涡轮泵式。

液体推进剂一般是单组元或双组元的。单组元推进剂本身含有燃烧剂和氧化剂，它可以是几种化合物的混合物（如过氧化氢 H_2O_2 与酒精 C_2H_5OH），也可以是一种化合物（如硝基甲烷 CH_3NO_2、异丙基硝酸酯 $C_3H_7NO_3$）。单组元推进剂在常温、常压等条件下是稳定的，在加热、加压或触媒剂的作用下使其分解，产生高温的气体。因为只有一种组元，所以它的输送系统简单。但是单组元燃料也可以看作是一种液体炸药，某些条件下不稳定，比较危险，而且比冲小，所以应用较少，目前主要用在辅助系统中，作为涡轮泵组工作的能源。双组元推进剂是目前使用最广泛的一类液体推进剂，燃烧剂与氧化剂在喷入燃烧室前不混合。目前使用较多的是可储存的液体推进剂，这种推进剂在一个相当宽的温度和压力范围内是稳定的，且与结构材料反应很小，允许在密封容器中储存一年或更长时间。可储存液体推进剂可使火箭发动机几乎不需要发射准备时间，这样就大大简化了液体火箭发动机地面勤务处理工作，提高了野战条件下导弹的机动性。

16.1.1　燃料

在未爆弹药中可能会遇到的常用燃料有煤油、非对称双甲基肼、单甲基肼、三乙胺/二甲苯胺。

警告：肼为带有氨气或鱼腥气味的无色油状液体。

16.1.2　氧化剂

在未爆弹药中可能会遇到的常用氧化剂有红烟硝酸（RFNA）、抑制红烟硝酸（IRFNA）、四氧化二氮。

警告：抑制红烟硝酸（IRFNA）中的抑制剂为氢氟酸，是为了防止红烟硝酸（RFNA）对容器的腐蚀。在一些弹药中没有加入这种抑制剂。对于这些系统，加注燃料后经过长期储存会变得更加危险。

16.2　液体推进剂的危害

液体二元推进剂系统所造成的危害复杂，作用面积大。此外，如果导弹的战斗部装药依然完好无损，也将构成重大爆炸危险。

16.2.1　一般排爆危害

（1）在损坏或保养不善的未爆弹中的液体推进剂尤其危险，可能会发生泄漏，形成的蒸汽也可能顺风扩散。

(2) 偏二甲肼的沸点只有63℃，这在炎热的气候条件下是一个重要危险因素。

(3) 为防止触发导弹上的寻的传感器和近炸引信，不应从弹头接近未爆炸的导弹。同样，应查明导弹上是否有侧向接近传感器，如有则应避开。

(4) 碰炸引信可位于弹体的外部，如翼片的前缘等位置。

(5) 应警惕破甲战斗部和定向破片战斗部的存在。

(6) 在用爆炸法销毁弹药时，火箭的喷管部位应重点考虑。通过喷管产生的推力可能导致导弹发射出去，且弹道不稳定，难以确定其运动轨迹。

(7) 热能电池组件可能包含高压气体。

16.2.2 液体推进剂的毒性及其风险等级

除可能发生自燃或爆炸外，许多液体推进剂有剧毒或腐蚀性。当肼、偏二甲肼、抑制红烟硝酸或过氧化氢浓度达到0.005‰以上时，在其附近工作就应穿戴防护服和呼吸器。

1) 液体推进剂的毒性

对于任何给定的物质，其毒性风险取决于该物质的毒性、暴露时间、暴露程度。

而有毒物质可能进入人体的主要途径有摄入、经皮肤吸收、眼、吸入。

2) 风险等级

在弹药处置作业中，仅用推进剂成分的毒性来衡量风险程度并不全面，如在蒸汽污染的情况下，必须考虑母体化合物的挥发性。实际上，因为在同样的温度下，高挥发性的物质在空气中的含量更高，因此具有高挥发性的化合物可能比毒性强而挥发性较低的化合物造成的危害更大。

目前没有一个公认的方法综合毒性和挥发性来量化风险，但一个简单的方法是使用"风险指数"，即

$$风险指数（HI）=挥发性/中毒剂量$$

为了说明毒性、挥发性和风险之间的关系，表16-1对一甲肼（MMH）和偏二甲肼（UDMH）之间进行了比较。

表16-1 偏二甲肼和一甲肼毒性、挥发性和风险程度

化合物	25℃时蒸汽分压/kPa	毒性指数	风险指数
一甲肼（MMH）	6.61	74	0.67
偏二甲肼（UDMH）	20.9	252	0.62

偏二甲肼的毒性指数是一甲肼的4倍（其毒性约为一甲肼的1/4），但由于其较高的挥发性（因蒸汽分压高得多），风险指数是差不多的。

需要强调的是，风险指数不是一个完全被认可的概念，但在作业行动中确实提供了一个粗略方法，用于评估由不同的化学物质所造成的相对风险。

16.2.3 肼的危害

肼及其衍生物（一甲肼和偏二甲肼）可通过吸入、与皮肤接触和吞食等途径吸收，

产生局部刺激、惊厥,并破坏血液。几乎所有的肼衍生物可致癌。

肼具有强烈的皮肤和黏膜刺激性,且为中等强度的败血剂。它可以通过完好的皮肤吸收。暴露于肼蒸汽会导致:

(1) 眼睛的刺激。
(2) 肺瘀血。
(3) 神经系统的抽搐。

沾染上偏二甲肼呈现出类似的症状,但对皮肤的刺激性较小,通过皮肤的毒性减少,其口服毒性比肼低,但其蒸汽毒性更大。因此在局部空气污染的情况下,偏二甲肼会造成更严重的风险。

美国政府职业卫生会议(ACGIH)是一个确定极限阈值(Threshold Limit Values,TLV)标准的咨询组织,这些标准与国际公认的英国健康与安全执行局(UK HSE)给出的职业暴露极限(Occupational Exposure Limits,OEL)相近。英国由于国家健康与安全执行局没有给出针对一甲肼和偏二甲肼的OEL,因此,需参照ACGIH推荐的TLV,如表16-2所列。

表16-2 肼及其衍生物的极限阈值(TLV)

化合物	TLV		备注
	$\times 10^{-6}$	mg/m^3	
肼	0.1	0.10	OEL=0.1mg/m^3
一甲肼(MMH)	0.2	0.35	
偏二甲肼(UDMH)	0.5	1.00	

中华人民共和国国家职业卫生标准 GBZ2.1—2019 中规定:肼的时间加权平均容许浓度 PC-TWA 为 0.06mg/m^3,短时间接触容许浓度 PC-STEL 为 0.13mg/m^3。

16.2.4 预防措施

液体二元推进剂污染的环境中工作时,为降低风险,除采用正确的操作程序、提供适当的个人防护设备外,还应采取以下措施:

(1) 对人员进行相关知识的教育。
(2) 定期监测工作环境。
(3) 制定紧急情况预案。
(4) 合理安排工作时间,以减少暴露在有害气体/蒸汽中的时间。
(5) 定期监测工作人员的健康情况。

16.3 含液体推进剂弹药的清除方法

16.3.1 基本措施

当发现加注了液体推进剂的未爆弹药(导弹)时,为保护工作人员和周边社区人员,

第16章 含液体推进系统的弹药处理

扫雷行动项目的负责人至少应采取以下措施：

（1）项目负责人应向工作人员通报情况。

（2）向自己的工作人员、雷患教育（MRE）人员和国家排雷行动管理局发出此类危险的警告信息。

（3）令着防护服的工作人员在导弹周围半径100m范围内设置围栏并标示出该区域。

（4）评估潜在的最坏的情况下顺风危险区域范围，可通过 Bruhn Newtech 等公司（http://www.bruhnnewtech.com/）获取计算机模型进行评估。

（5）除非该扫雷项目组内有人员具备适当的资质，否则不得触动该弹药，并应提醒全体工作人员，弹头或侧向的引信传感器仍可能对小型车辆等雷达或红外目标产生作用。

（6）如果没有适当资质的工作人员，则可通过联合国排雷行动处请求协助。

（7）一旦拥有了经过适当训练的人员，就与其密切协作，制定出合理的清理和处置方法。

16.3.2 处置方法

1）检测液体二元推进剂污染

可以用商业泵及采样系统、监测器材检测二元推进剂烟雾和蒸汽。

2）人员保护

（1）医疗团队。

在所有疑受液体二元推进剂污染的区域内进行作业时，现场应有一支拥有适当装备和合格人员的医疗队。

（2）伤亡。

在液体二元推进剂污染区域内发生任何人员伤亡时，应报告给适当的医疗管理机构。

（3）安全工作时间。

对于使用自给式呼吸器和气密服的工作人员，其工作时间应限制在30min内以防中暑。

3）检测、采样和处置

（1）检测。

事件控制点（ICP）应建立在区域的上风位置。到达目的地后，应使用适当的测试设备采集空气样品进行检测。如果结果是明确的，那么应使用合适的方法进行顺风危险区预测。若条件允许就可以开始操作，但所有人员和物资应始终处于疑受污染区域的上风位置，并疏散所预测的顺风危险区内的人员。

应在事件控制点（ICP）附近设置并明确标出"红线"。任何人不得在没有穿戴气密服和自给式呼吸器的情况下越过"红线"。在"红线"控制点一侧设立洗消站（Decontamination Station，DS）。除了洗消人员外，洗消站内至少有2人应穿戴气密服和自给式呼吸器，以便在紧急情况下替换作业组人员。

作业组至少应包括3人。检测或抽样作业手在另一名作业手的密切监测下进行作业。作业组的第三名成员应在工作区的安全距离处担任安全监督员。安全监督员的位置应能监控所有其他成员，并能与事件控制点（ICP）保持不间断的通信。如果通信中断，那么所有的团队成员都应该返回到ICP。所有返回人员在穿过"红线"回到ICP之前应通过一个洗脚池，并由洗消站内的工作人员进行洗消净化。

警告：在进行燃料检测或抽样作业中使用的任何设备或衣物，不能用于氧化剂的检测或抽样操作，反之亦然，这是因为可能有接触自燃反应的风险。

（2）采样空气。

根据所使用的设备应进行适当的空气采样操作。

（3）液体取样。

这是一个非常危险复杂的任务，只应该由受过专门训练的人员进行。

4）回收处置

这是一个非常危险复杂的任务，只应该由受过专门训练的人员进行。

1991—1992年的科威特，一些扫雷组织使用爆燃法或爆轰法处置液体二元推进剂系统。这种方法只应被作为一种紧急处置措施，作为最后的手段使用。在作业时应考虑以下因素：

（1）应使用足够的起爆装药或燃料，以确保彻底销毁。

（2）仍可能发生顺风蒸汽危害，应作出顺风危险预测和预防措施。

（3）所有的爆炸和燃烧完成后，区域内仍可能是有毒害的。因此在进行最终清理作业时，仍应按要求穿戴气密服和自给式呼吸器。

16.4 设　　备

16.4.1　个人防护装备

以下个人防护装备（PPE）应该是标示导弹位置的人员、弹药处置技术人员和近距离侦察阶段工作人员所使用的最低防护要求，直到可以排除液体二元推进剂的存在：

（1）内棉手套。

（2）工业品质的厚质PVC手套。

（3）呼吸器。

（4）防水、气密的套装和长筒套鞋。

警告：这种级别的保护仅适用于通过目视查看问题所在，并不能为接触液体二元推进剂提供完整的保护。

以上防护的目的是为避免吸入或皮肤接触蒸汽提供整体性的保护。在没有军用装备的情况下，负责人应创造性地使用其他材料来达到这一要求。

如果一开始就确认液体二元推进剂存在，并打算处置该类弹药或储存罐，那么应穿戴自给式呼吸器（Self Container Breathing Apparatus，SCBA）和气密服（Gas Tight Suits，GTS）。

16.4.2　呼吸器

眼睛对化学攻击以及任何有毒或刺激性气体的存在特别敏感，当有烟雾时需要为眼睛提供足够的保护。市场上的多种个人呼吸器可防止微粒污染，但不足以有效防护蒸汽和烟雾。

一些带有活性炭过滤器的呼吸器也可以防护有毒蒸汽，但对于液体二元推进剂，强烈建议在液体二元推进剂污染区域的所有工作中使用全封闭的呼吸器或自给式呼吸器。这样的装备应该是由一个国家的健康和安全机构认可的类型。

16.5　安全注意事项

在一个有潜在危险的环境中工作时，扫雷组织应确保所有管理人员、扫雷作业人员和后勤人员清楚液体燃料系统的危害，而其弹药处置作业人员应针对液体燃料的危害进行过特别训练。

在没有专门仪器的情况下不可能检测出液体燃料系统是否发生泄漏，因此应采取如下措施：

（1）除与弹药处置人员一起工作外，不进入或爬上损坏的液体燃料系统，或在其100m范围内走动。

（2）若工作需要在100m范围内活动，则需戴面罩和手套，并放下袖子。用防水敷料覆盖任何割伤和擦伤。用尽可能少的时间完成任务。不要进入危险区域或进入顺风50m范围内。

（3）不要在受损的液体燃料系统附近饮水、进食或吸烟。任务完成后，尽快淋浴清洗。执行任务所着衣物应更换或清洗。在此之前不得饮水、进食或吸烟。

（4）如果怀疑已经沾染了液体推进剂或其蒸汽、烟雾，则应尽快告知医疗队进行处理。

第 17 章 贫铀弹的处置

近 30 年来的一些战争和武装冲突中,贫铀弹被用于摧毁装甲车辆等地面目标。这些贫铀弹包括以下弹药:

(1)坦克和装甲战车使用的尾翼稳定脱壳穿甲弹(Armour Piercing Fin Stabilised Discarding Sabot,APFSDS),包括 25mm、105mm 和 120mm 口径的弹药。

(2)美国海军的近距离武器系统(Close-In Weapons System,CIWS,通常被称为"密集阵"系统)中使用的 20mm 口径炮弹。

(3)美国对地攻击飞机(包括 A-10"疣猪"和 AV-8B"鹞")所使用的 25mm 和 30mm 口径炮弹。

除了美军之外,俄罗斯、英国、以色列、印度等多国军队均已装备或将要装备贫铀弹。使用这些弹药后形成的残留物将会成为排雷组织需要面对的现实风险问题。在科威特、科索沃、波黑等国家和地区工作的排雷组织均面临贫铀弹及其残留物的挑战。

出于以下原因,在战后需及时清除贫铀弹的危害:

(1)减少对人体健康的风险。

(2)便于销毁不能使用的或不稳定的弹药。

(3)保护环境。

(4)便于进行周边环境清除。

(5)便于对装甲战车(AFV)进行排爆作业。

17.1 贫铀弹及其危害

17.1.1 贫铀的定义及性质

贫铀,也称为贫化铀、耗乏铀或衰变铀等,英文简写为 DU(Depleted Uranium),是一种主要由铀-238(U238)构成的物质,为核燃料制程中的副产物,故也是一种核废料。

自然界中的铀,含有 U238、U235、U234 三种同位素,其中有约 99.27%的 U238,0.72%的 U235,及 0.0055%的铀-234,而只有 U235 才能用于核裂变反应,作为核武器和核电站燃料。纯天然铀中 U235 仅占 0.72%,U238 占绝对优势,因此天然铀必须加工处理成高含 U235 的浓缩铀。获取浓缩铀后剩余的铀,U235 含量更低。这种 U235 含量比天然铀更低的铀称为贫铀。其中,U235 和 U234 的浓度大约只有天然铀的 1/3,放射性则约为天然铀的 60%。美国原子能标准委员会（NRC）将 U235 低于 0.711%的铀定义为贫铀，美国国防部制定的国防部标准为 U235 含量在 0.3%以下，而实际使用的标准是 0.2%。

表 17-1 所列为天然铀和美国国防部使用的贫铀中各种同位素占比的比较。从表中可以看出，贫铀中不但 U235 含量减少了，U234 也大大减少了。

表 17-1 天然铀和贫铀的比较

	重量百分数				辐射/(Bq/g)
	U234	U235	U236	U238	
一般天然铀 （对辐射能的贡献率）	0.0057% （50.7%）	0.72% （2.2%）	0% （0%）	99.28% （47.1%）	25900
美国国防部使用的贫铀 （对辐射能的贡献率）	0.001% （15.6%）	0.20% （1.1%）	0.00030% （0.10%）	99.8% （83.2%）	14800
半衰期/年	2.47×10^5	7.1×10^8	2.4×10^7	4.5×10^9	—

铀的各种同位素都具有放射性，主要是 α 射线，其中 U234 的辐射能占绝对优势。天然铀中 U234 含量虽少，但其辐射能几乎占全部辐射能的一半。贫铀也有放射性，由于贫铀中 U234、U235 含量减少，因此贫铀的辐射能仅是天然铀的 60%，虽然弱一些，但并无本质减少，贫铀的辐射能主要是由 U238 贡献的。

贫铀除了具有放射性外，它的金属性能也是其他金属不可替代的。贫铀的密度高达 19.1g/cm^3，可以和钨匹敌，几乎是铅的 2 倍。贫铀的强度和硬度都不是很高，但添加一定量的其他金属（如 0.75%的钛）制成贫铀合金，强度可比贫铀高 3 倍，硬度可达钢的 2.5 倍，且具有良好的机械加工性能。贫铀在工业上用途广泛，可作为飞行器的配重块，或放射线疗法及工业用放射造影器材的屏蔽物，及放射性物质使用的货箱；军事上则常用作贫铀弹或装甲板材，这是因为贫铀能大幅提升穿甲强度或装甲抗度，并且贫铀弹在命中目标后具有 3000℃的高温烧灼效果。用贫铀做成的金属弹体在动能驱动下撞击到物体时，表现出明显的自锐特征，穿透性能显著优于钨合金制成的穿甲弹（钨合金穿甲弹在撞击装甲时会钝化为蘑菇状，从而影响其穿甲性能）。

17.1.2 贫铀弹及其特点

贫铀弹是指用高密度、高强度、高韧性的贫铀合金做弹芯的炮弹和炸弹，贫铀弹爆炸时，能产生高温化学反应，穿透力极强，性能好于钨合金弹芯，多用来穿透坦克装甲和高防护建筑物。其主要成分是铀-238（U-238），具有一定的放射性，对人体及自然生态环境有潜在危害。

贫铀穿甲弹穿甲性能很强。原因在于：

（1）贫铀密度大，制成相同体积的弹丸时质量大。而弹丸穿透力和弹丸质量平方根成正比，因此贫铀穿甲弹穿甲性能强。

（2）贫铀材料硬度高。

（3）相对于钨合金穿甲弹，贫铀穿甲弹在穿甲的过程中弹头能够不断自锐，在一定程度增加了贫铀弹的穿透能力。

（4）由于铀易氧化，它击中坦克等装甲车辆后，撞击产生的高温可以引发铀燃烧，产生更高的温度，形成较大的后效破坏作用，进而杀伤乘员及破坏坦克的内部设备。

（5）铀燃烧时产生的大量云雾状氧化铀尘埃，会沾染坦克等装甲车辆的表面，形成放射性污染源，对敌人造成放射性杀伤。

贫铀弹破片具有下列物理特性：

（1）非磁性。

（2）贫铀破片的密度比铅高60%以上，手感异常沉重。

（3）含有贫铀成分的弹片及粉尘呈乌黑色且带有绿色色调，3~4个星期后将变为绿色。

（4）贫铀弹碎片具有蜂窝结构的孔隙。

（5）贫铀弹碎片具有长时间保持高热的特点，即使在发射3~4h后也会造成严重灼伤。有时炽热内核会被表面黑色粉尘遮住，使其看起来已经冷却。

（6）冷却后的贫铀弹碎片如果被金属物体（如镐头或铁铲）撞击，则会像燧石一样产生火花。

美国从1975年开始投产贫铀弹并装备部队，主要包括20mm、25mm、30mm、105mm和120mm 5个口径，如105mm坦克炮配用M900系列尾翼稳定脱壳穿甲弹、120mm坦克炮配用M829系列尾翼稳定脱壳穿甲弹。

M829式穿甲弹是在德国DM33式120mm穿甲弹的基础上研制而成，为定装式长杆侵彻弹，用于对付敌方装甲目标。其改进型M829A1弹芯长径比为20:1，初速为1675m/s，在2000m的距离上可击穿550mm厚的均质钢装甲板。1992年美国研制出改进型M829A2（图17-1），并于1993年开始生产装备。在M829A2中，弹托采用碳—环氧树脂复合材料制造。与M829A1相比，M829A2初速提高了100m/s，在2000m距离上穿甲深度为730mm均质钢装甲板。

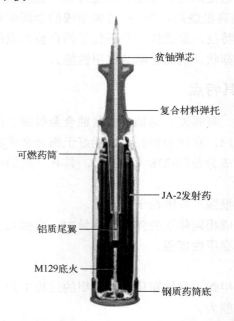

图17-1 美军主战坦克使用的120mm口径M829A2尾翼稳定脱壳穿甲弹

贫铀材料在不同类型和口径弹药上有应用，图 17-2～图 17-4 显示了穿甲弹和空对空导弹战斗部采用贫铀材料的典型弹药。

图 17-2　英军 120mm 口径 L27A1 尾翼稳定脱壳穿甲弹

图 17-3　30mm 口径贫铀弹上的铝质护套

图 17-4　俄罗斯 AA-8 空对空导弹的战斗部含有 1.6kg 贫铀

17.1.3　贫铀弹的危害

贫铀的毒性有放射性毒性和作为重金属的化学毒性两个方面。需要强调的是，尽管贫铀材料具有辐射性和毒性，但在武器中使用贫铀材料主要是利用其高密度和高硬度特性，而非将其作为核生化武器使用。

17.1.3.1　放射性毒性危害

贫铀的主要成分是 U-238，其半衰期达 45 亿年，因此，贫铀的放射性强度还是比较低的，不到天然铀的一半。但是，贫铀的放射性毕竟存在，长期接触对健康也有影响。美国陆军曾在一份研究报告中指出：贫铀是一种低水平的放射性废物，必须按放射性废物处理和储存。

贫铀可以辐射出 α、β 和 γ 射线。α 粒子在空气中射程大约为 2.73cm，在致密物质中射程更短，不会穿透衣物，对于皮肤也仅能穿透人体皮肤角质层，受损伤的仅是无生命的组织，因此基本不存在外照射危害；β 射线比 α 射线更具有穿透力，穿透皮肤的 β 射线能够引起放射性危害，进入体内引起的危害更大，但是 β 射线能够被体外衣服消减阻挡，几毫米厚的铝箔可以完全阻挡 β 射线；γ 射线的波长比 X 射线短，因此穿透能力强于 X 射线，可以进入到人体内部，并与体内细胞发生电离作用，所产生的离子能够侵蚀有机分子（如蛋白质、酶和核酸），导致人体内正常的化学过程受到干扰，严重的可以使细胞死亡。

贫铀的高密度意味着只需要考虑其表面辐射，因为内部辐射被其本身屏蔽了。非屏蔽贫铀的表面的辐射剂量率约是 2.3mSv/h，此剂量率中 98% 属于 β 射线。裸露的贫铀材料（无论是完整的弹药还是发射后形成的破片）对人体的辐射剂量要超过英国安全暴露极限（Safe Exposure Limit，SEL）所规定的 500mSv 剂量（手部），都需要长达 200h 以上。通过戴手套可以进一步衰减 β 射线，从而显著减小外部辐射对手的伤害，使得每年的安全接触时间达到 5000h。因此可以认为外部辐射风险较低，在戴手套作业的情况下可以忽略外部辐射危害。

贫铀弹燃烧和爆炸产生的贫铀粉尘导致弹药处置作业人员面临的风险有所增加。贫铀粉尘可能通过口腔、呼吸道摄入，或通过开放性伤口、擦伤进入人体，有可能影响肾脏和肺部。不可溶的贫铀微粒会积聚在肺实质，尽管因为不可溶解毒性较低，但可能导致局部的低级别辐射损伤。低浓度水平的可溶性贫铀微粒可以迅速无害地由肾脏排泄。浓度非常高时，有可能导致肾坏死。但只有在完全没有采取防护措施的情况下长时间暴露在贫铀粉尘环境中，才会达到如此高的积累水平。在正规的弹药处置作业中要求使用个人防护装具，并在能够达到极低风险程度前就能够完成作业了。此外，良好的个人卫生习惯（如开始工作前包扎好小伤口、工作结束后注意洗手）可以进一步降低风险。

所有贫铀弹中含有贫铀成分的部件均安放在钢或铝制的护套中。对于未发射的贫铀弹，或虽已发射但命中在较软目标上护套未破裂的贫铀弹，几乎没有辐射危害。

17.1.3.2　化学毒性危害

铀与铅、镉一样都是重金属，能引起人类中毒。铀是高密度物质，贫铀燃烧形成淡黄色烟雾状氧化铀尘埃，其燃烧生成物具有放射性和毒性。贫铀弹弹头爆炸时产生高温，燃烧生成的铀氧化物烟雾可传至 40km 以外。这种爆炸产生的粉状物，或落到地面，渗入土地里，或通过空气和河流向周边地区扩散。

这些粉状物一旦被人们呼吸进入体内或通过细小的伤口进入人体，被缓慢地溶解吸收后其毒性作用就发挥出来，在骨、肾脏、肝脏内沉积，对身体产生伤害，可能引发包括白血病在内的许多癌症和一些肝脏、神经系统疾病。尤其是肾脏，其抗铀的毒性最弱，容易导致肾小球细胞坏死、肾小管管壁萎缩，从而使肾的血液过滤功能下降。因此，贫铀对人类健康的最大危害是造成肾功能衰竭。同时，沉积在体内的贫铀最终将存在于骨骼、肺部、肝脏、肾脏、脂肪和肌肉中，引发其他疾病，主要有呼吸道疾病、皮肤疾病、神经功能紊乱、染色体损伤、免疫功能下降、生殖功能减弱，甚至可以致癌。裸手接触贫铀物质后，在 80h 内即出现皮肤病变。此外，贫铀弹爆炸后产生的放射性微粒将对水源和土壤造成污染，并最终危害饮用水链和食物链。由于放射性物质的半衰期长达数十甚至上百年，这种污染的持续时间将会非常漫长。

17.1.3.3 贫铀弹污染实例

造成危害最大的是 1991 年的海湾战争。期间美军大量使用了贫铀弹，使大量贫铀散落在波斯湾地区，造成该地区的严重铀污染。海湾战争后，在伊拉克南部巴士拉等战地，辐射强度骤然增大，无端患病者特别是血液病和癌症患者急剧增多。调查表明，伊拉克战后的癌症死亡率是战前的 10 倍，其中受害最重的是儿童，癌症死亡率高达 16‰。紧接着，美国自己也尝到了使用贫铀弹的苦果，参战的多国部队特别是美军老兵中也出现了"海湾战争综合征"，患者的痛苦难以言表，给他们本人及家人产生了严重的身心创伤，也引起人们对贫铀弹的关注。1998 年 8 月，美国国防部曾专门发表了研究报告《海湾战争中的贫铀弹》，2000 年 12 月 19 日又发表《海湾战争中的贫铀弹（二）》，极力否认贫铀弹是"海湾战争综合症"的主要杀手。不过，事实胜过雄辩，贫铀弹绝对脱不了干系。

除了海湾战争，科索沃战争同样形成了众多污染区，威胁着数十万人的健康，也给参战士兵的健康造成了不良后果。据 2000 年的报道称，曾参加科索沃战争的欧洲士兵中，意大利有 8 人患白血病死亡，还有 30 人被怀疑患癌症；比利时有 5 人死于癌症；西班牙有 11 人患癌症，5 人死亡。其他国家的士兵均有被诊断出患癌症的。

所谓的"海湾战争综合征""科索沃战争综合征"在一定程度上是由使用贫铀弹引起的，主要表现为体质下降、心情烦躁、头痛、肌肉关节痛、睡眠障碍等症状。在针对"海湾战争综合征"的一项调查中发现，在被贫铀弹误伤的 21 辆美军装甲坦克及运输车中的 113 名贫铀污染者中，22 人精液中铀的含量比正常高出 5 倍。

17.2 贫铀弹的处置方法

17.2.1 处置装备

17.2.1.1 个人防护措施

在排除贫铀污染风险前，弹药处置作业人员应穿着以下个人防护装具：
（1）内棉手套。
（2）外部穿戴工业级的厚 PVC 手套。
（3）防毒面具或面罩。
（4）胶皮高腰套靴及防护长裤。

使用以上个人防护装具的目的在于为作业人员提供全方位的防护，防止吸入、接触含有贫铀的灰尘，并防止锋利破片割伤。

17.2.1.2 测试仪器

在清理贫铀弹时，弹药处置作业人员应佩戴热释发光剂量计（Thermoluminescent Dosimeter，TLD）和便携式放射污染测量计（Portable Contamination Meter，PCM）。

17.2.1.3 个人防护

警告：不要直接接触贫铀残留物或贫铀破片。贫铀破片非常锋利，稍不注意便会造成割伤，因此不要用手直接捡起贫铀破片，应使用小铲或其他工具收集贫铀破片。

贫铀粉尘通常是无害的，除非是被吸入呼吸道或通过伤口进入血液。

17.2.1.4 简易预防措施

以下简单措施可减小贫铀污染的风险，避免严重的健康受损。

（1）放下长袖，穿戴两层手套：内层为棉布或尼龙手套；外层为厚的 PVC 手套。作业时应小心避免锋利物品划破手套，致使皮肤暴露。

（2）至少在发射 4h 后再进行清除作业。贫铀弹碎片在发射后保持红热的时间可长达 4h。

（3）全过程应戴防毒面具，以防止移动弹片时吸入氧化贫铀粉尘。若无防毒面具，可用打湿的面纱覆盖口鼻部，或使用医用口罩或工业口罩。

（4）不要用鞋子翻动或移动弹片，而应使用铲子、夹钳等工具。

（5）可以考虑穿着罩衫和套鞋，以防止衣物和鞋子沾染辐射性灰尘。

17.2.2 处置步骤

17.2.2.1 检测贫铀污染

并非所有的贫铀污染区都有明显的可视线索，而通常的辐射检测仪器灵敏度不足以发现贫铀辐射，因此建议使用专用的便携式放射污染测量计。

17.2.2.2 个人放射量测定及健康检查

在使用过贫铀弹药的区域进行作业时，应在弹药处置分队或专家组里指定一人担任放射控制人员，随身佩戴热释发光剂量计，该剂量计应每月更换。此外，每个月对该放射控制人员的尿样进行检测。

17.3 收集、处置与净化

17.3.1 收集与搬运

（1）收集箱的准备。收集箱应为大小合适、没有孔洞的坚固金属箱，应能承受沉重的高密度贫铀破片，并防止箱内破片的掉落。木箱及硬纸板箱会吸收贫铀粉尘，因而不宜使用。在收集箱内应铺设厚约 2cm 的沙或土，用以固定贫铀破片、吸收氧化铀并能防火。当多层放置时，每一层的顶部及周围均应用 2cm 的沙土充填、覆盖。盖上箱盖前也应在最上面覆盖一层沙土。

（2）收集贫铀破片。在收集贫铀破片时，应将其周围的沙土一起收集以确保能够完整收集贫铀破片附近的贫铀及其氧化物粉尘。

（3）收集箱的标记。当收集箱装满破片并在顶层用沙土覆盖后，应盖上箱盖并密封以防洒漏，并在箱子上标上"小心辐射——贫铀破片"以及辐射标识。

（4）收集箱的搬运。尽管贫铀破片仅有很低的辐射危害，还是应避免身体靠近收集有贫铀破片的箱子。在搬运时，可以使用抬棍以拉远距离。

17.3.2 处置

装有贫铀破片的收集箱应集中放置在专门的场地，在其外围设置围栏并进行设置警示牌。由于辐射性较小且贫铀材料和箱体本身起到一定的辐射屏蔽作用，围栏至堆放箱体距离 1m 便足以保证辐射安全距离。

17.3.3 净化

（1）地表净化。通过移除已发射而未破裂的侵彻杆、弹药及其周边的土壤，可以净化地表。对于破裂的护套，应按贫铀破片同样的方法处理。

（2）目标净化。对于被击中的装甲目标，可以重复用铁锹铲起沙土猛抛向被击穿的区域。这样可以去除表面的贫铀氧化物，带出内部的贫铀破片，然后进行收集。用便携式放射污染测量计检测目标正下方的区域，并收集带有放射性的沙土。所有的破片及带有放射性的沙土应按如前所述的方法装到收集箱内。

（3）卡住的侵彻杆。有时未被完全贯穿的目标装甲会卡住侵彻杆。对其周围区域可以采取上述方法进行净化，对于侵彻杆本身可放置 7~14 天，待其侵蚀缩小后敲击即可取出。

（4）交叉污染。在作业区内应注意，尽管采取了预防措施以免受伤和污染，作业时所穿的衣物和鞋子仍会受到污染，且能保持相当长一段时间。任何怀疑受到污染的物品均应立即清洗，并用便携式剂量计检查。个人清洁措施（如洗脸、洗手、淋浴）能进一步消除交叉污染的风险。

第18章 带有简易起爆装置的常规弹药的处置作业

在一些冲突地区，常常会出现利用遗弃的军用弹药制作简易爆炸装置（Improvised Explosive Device，简称 IED）的情况。这种 IED 爆炸威力大，动作原理灵活多样，是非常难以排除的目标。在处置此类弹药时，应考虑各种可能性，不仅需遵循一般的作业规程，还需对各种起爆机构的原理、构成和处置方法了如指掌，才能做到安全有效地排除。

18.1 IED 的结构原理及其杀伤作用

18.1.1 IED 的结构原理

18.1.1.1 IED 的定义及特点

1）IED 的定义

IED 又称为临时爆炸装置，或路边炸弹、菠萝弹等。它是指利用就便器材制作临时的、具有一定杀伤力的、技术较为简单的爆炸性装置，一般由爆炸物和起爆装置两大部分组成。

相对于军用制式爆炸物而言，IED 的制造手段相对原始，构造简单。低成本、不易侦测、材料取得容易，是其广泛使用的主要原因。IED 可以由军用、民用或自制炸药和火工品、军用制式弹药和火工品、商用电子元器件等原材料制得。图 18-1 所示为由 122mm 杀伤榴弹改装而成的电控起爆 IED。

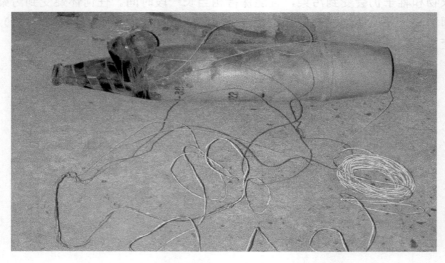

图 18-1 由 122mm 杀伤榴弹改装而成的电控起爆 IED

IED 通常采用的起爆方式主要包括直接起爆、触发起爆、遥控起爆、延时起爆等，其变化后的引爆方式高达 90 多种。IED 的作用类似于诡雷，令人防不胜防，措手不及。

IED 通常布设在公路的两侧，通过绊线绊发或无线电遥控起爆等方法起爆。这类爆炸装置威力大，具有一定的欺骗性和伪装特征，通常能逃避探测和检查，从而对目标形成有针对性的杀伤或摧毁。使用 IED 已经成为游击作战和恐怖爆炸袭击中的主要手段。图 18-2 所示为隐匿在道路涵洞管道内的 IED。

图 18-2 隐匿在道路涵洞管道内的 IED

2）IED 的特点

IED 可以是任何类型的材料和引爆物制成的东西。这种"自制"装置旨在通过炸药或者加上有毒化学物、生物毒素或放射物造成死伤。主要特点有：

（1）高受伤率。

IED 在军事行动中主要是对付敌方的保障车辆和人员；在恐怖爆炸袭击中主要针对的是重要的标识性建筑、政府机关和聚集性人群等。从伊拉克战争和阿富汗战争来看，IED 主要被部署在供应线和交通要道沿线。从历次恐怖爆炸袭击来看，IED 则主要出现在重要建筑物、政府机关和人群密集区附近。据统计，第二次世界大战受伤/死亡比为 2：1，朝鲜战争为 2.6：1，越南战争为 3：1，而伊拉克战争则高达 9：1。

（2）战术奇袭性。

IED 实施手段不断变化，行动更加诡秘。在实施爆炸袭击时，通常根据破坏对象及现地情况，利用地形、地物、天候、人群等条件作掩护，进行爆炸破坏。IED 通常采用自带自炸、定时爆炸、声控爆炸、光电爆炸、开启爆炸、遥控爆炸、设雷暗炸、漂浮爆炸、动物代炸、汽车炸弹等方式。IED 瞬间突然爆炸使被袭击者弄不清其具体位置，战术奇袭性强，潜在危害性大。

（3）战略影响性。

恐怖分子将 IED 爆炸现场制作成录像带，在网络或电子媒体上传播，其杀伤作用和血腥场面对民众将造成巨大的心理冲击，影响作战人员士气和反恐战争的意志与决心。

（4）成本低，易于伪装。

汽车轮胎、灭火器、水桶、热水袋、食品罐头，甚至是动物的尸体里，都有隐藏 IED 的可能性，恐怖分子发起攻击时不易暴露。

18.1.1.2　IED 的结构组成及分类

1）IED 的结构组成

目前 IED 的种类繁多，尽管形状和式样各不相同，但无论 IED 的外观形状、重量、大小、颜色等如何变化，其内部构造基本上是相同的。IED 一般由电源、开关或电路、雷管、装药以及容器 5 个基本部分组成。

（1）电源。

IED 的电源可以采用普通的电池、电池组、汽车蓄电池或者电容器组，如图 18-3 所示。电池技术发展快速，其体积可以做得很小，但电量惊人，完全可以引爆小型到中型的爆炸装置。

图 18-3　不同形状和容量的电池和电容

（2）开关或电路。

IED 一般有以下一种或者多种引爆方式。

① 定时器。定时自动开关的目的是在经过一段时间延迟后引爆 IED，有非常多的定时装置可供恐怖分子选择，通常有机械定时开关、电子定时自动开关和自制定时电路。

时钟和洗衣机定时器等机械定时装置长期被欧洲恐怖分子们所钟爱，直到后来在 DIY 商店就可以购得的电子定时器以其先进的技术含量而取代前者。早期爱尔兰共和军 (Irish Republican Army，IRA，是一个一直对北爱尔兰和英国本土从事暴力活动的民族主义秘密武装组织) 最爱的定时器之一是停车计时器。这种简易的计时器被普通公民用于提醒在公园泊车的人被开罚单前及时取车，武装分子将这种计时器予以改造，为其暴力

第 18 章　带有简易起爆装置的常规弹药的处置作业

目的所用。图 18-4 所示为几种典型的机械定时装置。

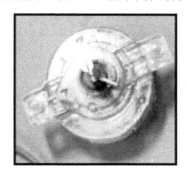  

图 18-4　机械定时装置

电子计时器，也就是那些录像机上闪烁着的意味着时间的数字的计时装置，而其中的一些装置可以设置成几年后的时间，更别提几天几小时的定时时间。图 18-5 所示为带光绝缘体的 Casio 电子表计时装置。

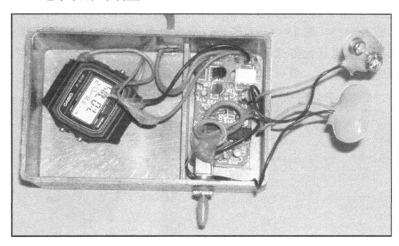

图 18-5　带光绝缘体的 Casio 电子表计时装置

全世界仍然还有老式的计时系统在使用着，根据燃烧机理来使用安全引信、用点燃的香烟来延缓爆炸时间的案例都曾经在亚洲国家出现过。物质损耗，字面上理解，就是时间的延缓是依靠某些物质的损耗来达成。化学计时系统是类似英国动物解放阵线（Animal Liberation Front，ALF，是一个恐怖组织）的犯罪团伙所热衷的方式，也十分有效。还有一种不能遗忘的是曾经在 1988 年 12 月 21 日炸毁 Pan Am103（泛美航空 103 航班，称为洛克比空难，飞机在苏格兰边境小镇洛克比上空爆炸，270 人罹难）的气压继电器。

② 受害者操控。那些旧款衣服上的衣钉不仅广泛地被 IRA 运用在复杂的爆炸装置中，还被运用在前南斯拉夫与其他地区冲突的诡雷战中。只需去当地的电子商店就可以买到足够用一个月的从红外感应到激光启动的各种开关。这些开关都可以被用在操作

IED 上，像使用衣钉一样非常简单的日常用品就可以达到目的。有很多受害者启动开关（图 18-6），只是用了最简单、最机械的军用诡计原理。

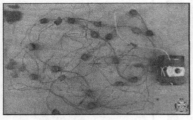
(a) 多触点开关

(b) 压力开关

图 18-6　受害者操控型 IED 使用的开关

另外一个非常简单的开关是通过受害人启动的开关装置——水银开关。它是一个底部有水银的玻璃管子，将其绑于门的把手或者汽车的轮胎上，只要通过一定的转动，水银就会落到另一头去，从而触发两个电子联结点的连通。

③ 指令控制。指令起爆方式使暴乱分子能够选择 IED 理想的精确引爆时间。用线路（图 18-7）或者遥控（图 18-8）系统传达命令以引爆装置，这需要恐怖分子个人的介入。这些方法被证明比其他方式更加有效，因为目标物在恐怖分子的监控之下，恐怖分子可以选择最适合的地点、最有利的时间制造爆炸。

图 18-7　无绳电话装置

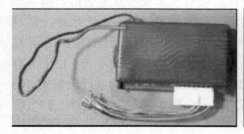
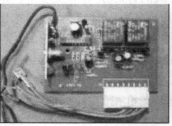

图 18-8　车用遥控器

（3）雷管。

IED 可以采用军用雷管、工业雷管或自制雷管。通过点火管引爆装药的方式已基本

第18章 带有简易起爆装置的常规弹药的处置作业

被恐怖分子所淘汰,他们倾向于选择新的方式激发雷管。

(4)爆炸装药。

IED 所使用的爆炸装药可以是军用炸药、自制炸药或自制燃烧剂等。由于美国主导的"反恐"战争涉及了世界主要与宗教联系敏感的地区,美军推翻其国家政权后,伊拉克、阿富汗、利比亚等国家在较长的一段时期内基本处于无政府状态,导致了大量的军用弹药和爆炸物丢失或被恐怖组织抢夺,从而为制成大量的、危害极大的 IED 提供了物质基础。自联合国开始核查以来,预计有超过 350t 的爆炸物在伊拉克无端消失。毫无疑问,这些爆炸物将为暴乱分子提供更长时间的支撑。然而,对于恐怖分子来说,爆炸物最好的来源还是自制。图 18-9 所示为可用于自制炸药的化工原料。

图 18-9 可用于自制炸药的化工原料

(5)壳体或容器。

爆炸装置必须装载在壳体或容器内,这个容器可以是自杀背心(图 18-10)、液化气罐(图 18-11)、灭火器、军用弹药、微波炉用品盒,也可以是一个卡车。容器各种各样,从儿童玩具到公文包,其种类不胜枚举。

图 18-10 内嵌大量钢珠的自杀背心

图 18-11　不同规格的液化气罐

2）IED 的分类

对 IED 进行分类，是对其特性研究的基本方法之一。IED 的分类应该突出结构特点、概念准确、简明扼要。从目前的情况看，爆炸恐怖分子使用的爆炸装置多种多样，其分类方式也各不相同，有的按外形、外包装分类，有的按制作方式分类，有的按起爆方式分类。按照爆炸装置的起爆方式和方法，爆炸装置可分为触发、非触发、延时触发和遥控触发 4 类。其中，触发类包括机械触发、电触发、化学触发等；非触发类包括磁感应、光、声、温控、振动、水压和复合发火等形式；延时触发类包括机械延时、化学延时、物理延时和电子延时等；遥控触发类包括无线遥控和有线遥控等。

（1）根据 IED 的使用载体分类。

① 包藏式 IED。这类 IED 多为地雷、榴弹、迫击炮弹等改装，用布袋、泥土、混凝土掩盖或伪装，放置在敌军可能通过的道路边，通过遥控方式起爆，因此也被称为"路边炸弹"。图 18-12 所示为隐匿在麻袋内的 130mm 杀爆榴弹。

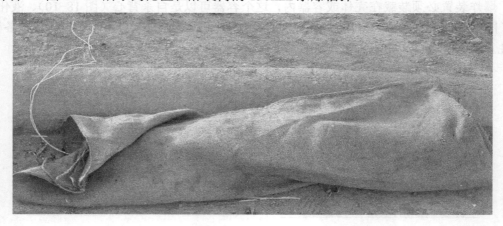

图 18-12　隐匿在麻袋内的 130mm 杀爆榴弹

② 车载式 IED，即汽车炸弹，根据装载炸药量的大小可分为小型汽车炸弹、中型汽车炸弹和大型汽车炸弹；根据起爆方式可分为自杀式汽车炸弹、遥控式汽车炸弹和定时式汽车炸弹等不同类型。车载式 IED 主要用于袭击警察局、市场、清真寺等人群密集场所。

③ 自杀炸弹式 IED，即人体炸弹。袭击者将爆炸装置捆绑在身体上，用外套隐藏起来，然后接近目标，适时引爆身上所携带的爆炸物而产生杀伤。通常人体炸弹针对是人员密集的"软目标"，对民众所造成的精神冲击是巨大的。

（2）根据装药量的大小分类。

① 微型 IED，即 TNT 炸药量 $C \leqslant 1\text{kg}$，一般用于破坏点目标或杀伤某个人员，制造混乱或报复。图 18-13 所示为用于杀伤人员的微型 IED。

图 18-13　用于杀伤人员的微型 IED

② 小型 IED，即 $1\text{kg} < C \leqslant 15\text{kg}$，一般用于坦克装甲车辆或其他军事装备，小型建筑物或小范围、小面积目标的破坏。图 18-14 所示为用于摧毁轻型装甲车辆的小型 IED。

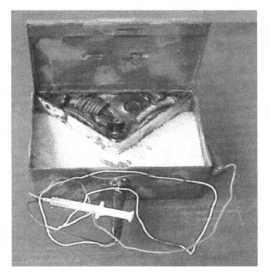

图 18-14　用于摧毁轻型装甲车辆的小型 IED

③ 中型 IED，即 15kg<C≤200kg，一般用于制造具有轰动效应的爆炸袭击事件，以产生巨大破坏和大量死伤为目标。

④ 大型 IED，即 200kg<C≤1000kg，用于制造灾难性的重大恐怖事件，可造成大面积的人员杀伤，破坏建筑物。

⑤ 超级 IED，即 C>1000kg，其非接触爆炸作用可毁坏大型建筑物，产生深远的影响。

这种分类突出了装药的当量特征，便于爆炸危害范围、防护范围和疏散范围的划定。

(3) 根据 IED、设置者（或操纵者）与目标之间的战技关系和特点分类

① 可操纵型 IED。此类 IED 的特点是起爆需要设置者的参与。装置的设置者或操纵者通过视觉、听觉等感官拾取来自目标的信息（如接近威力范围的信息），而后操控准确的实时起爆时机（瞬发爆炸），对目标（人员或建筑、车辆等）进行毁伤作用。图 18-15 所示为用于 IED 起爆输入的红外触发器。

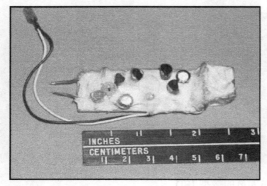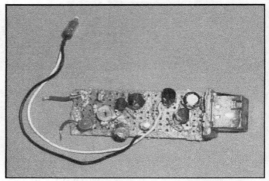

图 18-15　用于 IED 起爆输入的红外触发器

按可操纵技术特征分类，可操纵型 IED 大致有机械式可操纵型、机电式可操纵型、无线遥控式可操纵型。根据其工作原理的不同，机械式可操纵爆炸装置可以分为明火点燃型爆炸装置、拉力击发型爆炸装置、拉力摩擦发火型爆炸装置、松发型爆炸装置；机电式可操纵型爆炸装置可以分为有线电式引信爆炸装置、断发式电起爆爆炸装置、拉发型爆炸装置、松发型爆炸装置和开关型爆炸装置；无线遥控式可操纵型爆炸装置，可以是借助电视机、风扇等选台、选挡、开关遥控技术及其电路产品，或是借助摄影闪光器和可见光传感技术及其电路产品，或是借助红外激光枪和红外线传感技术及其电路产品，或是借助红外线理疗产品配合红外线传感技术及其电路产品，或是借助水中超声遥控技术及其电路产品，或是借助无线电波传播控制指令的产品，或是借用无线遥控、遥测技术的产品。

② 自动待机型 IED。此类 IED 的特点是起爆不需要设置者的参与。这类自动爆炸装置主要依靠目标的接触或环境力的作用来实现起爆。爆炸装置设置好后，设置者可以从容不迫地撤离作案现场，追捕将十分困难。

根据目标是否直接接触爆炸装置的控制系统来实现引爆，自动待机型 IED 可分为接触型和非接触型两种。接触型有拉发、压发、断发、松发、触发、多功能诡计型、开关型、接触感应式、传感器类。非接触型主要有温控式、气压式、水压、气体传感器、无线电引信式、光引信式、磁引信式、声引信式、电容（感）引信式、味敏传感器引信式等。

③ 计时型 IED。此类 IED 的特点是起爆既不需要目标或环境力的作用，也不需要设置者的直接参与。这类装置与运动目标的关系是模糊随机的，其战术意图明显与设置地点、计时延期长短有关，并且具有谋求设置者安全脱身的战术意向。定时炸弹很早就应用于军事，其延时可长达数年之久。

计时型 IED 根据计时的准确性可分为延时型爆炸装置和定时型爆炸装置，其中：延时型 IED 可分为化学和电化学延期引信、电子延期引信、物理延期引信等爆炸装置；定时型 IED 可分为机械定时引信和电子定时引信两种爆炸装置。

18.1.1.3 IED 的发展趋势

当前，爆炸装置的发展趋势主要表现在装药种类及起爆方式多元化、爆炸装置智能化、机动化。

（1）爆炸装置装药种类及起爆方式多元化。

炸药呈现出种类繁多、广泛使用高能炸药（如 TNT、黑索今、B 炸药、C 型塑性炸药、硝酸铵类炸药、液体炸药等）的趋势。近年来，C 型塑性炸药被广泛应用于爆炸活动。2000 年 10 月在也门发生的美军"科尔号"驱逐舰遭到自杀式橡皮艇炸弹袭击的爆炸案、2002 年 10 月在印度尼西亚巴厘岛发生的爆炸案，恐怖分子使用的均是 C 型塑性炸药。同时，为了对付防爆人员检查，将几种起爆方式集中设置在同一爆炸装置上，制成多元起爆组合的爆炸装置，更是令人防不胜防。

（2）爆炸装置智能化。

随着起爆技术的进步，光控、声控技术在爆炸装置中的应用，使得爆炸装置的爆炸时间越来越精确，威力越来越大，并具有了一定的特定目标分辨和识别能力，呈现出智能化的发展趋势。

智能光控识别技术的出现，使得恐怖分子实施爆炸犯罪的效能大大提高。1989 年 11 月 30 日 8 时 34 分，德意志银行董事长赫尔豪森乘车外出途中被炸身亡，就是被一颗光感定位识别炸弹所致。这种爆炸装置可以智能地感知、判定过往的车辆，达到爆炸指定目标的目的。

此外，恐怖分子制作的爆炸装置越来越多地融入科技含量更高的声控技术。可以事先将袭击目标人的声音输入，如果当他的声音再次通过电话、电脑等进入炸弹声电系统时即会引起炸弹爆炸。

（3）爆炸装置机动化。

自杀爆炸者将大型炸弹与油罐车、救护车、警车混杂在一起，多种手段综合利用。汽车炸弹具有机动性能好、爆炸威力大、坚固不易拆解等特点，可以精确命中目标或攻击较难攻击的目标，备受国际恐怖分子的青睐。恐怖分子多次使用装满汽油或炸药的汽车、飞机等交通运输工具，实施遥控爆炸或自杀性爆炸。

18.1.2 IED 的杀伤特性分析

IED 的破坏效应通常包括爆炸直接毁伤与破片致伤、聚能射流和爆炸成形弹丸（Explosively Formed Projectile，EFP）侵彻后效、爆炸空气冲击波、地冲击引起的结构震动及爆炸噪声、爆炸毒气等。在毁伤机理方面，IED 与反坦克地雷基本相同，主要毁伤元形式有冲击波、破片、射流和 EFP。采用的装药结构有爆破型、杀伤型、聚能装药型和 EFP 装药型，其中爆破型和 EFP 装药型是目前国外主要使用的 IED 装药结构形式。

18.1.2.1 IED 的爆炸毁伤作用

1）冲击波对人员的杀伤作用

高能炸药爆炸冲击波对人员的杀伤作用取决于多种因素，其中主要包括装药尺寸、冲击波持续时间、人员相对于爆炸点的方位、人体防御措施以及个人对爆炸冲击波荷载的敏感程度。冲击波通过压迫作用损伤人体，破坏中枢神经系统，震击心脏，使肺部出血，伤害呼吸及消化系统，震破耳膜等。一般来说，人体组织密度变化最大的区域，尤其是充有空气的器官，更容易受到损伤。

人员对冲击波的易损性主要取决于爆炸时伴生的峰值超压和瞬时风动压的幅值和持续时间。冲击波对人员的杀伤作用是：引起血管破裂致使皮下或内脏出血；内脏器官破裂，特别是肝脾等器官破裂和肺脏撕裂，肌纤维撕裂等。表 18-1 所列为冲击波超压对人员的损伤程度。

表 18-1 冲击波超压对人员的损伤程度

冲击波超压/MPa	损伤程度
0.02～0.03	轻微（轻微的挫伤）
0.03～0.05	中度（听觉器官损伤、中等挫伤、骨折等）
0.05～0.1	严重（内脏严重挫伤，可引起死亡）
大于 0.1	极严重（可能大部分人死亡）

2）对建（构）筑设施的破坏

空气冲击波是装药爆炸破坏建筑设施的重要因素。装药爆炸时，空气冲击波拍击地面，形成介质中的应力波。由于自由表面、界面的影响，应力波产生反射、透射和波的相互作用，使自由场产生震动。若装药爆炸时产生压陷弹坑或抛掷弹坑（装药地表或埋设爆炸），装药的一部分能量直接传入地下形成地冲击波，弹坑以外各种设施在高压作用下处于破碎龟裂状态，形成破碎带。当地冲击压力大于介质弹性极限时形成塑性区，随着地冲击波峰值降低，升压时间增长，最后以应力波的形式向外传播，形成直接地震动。而装药的另一部分能量形成空气冲击波产生感生地震动，同时由于波的叠加在离爆心一定距离后介质的表面还会产生表面波，上述各波相互叠加会对各种设施带来巨大破坏。

装药在近距离爆炸或与结构接触爆炸时，爆炸点附近的材料在爆炸压力作用下可能被压碎、破裂，形成建筑物的局部破坏，严重时乃至整体破坏。破坏现象主要包括形成弹坑、建筑物混凝土结构坍塌和局部破裂，甚至结构被贯穿。

（1）空中爆炸波。

就空中爆炸波而言，目标遭受破坏的程度往往受到载荷的大小和持续时间、目标构件的倾斜程度和弹性等因素的影响。目标的大小与结构形式决定着建筑物对绕射载荷或对动压力引起的曳力载荷的敏感程度，从而影响对建筑物的施载方式。一般说来，地面建筑物更易为空中爆炸波所毁坏。

空中爆炸波对物体施加的载荷，是由入射爆炸波超压和风动压两部分作用力联合构成

第18章 带有简易起爆装置的常规弹药的处置作业

的。由于爆炸波自目标正面反射过程中和从建筑物四周绕射过程中载荷变化极快，因而载荷一般包括两个显著不同的阶段，即初始绕射阶段上的载荷和绕射结束后的曳力载荷。

空中爆炸波主要来源于常规高能炸药武器和核武器。常规高能炸药形成的爆炸波正相超压持续时间短，所以它在绕射阶段内的载荷更重要。核武器正相超压持续时间长，故绕射和拖曳阶段的合成载荷十分重要。

① 绕射阶段载荷。大多数在承载过程中壁面保持不动的大型封闭建筑物，在绕射阶段内会产生明显的响应，因为绝大部分平移载荷正是在这一阶段施加的。爆炸波冲击这类建筑物，会发生反射，反射后形成的超压大于入射波超压。随后，反射波超压很快降至入射超压水平。爆炸波在传播过程中遇到建筑物时，将沿其外侧绕射，使建筑物各侧均承受超压。在爆炸波抵达建筑物背面之前，作用在建筑物正面上的超压对建筑物构成一个沿爆炸波传播方向的平移力。当爆炸波到达建筑物背面之后，作用在背面上的超压具有抵抗正面上的超压的趋势。就小型建筑物而论，爆炸波抵达背面更快，建筑物前后表面上的压力差存在的时间短。因此，超压导致静平移载荷的大小主要是由建筑物的尺寸决定的。绕射阶段爆炸波超压对各类建筑物的破坏程度见表18-2。

表18-2 主要受绕射阶段爆炸波超压影响的各类建筑结构的破坏程度

建筑结构类型	破坏程度		
	严重	中度	轻度
多层钢筋混凝土建筑物（钢筋混凝土墙，抗爆震设计，无窗户，3层）	墙壁碎裂，构架严重变形，底层立柱开始倒塌	墙壁裂纹，建筑物轻微变形，入口通道破坏，门窗内翻或卡死不动，钢筋混凝土少量剥落	—
多层钢筋混凝土建筑物（钢筋混凝土墙，小窗户，5层）	墙壁碎裂，构架严重变形，底层立柱开始倒塌	外墙严重开裂，内隔墙严重开裂或倒塌。构架永久变形，钢筋混凝土剥落	门、窗内翻，内隔墙裂纹
多层墙承重式建筑物（砖筑公寓式建筑，至多3层）	承重墙倒塌，致使整个建筑倒塌	外墙严重开裂，内隔墙严重开裂或倒塌	门、窗内翻，内隔墙裂纹
多层墙承重式建筑物（纪念碑型，4层）	承重墙倒塌，致使它支撑的结构倒塌，部分承重墙因受中间墙屏蔽而未倒塌，部分结构只产生中度破坏	面对冲击波的一侧外墙严重开裂，内隔墙严重开裂，但远离爆炸波的那一端建筑结构破坏程度轻些	门、窗内翻，内隔墙裂纹
木质构架建筑物（住宅型，一层或两层）	构架解体，整个结构大部倒塌	墙框架开裂，屋顶严重损坏，内隔墙倒塌	门、窗内翻，内隔墙裂纹
贮油罐（高9.14m，直径15.24m，考虑装满油的情况，如果为空罐则更易破坏）	侧壁大部分变形，焊缝破裂，油大部分流失	顶部塌陷，油面以上的侧壁胀大，油面以下的侧壁发生一定变形	顶部严重损坏

② 拖曳阶段载荷。在绕射阶段，直到爆炸波完全通过之后，建筑物一直在承受着风动压的作用。这种动压载荷又称为曳力载荷。就大型封闭建筑物而言，拖曳阶段的曳力载荷比绕射阶段的超压载荷小得多。但对小型结构来说，拖曳阶段的曳力载荷就显得比较重要，绕射阶段承受的平移力远远大于绕射阶段超压构成的平移力。例如框架式建筑物，如果侧壁在绕射阶段已经解体，那么拖曳阶段将使构架进一步破坏。同理，桥、梁绕射阶段承受的实际载荷时间极短，但拖曳阶段曳力载荷作用时间却很长。由于曳力作用时间与超压作用时间密切相关，而与建筑物整体尺寸无关，因此破坏作用不仅取决于峰值动压，而且还与爆炸波正压持续时间有关。表18-3列出了在拖曳阶段容易遭受破坏的各类建筑物结构。同一建筑物的某些构件可能易被绕射阶段载荷所破坏，而另一些构

件可能被拖曳阶段载荷所破坏。另外，建筑物的大小、方位、开孔数和面积，以及侧壁和顶板解体速度，决定着究竟何种载荷才是造成破坏的主要原因。

表 18-3 主要受拖曳阶段动压力影响的各类建筑物结构的破坏程度

建筑结构类型	破坏程度		
	严 重	中 度	轻 度
轻型钢构架厂房（平房，可装 5t 天车，轻型低强度易塌墙）	构架严重变形，主柱偏移量达到其高度的 1/2	构架中度变形，天车不能使用，需修理	门、窗内翻，轻质墙板剥落
重型钢构架厂房（平房，可装 50t 天车，轻型低强度易塌墙）	同上	同上	同上
多层钢构架办公楼（5 层，轻型低强度易塌墙）	构架严重变形，底层立柱开始倒塌	构架中重变形，内隔墙倒塌	门、窗内翻，轻质墙板剥落，且内隔墙裂开
多层钢筋混泥土构架办公楼（5 层，轻型低强度易塌墙）	构架严重变形，底层立柱开始倒塌	构架中重变形，内墙倒塌，且钢筋混凝土有一定程度剥落	同上
公路或铁路桁架桥（跨度 45.7～76.2m）	侧面斜梁全部解体，桥梁倒塌	侧面某些斜梁解体，桥梁负荷能力降低 50%	桥梁负荷能力不变，但某些构架轻度变形
公路或铁路桁架桥（跨度 76.2～167.6m）	同上	同上	同上
浮桥（美国陆军 M-2 和 M-4 制式浮桥，取任意走向）	全部锚链松脱，行车道之间或梁之间的接合部变形，浮舟扭曲松脱，许多浮舟沉没	许多系船绳索断开，桥在船台上漂移，行车道或梁同浮舟之间的接合部松脱	有些系船绳索断开，桥梁负荷能力不减
覆土轻型钢拱地面建筑（10 号波纹钢板，跨度 6.1～7.6m，覆土层 1m 以上）	拱形部全部坍塌	拱形部有轻度永久性变形	两端墙壁变形，入口门可能毁坏
覆土轻型钢筋混泥土拱地面建筑（钢筋混泥土面板厚 5.08～7.62cm，用中心间距为 1.2m 的钢筋混泥土梁支撑，覆土层 1m 以上）	全部坍塌	拱板变形，严重开裂并剥落	拱板开裂，入口门损坏

③ 结构响应。决定结构响应特性和破坏程度的参量有强度极限、振动周期、延性、尺寸和重量。延性可提高结构吸收能量和抵抗破坏的能力。砖面之类建筑物属脆性结构，延性较差，只要产生很小的偏移就会造成破坏。钢构架之类建筑物属延性结构，能承受很大的乃至永久性的偏移而不破坏。

施载方式对于结构的响应特性也会产生很大的影响。大多数建筑结构承受竖直方向载荷的能力远远大于水平方向。因此，在最大载荷相等的条件下，处在早期规则反射区的建筑物遭受破坏的程度可能小于处在马赫反射区的类似结构遭受的破坏程度。

对于用土掩埋的地面建筑物，覆盖的土层能减少反射系数，改善建筑物的空气动力性状，可大大减少水平和竖直方向的平移力。若建筑物具有一定的韧性，则通过土层的加固作用，可提高抵抗大弯曲的能力。

浅层地下爆炸时，空中爆炸波也是对地面建筑物起破坏作用的决定性因素之一。但是，就给定的破坏程度而言，浅层爆炸时空中爆炸波的有效作用距离要小于空中爆炸的情况。

（2）地下冲击波。

只有靠近地面的地下爆炸或者在地下爆炸的弹坑附近，而且必须具有足够的程度，才能严重破坏地面建筑物的基础。

（3）火灾。

建筑结构对火灾的易损性与建筑物及其内部设施的可燃性、有无防火墙等设施的完善程度及天气条件等因素有关。

常规高能炸弹或核弹带来的火灾，大都是由二次冲击波效应引起的，而且多数是油罐、油管、火炉和盛有高温或易燃材料的容器破裂、电路短路造成的。另外，核爆炸的热辐射也能引起火灾。

3) 对装甲车辆的破坏作用

对军事装备的破坏主要是针对装甲车辆和一些保障车辆。通过接触爆炸和破片的侵彻效应使其失去战斗性能或机动性，从而达到其破坏车辆的目的。

在爆破型 IED 方面，将炸药直接埋藏在地表以下袭击坦克装甲车辆是一种最常见的攻击方式，图 18-16 显示了 IED 对装甲车辆的破坏作用。这种 IED 爆炸时产生的爆轰产物及空气冲击波的速度通常可达 1000～3000m/s，能在 100ms 时间内击中车体，在车体上形成超压，使车底板产生一个明显的向内的塑/弹性变形，可能形成破裂或断裂口。受超压作用的车体结构部分将具有很大的加速度，如果该加速度经过固定在车底上的座椅支架传递到座椅上的乘员身上，乘员会因脊柱负荷过大或碰到车顶板和车壁板而受到致命伤害。同时，布置在车底板变形区域的设备也可能会脱离原来的位置而高速飞射，从而对乘员产生杀伤。

图 18-16　IED 对装甲车辆的破坏作用

这种 IED 可以视为是一种简易型的爆破型地雷，但它与军用地雷不尽相同。德国和美国曾经对各国不同重量的爆破型地雷进行过统计调查，结果显示 95% 的爆破型地雷的重量都在 10kg 以下，其中有一半的重量在 6～8kg。对于掩埋式的 IED 而言，装药指标没有绝对的上限。国外研究人员普遍认为，通常使用爆破型 IED 的重量上限不是 10kg，而是大约 20kg，因为这基本上是一名恐怖分子或反抗人员能够携带的最大重量。当然，装药量远超过 20kg 的 IED 在现实中也使用过，它足以摧毁当今世界上最重的坦克。例如，2002 年 2 月在加沙地带边境，1 辆以色列"梅卡瓦"MK3 型主战坦克遭到了埋在地下的 100kg 炸弹的袭击，炸弹是通过遥控方式引爆的。尽管"梅卡瓦"坦克是当今世界上防护性能最好的坦克之一，但这辆重达 61t 的坦克还是被炸毁，3 名乘员也被炸身亡。此后，以色列就在"梅卡瓦"坦克的车底加装了厚厚的车底装甲。2006 年以黎战争中，1 辆"梅卡瓦"MK4 型主战坦克在被掩埋的 150kg 炸弹的爆炸中幸存，3 名乘员中 1 人死亡，2 人受伤。

18.1.2.2 IED 的破片杀伤作用

1）破片对人员的杀伤

破片（或弹头）对人体的致伤机理主要是侵彻作用和空腔效应。对于骨骼等坚固组织，可直接侵彻出永久性原发贯通伤道或盲管伤道，甚至使它碎裂。对于软组织，由于侵彻压力波的作用，原发伤道将急剧扩张形成暂时空腔，并使空腔剧烈地反复胀缩运动。这不仅会严重损伤肌肉、血管和神经，还可折断未直接命中的骨骼。对于颅脑、肝脏等稠黏性组织，高速破片（或弹头）产生的压力波可引起器官的广泛损伤，甚至粉碎。创伤程度取决于破片（或弹头）在目标内释放能量的快慢和大小。

破片对人员的杀伤通常分为两类：一类是小破片的侵彻作用和伤害；另一类是大的非侵彻破片所引起的钝器外伤。人员对破片撞击的耐受度是很低的。大量试验数据的研究表明：穿透皮肤概率为 50% 所需的破片速度值将随破片的撞击面面积与重量之比值增大而增加。虽然二次破片速度显著低于一次破片，但因其质量大，也将对人体造成严重的伤害。表 18-4 列出了造成人员严重伤害的破片各参量阈值。

表 18-4 造成人员严重伤害的破片各参量阈值

部 位	破片质量/lb	破片速度/(f/s)	破片能量/(ft-lb)
胸	>2.5	10	4
	0.1	80	10
	0.001	400	2.5
头	>8.0	10	12
	0.1	100	16
	0.001	450	3

大量实验表明，在爆炸中人体的头、颈部位最容易受到伤害，而且很可能是致命的伤害。资料表明，爆炸事件造成的致命伤中，有 66% 是来自于头、颈部，眼睛对碎片所造成损伤的抵御能力最低，质量 10g、速度 15m/s 的玻璃就会使其损伤。

碎片对胸、腹部的伤害主要为穿透伤。胸腹部主要敏感器官为软组织器官，骨髓、大血管和胃肠等器官次之。因此胸、腹部的穿透伤非常危险。碎片对四肢主要造成截肢的危险，从而影响人的战场机动能力。

2）破片对军事装备的毁伤

破片是一种形状、质量和速度均可变的不规则的金属碎片，可通过爆炸或撞击来产生。破片可以对军事装备目标造成严重毁伤，使其丧失部分或全部作用功能。

破片型 IED 对军事装备目标的毁伤准则就是使金属壳体形成具有最大毁伤力的金属破片，这些高速运动的破片具有足够的能量击穿敌方目标，对其易损部件造成损坏。非装甲车辆对破片的易损性，在于各部件相对于一系列给定重量和速度的破片的易损性。

18.1.2.3 IED 的聚能毁伤作用

1）聚能效应

聚能效应是通过采用空穴装药，把爆炸能量在一个方向上集中起来的效应。当无罩聚能装药起爆后，爆轰波由起爆点开始向前传播，爆轰波一旦到达锥形穴（或其他形状）

顶部时，爆轰产物即沿轴线向前飞散。当爆轰波继续向前传播时，爆轰产物沿圆锥表面的垂线方向向轴线集中。当爆轰波到达底平面时，所有锥面上的爆轰产物都集中到轴线上，形成一股高密度气流，一般称为聚能流，如图 18-17 所示。聚能流不仅密度大而且流速高，距离爆炸装药锥形穴某一断面处，聚能流直径最小，此处称为焦点。焦点处能量最集中，单位断面上能量最大。过了焦点后，聚能流迅速向四周扩散，能量逐渐与大气平衡。因此，将装药置于离靶板某一距离上，使聚能流的焦点恰好与靶板接触，此时破甲最为有利。

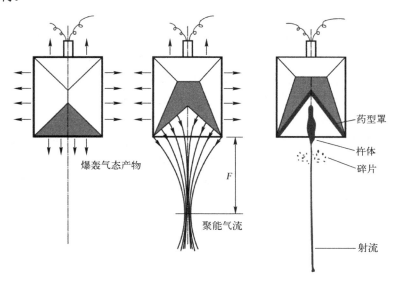

图 18-17 聚能气流和金属射流

有罩聚能装药被引爆后，产生了和无罩装药不同的物理现象。当爆轰波到达药型罩壁面时，金属罩受到强烈压缩，迅速向轴线运动，结果在轴线上金属发生强烈碰撞。从药型罩的内表面挤出一部分金属来，以很高的速度向前运动，随着爆轰波连续地向罩底运动，从药型罩的内表面连续地挤出金属来。当药型罩全部被压向轴线以后，最终在轴线上形成一股高速运动的金属流和一个伴随金属流低速运动的杵体。

金属流的长径比达 100 倍。横断面上集中了更高的能量，破甲效果远远优于无罩聚能装药。尾随金属流的杵体，因速度太低而无破甲作用。如果将有罩聚能装药安放在距靶板某一合适距离上，则金属流的破甲深度还可进一步提高，一般可达 6～7 倍的药型罩口径。

2）聚能射流型 IED 的毁伤作用

聚能射流以很高的速度冲击金属靶板，在金属板中产生的峰值压力为 100～200GPa，衰减后的平均压力为 10～20GPa。平均温度为金属熔化温度的 20%～50%，平均应变为 0.1～0.5，应变率可达 10^6～10^7/s。在侵彻过程中，射流的局部温度和应变比金属板内还要高。在金属板上形成的侵彻孔主要是因射流和靶板相互作用形成高压而造成靶板材料的侧向位移，并非是由于热效应引起的。在侵彻过程中，当忽略靶板背面的层裂效应时，靶板材料完全被推向四周，并不产生靶板质量的变化。

金属射流穿透装甲后，继续前进的剩余射流和穿透时崩落的装甲碎片，或由它们引燃、引爆所产生的二次效应，对装甲目标内的乘员和设备也具有毁伤作用，即后效作用。一旦聚能射流穿透装甲板，凡是位于射流前进方向上的任何东西都将被毁伤，但是射流在车体内的扩散角很窄，以致于能直接命中车内目标的机会很小。破甲弹在车内造成的杀伤主要靠车体装甲形成的二次破片在车内飞散造成的。如果射流在坦克装甲上的出口越大，则二次破片越多，造成的杀伤效果也越大。

聚能射流穿透装甲进入驾驶舱，其造成的生理和心理效果主要是靠形成的超压，这种超压可以伤害没有防护的乘员的耳膜。与此同时，温度的升高可以烧伤任何裸露的皮肤。当射流穿透装甲进入驾驶舱的瞬间，强闪光可以使任何直接看到闪光的人眼暂时致盲。适当选择药型罩的材料可以提高上述这几种后效。因为后效持续的时间很短，而坦克乘员总是戴着耳机或帽子，所有这些后效造成的杀伤都认为是额外效应。

3）EFP 型 IED 的毁伤作用

EFP 装药的毁伤元是由药型罩爆炸成形后加速的弹丸，它的速度通常可以达到 1500～2500m/s，具有很强的侵彻能力，能够穿透钢板并使爆炸效应进入车内造成有效的二次毁伤如图 18-18 所示。相比而言，其对车辆底板的毁伤是局部的、有限的，且底板弯曲的程度比遭到爆破型 IED 爆炸时低。

实际装甲穿孔

图 18-18　被 EFP 毁伤的加装防护装甲的悍马车体

对于相同装药直径，虽然 EFP 装药的侵彻深度不及聚能射流装药，但是，EFP 装药的最大优势是其侵彻威力受距离的影响小，这种装药结构非常适合作为"路边炸弹"。对于制造者而言，EFP 装药的敏感度比普通聚能装药低，因此更适合于临时制备。例如，伊拉克和阿富汗的反美武装通常将炸药装填进 1 个直径 100mm 的塑料管中，并在其前端封堵一个圆形铜盘，即可制成一个 EFP 装药的 IED。其侵彻威力虽然不及制式装药，但在 10～50m 距离上仍可侵彻 50mm 厚的装甲钢，仅此就足以击穿通常仅厚 15～20mm 的坦克车底，而对于只有 5mm 厚的轻型装甲车的车底更是易如反掌。同时，这种 IED 能够击穿大部分装甲车的侧面装甲（除非加装附加装甲）。正因为如此，在伊拉克和阿富汗，EFP 装药越来越广泛地被作为路边炸弹使用。根据美国防部的报告，仅 2007 年 4 月一个月内，就发生了 69 起使用 EFP 装药的 IED 的袭击事件。

18.1.2.4　IED 的其他危害

1）噪声危害

（1）对人员的危害。

噪声会影响人们正常的生活和工作，造成人员听觉损伤、神经衰弱、心律不齐等，特别是强烈的噪声还可以使人致命。科学家经过试验测得，当噪声达到 130dB 时，人耳会产生明显的疼痛感觉；当达到 150dB 时，人会无法忍受；若达到 180dB 时，能引起金属疲软；而达到 190dB 时，声波就能将机器上的铆钉震脱，当然可以直接引起人员伤亡。

（2）对建筑物的损坏。

爆破噪声不仅对人员产生危害效应，与空气冲击波类似，对建筑物也会产生一定的破坏作用，如表 18-5 所列。

表 18-5　爆炸噪声对建筑物的损坏

声压级/dB	超压/×10^5Pa	建筑物破坏程度
169	0.06	窗玻璃开始破裂
171～174	0.08～0.1	窗玻璃部分损坏
177～180	0.05～0.2	窗框和外廊木窗破坏

2）爆炸毒气

爆炸毒气是炸药爆炸或燃烧后所产生的有毒气体的总称。无论是露天爆炸还是地下爆炸，都将产生大量有毒气体，对人民生命财产造成严重威胁。此外，有些炸药是有毒的，在爆炸时少量未反应的炸药粉尘对人体的健康也有危害。

3）爆炸的二次作用

大规模的炸药爆炸，通常会引起建筑设施及停靠在附近或过路的交通工具发生强烈的破坏。爆炸对交通车辆的破坏作用，既有破片和冲击波的直接作用，例如车窗玻璃破裂和车辆外壳被挤坏；也有次生冲击波作用，产生抛掷作用（图 18-19）使车辆倾倒或翻滚，在爆炸强烈作用下生成的破片的撞击破坏。爆炸还可能产生大的火球，使交通车辆被引燃和毁于火焰之中，如图 18-20 所示。

图 18-19　爆炸的抛掷作用

图 18-20　爆炸引起的火灾

18.2　常用搜排爆工具

18.2.1　NTJA-Ⅱ型便携式炸药探测器

NTJA-Ⅱ型便携式炸药探测器主要用于检测微量炸药，并能在短时间内进行全自动分析，识别其种类并报警，具有灵敏度高、携带方便、操作简单等特点。其主要性能和技术参数如下。

（1）灵敏度：TNT<5pg
（2）误报率：<5%
（3）分析时间：12～50s
（4）采样方式：蒸汽或颗粒（空气收集或表面擦拭）
（5）预热时间：约 50min（确保每周开机 2 次情况下）
（6）供电方式：交流电源/内置电池/汽车点烟器

18.2.1.1　组成及工作原理

NTJA-Ⅱ型便携式炸药探测器主要由气化嘴、液晶显示屏、开始按键等构成（图 18-21）。其基本工作原理是基于离子分子化学反应，反应离子与样品分子化学反应形成产物离子，离子在电场中迁移分离，最终通过检测不同离子迁移时间来判断离子种类。

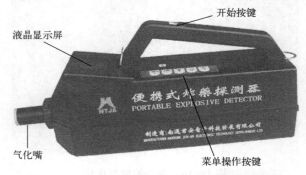

图 18-21　NTJA-Ⅱ型便携式炸药探测器结构图

18.2.1.2 操作与使用

1)系统供电

本装备可选用外接电源和内置电池两种供电方式。其中,外接电源可选用专用外接电源或车载点烟器供电。尾部面板如图 18-22 所示。可以先使用外接电源对系统进行预热,待预热好后转为电池供电,以保证更长的电池使用时间。

图 18-22　NTJA-Ⅱ型便携式炸药探测器尾部面板

(1) 使用外接电源。

确认主机处于关机状态;使用电源连接线连接主机电源插座与外接电源;外接电源连接 AC 220V 电源;将开关向上拨到"外接电源"挡,主机开始启动。

(2) 车载点烟器供电。

确认主机处于关机状态,确认点烟器输出为 DC 12V;使用点烟器连接线,将四芯插头一端与主机电源插座相连;将点烟器插头一端插入汽车点烟器;将开关向上拨到"外接电源"挡,主机开始启动。

(3) 使用内置电池。

将开关向下拨到"电池电源"挡,主机开始使用内置电池工作。

2)启动过程

按要求连接好电源开机后,系统开始自检,将显示如下画面流程:

(1) 显示公司标识,完成仪器部分初始化工作。

(2) 初始化完成后,液晶显示选择检测模式:炸药和毒品。本装备专门用于炸药检测,没有毒品检测功能模块,因此系统会默认选择炸药检测模式,等待 5s 后,系统自动会进入炸药检测模式。

(3) 随后进入"正在加热"画面,进度条表示预热进展情况,数字表示当前温度值(单位为℃)。

(4) 当预热温度达到 200℃后,系统进入主工作画面,如图 18-23 所示。

图 18-23　NTJA-Ⅱ型便携式炸药探测器主工作画面

3）操作按键定义及说明

本装备共有 6 个功能键，具体功能如下：

按键名称	功能说明
向上键	向上导航，并且高亮显示当前菜单选项，并可进行参数调整（参数增加方面）
向下键	向下导航，并且高亮显示当前菜单选项，并可进行参数调整（参数减小方面）
右向键	横向导航，并且高亮显示当前菜单或参数选项
确认键	如果当前菜单选项被高亮显示，按"确认"将执行本功能或进入相应页面
菜单键	用于一级菜单的循环切换，或二级、三级菜单向上一级的返回
开始键	用于启动仪器检测功能，只在主工作画面内有效

4）系统一级菜单结构

3 个一级菜单分别为：主工作画面、设置菜单和运行状态菜单画面。通过按"菜单"键循环切换 3 个一级菜单，如图 18-24 所示。

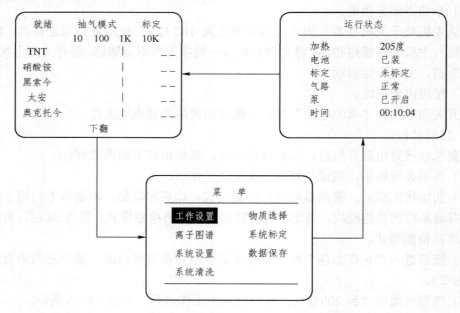

图 18-24　一级菜单切换顺序图

5) 阈值修改

在主工作画面下,通过上/下键将光标移至被更改物质上,按"确认"键激活阈值修改,如图 18-25(a)所示。按上下键对阈值进行修改,如图 18-25(b)所示。修改完成后,按"确认"键保存,如图 18-25(c)所示。

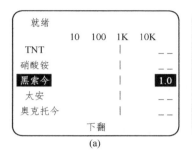 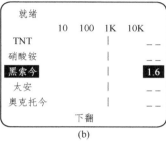 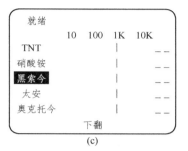

图 18-25 报警阈值修改

6) 运行状态菜单

在主工作画面下,按"菜单"键,将切换到运行状态画面。该画面显示系统当前状态信息,如"加热温度""电池是否安装""标定是否需要""流量是否通畅""泵是否开启"以及"开机工作时间"。如图 18-26 所示,运行状态菜单可实时监控仪器的当前工作状态。

7) 设置菜单

在主工作画面下,按"菜单"键将切换到设置菜单页面。本页面有 7 个选项,包括工作设置、物质选择、离子图谱、系统标定、系统设置、数据保存及系统清洗(图 18-27)。通过上/下键和右向键可以进行菜单选项间的切换;选中某项后,按"确认"键进入该项的具体操作。

图 18-26 运行状态菜单　　图 18-27 设置菜单画面

(1) 工作设置。

使用上/下键将光标移动到"工作设置"项,按"确认"键,进入"工作设置"二级子菜单画面,如图 18-28 所示。使用上/下键和右向键可以实现工作模式、采样模式、报警开关及采样时间的设定。按"菜单"键,将保存参数修改,返回上一级菜单。

图 18-28 "工作设置"菜单操作流程

工作模式:有"爆炸物"与"毒品"两个选项,可以根据被测物质的不同,更改工作模式。目前本系统仅用于爆炸物检测,工作模式只能设定为爆炸物。

采样模式:有"抽气"和"试纸"两个选项。若对某一空间气体进行采样,则可选择抽气模式;若对可疑物体、容器内物质等进行检测,则可选择试纸模式。通常情况下,试纸模式检测成功率高,但检测范围小。

报警开关:设置是否在检测到可疑物质时,蜂鸣器报警。

采样时间:用于设定采样时间的长短,该参数只在抽气模式下有效。

(2)系统标定

系统通过图谱中离子峰的位置识别物质种类,但是随着空气压力、温度和湿度以及内循环气体流速的变化,物质特征峰的位置会发生细微的变化。为确保本装备不因环境因素影响其探测准确性,操作人员需时刻对仪器进行内部标定或物质标定。另外,为有效防止因离子峰重叠引起误报,操作人员可适当进行窗口调整,但这需要操作人员熟练了解本系统以及掌握一定的专业知识。系统标定包括内部标定、物质标定、流量标定、窗口调整以及恢复缺省设置 5 个部分。

进行以上 5 项设置需要在一级菜单画面下将光标移动到"系统标定"项,按"确认"键,进入"系统标定"二级子菜单画面,如图 18-29 所示。利用上/下键实现内部标定、物质标定、气路检查、窗口调整及恢复缺省设置菜单项的切换。按"确认"键,进入相应的三级菜单画面。若按"菜单"键,将返回上一级菜单。

图 18-29 "系统标定"操作流程

① 内部标定。

使用一段时间后,系统都需进行离子峰的位置标定,也会自动诊断是否需要进行标定;当需要标定时,系统预热完成后,会在就绪画面右上角显示"标定"字样,此时需要对系统进行标定。标定方法分为内部标定和物质标定两种，内部标定是采用系统自带的一种物质进行标定。如图 18-30 所示，操作步骤如下：

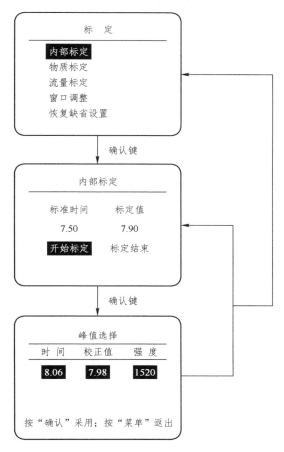

图 18-30 "内部标定"操作流程

（a）在标定画面下，选择"内部标定"选项，按"确认"键，系统进入内部标定画面，利用上/下键可以实现"开始标定""标定结束"菜单项的切换。

（b）在"开始标定"项，按"确认"键，将进入标定。

（c）标定结束后，系统进入峰值选择画面，系统只显示标准峰值附近的峰值，操作人员通过上/下键和"确认"键进行峰值选择（如果只有一个峰值，则不需选择），系统将接受标定峰值，并进入内部标定画面，稍后界面下端会显示"数据保存成功"；若按"菜单"键，系统将不接受此次标定数据。

（d）如果未检测到标准峰值附近的峰，那么系统将提示操作人员"未检测到峰值"，操作人员需要确定是否放入标定物或重新进行标定操作，此时操作人员可直接按"菜单"键进入前级操作画面。

（e）标定完成后，要退出内部标定，需在"标定结束"项下，按"确认"键返回上一级菜单。

内部标定注意事项具体如下：

(a) 进行内部标定时，必须待加热温度稳定在（205±1）℃范围内。

(b) 测试中，若离子图谱中的标定峰位置与标定时的峰位置偏差明显（偏差超±0.05）时，需对系统重新标定。

(c) 如果内部标定时系统检测不到峰，或从离子图谱中未发现离子峰，或反应离子峰与以往相比明显后移，那么更换干燥剂后，再次进行标定。

(d) 标定时，若出现多个标定峰值选择，则选择与上次标定值相隔最近的峰。

② 物质标定。

物质标定就是利用系统物质库中的标准物质进行标定，具体步骤与内部标定大致相同，具体操作如下：

(a) 用上/下键将光标移至"物质标定"上，按"确认"键，屏幕显示物质标定画面。

(b) 用上/下键将光标移至被选物质上，将该物质放在仪器气化嘴前约3s后，按"确认"键开始标定。

(c) 系统标定后，屏幕显示峰值选择画面；选择合适的峰值，按"确认"键，系统将自动进行更新，系统准备就绪，可以进行检测。

物质标定注意事项具体如下：

(a) 通常情况下不建议采用物质标定，除非内部标定较难进行时采纳。

(b) 进行物质标定时，物质量要少，以免系统中毒标定不准，同时残留物难清除；标定峰强度在 1500～8000 较理想。

(c) 进行物质标定时，观察并记住标定前离子图谱情况，通过比对标定前后离子图谱变化，判断标定峰选择是否正确。

(d) 较为理想的标定物质种类为 TNT、地恩梯、黑索今。

③ 气路检查。

系统通过计算气路内的相对压力与绝对压力，来判断是否工作正常。操作人员可以用上/下键和右键对相对压力的上限和下限进行适当修改；但系统正常运行时，不要变动上/下限，以免系统无法正常工作。在"保存数据"项，按"确认"键，将存储修改的参数。在"退出标定"项，按"确认"键，将返回上一级菜单，不保存修改参数。

④ 窗口调整。

警告：窗口大小设置不能任意改变，每种物质窗口的默认值都是出厂时设定好的，一般操作人员严禁对窗口进行调整，该项仅针对高级用户及专业人员。

现以硝酸铵为例说明窗口调整具体操作步骤：

(a) 在图 18-31（a）所示的标定画面下，用上/下键将光标移至"窗口调整"选项上，按"确认"键，屏幕显示窗口调整画面，如图 18-31（b）所示。

(b) 用上/下键将光标在物质列表中移至"硝酸铵"上，如图 18-31（c）所示。

(c) 用右键将光标移至窗口的上限设定区，用上/下键对其更改，如图 18-31（d）所示。

(d) 上限更改完毕后，用右向键将光标移至窗口的下限设定区，用上/下键对其更改，如图 18-31（e）所示。

(e) 更改完毕后，按"确认"键保存设置。

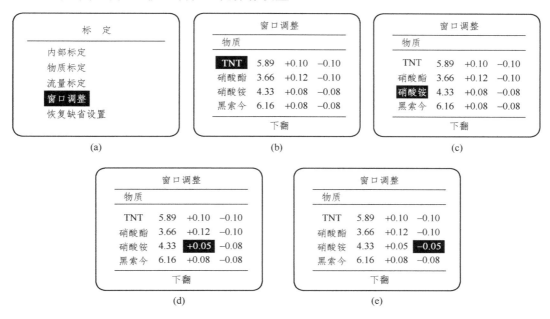

图 18-31 "窗口调整"操作流程

⑤ 恢复缺省设置。

恢复缺省设置是指恢复仪器出厂时的全部参数设置值。按"确认"键，将出现提示框，如果确信要执行操作，选择"是"，接着按"确认"键完成恢复工作；如果取消操作，则选择"否"。

（3）离子图谱。

在该菜单选项下，可以查看最近一次采集到的数据，用右键可以切换显示离子图谱、经分析处理后的离子图谱、各离子峰的迁移时间和强度值以及物质库中各物质离子峰的位置和窗口大小。具体操作如下：

① 在"菜单"画面下，用上/下键和右键将光标移至"离子图谱"选项，如图 18-32（a）所示，按"确认"键进入离子图谱画面，屏幕显示的离子图谱为最近一次采集数据的图谱，如图 18-32（b）所示。

② 按右键，屏幕显示分析处理后的离子图谱，如图 18-32（c）所示，图谱中的离子峰相互独立，能大致直观了解各离子峰的位置和相对强度大小。

③ 第二次按右键，显示"峰值"画面如图 18-32（d）所示，能准确知道各离子峰的具体位置和强度大小。

④ 再次按右键，显示"窗口状态"画面如图 18-32（e）所示，从而可以知道检测到的离子峰是否有位于某物质的窗口中。

⑤ 再次按右键，显示"窗口状态"续表，如图 18-32（f）所示。

"离子图谱"选项采用右键单向循环的操作方式，多次按右键，以上画面会周而复始地呈现；如果要退出，则按"菜单"键返回上级菜单。

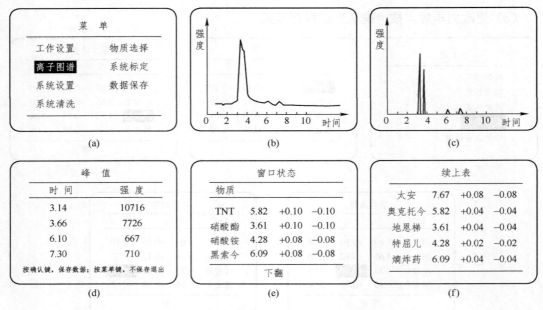

图 18-32 "离子图谱"菜单操作流程

当系统完成了预热后,从菜单进入离子图谱画面,从离子图谱画面中用户可以判断探测器是否处于理想工作状态。图表左侧将显示出系统化学掺杂剂的特征峰,即反应离子峰;右侧显示系统内部标定物的特征峰。正常情况下,图谱中化学掺杂剂的特征峰很强,且峰宽窄,如图 18-33 所示。

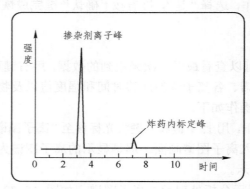

图 18-33 正常离子图谱

可以通过检测系统能不能对试剂及校样产生报警反应,并且得到相应的峰值来判定系统当前状态是否理想,从而提醒用户是否更换干燥剂或掺杂剂。额外的离子峰存在表明仪器中含有杂质,将仪器连续运行一段时间,可以清除系统内部外来物质。通常情况下,紧靠反应离子峰右侧存在一个小峰,如果此峰强度不是很强则不会影响检测。

(4)物质选择。

当出现特殊情况而影响仪器的检测分析时,如果存在一种干扰物,其特征峰与某种目标物质的特征峰一致,那么系统总会误报警,此时需要将目标物质从物质库中屏蔽。

下面以选择硝酸铵为例说明具体操作过程：

① 在"菜单"画面下，用上/下键和右键将光标移至"物质选择"选项，如图 18-34（a）所示，按"确认"键进入物质选择画面，如图 18-34（b）所示。

② 用上/下键将光标移至硝酸铵，如图 18-34（c）所示。

③ 按右键，将光标移至选择列上，硝酸铵当前状态为"否"，未选中，如图 18-34（d）所示。

④ 用上/下键将硝酸铵的当前状态由"否"变为"是"，如图 18-34（e）所示，在仪器以后的检测分析中，硝酸铵成为被检测的对象之一。

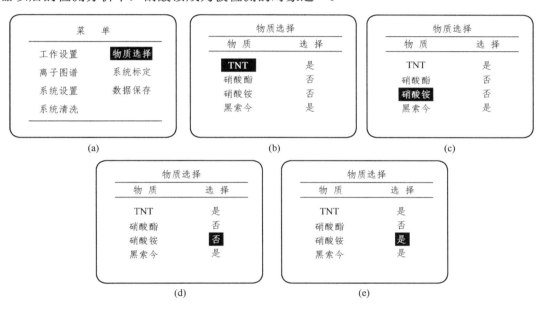

图 18-34 "物质选项"菜单操作流程

（5）数据保存。

将光标移动到"数据保存"这一项，按"确认"键，将在当前画面的底部，有相应的文字提示显示。如果操作成功，将高亮显示"数据保存成功"；如果操作失败，将显示"数据保存失败，请重试"。操作完成之后，利用上/下键和右键导航，可以在当前菜单选择其他的菜单项。当光标离开"数据保存"这一项时，相应的操作提示也会消失。

（6）系统设置。

将光标移动到"系统设置"项，按"确认"键，将进入"系统设置"二级子菜单画面。再次按"确认"键，将进入"日期""时间"的设置，按右键进行 6 个参数的切换，按上/下键进行参数修改。数值修改完成后，按"确认"键，保存刚才的设置参数；按"菜单"键，将取消修改，直接返回上一级菜单。

（7）系统清洗。

将光标移动到"系统清洗"项，按"确认"键，系统开始加热清洗。通常被测物浓度较大，系统较难清除时，采用系统清洗，仪器恢复正常相对较快，在清洗过程中在正下方将提示"正在清洗"。整个清洗过程将持续大约 1min 的时间。

8）检测过程

本装备有两种主要的采样方法：抽气和试纸采样

（1）抽气采样。

① 适用环境。

可以探测狭小空间里的炸药蒸汽，如车辆货箱、手套缝隙、袋子及箱子等。炸药在狭小空间有较高的饱和蒸汽（尤其在较高温度下），采用抽气采样被检测到的可能较大。

② 参数调整。

抽气采样引入的样品量远远少于试纸采样，可以大大减少探测器自清洁的时间。由于抽气采样引入的样品量较少，因此抽气采样的报警阈值需要设定较低（通常在 500 以内），同时将采样时间设定值延长，该设定值位于主菜单界面的工作设置子菜单中，如图 18-35 所示。

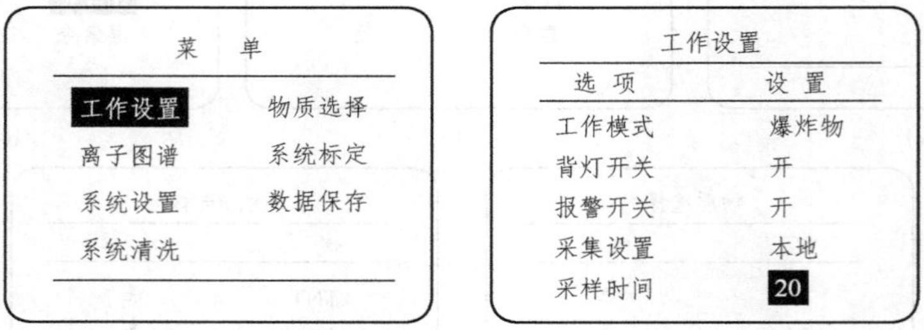

图 18-35 采样时间设置画面

③ 操作要点。

小心谨慎地打开可疑区域，将探测器气化嘴放在可疑空气中，迅速开始采样。

④ 抽气采样步骤。

（a）从菜单将采样模式设置为抽气模式，按"开始"键，仪器开始气体预收集，如图 18-36（b）所示。

（b）气体预收集完成后，采样泵停止工作，系统进行数据采集，如图 18-36（c）所示。

（c）将采集的数据传送给微处理器进行数据分析，如图 18-36（d）所示。

（d）如果有物质被检测到，例如黑索今被检测到，则对应黑索今高亮显示强度条，如图 18-36（e）所示并发出蜂鸣报警；系统并进入冷却过程，如图 18-36（f）所示，最右侧显示检测到的黑索今浓度为设定阈值的 1.6 倍。如果没有物质被检测到，则系统将进行第二个周期的采样分析，过程基本与第一个周期相同。第二个周期不管有没有物质被检测到，系统都将进入冷却过程，对气化嘴冷却。

提示：当系统检测到一种物质且浓度较大时，可选择主菜单界面中的系统清洗功能对系统进行清洗。若该物质长时间报警且强度不大，则可将该物质报警阈值调至较高值，暂时将其"屏蔽"，以便于系统进行第二周期的采样与分析，确保系统检测的准确性及全面性。

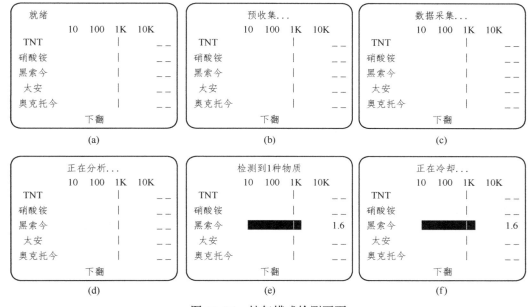

图 18-36 抽气模式检测画面

（2）试纸采样。

① 适用环境。

如果被测物比较坚硬，如手提箱、硬质货运箱等则应采用试纸模式。当现场环境污浊、烟尘较大时，从保护装备角度出发，可在使用试纸采样后，撤出现场到正常环境，再次开机检验。由于试纸模式下气化嘴温度较高，使用过程中须细心谨慎，切忌在此模式下用气化嘴贴近人体表面进行抽气采样，以免烫伤。

② 参数设置。

由于试纸采样法引入的样品量多，因此试纸采样的报警阈值设定较高（典型范围在 1000～2000）。

③ 操作要点。

采样试纸擦拭后，用手指将试纸表面大粉粒弹掉，再将试纸插入气化嘴。

④ 采样步骤。

（a）设置探测器为试纸模式，系统将提示"请插入试纸"，见图 18-37（a）；将带有微量被测物质的试纸插入气化嘴后，按"开始"键，启动系统的检测。

（b）系统将提示"试纸加热…"并开始对气化嘴进行加热，如图 18-37（b）所示。

（c）试纸加热过程完成后，系统将进入"数据采集"过程，在此过程中，抽气泵将对气化嘴中的气体进行采样收集，如图 18-37（c）所示。

（d）系统将采集的数据传送给微处理器进行数据分析，如图 18-37（d）所示。

（e）如果有物质被检测到，如图 18-37（e）所示，则对应的被测物质将高亮显示强度条，并发出蜂鸣报警，系统并进入冷却过程。如果没有物质被检测到，则系统将进行第二个周期的分析，过程基本与第一个周期相同，第二个周期不管有没有物质被检测到，系统都将进入冷却过程，对气化嘴冷却。

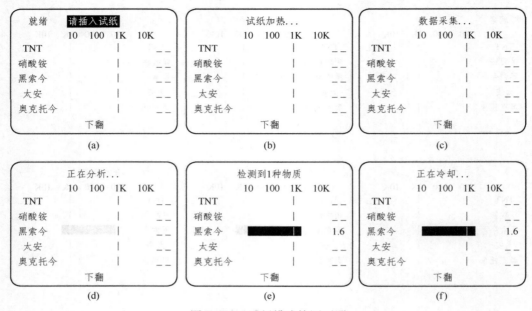

图 18-37　试纸模式检测画面

（3）各种检测方法及技巧。

① 检查汽车。

主要针对边防检查站或公路关卡点的过往车辆，通常既要使用抽气采样又要使用试纸采样的方法。将探测器放进汽车内，按开始按钮，对汽车内的空气进行取样。如果没有报警，那么操作人员可用采样试纸擦拭方向盘、收音机按钮、门把手、行李箱以及机罩闩，将试纸插入气化嘴，按开始键分析。

② 物件检查。

对物件的检查，既可使用抽气采样，又可使用试纸采样，也可二者同时使用，根据物件决定。如果某个物件（如背包、箱子等）本身既含有可检测的蒸汽，为得到更好的检测效果，则应将报警阈值调低；如果物件比较坚硬，则应该使用试纸采样。在处理可疑物件的时候，操作员应利用自己的判断对不同的情况进行分析。对于柔软织物背包、衣物等，可采用抽气模式，按开始按钮后，将气化嘴织物表面轻轻摩擦获取采样。如果被测物比较坚硬，如手提箱、硬质货运箱等，则应采用试纸模式，先用采样纸在被测表面轻轻摩擦，再插入气化嘴分析，如图 18-38 所示。

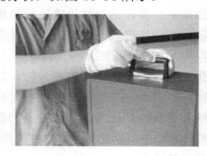

图 18-38　对可疑物件进行试纸采样分析

③ 检查可疑人员。

对于场所入口的例行检查，需要对个别人员单独进行检查，在这种情况下通常采用试纸采样方法。当探测器就绪后，用采样纸在衣服上轻轻摩擦。重点检查手有可能接触的地方，如袋、袖口、裤腿外侧等。取样结束后，插入气化嘴分析，如果还需要再次取样，则应该对手指进行取样。手指取样应作为衣物取样的辅助手段，因为被检测人员很可能已经洗手，并且沾上其他物质。另外，如果一个人刚刚接触过可疑物，检测时系统将会有强烈反应，并且长时间较难清除。

9）系统清洗

当探测器发生报警后，在下一次检测之前，必须清洗上一次采样后的残留物质。但在一些情况下，有较多的样品被吸进系统内部，在隔膜和气化嘴部分有较多的物质微粒存在，经过多次清洗后，系统仍不能清洗干净。如果出现该情况，则应关闭系统，待系统冷却后，取下气化嘴，用专用清洁棉球擦拭气化嘴内表面及隔膜。

10）更换干燥剂

如图 18-39 所示，干燥剂管位于仪器后面标有化合剂 I 的筒中，与系统循环气体相连，其作用是清除循环气体中的水分子、污染物及其他蒸汽分子。水分子被干燥剂吸收并慢慢存积，几周以后，干燥剂可能失去干燥能力，需要更换。

图 18-39 更换干燥剂

当反应离子峰变宽或测试发现其明显向右偏移，且内标定峰消失时，干燥剂需要更换，否则仪器灵敏度变差。更换干燥剂步骤如下：

（1）关闭探测器，拧开仪器后面的左手边标有"化合剂 I"的筒。

（2）取出干燥筒，拧开前端帽子。

（3）倒出旧干燥剂，装入新干燥剂，拧上前端帽子，将干燥筒重新拧入仪器内。

11）更换保险丝

当保险丝熔断后，需按要求对其更换。保险丝规格为 10A，位于探测器底部，将保险座旋转 1/4 周，即可取出并更换保险丝。

12）电池充电

（1）用四芯航空插头线将仪器与外接专用电源相连，外接专用电源插头与外接交流电连接。

（2）若仪器需关机状态充电，则将仪器开关置于中间位置；若仪器需运行状态充电，则将仪器开关置于外接电源位置。

（3）充电时，外接专用电源的充电指示灯为红色；当电池充满时，指示灯为绿色。

13）检查过滤器

过滤器是位于探测器前端底部的海绵块，如果过滤器破裂或灰尘过多，则需要清洁或更换过滤器。更换过滤器时，关闭探测器，拧下过滤器盖上的2个螺丝，取出过滤器，可用清水冲洗，待干燥后装回，如图18-40所示。

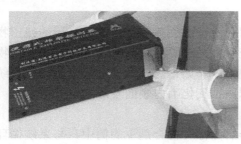

图18-40　更换空气入口过滤器

14）清洗和更换隔膜

隔膜位于探测器气嘴上。更换该膜仅仅只需几秒钟时间，但在重新使用仪器之前，让仪器运行几个小时，确保隔膜中杂质挥发干净。如果仪器经常使用，那么建议一月更换一次隔膜，每周至少检查一次膜的清洁情况；如果发现隔膜严重污染或破裂，那么须及时更换。操作方法如下：

（1）关闭主电源。

（2）逆时针方向旋拧固定螺母，取下气化嘴。如果发现隔膜变脏，需用专用棉签擦洗（图18-41）。如果发现隔膜已损坏，按以下步骤更换。

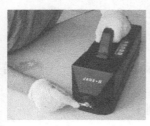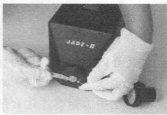

图18-41　清洁隔膜表面及更换隔膜

（3）将隔膜从膜架上取下，如果膜架很热，那么更换隔膜时，一定要非常小心，以免烫伤。

（4）清洁膜架表面，确保旧隔膜的残留物清除。用换膜工具小心将残留隔膜碎片清除，再用专用棉球将膜架表面擦拭干净。

（5）从容器中取出新隔膜，轻轻捏住隔膜边壁。

（6）小心将其推到膜架上（隔膜先稍微膨胀，随后卡在膜架上），顺时针旋拧固定螺母将气化嘴装上。

15）采样泵过滤网清理

按逆时针方向旋转气化嘴固定螺母，取下气化嘴和白色垫片，用专用毛刷将隔膜两侧的斜孔过滤网上颗粒物清除掉。

16）更换掺杂剂

炸药探测所用的掺杂剂为一种氯代烷烃，位于仪器后部标有化合剂Ⅱ的钢管中，如图 18-42 所示。每月需要检查掺杂剂的液面情况，确保还有液体存在。通常掺杂剂需 12 个月更换一次。检查过程如下：

图 18-42　更换掺杂剂

（1）拧开掺杂室的封盖。掺杂室里有两根管，其中较粗较长管为掺杂剂。

（2）取出掺杂剂管，观察液面。当掺杂管中的掺杂剂耗尽时，需要更换掺杂管，一根掺杂管可使用约一年。

18.2.1.3　维护及注意事项

1）维护

注意：进行任何维护操作时，必须戴洁净的棉手套或一次性手套，并且关机。

（1）每周清洁隔膜及膜架一次，每月更换隔膜一个。

（2）至少每周两次启动本装备，并进行内部标定。

（3）每次使用完后及时充电，否则会影响电池寿命。

（4）每年更换掺杂剂一次。

2）注意事项

（1）本装备系精密电子仪器，内有放射源，未受过专门培训的人员一律不得拆卸。

（2）系统正常运行时，禁止变动上/下限，以免系统无法正常工作。

（3）窗口大小设置不能任意改变，每种物质窗口的默认值都是出厂时设定好的，一般操作人员严禁对窗口进行调整，该项仅针对高级用户及专业人员。

（4）由于试纸模式下气化嘴温度较高，因此使用过程中需细心谨慎，切忌在此模式下用气化嘴贴近人体表面进行抽气采样，以免烫伤。

（5）如果膜架很热，更换隔膜时，一定要非常小心，以免烫伤。

（6）当仪器为未标定状态时，主工作画面右上角会显示"标定"两字，需要进行标定。

(7) 通常情况下，不建议采用物质标定，除非内部标定较难进行时采纳。
(8) 若系统出现警告画面，如"压力异常"，则提醒操作人员，系统工作状态出现异常，需要与厂家进行联系，对系统维护检修。
(9) 为防止触电引起短路，严禁淋雨或受潮。
(10) 对手指进行取样时，操作人员应佩戴干净的棉质白手套，擦拭被检测者的手指及指甲缝。
(11) 进行任何维护操作时，必须戴洁净的棉手套或一次性手套，并且关机。
(12) 更换干燥剂速度要快，干燥剂装填完毕，尽快将玻璃瓶盖拧上。

18.2.2 便携式 X 射线检查装置

X 射线透视成像系统是安全检查的主要设备之一，主要用于对人体和密封的物品实施透视检查。通过 X 射线的贯穿作用，能把人身上、容器内藏匿的爆炸物的形象显示出来。只要在透视成像过程中对成像的物体进行认真辨别，就可以比较准确地做出判断。

以色列 Vidisco 公司最新开发的 FoXray Ⅱ 型便携式 X 光图像检查系统（图 18-43），广泛应用于安检、排爆、法医、缉毒、海关检查、机场安检、刑事侦查、技术行动、无损检验等领域，是检查相关目标物的最佳设备。

图 18-43　FoXray Ⅱ 型便携式 X 光图像检查系统

18.2.2.1　产品特点

(1) 系世界上最轻、最小的 X 光检查系统，整机可放入一个手提箱内。
(2) 系世界上分辨率最高的便携式计算机 X 光成像系统。
(3) 能够存储 5 万幅图像，具备完整的数据库管理功能。
(4) X 射线源体积小，重量轻，焦点尺寸小，穿透能力强。
(5) 计算机液晶屏上实时显示探查图像，可进行多种图像处理。
(6) 传输电缆最少 50m，以保证操作者的人身安全；先进的图像传输技术，以保证远距离传输图像质量。
(7) 全机电池驱动，适合各种现场环境。
(8) 兼容 Windows 95 / 98 / 2000 / XP 多种操作系统，操作简单，具备远程数据传输功能，便于信息交流，提供中文操作平台。
(9) 图像可分屏比较显示，最多可达每屏 33 幅。

（10）具有强大的图像增强功能，可以进行最佳对比度调整、图像叠加、边缘增强、图像锐化、图像平均、三维效果、亮度对比度调整等。

（11）具有重叠功能，可将不同曝光次数的图像重叠，使不同密度的物质图像都能清晰地显示出来。

（12）具有缩放功能，图像的任意选取部分都可进行 30%～400%的缩放。

（13）具有伪彩色/黑白翻转功能和实时测量功能。

18.2.2.2　主要技术参数

1）X 射线源

分辨率：38AWG 铜线（保证）

穿透能力：16mm 钢板（XR-150、XR-200 型）、26mm 钢板（XRS-3 型）

X 射线曝光方式：脉冲式（1～99 次）

2）X 光射线源种类

XR-150 型：重 2kg，体积小巧，最高穿透 16mm 钢板（标准型）

XR-200 型：重 6kg，最高穿透 16mm 钢板

XRS-3 型：重 6kg，最高穿透 26mm 钢板

3）视频接收屏种类

VCU-10 型接收面积：19cm×25cm（标准配置）

VCU-6 型接收面积：15.3cm×11.4cm

VCU-15 型接收面积：28cm×37cm

VCU-17 型接收面积：32.5cm×43cm

4）电缆

长度：50m

18.3　危险等级的划分及处置基本原则

18.3.1　危险等级的划分

按照不同的起爆原理和状态，可将爆炸装置分为 4 个危险等级。

18.3.1.1　A 级爆炸装置

（1）具有下列反排除机构：①接近感应式反排除机构（原理与触摸式床头台灯相似）；②钢珠扰动电极开关——触发式反排除机构；③水银倾斜开关式反排除机构；④军用小触杆扰动式地雷引信；⑤松发或重力触发（开关）；⑥被动式、主动式、半被动式的可见光、红外线或热释电传感器（类似飞机场、大宾馆的自动门）等反排除机构（类似博物馆、珠宝店内的防盗装置）。

（2）单一动磁反车底地雷。

（3）复合式引信，包括：①遥控遥测引信；②遥控—定时—松发复合引信；③遥控—定时—触发复合引信；④气压—定时—松发或重力触发复合引信。

上述情况属于最危险的情况，一般难以实施分解排除处理，除非设置者有疏漏之处，

如雷管或主次雷管可用工具从传扩爆药块中移出。当然，这种疏漏是非常少见的。

（4）具有反排装置的大型或超级爆炸装置。

（5）自杀性爆炸装置（人体炸弹、自杀性汽车炸弹——自杀者是引信的一部分，因此可以说是智能引信）。

18.3.1.2　B级爆炸装置

（1）具有电容储能执行级电路。

（2）具有下列反排除机构：①拉发或断发反排除机构；②扭力开关式反排除机构；③半主动式红外线、激光、超声反排除机构。

（3）单一定时引信的爆炸装置。

（4）防步兵地雷。

B级爆炸装置存在分解排除的可能性，但排爆手必须经过专业训练并具有一定的经验。系统的专业训练是必不可少的工作基础。

18.3.1.3　C级爆炸装置

C级爆炸装置属于进入战斗状态的技术含量较少的常见爆炸装置。在日常的刑侦案件中，有很大一部分爆炸装置是可以分解排除的，它们都属于C级爆炸装置。

18.3.1.4　D级爆炸装置

D级爆炸装置属于未进入战斗状态的爆炸装置，即保险还未解除，或者引信、传扩爆药、装药还处于分离状态，未组装成完整的可爆炸结构。

18.3.2　处置的原则及安全规则

处置爆炸物是一项十分危险的工作，排爆人员必须具备较全面的专业技术知识和过硬的排爆技能，遵守爆炸物的处置原则、处置方法、处置程序、安全规则和注意事项。为防止在排爆工作中发生意外，必须采取严格的安全防护措施，为排爆人员配备足够的防护器材，以保证排爆人员的人身安全；同时，应严格按照安全规程进行操作，并牢记排爆工作的注意事项及要求。

18.3.2.1　处置爆炸物的基本原则

对恐怖爆炸物进行处置，总的来说，以就地销毁（引爆）为主，排除次之。其基本原则是：

（1）排除恐怖爆炸物须由反爆炸专业技术人员实施。

（2）采取一定措施，尽可能保证不使恐怖爆炸物发生爆炸。

（3）能够移动的恐怖爆炸物，要尽可能转移到人烟稀少、安全空旷的地方处置。

（4）不能移动的恐怖爆炸物，要运用各种技术手段和方法，使其变为可移动爆炸物。

（5）在条件允许的情况下，要运用技术手段就地销毁或予以失效。

18.3.2.2　处置爆炸物的安全规则

为了顺利地完成恐怖爆炸物的识别与排除任务，确保作业人员及目标的安全，在处置爆炸物时，作业人员应遵守处置爆炸物的安全规则。

对恐怖爆炸物侦察时，应遵守的安全规则如下：

（1）发现恐怖爆炸物后，立即封控现场。

（2）穿戴好防护用具，预备齐全所使用的器材。
（3）不轻易相信可疑物上的标识、说明和定时爆炸物上所指示的时间。
（4）不能凭外形尺寸判断恐怖爆炸物的威力。
（5）不要轻易触动恐怖爆炸物，保持原状，应由专业人员处置。

在排除作业中，应遵守的安全规则如下：
（1）未接受过反爆炸恐怖专业训练的人不准从事排爆专业工作。
（2）排爆时应最大限度地减少直接操作人员。
（3）排爆现场尽量不使用除频率干扰仪以外的其他无线电设备和无线电通信工具；排爆人员要考虑防静电、防感应电流、防射频电流等外界电能的影响。
（4）排除前，仔细检查有无诡计装置和反拆卸装置，特别应注意防拆装置和水银接点、钢珠滑动等反能动装置，查清起爆装置和电源的连接方法以及发火原理，严禁盲目行动。
（5）查明外露铁丝、绳索、导电线与爆炸物的关系后再进行处置，不得随便松开其捆线和拉动其绳线；严禁用常规方法开启盒、筒、听、箱、袋、包等可疑物品。
（6）排爆现场要保持绝对安静，严禁高声喧哗。
（7）尽可能不要在现场排除恐怖爆炸物，应尽快将爆炸物转移到安全地点处置。
（8）严禁把室外的恐怖爆炸物移至室内进行排除；严禁将恐怖爆炸物投入水中或者在水中排除恐怖爆炸物；严禁轻易采用"见线剪线、见孔插销、见缝插针、寻找电源"的办法处理所有恐怖爆炸物。
（9）发生意外情况时，应按照指挥员的指示行动，不得蜂拥而上，以免造成更大的伤亡。
（10）要注意保护恐怖爆炸物上的痕迹和物证；严禁把排除爆炸物的方法和案情告诉无关人员，以防泄密。

18.4 爆炸物处置行动内容与实施程序

18.4.1 爆炸物处置行动的实施程序

（1）划定警戒区域。

根据爆炸物的威力大小、所处位置及周围环境，划定出安全范围。爆炸物处于露天情况下警戒区的最小安全半径通常不小于下述距离：①装药量在 9~20kg 的汽车炸弹为 300m；②炸药量在 3~10kg 的行李炸弹为 200m；③炸药时在 3kg 以下的爆炸装置为 100m；④期刊、饰件等微型爆炸装置为 10m。

一般情况下，安全距离（距爆炸物的距离）不应小于 80m，即在距爆炸物 80m 的范围内为危险区。如果遇有威力较大的爆炸物或爆炸物附近有坚硬的物品、易燃易爆物品的存在，或带有金属壳体位于室外的爆炸装置，那么为了防止爆炸的破片的杀伤，安全范围还应再扩大，有时需画出两层安全圈。

(2) 明确分工。

现场的人员不宜过多，有关人员要明确分工，做到定任务、定范围、定要求，要各负其责、互相协调。

(3) 封控现场，布置警戒。

排爆人员进入现场后，应尽快设置警戒，封锁交通路口，其他人员不准在附近逗留。警戒线内不准抽烟，不准生火，必要时要切断电源，关掉煤气管道和水源，并保持现场良好的秩序。

(4) 组织撤离。

在划定安全范围的同时，应尽快组织在危险区内的人员撤出现场。撤离时，行走的路线应尽可能远离爆炸物，特别要组织好危险区内老、弱、病、残者的撤离。组织撤离的工作人员既要沉着冷静，又要动作迅速、有秩序，不要给撤离人员造成过重的精神压力。

(5) 准备救护与消防。

安排医护人员去现场，以备造成伤亡时的抢救；安排消防人员和消防设备到现场，以备爆炸起火后进行抢救、灭火。

(6) 组织侦察。

选派经验丰富的作业手进行侦察，查明爆炸物的基本情况；查明爆炸物周围有无易燃易爆物品，以及可能引起更大危害的单位和环境；查明有无可疑人员活动的情况等。

(7) 制定方案。

利用各种技术器材和工作经验对爆炸物的结构进行详细分析。要判定该爆炸物能否移动，是否有定时装置。如系可移动的爆炸物，应想办法尽可能转移到安全地方去处置；如属不可移动的爆炸物，则在拆除之前尽可能将附近可移动的重要物资转移到安全地方，对不可移动的重要物资及重要建筑物等应尽可能遮挡、防护，以减少在爆炸时的损失。排除的方法要经过充分的讨论，如果时间允许，还可以请专家指导。要有备用方案，有应急措施。方案应尽可能完善、周到、万无一失，并有利于保证排爆人员的人身安全。

(8) 排爆实施。

方案制定好以后，应由专业人员实施。直接处置爆炸物的人员不宜过多，一般1～2人为宜。要确定第一排爆手和第二排爆手，第一排爆手进行主要排爆工作，第二排爆手担当助手。主要排爆手处于第一线，最接近爆炸物，最了解爆炸物的情况，最希望安全顺利地排除爆炸物，所以在排除爆炸物的过程中，应以第一排爆手为主，其他人员包括指挥员，对一些意外情况的处置应尊重第一排爆手的意见。其他人员应把主要信息和看法提供给第一排爆手，由他根据具体的情况做出判断。第一排爆手有权拒绝执行不切实际的指挥。因指挥失当而造成的排爆人员伤亡的事件，在国内外都有发生，各级指挥人员应在大的方面提出要求，具体实施过程应让排爆手充分发挥自己的主观能动性和聪明才智。在处置爆炸物的过程中，应防止恐怖（犯罪）分子混在人群中观察人员处置爆炸物，从而找出对付排爆人员的方法。

(9) 安全转移。

转运爆炸物或爆炸物部件，应避开密集人群和有重要建筑物的地方，避开有易燃易爆物品的地方。转运途中不要停留，应以最短距离、最安全的方式运送到目的地。转运爆炸物时,要用专门的爆炸物储存器材进行盛装和运输。

(10) 发生意外爆炸后的处置。

爆炸物万一发生爆炸,应注意保持好现场,立即对伤员进行抢救,同时对现场进行搜查,确认是否还有未爆炸的爆炸物。在搜查的过程中,应尽可能地小心、谨慎。

总之,排爆任务紧急、复杂、危险性大,各方面必须密切配合,协调作战。平时要有预案,现场要有针对性的具体方案。

18.4.2 排爆前的工作

18.4.2.1 对爆炸物实施频率干扰

排爆人员到达现场后,在爆炸物不明的情况下,必须用频率干扰器实施频率干扰,以防无线电遥控爆炸装置爆炸。

18.4.2.2 预侦察

实施频率干扰后,排爆人员要借助高倍望远镜和仪器,查清以下情况:

(1) 爆炸装置设置的具体位置,放置的方法及有无支撑物。
(2) 爆炸装置的外形、体积、外包装材料,爆炸装置的外表有无连线。
(3) 爆炸装置的周围环境及发生爆炸后可能波及的范围和造成的损失。
(4) 机器人能否进入现场及驶入的路线。
(5) 可能发生的险情和需要采取的措施。

18.4.2.3 现场固定

现场固定就是用照像、录像、笔录,对爆炸现场固定和记录。排爆人员要根据现场爆炸物的情况,进行全貌照像、中心照像、细目照像或录像,记录下设置爆炸装置的地理位置概貌及周围环境,对爆炸装置进行定位,还应摄、录下或记下爆炸装置的外貌及必要细节,如包装物种类、颜色及其他能看到的特点和痕迹物证。

18.4.2.4 现场清理

排爆人员应对爆炸装置周围的物品进行初步清理,以防其他无关物品妨碍排爆工作的进行。主要工作有:

(1) 清理爆炸装置周围无关物品,如车辆和金属物品等。
(2) 清理爆炸装置周围易燃易爆物品,如汽油、煤气罐等。
(3) 清理出排爆人员快速撤离的路线以及爆炸物转运的路线。
(4) 在爆炸物周围准备好可掩护排爆人员身体的掩体。

18.4.2.5 拟定具体排爆方案

根据现场的侦察及了解到的有关情况,迅速拟定出具体的排爆方案:

(1) 操作程序。
(2) 所需工具、装备和防护器材。
(3) 具体的方法步骤。
(4) 人员分工及其职责。
(5) 险情紧急处置预案及其措施。
(6) 注意事项。

18.4.3 排爆作业实施

18.4.3.1 预处理（移动检查）

通过对爆炸物侦察后，为进一步查清爆炸装置的设置情况，可通过对爆炸物的预处理，为排爆工作提供直接的安全保证。为判断爆炸装置能否可触动、可移动或能否安全转移，可在远处用绳索拉动爆炸装置，使其改变位置、状态；或利用机器人、机械手或锚钩等器材将其试移原位；对于较小的爆炸装置，也可借助于防爆挡板、防爆盾牌或用带钩子的长杆去触动或拉动爆炸装置。如果不发生爆炸，则可认定为可移动的。经过预处理后确认可触动和能转移的爆炸装置，才能进行进一步的处理（使其转移或失效）。

18.4.3.2 对爆炸装置作出判断

对爆炸物作出准确的判断是很重要的，在采取措施之前要慎重进行。判断主要依靠排爆人员的水平、智慧和经验，还可借助于一些器材、试剂等进行，例如：用定时炸弹检测器探测爆炸物内有无钟表走动声，确定其内部有无定时炸弹装置；若无定时炸弹装置，再用便携式 X 光机等查清爆炸物内部结构，为确定排爆方法提供依据。一般情况下，主要作出如下判断：

（1）真假的判断（观察、借助仪器）。
（2）威力的判断（炸药性质、药量）。
（3）是否有定时装置的判断（借助定时炸弹检测器判明其结构构造）。
（4）是否有水平装置（忌动装置）的判断（观察、借助 X 光机判明反排装置）。
（5）是否设有松、拉、压等机械诡计装置的判断（观察、借助仪器、试剂判断）。
（6）有无其他防拆卸诡计装置的判断（观察、借助仪器判明忌动装置）。

18.4.3.3 确定处置方法，实施排爆工作

排爆人员根据对爆炸物的分析判断，结合平时的实践经验，在预处理和初步判断后迅速定下排除决心；情况允许时，也可以提交讨论，确定最佳处置方案。根据爆炸物的实际情况，可分别采取以下方法处置。

（1）就地销毁。

当确定该爆炸物有忌动装置，不可移动，而又无把握进行人工失效且条件允许时，根据情况就地采用引爆或利用爆炸物摧毁器的方法进行销毁。销毁时，必须将爆炸物周围用砂袋、防爆网、防爆毯等以及其他有效防冲击、防破片飞散的器材围隔起来，以最大限度降低爆炸物的破坏程度。

（2）爆炸装置的临时转移。

在市区、城镇等人烟稠密地区和重要场所发现可转移的爆炸装置，在没有专用储运设备时，可将爆炸装置临时转移到洞穴、深沟、枯井或窑坑内，也可临时转移到其他空旷场地，将突然发生爆炸时的损失减少到最小。但选择的场地必须远离供热、供气、电力、输油等管线，同时还要考虑便于提取和运送。

（3）就地人工解体失效。

当确定该爆炸物无忌动装置或反排装置，而且有排除把握时，可就地利用人工技术将其解体失效。人工解体失效可依照以下方法和步骤进行。

① 清除爆炸装置的表面和支撑物。恐怖分子运用爆炸装置进行恐怖活动时，往往对爆炸装置进行伪装和掩盖，以欺骗受害人和排爆人员。因此，排爆人员要对爆炸物的表面和支撑物进行清理，清除恐怖分子设置的与爆炸装置无关的物品，如支撑爆炸物的木棍、竹竿以及掩盖爆炸物的破布、报纸等伪装材料，使爆炸装置直接暴露在排爆人员面前。

② 拆除爆炸装置的外包装物。恐怖活动制作的爆炸装置所采用的包装物千差万别，有的是金属的，有的是木质的，有的是塑料的，有的是纸布捆扎的，等等。排爆人员要根据不同的包装物，选用不同的器材，采用不同的方法拆除。严禁使用电钻等进行钻孔，或利用硬物进行敲打、撬动，以免引起意外爆炸。

③ 剪断电雷管脚线。为防止衰竭电路，应首先用外观观察或利用软管窥镜探视、便携式 X 光机等仪器找到电雷管的位置，然后将电雷管的脚线一根一根地剪断，使其不会意外爆炸。

④ 取出爆炸装置的电源。在拆除爆炸装置的包装物时，对于电引爆装置的爆炸物应切断其电源；对于有诡计装置的爆炸物，要找准起爆装置电路上的电源，切不可在不确定电路的情况下盲目切断电源，有可能会造成意外爆炸。

⑤ 拆除雷管固定物。恐怖分子在制作爆炸装置时，为保证起爆可靠性，往往在炸药表面用绳子、胶布、铁丝等将雷管固定在炸药内。排爆人员在拆除雷管前，如确认不属于松发起爆装置，则可将固定物剪断、撕掉或解开，取出雷管；如确认为松发起爆装置，则应就地销毁或转移后再销毁。

⑥ 分离取出雷管。排爆人员分离取出雷管时，要小心谨慎。有时恐怖分子为起爆可靠或出于其他目的，有可能在炸药中埋设了若干雷管，雷管分解后，还要继续寻找有无其他雷管。

⑦ 分离炸药或其他易燃易爆物品。雷管取出后，要将炸药从包装物中分离出来。另外，有些恐怖分子为增加杀伤作用，有时会在炸药中添加一些子弹、钢珠、钉子、金属破片等物品，以及为了爆炸纵火而在炸药周围或包装物内放置、捆绑一些易燃易爆的物品，在分离炸药的同时，也要将其分离出来。

⑧ 对分解后的物品进行固定。分解后的物品包括炸药、雷管、电源、导线、包装物、支撑物、绳索、胶布、报纸、破布、子弹、钢珠、钉子、金属破片等，是破案的有效物证，必须妥善保管上交公安机关。

⑨ 整理排爆现场。爆炸物处置完毕，应及时对爆炸物周围进行检查和清理，不留任何隐患。特别是对重要场所的整理，要恢复场地的原貌。对排除的爆炸物，要全部运到安全地点销毁或保留备案。

18.4.4　爆炸物处置后的工作

爆炸物处置行动结束后，现场指挥员要及时向上级报告完成任务情况，并根据上级的指示组织部队撤离现场，其主要工作如下。

18.4.4.1　清点人员装备

各组接到撤离的命令后，迅速到指定地点集合；各组长要将执行的器材、装备收拢，并向队长报告。

18.4.4.2 组织移交

组织移交是完成反爆炸任务后的一项重要工作。移交时，要明确移交物品的数量、种类、完好程度，以及处置现场的安全系数、可能发生的情况。对于重要场所和贵重物品，要请有关人员当面核对，确认无误后及时办理移交手续。

18.4.4.3 撤离现场、总结报告

组织移交后，队长要及时组织撤离现场，对完成任务情况进行总结。总结时，要大力表彰执行任务中表现突出的同志，必要时为他们请功。对执行任务中的不足之处，要及时查找原因，总结经验教训。对完成任务的总体情况，队长应口头或书面向上级作出详实的汇报。

参 考 文 献

[1] 吴腾芳，丁文，李裕春，等. 爆破材料与起爆技术[M]. 北京：国防工业出版社，2008.

[2] 李金明，雷彬，丁玉奎. 通用弹药销毁处理技术[M]. 北京：国防工业出版社，2012.

[3] 谢兴博，周向阳，李裕春，等. 未爆弹药处置技术[M]. 北京：国防工业出版社，2019.

[4] 马宝华. 引信构造与作用[M]. 北京：国防工业出版社，1984.

[5] 李裕春，武双章，高振儒，等. 集束弹药安全化处理与销毁[M]. 北京：兵器工业出版社，2023.

[6] 李裕春，刘强，沈蔚，等. 日军战争遗留弹药识别技术手册[M]. 北京：兵器工业出版社，2023.

[7] 高振儒，陈叶青，张国玉，李裕春，等. 爆炸物探测与处置技术[M]. 北京：国防工业出版社，2023.

[8] 张俊秀，刘光烈，刘桂涛. 爆炸及其应用技术[M]. 北京：兵器工业出版社，1998.

[9] 尹建平，王志军. 弹药学[M]. 北京：北京理工大学出版社，2014.

[10] 朱福亚. 火箭弹构造与作用[M]. 北京：国防工业出版社，2005.

[11] 王颂康，朱鹤松，等. 高新技术弹药[M]. 北京：兵器工业出版社，1997.

[12] 《空军装备系列丛书》编审委员会. 机载武器[M]. 北京：航空工业出版社，2008.

[13] 娄建武，龙源，谢兴博. 废弃火炸药和常规弹药的处置与销毁技术[M]. 北京：国防工业出版社，2007.